TRAITÉ PRATIQUE

DE LA

COUPE ET DE LA CONFECTION

DES VÊTEMENTS

POUR DAMES ET ENFANTS

BIBLIOTHÈQUE D'UTILITÉ PRATIQUE

TRAITÉ PRATIQUE

DE

LA COUPE

ET DE LA

CONFECTION DES VÊTEMENTS

POUR DAMES ET ENFANTS

PAR

MARCEL DESSAULT

PROFESSEUR DE COUPE, A PARIS

Illustrations par Marcel et Paul **DESSAULT**

PARIS

GARNIER FRÈRES, LIBRAIRES-ÉDITEURS

6, RUE DES SAINTS-PÈRES, 6

INTRODUCTION

L'art de vêtir le monde féminin a appartenu longtemps aux couturières seules. Mais depuis quelques années il tend à devenir l'apanage de certains tailleurs-couturiers, auxquels s'adresse de préférence la haute et riche clientèle, et à s'introduire chaque jour davantage sous les modestes toits qui abritent une ménagère laborieuse et active, des jeunes filles studieuses et rangées, désireuses, par raison d'ordre et d'économie, de confectionner leurs vêtements.

On peut même affirmer qu'aujourd'hui cet art est partout à la mode.

Et le mot est si exact que l'on a songé à exercer les enfants aux pratiques comme aux théories de leur profession... future, en ce qui concerne la coupe, la taille, la couture. On a mis entre leurs mains pas mal de livres traitant de cet objet. Nous en avons eu plusieurs sous les yeux. Démonstrations claires, termes choisis, style élégant, rien ne leur manque. Toutefois il nous a semblé que la plupart de ces livres n'étaient que la compulsation, savante il est vrai, d'autres volumes peut-être un peu trop antédiluviens vu les exigences et les désiderata de la mode actuelle. Le chapitre de la coupe, entre autres, ne nous a pas paru complètement et suffisamment développé.

La coupe! C'est la base primordiale, le secret de ces magnifiques chefs-d'œuvre que l'on admire au Bois, au théâtre, au concert, sur les plages, dans les stations thermales, dans les salons, les boudoirs, au foyer domestique même, égayé, ensoleillé par l'hôte aimable et gracieux qui vient s'y asseoir et qui, outre son radieux et printanier sourire, les charmes exquis propres à son sexe, apporte avec lui l'agréable et charmante fraîcheur d'un costume irréprochable comme forme et coupe.

Aussi avons-nous voulu combler la lacune existante, poursuivre l'art de la coupe jusqu'en ses plus inviolables retranchements et ses limites extrêmes, l'obliger, le forcer à dévoiler ses mystères, ses formes multiples.

Après de persévérantes recherches, d'infatigables et constants efforts, grâce au dévoué concours de M. Dessault fils, auquel nous devons les illustrations nombreuses et soignées accompagnant nos démonstrations, nous avons enfin abouti à créer une œuvre qui, nous l'espérons, restera près de ceux qui la liront comme un précieux auxiliaire du métier de coupeur, aussi bien que comme un témoignage de notre désir d'être utile à tous, petits et grands, enfance, jeunesse, âge mûr, composant ce qu'on appelle la grande famille de France.

Mais ce n'est pas tout de lire, il faut retenir pour mieux pratiquer. Beaucoup de personnes s'imaginent que les règles de la coupe sont impossibles à acquérir, à comprendre, à « retenir » comme nous disons plus haut. Qu'elles ouvrent notre livre et le parcourent. Elles seront toutes surprises au bout d'un temps plus ou moins long, de posséder le vernis de talent, jusqu'ici réservé aux couturières.

« Au bout d'un temps plus ou moins long » écrivons-nous. Oui, certes, nous ne le dissimulons pas, car notre franchise nous en fait un devoir, il faut, comme en toute chose d'ailleurs, un peu de patience, de persévérance et, répétons-le, du temps, le temps de qui un poète a dit :

> Ce vieillard qui, d'un vol agile,
> Fait toujours, sans être arrêté ;
> Le temps, cette image mobile
> De l'immobile éternité.

Mais, rassurez-vous, mesdames, Rousseau est mort. Et il faut certainement moins de temps pour étudier la coupe que pour apprendre par cœur les règles de la grammaire française, par exemple.

Savoir la coupe est donc une bonne chose ; mais est-il possible, dira-t-on, de pouvoir bien habiller sans la connaître ?

Oui. C'est même le cas de la grande majorité des couturières qui se contentent de détacher chacune des parties d'un corsage, d'une robe, d'un costume, d'un vêtement, d'essayer, de modeler, de rectifier. De la sorte, elles obtiennent souvent les lignes d'un ensemble heureux et un résultat incontestable.

Plusieurs essayages forcément longs, faits avec goût et habitude, des épingles en nombre incalculable mais bien placées, voilà aussi le secret du talent des couturières et les causes de leur succès presque continuel.

Cependant, l'ignorance de la coupe amène, on le comprendra aisément, de nombreuses pertes de temps et de marchandises. Les tàtonnements enlèvent de l'assurance et nécessitent de nombreux essais.

Quand on sait couper, au contraire, un seul suffit à la rigueur, et encore cet essayage comporte-t-il principalement des détails d'ajustage et d'adaptation, le perfectionnement des formes et des lignes jugées sur la cliente même :

En deux mots : « la mise au point ».

Que faut-il donc savoir pour bien couper et habiller ?

1° Prendre les mesures avec précision ;

2° Juger au simple coup d'œil la conformation et comparer les mesures entre elles ;

3° Développer à plat les mesures au moyen d'une bonne méthode ; en d'autres termes, pouvoir faire tous les tracés ou patrons ;

4° Bien essayer, modeler, c'est-à-dire obtenir de belles lignes, des lignes gracieuses, élégantes et en rapport avec l'actualité.

Toute cette science, nous le savons, est complexe ; mais, par la pratique et l'expérience, ces opérations perdent peu à peu leur difficulté.

La partie en quelque sorte scientifique découle des mesures et de leur développement rigoureux.

La partie artistique dépend du goût du praticien, de la cliente, des caprices de la mode.

Chaque atelier, chaque maison de couture a sa manière de faire.

Mais, comment arriver à contenter les goûts, les exigences de la clientèle ? *That is the question.*

Que de manies à comprendre et à contenter !

Les unes, en effet, suivent aveuglément la mode en

s'accommodant des étoffes, des nuances, de la coiffure appropriées à leur âge, à leur physionomie.

D'autres, au contraire, apportent à leur toilette une indépendance qui affirme le cachet de leur personnalité, ce qui est loin de nuire à l'élégance, pourvu qu'elles la possèdent naturellement.

Ces dernières ne se singularisent qu'en s'affranchissant de mises en désaccord avec leur caractère ou leur nature.

Quelques-unes enfin

> ... sont simples avec art,
> Sublimes sans orgueil, agréables sans fard,

a dit Boileau.

Pour terminer, disons que tous les tracés contenus dans le présent ouvrage ont été très étudiés et éprouvés. Quoique présentés d'une façon plutôt empirique, ils n'en sont pas moins précis et ont de plus l'avantage inappréciable de pouvoir être compris de tous et exécutés rapidement.

Dans ce travail, nous avons éliminé tout calcul compliqué, toute construction ou plans basés d'après les principes ardus de la géométrie.

Nous présenterons plus tard sous leur vrai jour et dans d'autres ouvrages plus scientifiques, les constructions et les lois qui régissent le développement des surfaces du corps chez l'homme comme chez la femme. Pour le moment nous nous bornons à offrir un livre absolument pratique et à la portée de tous.

*
*   *

Si quelques personnes préfèrent, au lieu d'un livre, étudier avec l'aide d'un professeur, les cours permanents établis par nous ou par Mme Dessault, notre collaboratrice, sont, par leur durée illimitée et par leur prix consciencieux, tout indiqués à leur choix. Nous ferons les plus grands efforts pour répondre à une confiance que nous espérons mériter.

M. Dessault.

31, rue de Maubeuge.

Paris, 25 août 1896.

TRAITÉ PRATIQUE

DE LA

COUPE ET DE LA CONFECTION

DES VÊTEMENTS POUR FEMMES ET ENFANTS

I

CONSIDÉRATIONS GÉNÉRALES

Structure de la femme (¹).

La taille ou hauteur moyenne des femmes est inférieure à celle des hommes moyens. Le squelette est plus mince et diffère sensiblement de *celui de* l'homme en plusieurs de ses parties.

La femme a plus d'épaisseur de thorax et un peu moins de largeur, c'est-à-dire qu'une ligne diamétrale, traversant depuis le milieu du dos au milieu du devant, est relativement longue ; et une autre ligne diamétrale traversant le corps, de côté à côté, sous les emmanchures, est relativement courte. *La courbe* de cette partie du corps diffère complètement de forme avec celle de l'homme. Pour une même grosseur, la

1. Pour l'Ostéographie et la Myographie, voyez notre *Traité pratique de coupe des vêtements pour hommes et enfants.* (Garnier frères, éditeurs, 1895).

1

carrure de la femme est un peu moins large. La pente d'épaules est, en général, plus accentuée que chez l'homme.

Nous parlons de la pente d'épaules vue à l'état naturel (*fig.* 1), parce que le corset, la mode de se vêtir influent sur cette hauteur ou plutôt sur l'apparence de cette hauteur.

Si le corset est haut, les seins remontent et toute la pente d'épaules semble s'élever par l'usage constant de ce genre de corset. Si, au contraire, le corset est bas, les seins descendent, la pente d'épaules suit naturellement cette inclinaison. Chez la même personne, ce qui augmente l'illusion, c'est que, si elle porte des corsets très hauts, ses corsages sont coupés habituellement très « épaulés », c'est-à-dire à épaulettes étroites et, si elle use des corsets bas, les épaulettes doivent être larges. En portant sur les bras, ces épaulettes font paraître les sous-bras, ou hauteur des côtés, beaucoup plus courts. La poitrine paraît plus aplatie ([1]).

Le corset haut est préférable pour l'aspect de la poitrine et la coupe d'épaulettes étroites, dite « épaulée », est meilleure pour la même raison, en même temps qu'elle donne plus d'aisance aux mouvements des bras et du corps.

La ceinture est beaucoup plus mince que chez l'homme et la finesse en est considérablement augmentée par l'usage du corset (*fig.* 2).

Sur une femme moyenne, la ceinture serrée par le corset diminue de $0^m,05$ sur la totalité de la ceinture, soit 2 1/2 pour chaque moitié du corps. Pour une femme ayant une grosseur de ceinture de 28

1. Les anciennes coupes avaient cette apparence.

par moitié, on trouverait environ 31, en mesurant
cette même grosseur sans corset, et, pour des per-

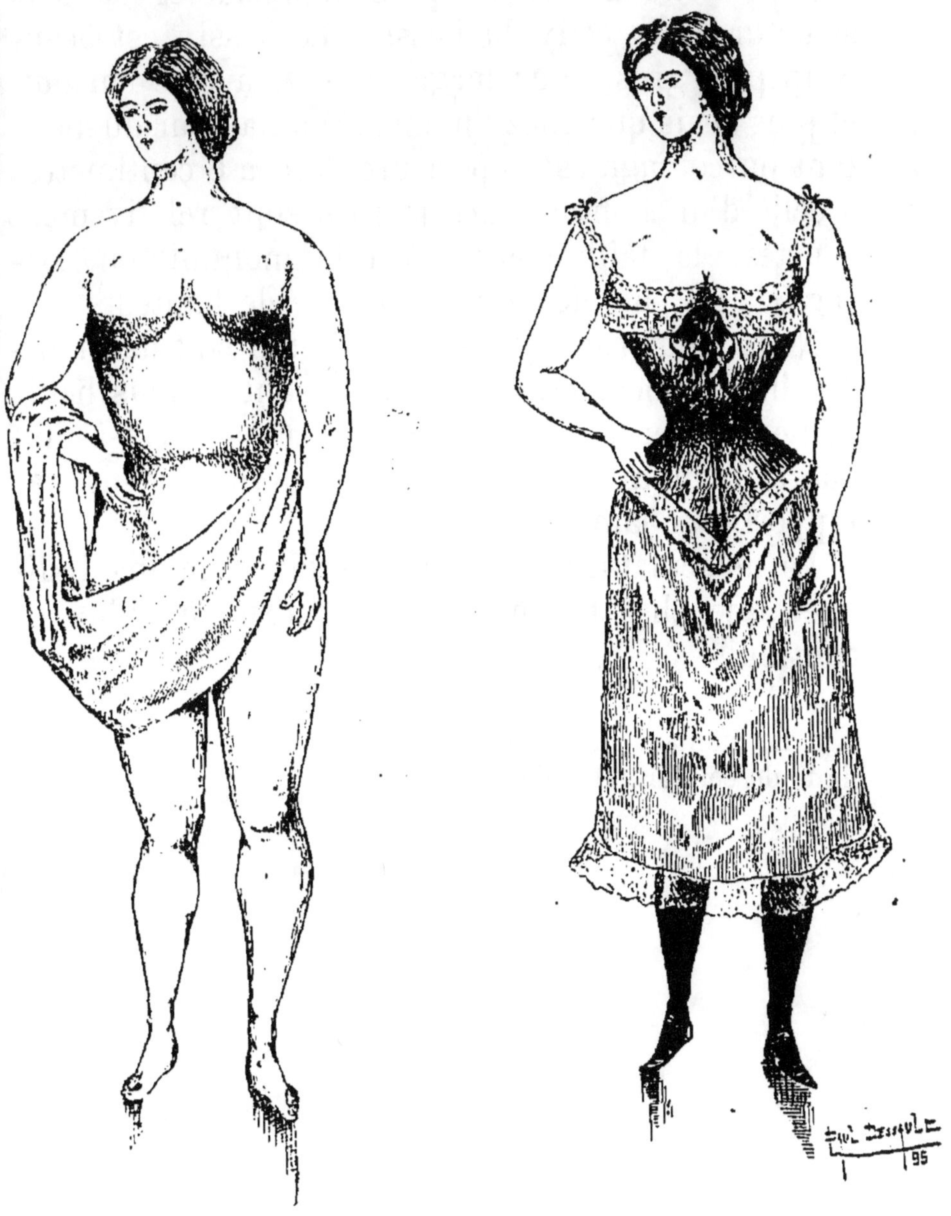

Fig. 1.   Fig. 2.

sonnes plus grosses, la différence peut aller à 4 centimètres et plus pour chaque moitié de ceinture

La longueur de la taille est plus courte que chez un homme de hauteur égale.

Les changements les plus appréciables dans la structure sont ceux du bassin. Le bassin est beaucoup plus gros, plus large, de côté à côté surtout, et plus épais que chez l'homme. La hauteur du montant ou corsage est supérieure de 5 à 6 centimètres à celle d'un homme. Les jambes sont relativement courtes, la taille aussi ; c'est le montant ou corsage (¹) du pantalon qui augmente de hauteur.

Nous ajouterons, quoique ce détail soit de moindre importance, que les jambes sont le plus habituellement ou très droites ou cagneuses ; c'est-à-dire que les genoux sont en contact, intérieurement, par rapport aux jambes.

La musculature est moins saillante, moins indiquée que chez l'homme. Les bombés ont plus de continuité.

1. Le montant ou corsage est la région comprise entre la ligne de ceinture et celle de fourche.

II

DES MESURES

Manière de prendre les mesures.

Pour les corsages, les vestes de costumes, les jaquettes et les diverses formes ajustées, nous prenons le plus habituellement sept mesures qui sont :

Longueur de taille ;
Largeur de carrure ;
Inclinaison ;
Demi-largeur de *poitrine* ;
Demi-grosseur du haut du corps ;
Demi-grosseur de ceinture ;
Longueur de la nuque à la hanche.

1° La *longueur de la taille* naturelle A-B (*fig*. 3). La place de la taille est toujours parfaitement indiquée chez les femmes. L'attention doit être portée sur le point de départ de la mesure, au point de nuque A qui devra être rectifié si la personne porte une robe ou un vêtement auquel la jonction du col est trop haut ou trop bas pour l'encolure.

La taille allongée, suivant la forme du vêtement ou sa longueur totale, est prise et inscrite, avec la longueur de taille naturelle, sous le numéro 1.

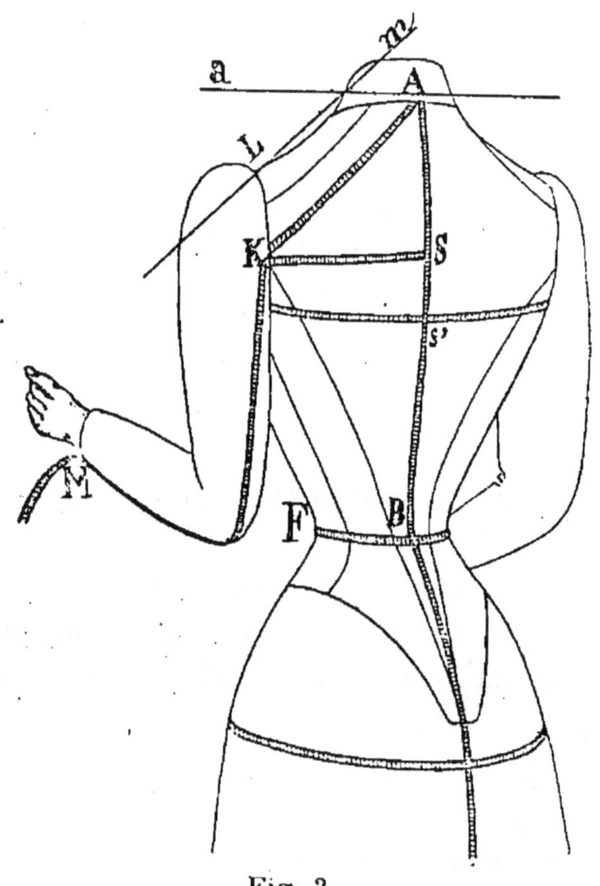

Fig. 3.

Inscrivons donc la longueur de taille d'une femme moyenne, soit 39 ;

2° La *largeur de carrure* S-K (*fig.* 3), comprend la carrure et la manche. La largeur de carrure anatomique doit être prise depuis le milieu du dos jusqu'à l'articulation du bras (tête de l'humérus), avec l'épaule (cavité glénoïde de l'omoplate) (¹). On arrête

1. Voir l'anatomie dans notre *Traité de coupe pour hommes et enfants* (Garnier, éditeur, 1895).

le centimètre sur ce point, puis on le fait suivre extérieurement le long du bras plié au coude et en venant l'arrêter à la cheville du bras M.

Prenons alors la carrure ([1]) et la manche d'une femme moyenne 16 1/2 et 76 ;

3° La *mesure de l'inclinaison*, ou pente de l'épaule, *prise du point de nuque A au point K (articulation du bras), sur le point de largeur de carrure;*

Cette mesure doit être prise en suivant sur le dos une ligne parallèle à la ligne de pente *mL* (*fig.* 3).

Le point d'intersection K, à très peu de chose près, se trouve situé sur une même horizontale que le centre de l'emmanchure.

Cette mesure vaut habituellement la moitié de la demi-grosseur du haut du corps ou le quart de la grosseur entière.

Il arrive fréquemment que la mesure de carrure est beaucoup plus étroite que celle présentée par la largeur anatomique; comme conséquence, le chiffre de la mesure de pente d'épaules est plus faible que la demi-grosseur. Ce fait provient de ce que l'on a pris mesure sur une robe ou vêtement épaulés. (Nous verrons à apprécier exactement cette particularité quand nous opérerons les tracés et à nous rendre compte de l'effet de ces changements dans la longueur des deux mesures de carrure et de pente ([2]).

Si la mesure de pente d'épaules est plus courte, c'est que l'intersection K avec toute l'emmanchure se trouve plus rapprochée de la ligne horizontale A-*a* passant par le point de nuque A, ce *qui indique une*

1. La *mesure de largeur de carrure est très souvent réduite* par cause de mode.

2. Voyez pages 93 et 117.

emmanchure plus haute et un côté plus long pour une même longueur de taille. La profondeur d'emmanchure est donc moins éloignée de la nuque et de toute la courbe de l'encolure.

Les lignes AK (trajet de la mesure) et la pente *m*-L deviennent aussi plus courtes au fur et à mesure qu'elles se rapprochent de l'horizontale A-*a*. C'est la raison par laquelle l'écart existant entre le sommet d'emmanchure du dos et celui du devant se trouve plus grand pour une même carrure et une même grosseur du haut du corps.

Dans les cas d'épaules basses, le contraire a lieu. Le point d'intersection K se trouve plus éloigné de la nuque, puisque la mesure de pente est plus longue ; la profondeur d'emmanchure augmente ; le côté est plus court pour une même longueur de taille. Les lignes de montage d'épaulette du dos et du devant s'allongent davantage ; l'écart entre les sommets d'emmanchure du dos et du devant est « plus fermé ».

La mesure de pente d'épaules bien prise forme sur le corps un triangle A-K-S qui, transporté au tracé, donne la répartition logique de la longueur de la taille en fournissant aux parties supérieure et inférieure du dos la part qui leur revient naturellement.

Dans les cas de conformations difformes, les mesures donnent, par leur application au tracé, une intersection K, qui peut d'ailleurs être déplacée pour la beauté et la régularité des lignes. L'évaluation exacte du point de cette intersection est surtout utile pour connaître la quantité d'abatage à faire aux épaulettes de façon à laisser, à la partie supérieure et inférieure du buste, l'étendue qui leur est nécessaire.

Une femme petite, avec une longueur de taille courte, peut très bien avoir les épaules basses et, inversement, une femme grande, avec une taille longue, peut avoir des épaules hautes.

Une division, toujours la même, de la longueur de la taille, ne suffit donc pas pour reconnaître l'emplacement de l'emmanchure dans les cas de conformation irrégulière.

La troisième mesure dispense de prendre celle de grande profondeur A-L-O-Z-A (*fig.* 5 et 6), mesure qui peut, du reste, être composée ou donnée par le tracé lui-même. Cette mesure, pour une femme moyenne, est de 21 ;

4° La *mesure de demi-largeur de poitrine.* Elle doit être prise d'un devant d'emmanchure à l'autre (articulation des bras devant), le centimètre s'arrondissant dans son trajet, ainsi que l'indiquent les figures 4 et 6.

On en inscrit la moitié O-O'.

Cette mesure est donnée par le tracé, mais elle est surtout très utile pour s'assurer de la largeur à laisser à la

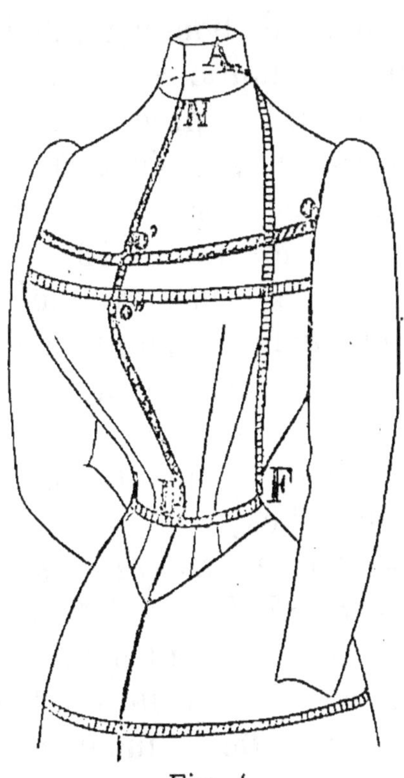

Fig. 4.

poitrine lorsqu'on règle le corsage, après l'avoir essayé. Nous prenons cette mesure en arrondissant sur la convexité de la poitrine et nous l'appliquons de même (*fig.* 6). Cette mesure, pour une femme moyenne, est de 19 ;

1.

5° La *mesure de demi-grosseur du haut du corps* sous les bras doit être prise le centimètre passant sous les bras, ras les emmanchures et le plus haut possible. Il ne faut pas trop serrer, mais bien faire adhérer le centimètre partout;

Il ne faut pas que cette mesure passe sur le sommet, sur la pointe des seins, mais au-dessus, car la proéminence de cette région augmenterait sensiblement la mesure et ferait couper le patron un peu trop large de partout, et ce patron pourrait pourtant manquer de bombage, de logement à la poitrine. Ce bombage doit être local, mais il doit être obtenu par le moyen des pinces, comme nous le verrons plus loin (page 125). Voyez le trajet de cette mesure S'-O'' (*fig.* 6) et aussi aux figures 4 et 5. Fixons cette mesure moyenne à 42.

C'est cette mesure que nous diviserons pour obtenir quelques points des tracés, points que nos mesures, prises en nombre réduit, ne donnent pas

6° La *demi-grosseur de ceinture*. Elle doit être prise juste et au plus creux de la taille, au-dessus des hanches;

7° La *mesure de longueur de la nuque à la hanche* A-F (*fig.* 4, 5 et 6) est des plus importantes. Seule de celles dont nous nous servons, elle peut nous donner la longueur ou hauteur relatives du dos et du devant. De sa justesse et de son application correcte aux tracés dépend le bon aplomb ou équilibre des patrons.

On pose un bout du centimètre sur le point de nuque A, on le fait passer devant l'emmanchure tendu et venant au creux de la hanche sur une même ligne horizontale que le point B de la taille du dos et, le plus possible, au milieu de l'épaisseur du corps en cet endroit, c'est-à-dire au milieu de la demi-grosseur de ceinture.

Cette mesure, pour une femme moyenne, d'une bonne tenue, vaut : 51.

Les sept mesures signalées ci-dessus sont suffisantes pour un corsage seul.

Pour les jaquettes, nous ajoutons la grosseur du bassin, qui peut être évaluée, pour une femme moyenne, à 48.

Pour certaines formes de manteaux, telles que les mac-farlanes, visites, etc., on prend aussi quelquefois la mesure autour des bras; mais elle n'est pas indispensable, car il suffit d'ajouter à la demi-grosseur du haut du corps, sa septième partie environ.

Exemple : une personne a 42 du haut du corps, la septième partie de cette mesure est de 6.

$42 + 6 = 48$, chiffre très approximatif pour tous les cas.

Si une personne a, par exemple, *56 de demi-gros-*seur du haut du corps, la septième partie de cette mesure est 8. $56 + 8 = 64$, chiffre encore bon, à cette grosseur.

Pour les robes, les costumes tailleur, nous prenons pour les jupes trois longueurs :

La longueur de la jupe, derrière, du point B de la taille au sol;

La longueur de la jupe, au côté, du point F au sol;

La longueur de la jupe, devant, du point D au sol.

De ces trois longueurs nous retranchons $0^m,02$, si le tissu n'est pas lourd, et *$0^m,03$ s'il est pesant.*

Beaucoup de personnes se bornent à mesurer la longueur de la jupe devant; mais la grosseur du ventre, d'une part, et la tenue souvent renversée, d'autre part, font que cette longueur est un peu exagérée pour les côtés et le dos. Si nous prenons mesure pour une jupe seule, nous y ajoutons la grosseur de ceinture (toujours) et la grosseur du bassin (seulement pour les jupes de forme plate, c'est-à-dire collant aux hanches).

Les patrons sont faits pour recouvrir une moitié de la grosseur du corps ou l'étendue comprise entre le milieu du dos et le milieu du devant. Posée sur le tissu qui est double, chaque partie tracée et coupée comprend les deux moitiés du corps ; nous notons donc par moitié toutes les mesures de grosseur et de largeur, mais nous notons par le chiffre entier trouvé chaque mesure de longueur ou hauteur.

Exemple (pour une femme moyenne) :

Longueur de la taille (entière) . . .	39
Carrure (toujours moitié)	16 1/2
— (avec manche entière) . . .	76
Pente d'épaules (entière)	21
Largeur de poitrine (toujours moitié) .	19
Grosseur du haut du corps (moitié). .	42
Grosseur de ceinture (moitié). . . .	28
Longueur de la nuque à la hanche (entière)	51
Grosseur du bassin (moitié)	48
Longueur de la jupe (derrière) . . .	100
— — (au côté) . . .	100
— — (au devant). . .	102

Ces trois dernières mesures entières.

39, 16 1/2, 76, 21, 19, 42, 28, 51, 48, 100, 100, 102

Tableaux de mesures usuelles, par âges et par tailles.

Les tableaux que nous donnons, pages 14 et 15, contiennent les chiffres des mesures usuelles pour les corsages de femmes et fillettes. A l'aide de ces chiffres s'harmonisant entre eux et s'adaptant aux dimensions les plus probables, on s'initiera à la croissance, par périodes, du corps humain, et on aura toutes les indications nécessaires pour pouvoir créer des patrons uniques ou par séries. On pourra, en outre, composer les mesures qui viendraient à manquer, comparer celles que l'on aura prises, les analyser et en déduire la conformation.

Comparaison des mesures et rapports qui existent entre elles.

Lorsque nous connaîtrons les différences ou rapports existant entre les diverses mesures, il nous sera facile de composer celles qui pourraient manquer ou juger de la conformation d'une personne par les mesures prises sur elle.

Chez les femmes bien *proportionnées*, qui ont atteint leur hauteur complète, la longueur de la taille vaut de 3 à 4 centimètres de moins que la demi-grosseur du haut du corps. On peut calculer cette longueur dans le rapport de 39 de taille pour 42 de demi-grosseur et de 40 pour 44 à 45.

Cependant, on n'en peut faire une règle, dans le sens absolu du mot, parce qu'une jeune fille, très grande, très élancée, peut avoir une longueur de

Tableau de mesures, par tailles graduées.

FEMMES

Longueur de la taille.	Carrure et manche.	Montant ou pente d'épaules.	Demi-longueur de poitrine.	Demi-grosseur du haut du corps.	Demi-grosseur de ceinture (1).	Longueur de la nuque à la hanche.	Demi-grosseur du bassin (5).	Demi-tour d'encolure.	OBSERVATIONS
(1)	(2)	(3)	(4)	(5)	(6)	(7)	(8)	(9)	(10)
de 15 à 16 ans. 38	15 1/2-72	19	16 1/2	38	24	49 à 50(2)	45 1/2 (6)	17 1/4	1. Les ceintures sont indiquées justes. Au patron coupé, il y a 3 centimètres de plus pour chaque taille.
39	16-74	20	17 1/2	40	25 1/2	51	46 1/2	19	2. La longueur de la nuque au milieu du devant est de 50 1/2 pour cette taille.
39	16 1/2-76	21	19	42	27	51 1/2	48 (7)	20 1/2	3. De la nuque au milieu de ceinture devant la longueur est de 56 soit 1 centimètre de plus.
39	17-76	22	19 1/2	44	29	52	50	20 1/2	4. Cet exemple a été pris sur une très grosse femme, de taille moyenne de hauteur, mais un peu voûtée.
39 1/2	17 1/2-77	23	20	46	31	53	52 1/2	20 3/4	5. Ces dimensions sont celles de la femme. Le patron a 5 centimètres de plus pour chaque taille.
40	18-78	24	21	48	33 à 34	54	54 1/2 (8)	21	6. Bassin mesuré à 13 au-dessous de la ceinture.
41	18 1/2-79	24 1/2	21 1/2	50	35	54 1/2	56	21 1/2	7, 8, 9. A 14 de la ceinture.
41	19-80	25	22	52	36	55	59	22 1/2	10. A 15 de la ceinture.
41	20-80	26	22 1/2	54	38	55 (3)	62 à 64 (9)	23	
42	20 1/2-80	25	22 3/4	56	43	56	69	23 1/2	
42	21-80	27	23 1/2	58	48	56	76	24	
39	21 1/2-80	27	24 1/2	60	52	53 (4)	83 (10)	24 1/2	

Tableau de mesures, par âges et par tailles.

FILLETTES

AGES	Longueur de la taille. (1)	Carrure et manche. (2)	Montant ou pente d'épaules. (3)	Demi-largeur de poitrine. (4)	Demi-grosseur du haut du corps (1). (5)	Demi-grosseur de la ceinture (2). (6)	Longueur de la nuque à la hanche (3). (7)	Demi-grosseur du bassin (4). (8)	Demi-tour d'encolure (5). (9)	OBSERVATIONS
4 ans.	23 ½	11-46	13	11 ½	26	25 ½	33 ½	35	14 ½	1. Les patrons coupés ont 5 centim. de plus que les mesures mentionnées.
5 ans.	25 ½	11 ½-48	13 ½	12	27	25 ½	35	35 ½	14 ½	2. Les patrons coupés ont 3 centim. de plus que les mesures mentionnées.
6 ans.	27 ½	12-51	14	12 ½	28	25	37	36	14 ¾	3. La mesure de longueur de la nuque au milieu du devant de ceinture à la hauteur de la taille est de ½ à 1 centimètre plus longue que celles mentionnées.
7 ans.	28	12 ½-53	14 ½	13 ¾	29	25	37 ½	36 ½	14 ¾	4. Les patrons coupés ont 5 centim. de plus que les mesures mentionnées.
8 ans.	28 ½	12 ½-56	15	13	30	26 ½	38	37	15	5. Les chiffres portés à cette colonne sont ceux des patrons coupés.
9 ans.	29	13-59	15 ½	13 ½	31	27	38 ½	38	15	
10 ans.	29 à 30	13 ½-61	16	13 ¾	32	28 ½	39 ½	39 ½	15 ¼	
11 ans.	31	13 ¾-63	16 ½	14	33	27 ½	40 ½	41	15 ½	
12 ans.	33	14-65	17	14 ¼	34	25 ½	42 ½	42	16	
13 ans.	35	14 ½-68	17 ½	14 ½	35	25 ½	44 ½	43	16 ¼	
14 ans.	37	15-70	18	15	36	24 ½	47	44	16 ½	

taille atteignant 43 et même 44, et une grosseur de poitrine de 38 à 40, par exemple. Une femme petite et forte *peut avoir, quoique jeune et sans déforma-tion, mais de sa propre nature,* une grosseur de poitrine de 46 à 48, avec une longueur de taille de 36 à 37. Une femme d'une haute taille, et aussi grosse soit-elle, ne dépasse que bien rarement 43 à 44 de longueur de taille. En réalité, on trouve beaucoup de femmes qui portent de 39 à 40 de longueur de taille et, cela, *avec les grosseurs les plus variées.* Donc, nous ne pouvons avoir de rapport certain entre la longueur de la taille et la grosseur princi-pale du haut du corps que pour les personnes de hauteur et de grosseur moyennes. Ce rapport ou différence peut être évalué à 3 ou 4 centimètres.

La carrure mesurée jusqu'à l'articulation du bras, *la carrure anatomique peut être estimée dans le rap-port de 17 à 44.* Le chiffre 44 étant ici pris comme représentant la moyenne de la grosseur des femmes. Cependant il est plutôt légèrement au-dessus.

Pour les grosseurs moyennes seulement, on pourra trouver la carrure anatomique ou naturelle en faisant la proportion suivante :

Exemple : Soit à trouver la carrure pour la gros-seur de 46 du haut du corps.

Posons les termes de la proportion, $17 : 44 :: x : 46$, qu'il faut lire : carrure 17 est à grosseur 44 comme *carrure inconnue (x)* est à grosseur 46, ou n'importe quelle autre grosseur, au lieu et place de 46.

Donc l'opération consiste à multiplier 17 par 46 et diviser le produit par 44. Le chiffre trouvé au quotient sera celui de la carrure cherchée.

Exemple : 17×46 17   78.2 | 44
                  —— $\times 46$ 342 | 17.77
                              ——   340
                              102   320
                              68   12
                              ——
                              782

Faisons la multiplication de 17 par 46 :

Après avoir posé l'un au-dessous de l'autre le multiplicande 17 et le multiplicateur 46, nous disons : 6 fois 7 font 42 ; je pose 2 et je retiens 4 ; 6 fois 1 font 6 et 4 de retenus font 10 ; je pose 0 et j'avance 1.

Multiplions maintenant par les dizaines :

4 fois 7 font 28. Je pose 8 en reculant d'une colonne vers la gauche et je retiens 2 dizaines.

4 fois 1 font 4 et 2 de retenus font 6. Je pose 6.

Barrons et additionnons :

2, posons 2 ; 0 et 8 font 8, posons 8 à la colonne des dizaines ; 1 et 6 font 7, posons 7 à la colonne des centaines.

Le produit de 17 multipliés par 46 égale donc 782 unités.

(Si nous changions l'ordre des facteurs, le produit ne serait pas changé. Nous pourrions aussi bien multiplier 46 par 17.)

Maintenant, divisons le produit 782 par la grosseur moyenne 44.

Après avoir posé les chiffres 782 du dividende et 44 du diviseur, comme dans notre exemple ci-dessus, nous séparons par un point deux chiffres au dividende, soit 78 (en effet, 78 contient 44 du diviseur).

Nous disons en 78 combien de fois 44 ; il y est 1 fois. Posons 1 au quotient et multiplions 44 par 1.

1 fois 4 c'est 4 ; ôtés de 8 du dividende reste 4 que

je place au dessous de 8. 1 fois 4 c'est 4, que j'ôte de 7, reste 3. Je pose le chiffre 3 sous le chiffre 7, il me reste 34. 34 ne contient pas 44 du diviseur ; j'abaisse le chiffre 2 des unités et j'ai alors 342 à diviser par 44. Je dis : en 34 combien de fois 4, 7 fois ; je pose 7 au quotient et je multiplie 44 par 7 ; 7 fois 4 font 28, ôtés de 32, reste 4 (je dis 32 parce que le chiffre 2 ne contient pas 28 et j'ajoute pour cela 3 dizaines à 2, soit 32). Je retiens ces 3 dizaines. Je continue en multipliant 7 fois 4 font 28, plus 3 de retenus, font 31. J'ôte, je soustrais 31 de 34 ; il reste 3. Je pose 3 sous le 4. J'ai donc fait la division des unités, 782 unités et j'ai obtenu 17 unités au quotient.

Il nous reste 34 unités à diviser. 34 ne contenant pas 44, nous ajoutons un 0, ce qui nous fait 340 millimètres. (Mettre un 0 à la droite des unités, c'est multiplier ces unités par 10 et les transformer en millimètres.)

Je sépare les 17 unités du quotient par une virgule et je divise mes 340 millimètres par le diviseur 44. En 34 combien de fois 4 : 7 fois ; 7 fois 4 font 28, ôtés de 30, reste 2. Je pose 2 et je retiens 3 ; 7 fois 4 font 28 et 3 de retenus font 31 qui, ôtés de 34, donnent 3. Je pose 3 sous le 4. Le dernier reste, soit 32 millimètres, est à diviser par le diviseur 44. 32 ne contenant pas 44, j'ajoute un autre zéro, ce qui rend nos 32 millimètres égaux à 320 dix-millimètres.

Je poursuis la division. En 32 combien de fois 4 : 7 fois ; 7 fois 4 font 28 ; ôtés de 30, reste 2 et je retiens 3 ; 7 fois 4 font 28 et 3 de retenus, 31 ; ôtés de 32, reste 1. Il reste donc 12 dix-millimètres qui seraient encore à diviser par 44. En ajoutant un 0 à ces 12 dix-millimètres, nous obtiendrions

120 cent-millimètres qui seraient également à diviser par 44.

Nous retiendrions du quotient, pour la pratique, le chiffre 17 unités ou 17 centimètres et 7 millimètres qui représente approximativement la carrure naturelle à la grosseur 46. Nous allons, d'ailleurs, après cette démonstration qui a plutôt pour but de donner quelques notions de calcul, fournir des moyens plus simples, plus rapides de calculer la carrure naturelle.

En prenant le cinquième de la demi-grosseur de poitrine et en multipliant par 2, nous aurons la carrure.

Exemple : Soit la demi-grosseur de poitrine, 50.

Le cinquième de 50 est de 10 qui, multipliés par 2, donnent 20.

En multipliant par 4 la demi-grosseur et en séparant un chiffre à droite par une virgule, nous aurons aussi la carrure.

$50 \times 4 = 200$.

Ainsi, dans notre exemple.

Séparons le chiffre à droite par une virgule, nous avons 20,0, soit 20 centimètres pour la largeur de carrure.

Autre exemple : Soit la demi-grosseur, 54.

$54 \times 4 = 216$.

21,6, avec chiffre séparé à droite, nous donne 21 centimètres et 6 millimètres, ou 216 millimètres, pour la largeur de carrure.

Nous trouverions de même la carrure pour un enfant.

Exemple : Soit une fillette de 4 ans qui a environ 26 de demi-grosseur du haut du corps.

$26 \times 4 = 104$ millimètres ou 10 centimètres et
4 millimètres.

Nous dirons cependant que ce calcul donne un
chiffre un peu faible pour les enfants, mais un peu
fort pour toutes les femmes, surtout celles dont la
grosseur dépasse la moyenne.

Pour les personnes dont l'embonpoint est considérable, les chiffres ainsi obtenus ne seraient pas
applicables.

Pour les grosses femmes, la répartition des trois
largeurs de carrure, de diamètre d'emmanchure et
de largeur de poitrine autour de la circonférence du
sous-bras ne se fait pas du tout dans les mêmes conditions, de la même manière que chez les femmes
moyennes.

Ce qui augmente surtout chez les personnes très
fortes, c'est le diamètre, l'écart d'emmanchure. Le
corps se développe surtout en épaisseur, peu en
largeur. Il en résulte que la carrure et la largeur
d'épaulette, ou des épaules, ne changent que peu ou
pas au-dessus des grosseurs 48 à 50 du haut du
corps. La largeur de poitrine change, il est vrai,
davantage ; mais c'est surtout le diamètre d'emmanchure qui devient énormément ouvert. Aussi, trou-
verons-nous dans la plupart des cas une carrure
relativement très étroite chez les femmes de très
forte corpulence.

La mesure de pente d'épaules va, pour les grosseurs
d'enfants et de femme, jusqu'au chiffre 48 à 50 du
haut du corps (à peu près la moitié de la demi-grosseur). Pour les femmes de forte corpulence, cette
mesure n'atteint pas tout à fait le chiffre de la
moitié de la demi-grosseur et ceci vient de ce que la carrure est elle-même réduite. La base du triangle que

nous formons sur le corps changeant de longueur, ayant une longueur moindre, l'hypoténuse de ce triangle figurée par la mesure de pente est forcément plus courte si le côté A-S (*fig.* 6) est de longueur invariable. Il arrive souvent, en effet, que les lignes A-K et S-K changent dans un rapport tel que le côté A-S ne change pas (*fig.* 6) de longueur.

La demi-largeur de poitrine compte 2 à 3 centimètres de moins que la demi-grosseur du haut du corps (cette différence existe pour les grosseurs comprises entre 32 et 48). Pour les enfants, la différence est un peu moindre.

De 4 ans à 8 ou 9 ans, la demi-largeur de poitrine vaut de 1 1/2 à 2 de moins que le chiffre de la demi-grosseur. Au-dessus de la demi-grosseur 48, le chiffre de la demi-largeur de poitrine est inférieur de 3, 3 1/2 ou 4 jusqu'à la grosseur 52, grosseur au-dessus de laquelle cette différence atteint bien de 5 à 5 1/2.

Le chiffre de cette mesure dépend surtout aussi, pour n'importe quelle personne, de la place où passe le centimètre. Nous la prenons en arrondissant (*fig.* 4 et 6), de façon à ce que l'évidage de l'épaulette ne vienne pas fausser cette largeur. Cet évidage ne porte pas sur la région occupée par le point O (*fig.* 6); car, à cet endroit de l'emmanchure, du *tendon du bras*, il ne faut pas évider ([1]). La demi-grosseur du haut du corps est la mesure qui sert pour lui comparer les autres. Nous supposons l'avoir toujours sous la main. C'est une des plus importantes à bien prendre. La grosseur de ceinture est excessivement variable par cause des conformations et de l'âge.

1. Nous parlons des corsages à épaulettes réduites dites « épaulées ».

On peut estimer la ceinture d'une femme moyenne comme valant 14 centimètres de moins que la demi-grosseur du haut du corps, souvent même on trouve 15. Cette grande différence provient non seulement de la structure de la femme, mais aussi beaucoup de l'usage du corset, sans lequel les femmes qui ne l'auraient jamais porté, seraient d'une conformation approchant plus de celle de l'homme, à l'exception toutefois de la proéminence très marquée du bassin.

C'est aussi à l'usage continuel du corset que les personnes d'une forte corpulence doivent de conserver la ceinture relativement fine, c'est-à-dire peu déformée. Je ne parle pas du ventre qui peut être fort gros, de même que les hanches ; je parle seulement de la ceinture qui conserve du dessin.

Chez les enfants, la grosseur de la ceinture est presque égale à la grosseur du haut du corps. De 4 à 7 ans la différence entre la ceinture et le haut varie de 1/2 à 3 centimètres. De 7 à 11 ans cette différence varie de 3 à 5 1/2. Vers 12 ans, la ceinture commence déjà à se dessiner en accusant une différence de 7 à 7 1/2. Depuis 12 ans jusqu'aux grosseurs 42 à 44 le thorax augmente et la ceinture diminue. Elle diminue même non pas proportionnellement, mais effectivement depuis l'âge de 11 ou 12 ans jusqu'à 16 ou 17 ans. La transformation naturelle et, aussi, la pression continuelle du corset ont alors réduit la ceinture à son minimum. Au-dessus de la grosseur 48 pour les femmes petites et de celle plus forte pour les personnes de haute stature (54 à 56), la ceinture n'accuse plus 14 de différence avec le haut du corps, mais beaucoup moins parfois.

Le tour du bassin offre la mesure la plus étendue.

Chez les fillettes de 4 à 7 ou 8 ans, cette mesure

est supérieure de 8 à 9 centimètres à celle du haut du corps.

Jusqu'aux grosseurs 52 à 53 (haut du corps), le bassin se montre supérieur de 6 à 8 centimètres à cette première mesure; mais, chez les femmes de très forte corpulence, le bassin peut dépasser de 20 et même 25 centimètres.

Entre la longueur de la nuque à la hanche et la taille du dos, il existe un rapport (ou différence) qui varie de 10 à 14 centimètres pour des tenues droites et régulières. Ce rapport varie suivant la grosseur, l'épaisseur du thorax. Évidemment, plus la poitrine est proéminente, plus la mesure passant par devant devient longue.

Chez les fillettes de 4 ans à 13 ou 14 ans, cette différence monte souvent de 9 1/2 à 10. Cette suréléva tion dans la mensuration est occasionnée par la tenue habituellement renversée et non pas par l'épaisseur du thorax, attendu que, à ces âges, le ventre et la ceinture sont seuls proéminents.

Au-dessus de 14 à 15 ans, la mesure de longueur de la nuque à la hanche augmente très sensiblement et, vers la grosseur 38 à 40 de demi-grosseur de poitrine, sa différence avec la longueur de la taille s'élève de 11 à 12 centimètres. Vers les grosseurs 46 à 48 de demi-grosseur de poitrine, ce chiffre équivaut de 12 1/2 à 13. Pour les grosseurs au-dessus de 48 à 50, souvent on constate une différence de 13 à 14 centimètres.

Ici nous allons ouvrir une parenthèse pour mentionner le tour d'encolure, mesure que nous ne prenons pas habituellement, mais que nous obtenons simplement par les tracés.

Il n'existe pas de rapport fixe. Cependant, comme

guide, on pourra s'appuyer sur une comparaison entre cette mesure et la moitié de la demi-grosseur du haut du corps.

Chez les enfants, le demi-tour d'encolure dépasse un peu la moitié de la demi-grosseur. A 4 ans, une fillette a environ 26 de demi-grosseur ; la moitié est 13, tandis que le demi-tour d'encolure atteint 14 1/2 au patron coupé, soit 1 1/2 de plus que la moitié de la demi-grosseur à cette taille. Vers 8 ans (demi-grosseur : 30), la mesure de la moitié de l'encolure égale la moitié de 30 (ou à très peu près), soit 15 centimètres au patron coupé.

Au-dessus de 8 ans, la différence entre la mesure de la demi-encolure et celle de la moitié de la demi-grosseur du haut du corps progresse successivement jusqu'aux tailles fortes.

Ainsi, à la demi-grosseur 44 du haut du corps, la moitié étant 22, nous n'avons que 20 1/4 à 20 1/2 (au patron coupé) pour la demi-longueur de la courbe de l'encolure, soit une différence de 1 1/2 en moins pour l'encolure.

Une grosse femme de 60 de demi-grosseur de poitrine a environ 24 1/2 de demi-tour d'encolure. La moitié de sa demi-grosseur étant 30, la différence entre ces deux chiffres vaut donc, au patron coupé, 5 cent. 1/2.

On peut donc déduire de ces comparaisons la règle suivante :

Au-dessous de la grosseur 30 (ou 8 ans) la demi-encolure dépasse graduellement la moitié de la demi-grosseur, à raison de 1 1/2 à la taille de 4 ans.

Au-dessus de 8 ans, la demi-encolure diminue, par degré d'âge, de la demi-grosseur jusqu'à la taille de 60 et plus. A la grosseur 60, la demi-encolure est inférieure de 5 1/2 à 6 à la demi-grosseur du haut du corps.

Tableaux de mesures et de dimensions complémentaires.

Pages 26 et 27, nous donnons plusieurs genres de mesures adoptées par quelques méthodistes et un certain nombre de praticiens.

Les quatre premières colonnes de ces tableaux sont la reproduction des grosseurs et longueurs contenues dans les précédents tableaux des mesures usuelles (pages 14-15). Nous donnons, en même temps la figure 5, pour mieux comprendre la disposition de ces mesures.

La colonne 5 contient les chiffres de longueurs de la nuque A au milieu du devant de ceinture D (*fig.* 4 et 6). Ces chiffres diffèrent très peu de

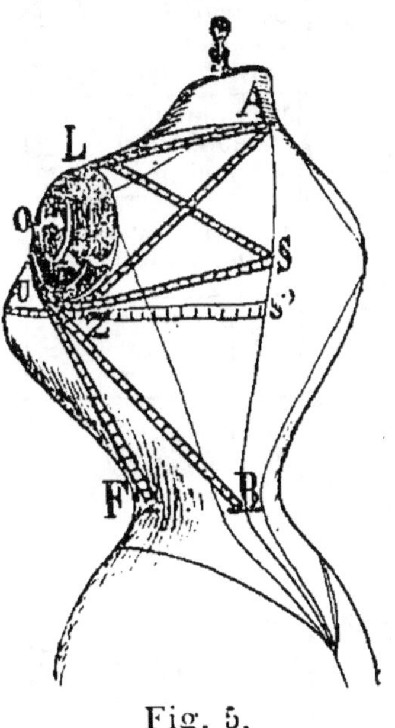

Fig. 5.

ceux de la quatrième colonne (7e mesure prise sur le corps) et encore, s'ils ne sont pas les mêmes exactement, c'est à cause de la conformation, de la tenue (1).

La colonne 6 donne les chiffres de longueur du devant N-D (*fig.* 4 et 6), depuis la taille jusqu'à la base de l'encolure. Ces chiffres ne peuvent être com-

---

1. Chez les femmes voûtées, cette mesure est toujours un peu plus courte et chez celles de tenue renversée légèrement plus longue.

Tableau de mesures complémentaires.

FEMMES

Grosseur du haut du corps. (1)	Grosseur de ceinture. (2)	Longueur de taille. (3)	Longueur de la nuque à la hanche. (4)	Longueur de la nuque au devant de ceinture. (5)	Longueur de la base de l'encolure à la taille devant. (6)	Longueur de la nuque à la cambrure. (7)	De la nuque au-devant de taille passant obliquement par l'omoplate. (8)	Avancement d'emmanchure. (9)	Grand avancement ou force d'épaules. (10)	Profondeur d'emmanchure. (11)	Grande profondeur d'emmanchure. (*) (12)	Hauteur des côtés de la hanche à l'emmanchure. (13)	Tour de l'emmanchure. (14)	De la nuque au sol partie du dos. (15)	De la nuque au sol partie du devant. (16)	Différence entre la hauteur du dos et celle du devant. (17)
de 15 à 16 ans. 38	24	38	49 à 50	50 1/2	35 1/2	56(³)	54(⁴)	27 1/2	57(⁵)	26 1/2	58 1/2	22 1/2	35 1/2	130	143	13
40	25 1/2	39	51	52	36	58	56	28	60	27 1/2	61 1/2	22 1/2	36 1/2	132	145	13
42	27	39	51 1/3	52 1/2	35 2/3	60	58	29 1/2	63	29 1/2	64	22 1/2	37	135	148	13
44	29	39	52	53	35 2/3	61 1/2	59	30	64 1/2	30 1/2	65 1/2	22	38	136	149	13
46	31	39 1/2	53	54	36	63	59 1/2	30 1/2	65	31 1/2	67	21	39	138	151	13
48	33 à 34	40	54	55 1/2	38 1/4	65	60 1/2	32	65 1/2	32 1/2	68	21	40	140	154 à 155	14 à 15
50	35	41	54 1/2	55 1/2	38	66	62 1/2	32 1/2	66 1/2	32 3/4	69 1/2	21	42	»	»	»
52	36	41	55	56	37 1/2	66 1/2	65	33	68 1/2	33	71 1/2	21	44	»	»	»
54	38	41	55	56 1/2	36 1/2	67 1/2	67	35	70 1/2	33 1/2	73	21	46	»	»	»
56	43	42	56	57	37 1/2	70	69	37	74 1/2	34 1/2	76	21	48	»	»	»
58	48	42	56	57	37	71 1/2	71	39	78 1/2	36	80	19	51	»	»	»
60	52	39	58	53 1/2	32(²)	73	76	41	82	37	84	15	54	»	»	»

1. Ces mesures proviennent d'un patron de tenue renversée, comme il arrive souvent chez les personnes de cette grosseur
2. Les mesures de cette colonne sont celles d'une femme voûtée et grosse.
3. Cette dimension est celle des patrons. Sur les personnes, on trouve 2 centimètres en moins pour chaque taille.
4. Sur les personnes, ces mesures sont de 2 centimètres de moins que les chiffres portés au présent tableau, ces calculs ont été faits les pinces de devant réunies.
5 et 6. Sur les personnes ces mesures sont de 2 centimètres plus courtes.

ET CONFECTION DES VÊTEMENTS

Tableau de mesures complémentaires.
FILLETTES

AGES	Grosseur du haut du corps. (1)	Grosseur de ceinture. (2)	Longueur de taille. (3)	Longueur de la nuque à la hanche. (4)	Longueur au devant de ceinture. (5)	Longueur de la base de l'encolure à la taille devant. (6)	Longueur de la nuque à la cambrure. (7)	De la nuque au devant de taille passant obliquement sur l'omoplate. (8)	Avancement d'emmanchure. (9)	Grand avancement ou force d'épaules [3]. (10)	Profondeur d'emmanchure. (11)	Grande profondeur [4] d'emmanchure. (12)	Hauteur des côtés de la hanche à l'emmanchure. (13)	Tour de l'emmanchure ajustée. (14)	De la nuque au sol partie du dos. (15)	De la nuque au sol partie du devant. (16)	Différence entre la hauteur du dos et celle du devant. (17)
4 ans.	26	25 1/2	23 1/2	33 1/2	34 1/2	22 1/2	42 [1]	39 [2]	19	44 1/2	20 3/4	44	12 1/2	26 à 27	88 à 89	101	12 à 13
5 ans.	27	25 1/2	25 1/2	35	36	24	43	41	19 1/4	45	21	45	13 1/2	27	93	106	13
6 ans.	28	25	27 1/2	37	38	25	44	43	19 1/2	45	21 1/2	46	14 1/2	28	98	111	13
7 ans.	29	26	28	37 1/2	38 1/2	26	44 1/2	44	20 1/4	45 1/2	22	47	14 3/4	28 1/2	101	114	13
8 ans.	30	26 1/2	28 1/2	38	39	26	45	45	21	46 1/2	22	47 1/2	15	29	104	117	13
9 ans.	31	27	29	38 1/2	39 1/2	26 1/2	45 1/2	46	21 3/4	47 1/2	22 1/2	48 1/2	15 1/2	29 1/2	108	121	13
10 ans.	32	28 1/2	29 1/2	39 1/2	40 1/2	26 1/2	46	47	22 1/2	48	23	49	16	30	111	124	13
11 ans.	33	27 1/2	31	41	42	28 1/2	48	48 1/2	23 1/4	49 1/2	23 1/4	50 1/2	17	31	116	129	13
12 ans.	34	26 1/2	33	42 à 43	41	30 1/2	49 1/2	49 1/2	24	51	23 1/2	52	18	32	121	134	13
13 ans.	35	25 1/2	35	43	46	32 1/2	51	51	24 1/2	53	24 1/4	53 1/2	19 1/2	33	126	139	13
14 ans.	36	24 1/2	37	47	48	34 1/2	53	52	25	55	25 1/2	55	19 1/2 à 20	34	128	141	13

1, 2, 3, 4. Mesurées sur les personnes, ces dimensions seraient de 2 centimètres plus courtes que les chiffres portés au tableau.

parés qu'à ceux des longueurs de taille de dos. Quelle que soit la taille ou grosseur, les énumérations de longueur de devant sont toujours inférieures à celles de la longueur de taille de dos ([1]).

Chez les enfants, la différence entre ces deux mesures est bien minime; nous trouvons, pour 4 ans, une différence de 1 centimètre. Vers 6 ans, on arrive à une différence de 2 à 2 1/2. De 6 ans aux grosseurs 50 à 52 du haut du corps, les différences varient entre 2 1/2 à 3 1/2, sauf les cas de conformations très voûtées ou très renversées. Il est évident que, pour des tenues très renversées, la septième mesure prise sur le corps est plus longue; celle du devant inscrite à la sixième colonne augmente aussi; si les tenues sont voûtées, la septième mesure est plus courte et la longueur du devant également.

Pour les grosseurs au-dessus de 52, la différence varie de 4 à 5 centimètres.

La colonne 7 contient des chiffres qui dépendent de la longueur de la taille, de la grosseur du haut et du bas du corps (ceinture), puis encore de la conformation (soit longueur de la nuque à la cambrure A-L-O-U-B, *fig.* 5).

Selon que la 7ᵉ mesure est plus ou moins longue, la mesure de cambrure suit la même variation.

A la grosseur moyenne de 42 du haut du corps, la mesure de cambrure est composée exactement de la longueur de la taille plus la moitié de la demi-grosseur, soit $39 + 21 = 60$ chiffre trouvé au patron) ([2]).

Au-dessous de la grosseur 42 jusqu'à celle 34

---

1. En d'autres termes, les chiffres de longueur de taille de dos A-B sont supérieurs à ceux des longueurs de devant N-D (*fig.* 6).

2. Sur le corps, cette mesure a en réalité 2 cent. de moins.

(12 ans), le calcul de la moitié de la demi-grosseur ajoutée à la longueur de la taille donne approximativement la mesure de la cambrure.

A partir de la grosseur 32 (correspondant à peu près à 10 ans), le chiffre devient trop faible. Ainsi, pour une fillette de 4 ans (26 du haut du corps) il serait seulement 36 1/2, comprenant la longueur de taille et la demi-grosseur, soit 23 1/2 + 13 (chiffre trop faible de 5 1/2 environ). Voici d'où provient cet écart : la ceinture des enfants, grosse tout autour, n'a qu'une cambrure à peine indiquée. La région des sous-bras, au-dessus des hanches, est presque perpendiculaire au sol ; à cette forme naturelle aux enfants se joint une tenue habituellement renversée ; or, il résulte de là une mesure de nuque à cambrure plus longue que celle relative aux conformations mieux établies.

Au-dessus de la grosseur moyenne 42, jusqu'aux grosseurs 56 à 58, le calcul donne un chiffre juste ou approchant ; mais pour des femmes très grosses, la mesure de cambrure prise sur le corps dépasse un peu parfois celle obtenue par notre opération. Ceci vient de l'épaississement de la ceinture comme chez les enfants.

Les chiffres de la colonne 8 sont ceux d'une mesure peu usuelle. Les tracés faits à l'aide de la méthode donnent ces dimensions sans avoir à s'en occuper. Le trajet de cette mesure est indiqué (*fig.* 6) sur A-Z-D. Les intervalles que nous avons indiqués sur cette figure — intervalles existant entre les pinces — se réduisent à zéro sur le corps, puisque les côtés de pinces sont rapprochés et cousus.

Ces chiffres diffèrent peu de ceux de la précédente colonne.

La colonne 9 contient les avancements d'emmanchure (mesure prise du milieu du dos S' au point U, *fig.* 5). Cette dimension peut être obtenue en calculant les deux tiers de la grosseur principale (5e mesure). Cependant le chiffre ainsi obtenu est souvent faible de 1 centimètre, surtout pour les enfants ([1]).

La mesure indiquée varie avec la conformation générale et la largeur de carrure combinée avec celle de la largeur de poitrine. Quand la tenue est renversée (avec dos plat, par conséquent), la carrure est un peu plus faible et l'avancement l'est aussi. Pour tenue voûtée, le contraire a lieu.

La colonne 10 contient les mesures du grand avancement d'emmanchure ou force d'épaules, prises du point S sur LOUZS entourant le bras et l'épaule (*fig.* 5 et 6). Cette dimension peut être obtenue en multipliant la moitié de la demi-grosseur par 3.

Grosseur 42 : le calcul donne cette dimension très exacte. En effet, prenons la moitié de 42, soit 21, et multiplions-la par 3, le total sera 63, chiffre que le patron doit accuser dans le trajet de cette dimension ou mesure.

Sur la personne, on trouverait en réalité 2 centimètres de moins, sauf les cas de conformations anormales.

Pour les grosseurs supérieures à 42, l'opération accuse un chiffre trop fort et la différence augmente sensiblement en arrivant aux très fortes tailles. Ainsi, à la grosseur de 48, $24 \times 3 = 72$. Ce chiffre est trop fort de 6 centimètres environ.

Grosseur 52 : la moitié $26 \times 3 = 78$, 78 est de 9 centimètres trop élevé.

---

1. Le chiffre de l'avancement augmente souvent du fait d'un fort évidage à l'épaulette.

Grosseur 60 : la moitié est $30 \times 3 = 90$ (8 à 9 centimètres en trop).

Pour les tailles ou grosseurs au-dessous de 42 (de 24 à 32) le calcul est juste, mais, au-dessous de ces gros seurs, il donne une évaluation trop faible. Ainsi, à la grosseur de 30, la moitié $15 \times 3 = 45$, chiffre inférieur de 1 1/2 environ à celui que fournirait, pour cette partie, un patron bien établi.

Grosseur 28 : on aurait 42, trop faible de 3 centimètres.

Grosseur 26 (ou 4 ans) : la moitié $13 \times 3 = 39$ (trop faible de 5 à 5 1/2).

Nous en concluons que la moitié de la demi-grosseur multipliée par 3 donne un produit exact applicable à quelques grosseurs avoisinant la moyenne de 42 ou plutôt la précédant. Pour les tailles ou grosseurs *plus fortes*, les *chiffres* deviennent trop forts. Par contre, au-dessous de la grosseur 32, ils deviennent trop faibles.

La colonne 11 énumère les chiffres de profondeur d'emmanchure, mesure prise de la nuque A jusqu'au point U (A-L-O-U, *fig.* 5).

On peut calculer cette dimension en cherchant les *deux tiers de la grosseur principale* (5ᵉ *mesure*), mais le total trouvé devra être augmenté de 1 centimètre (au minimum) pour les grosseurs moyennes et depuis celles comptant 34 jusqu'à 46 ou 48.

Pour les grosseurs au-dessus, il faudra diminuer graduellement le chiffre obtenu par le calcul des deux tiers jusqu'au maximum de 3 centimètres à la grosseur de 60.

Pour cette dernière grosseur le chiffre obtenu serait 40, tandis que la profondeur la plus vraisemblable est de 37 environ.

La colonne 12 (chiffres de la grande profondeur d'emmanchure) est bonne aussi à retenir, quoique les dimensions soient données par les tracés faits au moyen de notre méthode et par les patrons coupés.

Le trajet de cette mesure est indiqué (*fig.* 5 et 6) par les lettres A-L-O-U-Z-A.

La grande profondeur peut être calculée comme nous l'avons fait pour les chiffres de la colonne 10 (grand avancement ou force d'épaules), en multipliant la moitié de la demi-grosseur par 3 ou, ce qui est la même chose, en cherchant les 3/4 de la grosseur entière.

Pour les grosseurs moyennes, 42 et 44, le chiffre ainsi obtenu est exact ou à peu de chose près. Pour les grosseurs au-dessous, l'opération produit des chiffres trop faibles, et ainsi graduellement jusqu'aux plus petites tailles ou grosseurs.

De 42 à 32, la différence est minime, le calcul des trois quarts de la grosseur entière, appliqué à chaque grosseur intermédiaire, fournit un chiffre plus faible de 1 centimètre que celui du patron correspondant à chaque grosseur.

De 32 à 26, la différence du chiffre probable avec celui du calcul varie plus sensiblement que pour les grosseurs déjà citées. Nous trouvons, pour celle de 26, le chiffre 39 (13 × 3) tandis que le chiffre probable est de 44 environ. Différence : 5 centimètres.

Pour les grosseurs au-dessus de 44, on obtient des chiffres trop forts et il faut les diminuer graduellement jusqu'aux tailles ou grosseurs les plus fortes. Ainsi, à la grosseur 58, 80 paraît le nombre désiré ; or, nous obtenons, par le calcul, 87. C'est donc une différence en excès de 7 centimètres.

De la grosseur 44 à celle de 58 (de 2 en 2 centimètres), nous avons six tailles intermédiaires dont chacune sera pourvue d'un chiffre de profondeur, non pas en retranchant des 3/4 de la grosseur et également pour chaque taille la sixième partie de la différence (7 centimètres), mais suivant les chiffres du tableau, car la graduation n'est pas uniforme et régulière.

A la grosseur de 48, par exemple, nous avons (par le calcul des 3/4) $24 \times 3 = 72$, chiffre trop élevé de 4 centimètres.

La 13ᵉ colonne contient la hauteur du côté de la *hanche à l'emmanchure (mesure prise du point Z au point F, fig. 5 et 6)*. Cette hauteur dépend de la longueur de la taille, de la grosseur et aussi de la conformation.

Chez les femmes de forte corpulence, la profondeur de l'emmanchure dépendant surtout de la grosseur du haut du corps, il en résulte que la partie occupée *par la hauteur du côté ne prend qu'une partie moins* grande de la longueur de la taille.

Chez les enfants, c'est le contraire ; aussi trouvons-nous, pour les personnes qui ont atteint leur hauteur complète, mais non leur grosseur, une hauteur de côté qui occupe une plus grande partie de la longueur du dos (1).

Du reste, nous voyons par *l'examen des chiffres* des colonnes 3 (longueur de taille) et 13 (hauteur des côtés) qu'à la grosseur 26 nous avons une taille de 23 1/2, dont la moitié est de 11 3/4.

La hauteur du côté étant environ de 12 à 12 1/4, il en résulte que le côté dépasse en longueur celle de la moitié de la mesure de taille (1/2 centimètre).

(1) Voyez surtout aux tailles ou grosseurs de 38, 40 et 42.

Grosseur 28 (taille 27 1/2, moitié 13 1/4 et côté 14 1/2) : le côté est plus long que la moitié de la longueur de la taille (3/4).

Grosseur 32 (taille 29 1/2, moitié 14 3/4 et côté 16) : le côté est plus long que la moitié de la longueur de la taille (1 1/4).

Grosseur 36 : nous trouvons au côté une longueur de 1 1/2 de plus que la demi-longueur de la taille.

Grosseurs 38 à 42 (inclus) : on remarquera des différences en plus de longueur au côté (de 3 1/2 à 3 centimètres).

En remontant aux plus fortes grosseurs, les différences décroissent, pour disparaître à la fin. (Ces différences varient de 2 centimètres à 1 demi-centimètre. A la grosseur de 54, la hauteur du côté égale à peu près la moitié de la longueur de la taille.)

Grosseur de 56 : la hauteur de côté égale la demi-longueur de la taille ; puis, au-dessus de cette grosseur, le côté devient plus court.

Grosseur 60 : on trouve de 3 à 4 centimètres en moins que la demi-longueur de la taille.

A la colonne 14, le tour d'emmanchure est donné par un chiffre approximatif à chaque taille. Il s'agit ici de l'emmanchure naturelle et ajustée, c'est-à-dire celle produite par une carrure et une épaulette non réduites, non « épaulées ».

Le tour d'emmanchure dépend surtout de la grosseur du haut du corps ; mais il ne croit pas *proportionnellement* à cette grosseur, ainsi qu'on l'a admis pendant longtemps et encore de nos jours parfois.

Nous voyons qu'aux deux ou trois premiers âges (à 4 ans, 5 ans, 6 et 7 ans), le tour de l'emmanchure égale la demi-grosseur.

Vers 8 ans (grosseur 30), l'emmanchure est légèrement plus faible (1 centimètre).

Grosseurs 32, 34 et 36 : le tour d'emmanchure a environ 2 centimètres de moins que le chiffre de la demi-grosseur. En allant vers les tailles de plus en plus fortes, la différence augmente jusqu'aux grosseurs de 58 à 60.

Grosseur 42 : nous avons une différence de 4 à 5 centimètres.

Grosseur 48 ou 50 : la différence est de 7 à 8 centimètres. Elle se maintient ainsi à peu près uniformément jusqu'aux grosseurs de 56 à 58 et au-dessus de ces dernières, pour les patrons de femmes très grosses, le tour de l'emmanchure tend à regagner, à égaler la demi-grosseur, parce que la mesure de carrure et celle de l'épaulette changent peu de largeur, comme nous l'avons déjà dit, bien que le pourtour du haut du corps soit plus fort. Le tour de l'emmanchure s'agrandit forcément, puisque le diamètre de largeur augmente.

Les colonnes 15, 16, 17 contiennent les longueurs les plus probables prises de la nuque à la taille et au sol derrière et devant. De la comparaison de ces deux longueurs résulte une différence (ou rapport) qui sert pour arrondir le bas des vêtements en général parallèlement au sol (c'est-à-dire partout à égale distance du sol).

Chez les enfants, dont la tenue est le plus habituellement renversée et ventrue, cette différence est presque aussi grande que chez les personnes de grosseur moyenne. En arrivant aux très fortes grosseurs, la différence s'accroît considérablement et l'on peut dire que, pour les grosseurs d'enfants, cette différence vaut de 12 à 13. Pour celles intermédiaires (jusqu'à 47 ou 48), cette différence, ou rapport, vaut environ 13 et, au-dessus de la taille 48, on trouve 14 et plus, chez les femmes dont la grosseur atteint 52, 54, etc.

Si on coupe ou règle un vêtement pour un enfant et que la longueur de ce vêtement soit, par exemple, de 50 pour le dos, s'il doit être arrondi parallèlement au sol, nous donnerons au devant (encolure du dos comprise) cette même longueur $50 + 13 = 63$.

Si le vêtement est pour une personne d'un fort embonpoint, connaissant la longueur du dos, nous donnerons au devant cette même longueur (augmentée de 14, 15, etc.). Il faut toujours, évidemment, comprendre dans le chiffre de longueur du devant celui de la largeur de l'encolure du dos, ceci pour toutes tailles et tous vêtements.

Sans prendre ces mesures sur les personnes, on peut se fixer à peu près sur leur valeur en comparant la longueur de la taille du dos prise de la nuque à la taille (1re mesure), à la longueur de la nuque à la hanche (7° mesure). Ainsi, pour une fillette de 4 ans, par exemple, la taille étant de 23 1/2 et la longueur du devant de 33 1/2, la différence est 10, auxquels nous pouvons ajouter 3 centimètres employés par l'obliquité de la mesure allant au sol et par la tenue ventrue et portée en arrière du haut du corps.

Pour une personne très grosse (par exemple, pour 58 du haut du corps), si nous avons une longueur de taille 42 et une longueur de devant 56, la différence étant 14, nous pouvons bien ajouter 3 centimètres employés, réclamés même par l'embonpoint **du ventre et la tenue. Nous arrondirons donc ledit** vêtement en donnant au devant (encolure du dos comprise) 17 centimètres de plus qu'au dos.

Composition des mesures.

Si, pour une raison quelconque, on ne pouvait prendre les principales mesures indiquées aux pages 14 et 15 (sept premières colonnes), il faudrait au moins se procurer la longueur de la taille, la grosseur du haut du corps et celle de la ceinture. Il serait presque impossible de composer, de « deviner », pourrions-nous dire, ces trois mesures.

Si la carrure nous manque, nous l'obtiendrons par l'évaluation des 2/3 de la demi-grosseur, évaluation donnée en exemple au chapitre traitant de la comparaison des mesures. La mode est-elle aux vêtements épaulés, on déduit alors du chiffre trouvé 2 ou 3 centimètres, ou de ce que l'on juge convenable.

Si c'est la manche qui manque, on pourra composer sa longueur en se servant de nos tableaux. Si la longueur de taille dépasse le chiffre que nous donnons, on augmentera la longueur de la manche de 2 centimètres environ pour chaque centimètre d'allongement de taille.

La mesure de montant d'épaules est négligeable, en ce sens qu'on la compose facilement en prenant la moitié de la demi-grosseur et en tenant compte des particularités que nous avons indiquées.

Pour la demi-largeur de poitrine, nous savons déjà que son chiffre vaut de 2 à 3 centimètres de moins que la moitié de la demi-grosseur. Il faut tenir compte aussi des particularités déjà signalées.

La longueur du devant pourra être composée en

ajoutant à la longueur de la taille le chiffre du rapport le plus conforme à chaque âge ou grosseur. Pour cela, l'étude de nos tableaux sera fort utile.

Nous connaissons aussi les rapports qui existent entre la grosseur du haut du corps et le bassin, et cela par âges ou grosseurs ; il nous sera donc possible, sinon facile, d'établir cette dernière mesure.

De la croissance par périodes (¹).

Chez les fillettes, la hauteur varie beaucoup de 4 ans à 6 ans inclus, surtout en ce qui concerne la longueur du corsage (ou de la taille) ; cette mesure s'accroît de 2 en 2 centimètres par âge à partir de 4 jusqu'à 7 ans.

Au-dessus de 7 ans jusqu'à 10 ans, la longueur de taille augmente moins (environ 1 centimètre par an). De 10 à 14 ou 15 ans, la taille augmente de longueur à raison de 2 centimètres pour chaque âge et, vers 17 ou 18 ans, cette longueur a atteint généralement son maximum. Arrivée au chiffre de 37 à 38 pour les femmes de petite taille, et au chiffre de 43 à 44 pour les femmes grandes, la longueur de taille reste fixe et peut se trouver alliée à n'importe quelle grosseur. Longue taille avec faible grosseur ou taille courte avec forte grosseur. C'est alors question de conformation.

La grosseur principale ou du haut du corps change de 1 centimètre par année (de 4 à 16 ou 17 ans).

Quant à la ceinture, nous connaissons déjà ses nombreuses diversités.

1. Pour les garçons, consulter notre *Traité pratique de coupe pour hommes et enfants* (Garnier frères, éditeurs, 1895).

Nous savons que la carrure s'accroît en raison des 2/5 de la grosseur du haut du corps (2/5 un peu faibles).

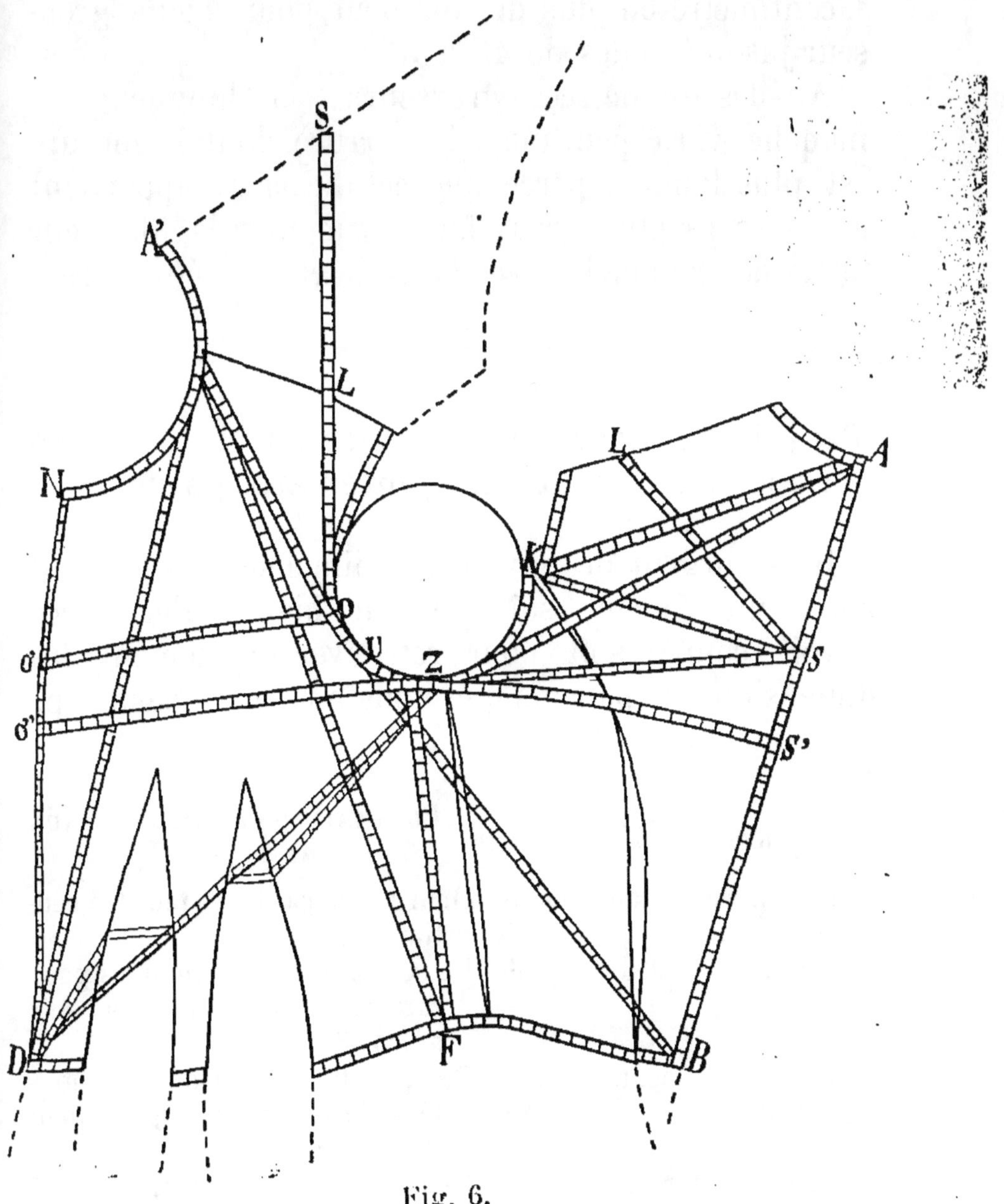

Fig. 6.

Quant à la longueur de la manche, nous dirons que la longueur des bras augmente à peu près régulièrement de 2 1/2 par âge et par taille jusqu'à la grosseur de 36 à 37 du haut du corps ; au-dessus de cette mesure, les manches demandent à peu près 1 centimètre en plus de longueur pour chaque grosseur jusqu'à celles de 46 à 48.

Au-dessus de ces grosseurs, la longueur de manche varie peu, mais la carrure dont la mesure est plus longue, parce que cette carrure appartient à des corps plus gros, fait augmenter la longueur totale de la manche avec laquelle elle a été mesurée.

Trajet et places des mesures sur le corsage avec plus-values à ajouter aux patrons.

Il est urgent de savoir les dimensions que doit avoir un patron, soit pour le bien régler après l'avoir coupé, soit pour retrouver exactement les dimensions de patrons que nous n'aurions pas coupé nous-mêmes.

MESURES (*fig.* 6) :		PLUS-VALUES A AJOUTER AUX MESURES :
Longueur de la taille naturelle	AB	On n'ajoute pas ou au plus 1/2 centimètre.
Carrure..........	SK	Deux coutures sont ajoutées pour carrure anatomique, soit 1/2 à 3/4.
Montant ou pente d'épaules	AK	Deux coutures s'y trouvent ajoutées du fait de l'élargissement de la carrure.
Demi-largeur de poitrine	OO'	Deux coutures en plus, soit 1/2 à 3/4.
Demi-grosseur sous les bras....	S'ZO'	Tout patron coupé doit avoir de 4 à 5 de plus que la mesure (4 au moins).

Demi-grosseur de ceinture......... **BFD** — Il faut que le patron ait 3 centimètres de plus que la mesure prise et parfois un peu plus s'il y a plusieurs petits côtés, ce qui augmente le nombre des coutures et des pertes. Le corsage cousu, fini, doit avoir le chiffre de la mesure prise dans cette partie.

Longueur de la nuque à la hanche.. **A'F** — Cette mesure doit être appliquée ou retrouvée telle que le chiffre mesuré sur le corps et sans plus-value. L'épaisseur des vêtements suffit à donner à la mesure prise l'étendue ou longueur nécessaire : les coutures d'épaulette ou leur valeur (1/2).

MESURES COMPLÉMENTAIRES :

Longueur de la nuque au devant... **A'D** — Cette mesure, si on s'en sert, doit être appliquée ou retrouvée au patron telle que le chiffre pris sur le corps.

Longueur du devant. **ND** — Cette mesure sera appliquée ou retrouvée au patron avec 3/4 à 1 centimètre de plus, représentant la valeur du rentrage ou pince du bord latéral du devant ; pince produite par l'affaissement du devant sur le corps.

Longueur de la nuque à la cambrure. **A'OB** — Cette mesure doit être de 2 centimètres plus longue au patron que le chiffre de la mesure (pour toutes les grosseurs ou tailles).

Longueur de la nuque au devant de taille passant obliquement sur l'omoplate....... **AZO** — Cette mesure, peu usitée, doit être de 2 centimètres plus longue au patron que la mesure du corps (pour toutes les tailles ou grosseurs).

Avancement d'emmanchure. .. ... S'U — Doit être trouvé tel au patron.

Grand avancement ou force d'épaules. SZOLS — Doit être appliqué avec 2 centimètres de plus au patron que le chiffre trouvé sur le corps et pour toutes les grosseurs ainsi.

Profondeur d'emmanchure....... A'OU — Même chiffre au patron que celui mesuré sur le corps, et pour toutes les grosseurs.

Grande profondeur d'emmanchure...AZUO'A — Doit être appliquée avec 2 centimètres de plus au patron que le chiffre trouvé sur le corps (pour toutes les grosseurs).

Hauteur des côtés.. ZF — Appliquée telle ou avec 1/2 de plus au patron.

Tour de l'emmanchure et tour de l'encolure. — Appliqués au patron tels qu'on les a pris sur le corps, parce que la couture du col et celle de la manche font regagner au tour de l'encolure et à celui de l'emmanchure ce qui a été retiré par les coutures d'épaulette, de dos, etc.

III

CORSAGES

Tracé d'un corsage de grosseur et de longueur de taille moyennes (*fig.* 7).

Rappelons les mesures que nous considérons comme moyennes :

Taille, 39 — carrure, 16 1/2 — montant ou pente d'épaules, 21 — demi-largeur de poitrine, 19 — demi-grosseur du haut du corps, 42 — demi-grosseur de ceinture, 27 — longueur du devant, 51 1/2.

Nous les inscrirons toujours dans cet ordre :

1re	2e	3e	4e	5e	6e	7e
39 —	16 1/2 —	21 —	19 —	42 —	27 —	51 1/2.

S'il s'agit de la coupe d'une jaquette, d'une redingote ou manteau, nous faisons suivre la longueur de la taille (1re mesure) de la longueur totale et nous ajoutons en pareil cas au 8e et dernier rang la demi-grosseur du bassin, mesurée au plus gros de celui-ci.

Tracé du rectangle et du dos.

Tirez une première ligne droite verticale A-B.

Placez l'équerre au point A, un côté sur la ligne A-B et tirez A-C bien d'équerre, bien horizontale par rapport à A-B.

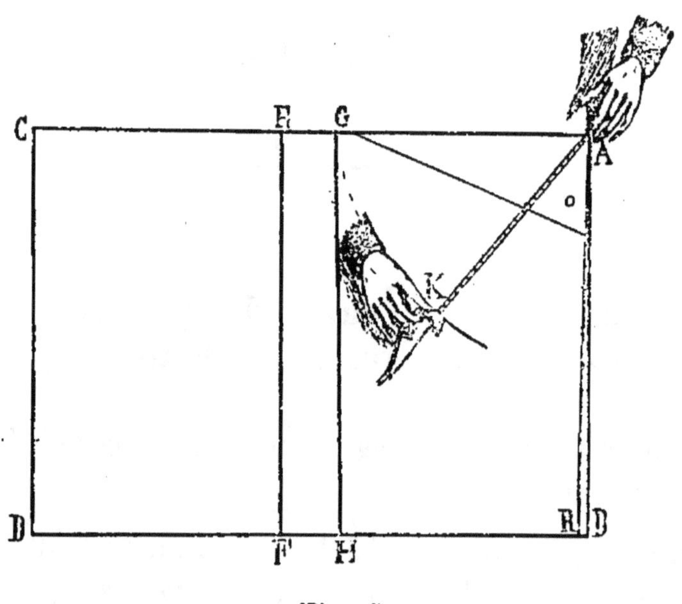

Fig. 7.

Du point A marquez sur la ligne verticale la longueur de taille augmentée de 1/2 centimètre A-B = 39 1/2 ; toujours bien perpendiculairement à la ligne A-B, c'est-à-dire bien d'équerre sur cette ligne, tirez l'horizontale B-D.

Si vous n'avez pas d'équerre, prenez une feuille de papier, pliez-la en deux, vous aurez le long du pli la ligne droite la mieux formée qui soit ; repliez cette feuille encore en deux en faisant bien coïncider les deux côtés de la ligne droite ; l'angle que vous obtiendrez ainsi sera l'angle droit le plus parfait et pourra même vous servir à vérifier n'importe quelle équerre en bois (¹).

Appliquez de l'angle A au point C et de l'angle B au point D la demi-grosseur principale, augmentée de 6 centimètres ; soit, pour cet exemple, 42 + 6 = 48.

Quelle que soit la grosseur, ajoutez-y toujours 6 centimètres.

Ensuite, partagez ce premier rectangle en deux autres de chacun la demi-grosseur 21 (A-G, B-H et E-C, F-D).

Les 6 centimètres de plus-value laissés pour l'aisance, la valeur des coutures et pertes occasionnées dans la coupe du patron sont compris entre les parallèles G-H et E-F.

Retranchez 2 centimètres de B à R.

Puis tirez à la règle la droite oblique A-R.

Décrivez du point A, avec un rayon égal à A-G, la portion d'arc K-G.

Pour décrire cet arc, posez un des bouts ferrés du centimètre sur le point A, placez-y l'index de la main gauche pour y maintenir le centimètre, puis prenez la craie entre le pouce et l'index de la main droite, le doigt majeur sous *le centimètre* de façon à ce que ce dernier se trouve entre la craie et le doigt majeur au numéro voulu (ici 21), ensuite laissez tourner le bout du centimètre sous l'index de la main gauche, tandis que vous décrivez, de la main droite, l'arc K-G.

L'abatage R-B de cambrure ne devra pas être fait

---

1. Il est nécessaire que les quatre angles A-B-C-D soient parfaitement droits ; sans cette condition le tracé de n'importe quel patron se trouverait faussé et mal d'aplomb, quoique ayant appliqué exactement les mesures prises.

plus fort pour des femmes plus grosses ; mais, pour
des grosseurs d'enfants, il devra être diminué en
raison de la longueur de la taille.

Il est évident que, si nous mesurons l'inclinaison
du dos au milieu de la longueur de la taille b

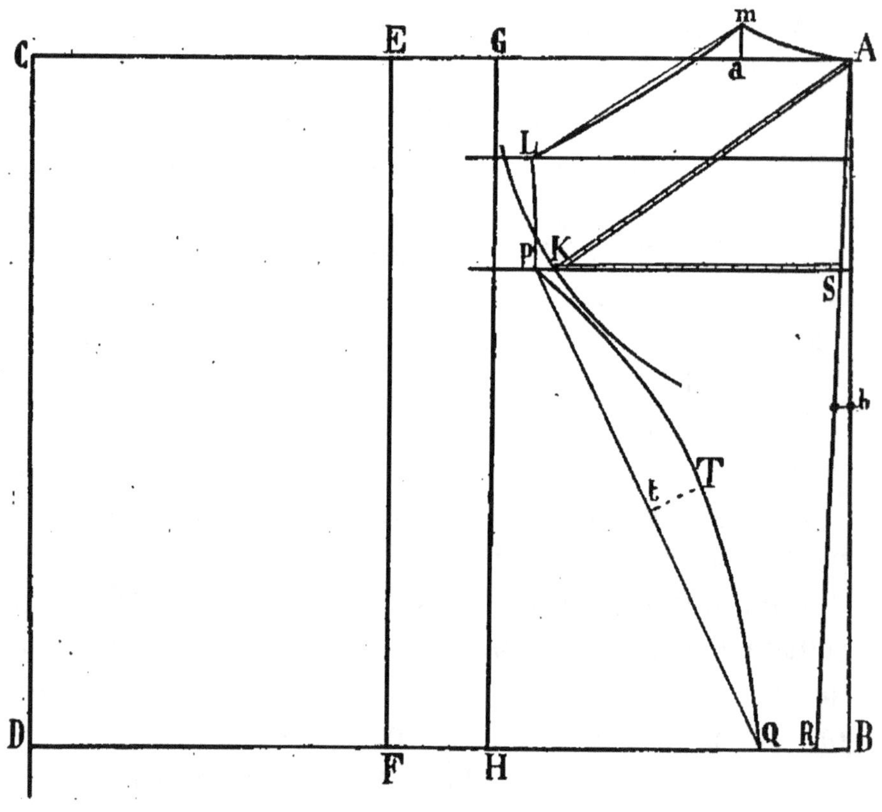

Fig. 8.

(*fig.* 8), cette inclinaison ou obliquité de la
ligne A-R, par rapport au côté A-B de l'angle, ne
vaudra plus que 1 centimètre, et si nous désirions
préciser la somme de l'inclinaison par longueurs
variées de taille, nous en trouverions le chiffre en
faisant la proportion suivante : 2 : 39 :: x est à la
taille pour laquelle nous aurions à couper, c'est-à-
dire 2 est à 39 comme l'abatage inconnu est à la

longueur de taille pour laquelle nous aurions à couper. Dans cette proportion, 2 représentant le chiffre de l'abatage pour les tailles de longueur moyenne et 39 étant ce chiffre.

Exemple : Si nous voulions connaître exactement le chiffre de l'abatage à faire pour une longueur de taille de 29 (9 à 10 ans), nous poserions ainsi les termes de la proportion :

$$2 : 39 :: x : 29, \quad \text{donc } \frac{2 \times 29}{39} \quad \text{qu'il faut lire :}$$

2 multipliés par 29 sur 39 ou divisés par 39 ; ce qui nous donnerait en pareil cas une inclinaison valant 1 1/2 à très peu près. Dans la pratique, on abat tout simplement de 1 à 2 (jamais moins ni jamais plus).

Cherchez entre la ligne oblique AR et l'arc K le point d'intersection K en appliquant la mesure de carrure 16 1/2, de S à K.

Ce point d'intersection trouvé. tirez bien d'équerre sur A-B ou sur G-H la ligne horizontale S-K.

Sortez la valeur de deux coutures en dehors de K au point P. La largeur de carrure augmentée de 2 coutures vaut donc 17 à 17 1/4.

Appliquons le 1/3 de ce chiffre (soit 6 centimètres en *chiffres ronds*) de A sur *a*. Nous avons ainsi la largeur de l'encolure du dos.

Pour aider aux personnes qui ne comptent pas facilement, nous donnons, à la page suivante, un tableau de divisions pour faciliter la recherche de certains points des tracés ; celui de l'encolure du dos *a*, par exemple, que nous venons de fixer.

Division pour toutes les grosseurs de la mesure de poitrine

GROSSEURS OU LARGEURS....	11	12	13	14	15	16	17	18	19	20	21	22	23	24	25	26	27	28
Divisions au 1/3....	$3^2/_3$	4	$4^1/_3$	$4^2/_3$	5	$5^1/_3$	$5^2/_3$	6	$6^1/_3$	$6^2/_3$	7	$7^1/_3$	$7^2/_3$	8	$8^1/_3$	$8^2/_3$	9	$9^1/_3$
Divisions au 1/4....														6	$6^1/_4$	$6^1/_2$	$6^3/_4$	7

GROSSEURS OU LARGEURS....	29	30	31	32	33	34	35	36	37	38	39	40	41	42	43	44	45	46
Divisions au 1/3....	$9^2/_3$	10	$10^1/_3$	$10^2/_3$	11	$11^1/_3$	$11^2/_3$	12			13	$13^1/_3$	$13^2/_3$	14	$14^1/_3$	$14^2/_3$	15	$15^1/_3$
Divisions au 1/4....	$7^1/_4$	$7^1/_2$	$7^3/_4$	8	$8^1/_3$	$8^1/_2$	$8^3/_4$	9				10	$10^1/_4$	$10^1/_2$	$10^3/_4$	11	$11^1/_4$	$11^1/_2$

GROSSEURS OU LARGEURS....	47	48	49	50	51	52	53	54	55	56	57	58	59	60	61	62
Divisions au 1/3....	$15^2/_3$	16	$16^1/_3$	$16^2/_3$	17	$17^1/_3$	$17^2/_3$	18	$18^1/_3$	$18^2/_3$	19	$19^1/_3$	$19^2/_3$	20	$20^1/_3$	$20^2/_3$
Divisions au 1/4....	$11^3/_4$	12	$12^1/_4$	$12^1/_2$	$12^3/_4$	13	$13^1/_4$	$13^1/_2$	$13^3/_4$	14	$14^1/_4$	$14^1/_2$	$14^3/_4$	15	$15^1/_4$	$15^1/_2$

Au-dessus du point *a*, élevez de 1 centimètre au point *m* et arrondissez l'encolure du dos de A à *m*.

Pour des tailles ou grosseurs plus fortes, élevez un peu plus de 1 centimètre et pour des tailles plus petites élevez *un peu moins*.

Partagez en deux parties égales la distance comprise entre les lignes A-S et G-P, vous aurez le point L d'abatage d'épaules du dos.

Réunissez par une ligne droite les points L-*m* et creusez légèrement au-dessous; vous aurez le montage d'épaulette du dos.

Au bas de dos, marquez 3 centimètres *entre les points* Q *et* R. Cette largeur est très variable, mais nous marquerons 3 centimètres pour ce premier tracé.

Réunissez par une ligne droite les points P et Q.

Vers le milieu de cette ligne et perpendiculairement, marquez *t*-T à environ 3 centimètres. Vous pourrez tracer aussi cette *courbe au coup d'œil* et vous y habituer peu à peu. Du reste, cette courbe est continuellement changeante suivant les formes de vêtement ([1]).

Réunissez P à L par une ligne à peu près parallèle à G–H.

Ajoutons que la ligne S-K pourra aussi, au besoin, être obtenue en retranchant d'abord 3 centimètres de la longueur de la taille, puis diviser ce qui restera en trois parties.

Exemple :

Soit une longueur de taille de 39; nous en retran-

1. Nous ne donnons celle-ci et tout ce premier corsage que pour exercice et premier tracé. Ce n'est que le développement des mesures et l'enveloppe du torse sans addition d'aucune ligne d'embellissement.

chons 3, il reste 36. Nous divisons ces 36 en trois parties (soit 12 pour chacune, ou un tiers) et nous appliquons ce 1/3 = 12 centimètres du point A au point S ; puis nous tirons bien d'équerre sur la droite verticale A-B l'autre droite horizontale S-K.

Tracé du devant et du côté (fig. 9).

Dans ce premier tracé, nous ne dessinerons qu'un seul petit côté pour faciliter la compréhension et afin de ne charger ce tracé que le moins possible de lignes. Quoique les points soient rigoureusement justes et tels que la forme naturelle du corps les réclame pour ces mesures-là, il n'en est pas moins vrai que les surfaces comprises entre coutures sont beaucoup trop larges pour que chacune de ces parties adhère exactement à la ceinture sans ombrer et casser un peu ; de plus, au coup d'œil, les pièces manquent forcément de dessin.

Divisez le rectangle du devant C-E en trois parties. Ce rectangle vaut 21, le tiers est 7, ajoutez-y 1 centimètre = 8 que vous porterez du point C au point M.

Elevez perpendiculairement au-dessus et au-dessous de la ligne C-E la petite ligne N'-M.

Sur cette ligne viendra prendre place le point du côté d'encolure du devant M.

A 3/4 ou 1 centimètre au plus au-dessous du point F, marquez *f*.

Prenez la 7ᵉ mesure (longueur du devant). — Dans cet exemple 51 1/2 — retranchez-en 6 centimètres, chiffre de la largeur de l'encolure du dos. Placez la craie sur le centimètre au chiffre 45 1/2, posez l'autre bout ferré sur le point *f* et décrivez le petit arc M. A l'intersection de cet arc avec la ligne

N'-M se trouve le point du côté d'encolure du devant
(point correspondant à *m* du dos).

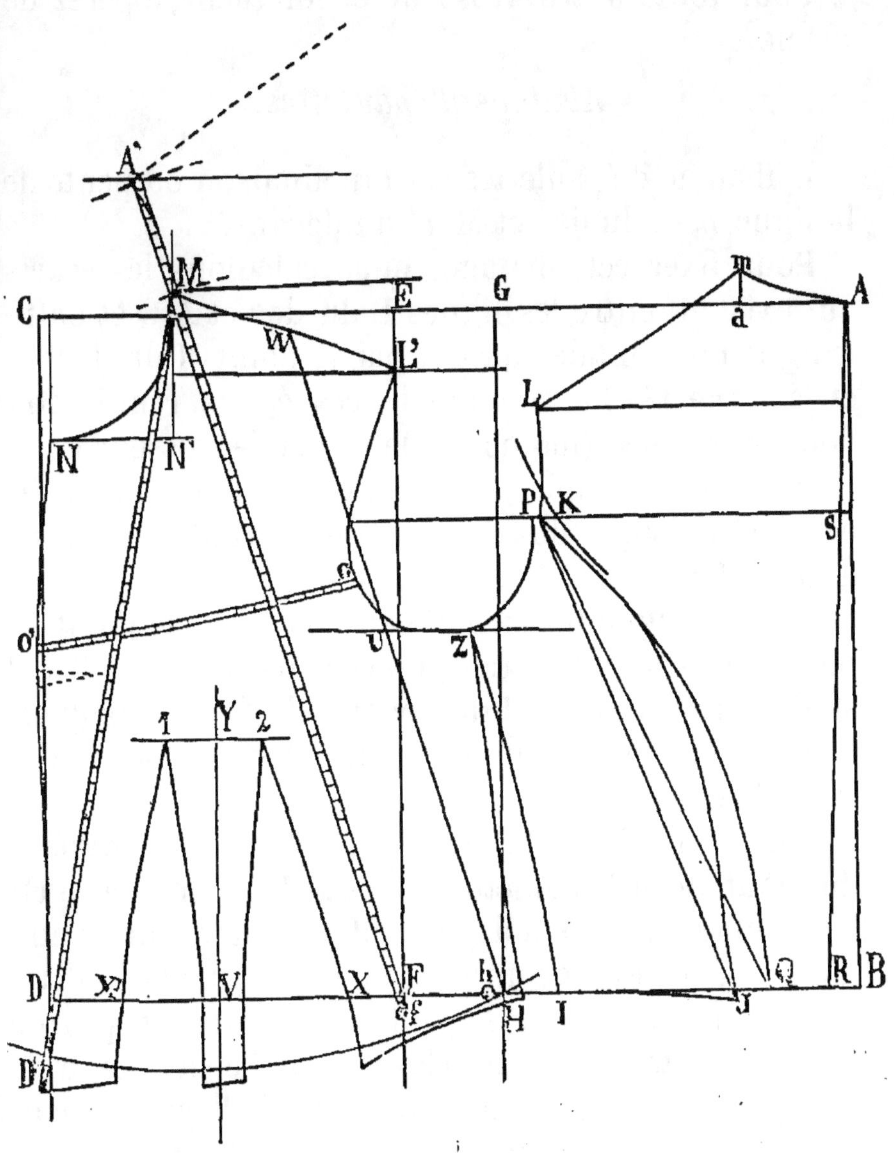

Fig. 9.

La mesure totale du devant 51 1/2 appliquée de *f*
en A' comprend bien la largeur de l'encolure du dos
A'-M. C'est cette largeur (longueur sur le corps) que

nous déduisons pour avoir le point du côté d'encolure de devant.

Pour toute autre grosseur et longueur, opérez de même.

Abatage d'épaulettes.

L'abatage d'épaulettes est l'inclinaison ou pente de la ligne *m*-L du dos et M-L' du devant.

Pour fixer cet abatage, nous calculons les écarts qui existent entre les lignes L du dos et A-G et entre la ligne horizontale passant par le point M du devant et la ligne L'. La somme de ces écarts réunis doit donner le quart (moins 1) de la demi-grosseur.

Pour cet exemple, la somme des deux abatages ou inclinaisons du dos et du devant doit produire 9 1/2.

Entre la ligne horizontale du dos AG et le point L, nous avons 6 centimètres; nous abaissons donc 3 1/2 au-dessous du point M du devant, de façon à pouvoir tirer d'équerre sur une des verticales E-F ou G-D la ligne L' du devant.

Portez ensuite obliquement de M à L' la longueur du montage de l'épaulette du dos *m*-L (diminuée de 1); le montage du dos doit être plus étendu afin d'être monté un peu long, un peu en embu sur l'épaulette du devant, parce que l'épaule a toujours un peu de rondeur postérieurement à la couture d'épaulette, et le dos, portant sur le point culminant de l'épaule, vient en s'affaissant sur celle-ci pour se joindre au devant; festonner et plisser de la valeur de 1 centimètre pour des personnes ordinaires, mais bien plus pour des personnes voûtées à dos rond et épaules fortes. Cette longueur à donner en plus au dos dépend absolument de la place du montage de l'épaulette, car, la couture étant placée plus bas et en arrière sur le dos, les deux montages du dos et du devant arriveraient à s'égaler s'ils atteignaient les points culminants de l'épaule.

Au milieu de la longueur du montage d'épaulette du devant ML' marquez le point W.

Avancement de l'emmanchure.

Du point W au point H tirez obliquement la ligne W-O-U-H. Cette ligne vous guidera pour les points du devant de l'emmanchure.

Profondeur de l'emmanchure.

Partagez la longueur de la taille en deux parties (soit 39 divisés par 2 = 19 1/2) ; ajoutez 1 centimètre à 19 1/2 = 20 1/2 et appliquez-les de H à Z.

Tirez d'équerre sur une des lignes verticales la ligne de profondeur U-Z.

Arrondissez votre emmanchure en rentrant d'une couture en dedans au point P ; puis venez toucher le point Z. Repartez de L' du coin de l'épaulette du devant et arrondissez le devant de l'épaulette et de l'emmanchure en passant légèrement en avant de la ligne d'avancement au point O, comme l'indique le tracé. L'emmanchure et les épaulettes sont terminées.

Profondeur de l'encolure.

La profondeur d'encolure est l'écart existant entre l'horizontale passant par le point de nuque A' et la ligne N-N'.

Cet écart vaut le tiers de la demi-grosseur du haut du corps (pour cet exemple : 14 centimètres).

Mesurez la largeur de l'encolure du dos (= 6); portez ce chiffre 6 sur le point M et descendez le centimètre jusqu'au chiffre 14 où vous marquez la ligne N'-N.

Au devant de l'encolure, au point N, rentrez de 1 centimètre en dedans de la ligne de construction du devant C-D. Arrondissez l'encolure comme au tracé.

Tout le haut du devant est fini.

Répartition des largeurs à la ceinture.

Pour trouver le point du bas du petit côté (partie du dos), marquez 2 centimètres entre Q et J.

Fixez le point I du petit côté, à une distance de la ligne H-G égale à celle du point K à la même ligne.

Marquez 3 centimètres entre les points I et H.

Tracez maintenant l'entre-pince de la manière suivante :

Marquez la moitié de la largeur D-F (soit 10 1,2) sur le point V.

De ce point, perpendiculairement sur D-F, élevez la ligne V-Y.

Divisez en 3 parties la hauteur du côté H-Z.

Vous en prendrez une partie, un tiers que vous poserez entre le point Y, sommet de l'entre-pinces et la ligne U-Z de profondeur d'emmanchure.

De chaque côté du sommet Y de l'entre-pinces, marquez les points 1 et 2 à 3 C^{rs} d'éloignement maximum chacun.

De chaque côté du point V marquez 1 centimètre et tracez l'entre-pinces comme à la figure 9.

Pour trouver l'écart à faire pour chaque pince du devant, suivez la méthode ci-après.

Entre le point R de cambrure et le point D du de-

vant, nous avons 46, puisque le rectangle total est de 42 + 6 = 48 et que 2 ont été retirés à la cambrure.

Sur ces 46, 2 ont été retirés entre le côté et le dos, plus 3 entre le côté et le devant, soit 5. De 46 ôtez 5, il reste 41. La grosseur de la personne est de 27 ; à ces 27 il faut ajouter 3 pour les coutures, soit 30 centimètres que devra avoir le patron à l'endroit de la ceinture.

Le corsage porte donc en trop la différence entre 30 et 41, soit 11. Ces 11, retirez-les par moitié (soit 5 1/2) sur X et X' de chaque côté de l'entre-pinces.

Posez un bout ferré sur le point M du côté d'encolure, dirigez-le obliquement sur le point H, puis décrivez l'arc H-D'.

Allongez d'un bon centimètre la pointe du bas du devant au point D' pour compenser ce que la pince ou le rentrage du bord latéral N-O'-D emploieront de la longueur de ce bord.

Mesurez la largeur de la poitrine (de O sur O') en ajoutant 3/4 à 1 centimètre à la mesure ; puis terminez le tracé du bord du devant en ressortant un peu en dehors de la ligne de construction, au point D'. Marquez la longueur P-J égale à la ligne K-Q.

Terminez de même qu'au tracé (*fig.* 9) les lignes de montage du côté au dos et du côté au devant, puis le bas du devant et les pinces.

Ce tracé terminé, nous ajouterons que le centre véritable de la ceinture se trouve situé dans le voisinage du point H. Nous devrions plutôt appliquer notre mesure de longueur du devant à partir du point *h*. Nous l'appliquons à partir du point *f* parce que l'épaulette y gagne un peu de longueur. Il est toujours préférable d'essayer un corsage dont l'épaulette est aisée de longueur. Le corsage ou le vêtement se place mieux, entre facilement. Un surcroît de longueur est bien visible et rectifiable. Des épaulettes trop courtes entraînent avec elles un grand désordre, de nombreux défauts dans tout l'ensemble. Or, il faut une certaine expérience pour les corriger.

Ce corsage est la base de la coupe de tous les vêtements : corsages, vestes, jaquettes, manteaux, redingotes. On peut dire qu'il est contenu dans les autres formes et qu'il est le meilleur auxiliaire pour aider à les créer.

Corsage avec dos, côtés et parties du devant de largeur égale à la ceinture, une seule pince devant.

Tout le tracé du haut de ce corsage (*fig.* 10) a été obtenu comme celui de la figure précédente ; l'attention doit particulièrement se porter sur les points de ceinture et sur la manière de les obtenir.

Pour la parfaite intelligence de cette étude, nous avons indiqué en traits pointillés le passage des lignes du corsage précédent.

Pour fixer les points de ceinture et donner aux cinq parties qui composent le bas du corsage, une largeur égale, il faut procéder ainsi :

Entre le point R de cambrure et D du devant, il y a une largeur de 46 (ou tout autre, si les mesures sont différentes). Il faut, nous le savons, retirer, pour la partie du dos, 5 centimètres dont 2 entre le dos et le côté, et 3 entre le côté et le devant;

De 46 ôtez 5, reste 41

La ceinture vaut 27 + 3 (pour les coutures),
soit. 30
___
Différence en trop au corsage. 11

Ces 11 centimètres sont à retirer en avant.

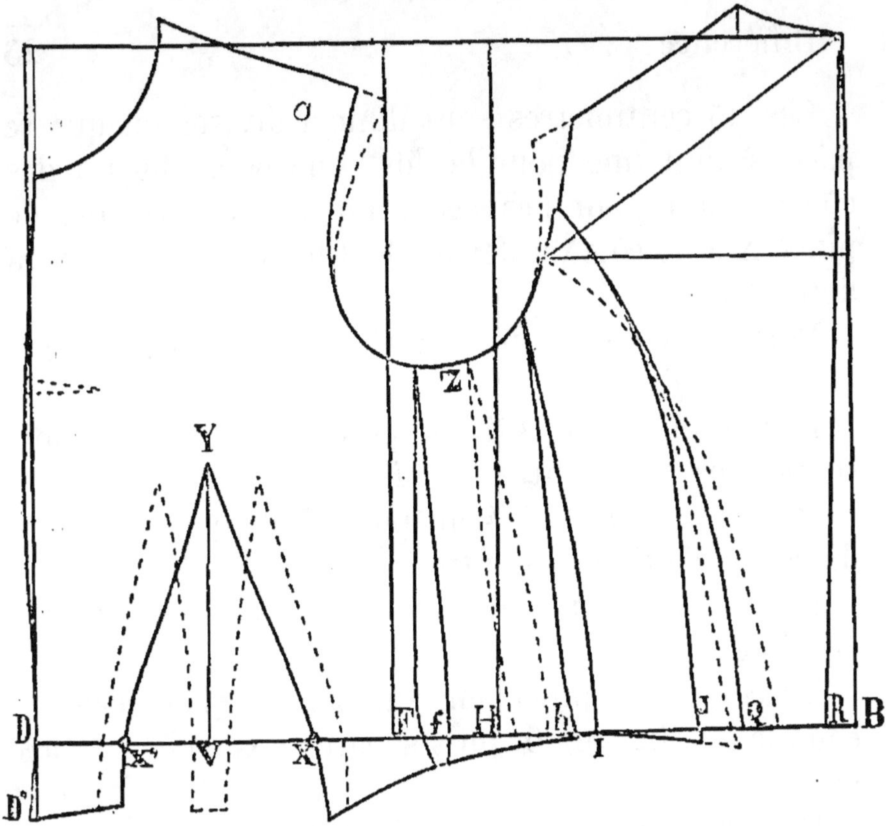

Fig. 10.

Nous marquons, comme pour le corsage précédent (*fig.* 9), la ligne d'entre-pinces V-Y au milieu de la largeur D-F.

Nous en fixons le sommet Y par les 2/3 de la hauteur du côté H-Z, appliqués de V à Y.

De chaque côté du point V nous marquons un point X' et X à 5 1/2 de distance chacun (moitié du chiffre 11 trouvé en trop).

Connaissant la situation du point X, nous mesurons la distance qui reste entre X et R. Celle-ci vaut 30

Nous retirons la valeur de la perte entre dos et côté et entre côté et devant pour la partie du dos, soit 5

Différence 25

Ces 25 centimètres sont donc à diviser en quatre parties dont une pour le dos, une pour chacun des côtés et une pour l'espace compris entre le côté de pince X et le côté du devant F. Chaque partie vaudra donc 6 1/4.

Portez 6 1/4 du point X à F; puis retranchez 1 1/2 entre F et *f*.

Portez encore 6 1/4 du point *f* au point *h* puis retranchez 1 1/2 entre *h* et *i*.

Portez ensuite 6 1/4 du point I au point J et déduisez 2 centimètres entre J et Q.

La distance qui vous restera entre Q et R sera aussi de 6 1/4.

Tracez votre pince en supprimant l'entre-pince comme à la figure 10, puis séparez vos côtés et votre dos.

Pour d'autres grosseurs, opérez de même, mais en tenant compte de ce que le chiffre à retirer pour la partie du dos ne vaudra pas toujours 5 centimètres, ainsi que nous le verrons aux tracés des patrons par tailles.

Dans ce tracé, nous avons déplacé le haut du montage du dos et du côté en le haussant afin d'effiler ces pièces et leur donner plus d'élégance. **Nous** avons aussi réduit le haut de la carrure et de la largeur d'épaulettes pour la même raison. Ce sont les parties correspondantes de la manche qui y suppléeront. En pareil cas, la manche aura plus de tête, de talon et aussi de largeur comme nous le verrons plus loin.

Prolongement du corsage et répartition de la largeur au bassin.

Le corsage, à l'endroit de la ceinture, a 30 centimètres environ (coutures comprises).

La mesure du bassin est de $48 + 6 = 54$.

Ces 6 centimètres sont nécessaires pour les coutures et aussi parce que toute surface destinée à en recouvrir une autre doit être plus étendue.

Ces 54 centimètres doivent être trouvés à une hauteur de 14 à 15 centimètres au-dessous et parallèlement à la ligne de taille ou ceinture R-II-D' (*fig.* 11).

Quand le corsage n'a qu'un petit côté comme à la figure 11, nous pouvons trouver facilement l'élargissement à faire au-dessous du corsage ; élargissement indispensable au bassin et dont la valeur, pour l'exemple présent, égale la différence entre le chiffre 30 de ceinture du corsage et le chiffre 54 du bassin (soit 24).

La répartition des largeurs nécessaires aux hanches et à la partie postérieure du bassin sera obtenue par deux lignes supplémentaires de construction.

Nous ne parlons que du bassin collant, du modelage exact sans aucune largeur artificielle ou godets.

Comptons d'abord sur un élargissement de 2 centimètres pour la partie du dos, au milieu derrière, à la hauteur de 14 à 15 centimètres au-dessous de la taille (point 1) de même que sur un autre élargisse-

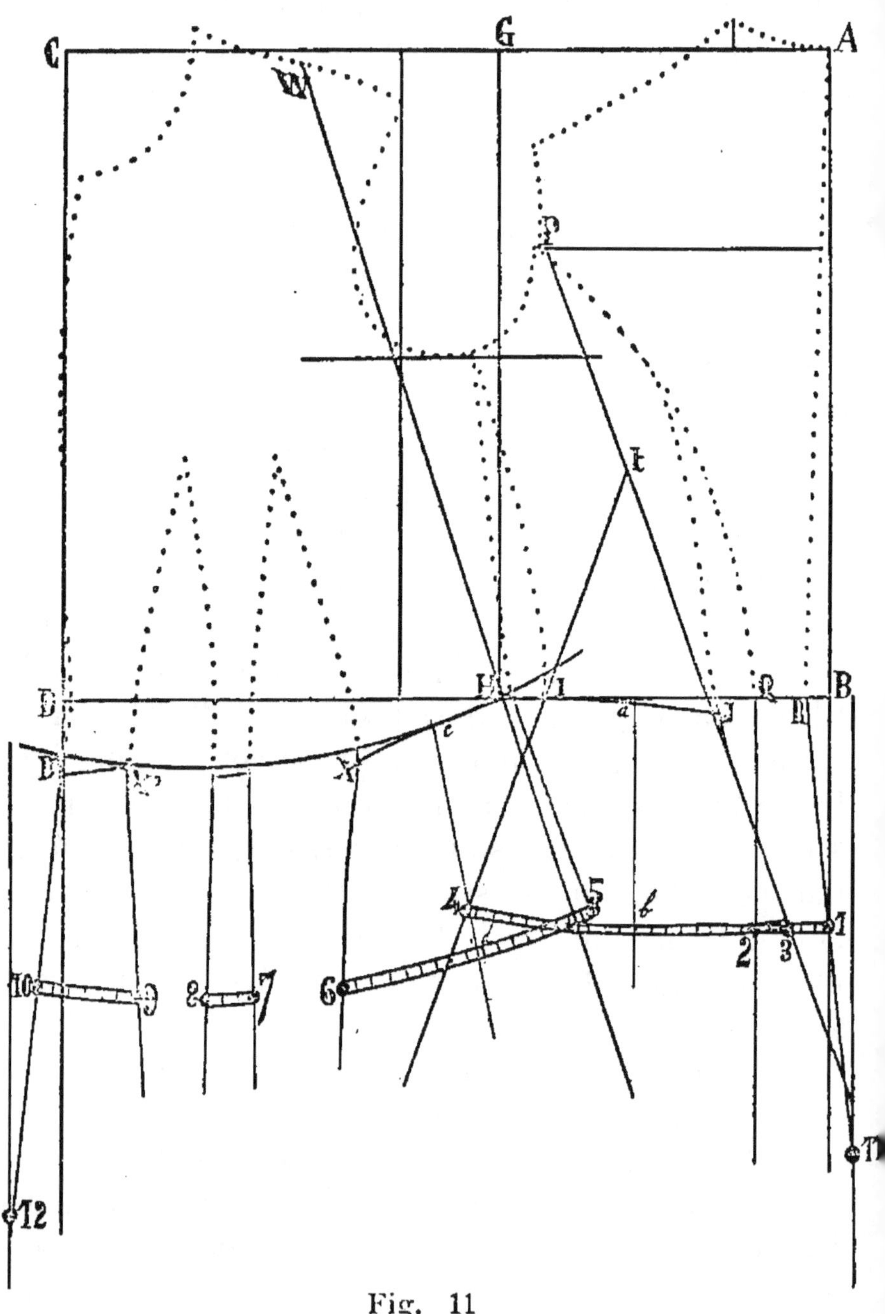

Fig. 11

ment au milieu du devant à 14 ou 15 centimètres au-dessous de la taille D′ (point 10).

Nous prolongeons obliquement la ligne du milieu

du dos sur les points R-1-11. Au point 11, situé à 28 ou 29 de distance de la ceinture (taille), nous cessons toute obliquité et, quelle que soit la *longueur* d'un vêtement, nous suivons au-dessous du point 11 la ligne parallèle à la construction du dos.

Nous prolongeons obliquement la ligne du devant D' au point 10 et au point 12. Arrivé au point 12, nous cessons toute obliquité et, quelle que soit la longueur du vêtement, nous suivons au-dessous de ce point la ligne passant par le point 12 et parallèle à la construction du devant C-D, c'est-à-dire que, à 14 *ou 15 centimètres* de hauteur de la ceinture et au-dessous, le point du ventre (marqué 10) ressort en moyenne de 2 en avant de la ligne du corsage D et le dos de même et, à 28 ou 29 d'éloignement, les points 11 du dos et 12 du devant sont éloignés de 4 centimètres en moyenne des lignes de construction A-B du dos et C-D du devant.

Ensuite, prolongez la ligne oblique P-J jusqu'au point 3 et même au delà. Au milieu de la distance P-J, marquez un point *t*; puis faites passer, par le point I, la ligne droite oblique *t*-I jusqu'à 4 et au delà.

Nous supposons le point I placé à une égale ou même distance en arrière de la ligne H-G que le point P.

Cette oblique *t*-I-4 donne la direction des élargissements de toutes les pièces ou côtés venant recroiser d'arrière à avant. La direction des pièces venant recroiser d'avant à arrière est donnée par la droite oblique W-H prolongée jusqu'au point 5 et au delà.

La ligne du dos Q-2 sera descendue perpendiculairement (d'équerre) sur la droite horizontale B-D.

Si au milieu du petit côté (*a*), nous descendons une

petite ligne *a-b* perpendiculaire à l'horizontale B-D, cette ligne sera située au milieu ou, à très peu de chose près, du milieu entre les points 3 et 4 du bas du côté.

Le prolongement du côté du devant est tracé parallèlement à la droite oblique W-H jusqu'au point 5.

Prolongez ensuite le côté X de la pince jusqu'au point 6 en suivant presque une parallèle à la construction du devant C-D, mais en donnant cependant un peu de saillie pour le ventre.

Prolongez aussi l'entre-pinces jusqu'aux points 7 et 8 en suivant la construction du devant C-D presque parallèlement ; c'est-à-dire que cet entre-pinces est plutôt dirigé un peu obliquement dans sa partie inférieure vers le devant, mais très peu.

Prolongez aussi la pince du devant X′ jusqu'au point 9 en donnant un peu plus d'éloignement entre le point 9 et la ligne de construction qu'il en existe entre X′ et D, 1/2 à 3/4 de plus.

La partie du devant prolongé comprise entre les points X-H et 6 à 5 est à peu près partagée en deux parties égales par une droite *c-d* perpendiculaire à la corde de la portion d'arc comprise entre les points X′ et H.

Ces divers élargissements obtenus, si nous mesurons la totalité des largeurs 1-2 du dos, + 3-4 du côté + 5-6 de la première nappe du devant + 7-8 de l'entre-pinces et + 9-10 de la nappe antérieure du devant, la somme formera un total de 51 à 52, soit le chiffre du bassin très collant augmenté des coutures.

Si nous faisions deux petits côtés et leurs recroisements parallèles aux lignes *t*-I pour la partie des côtés et W-H pour la partie des devants, nous obtiendrions un chiffre total égal à 61 environ à la même hauteur ou distance (14 de la taille). Ce chiffre serait un peu fort et il y aurait alors lieu de réduire un peu sur chacun des côtés, partie des hanches, dans la direction des parallèles à *t*-I et à **W**-**H**.

Prolongement d'un corsage à deux petits côtes.

La figure 12 nous montre le prolongement d'un corsage disposé avec le bas de dos, les deux petits côtés et les trois parties du devant à peu près d'égale largeur à la ceinture.

La ligne oblique W-H prolongée guide, comme on voit, pour obtenir la direction des pièces recroisant du devant sur le dos et celle *t*-I aide de même pour obtenir la direction des pièces recroisant sur le devant.

Dans cette figure, le point I est déplacé vers l'arrière; ce qui rend, par conséquent, cette ligne *t*-I moins oblique et réduit la largeur de cette partie du patron.

Mais en pareil cas, que l'on fasse deux ou trois petits côtés, il faut toujours mesurer le bassin à 14 centimètres de hauteur de la ligne de ceinture et ajouter 6 à cette mesure. C'est un chiffre minimum pour un bassin ajusté, étant donné qu'il y a beaucoup de coutures.

Les élargissements du dos peuvent aussi être obtenus au moyen des deux obliques passant par le coin de l'encolure *m* et à la taille, des deux côtés du dos.

Nous disons qu'il faut mesurer le bassin à 14 de distance de la ligne de ceinture, mais c'est seulement pour les grosseurs moyennes; pour les grosseurs au-dessus et au-dessous, nous en traiterons aux tracés des patrons par tailles.

Nous remarquerons, dans cette étude, que le pro-

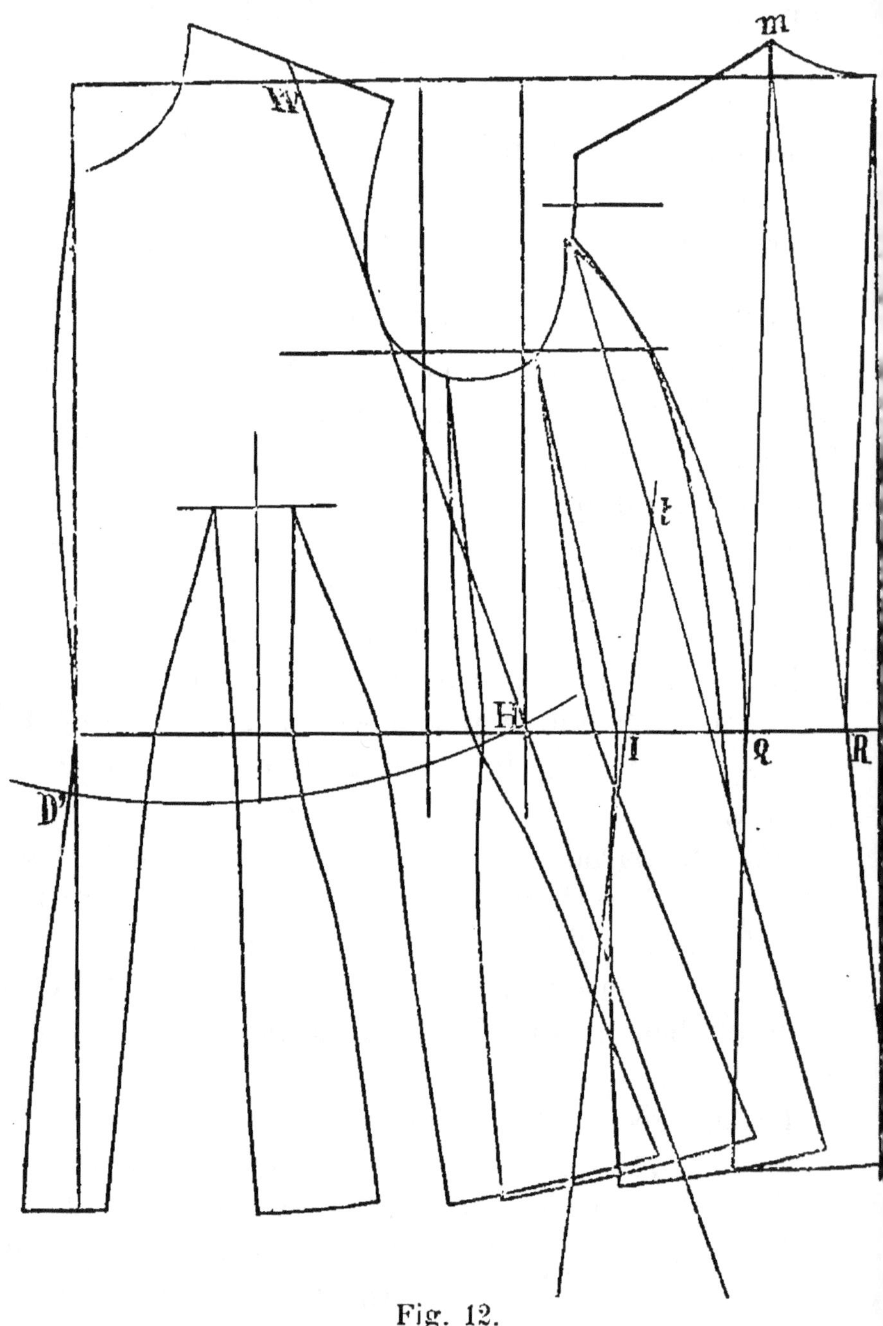

Fig. 12.

longement de la nappe du devant (côté postérieur)
et celui des deux petits côtés se font à peu près perpendiculairement aux portions d'arc H-D' de la lon-

gueur du devant et suivant la position de la ligne de ceinture.

Moyen de faire deux petits côtés et une pince côté devant avec un patron ordinaire (fig. 13).

Mettez en contact les sommets inférieurs et supérieurs du patron, comme l'indique cette figure, par celui qui est tracé en traits pleins.

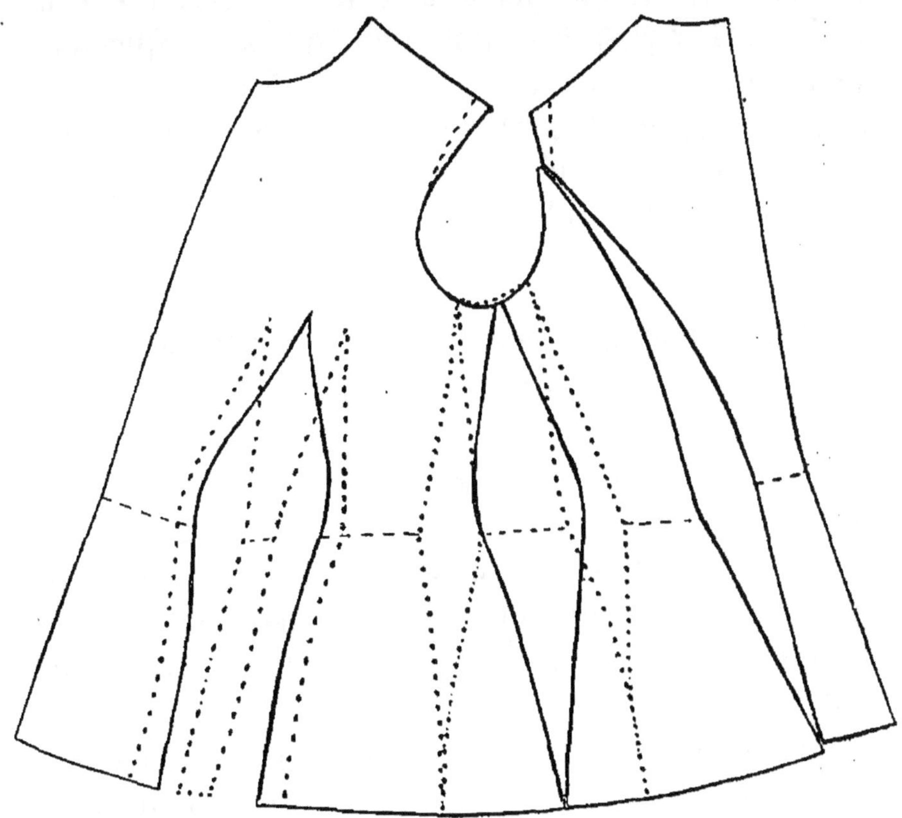

Fig. 13.

Mesurez l'écart existant entre le côté et le devant à la ceinture. Supposons cet écart de 9 centimètres.

Empruntez au côté et au devant, à l'emmanchure une partie, c'est-à-dire la moitié d'un second côté

4.

que vous tracerez, ainsi que cette figure le démontre, en retranchant entre le 1er et le 2e côté et entre le 2e côté et le devant, à la ceinture, la moitié de 9 (soit 4 1/2 entre chaque pièce). Au bas, vous viendrez les rejoindre au lieu et place qui vous sembleront préférables, comme l'indiquent les pointillés.

Pour faire une seule pince devant (ce qui est préférable s'il s'agit d'un vêtement en drap ou tissu de consistance), supprimez à la ceinture et au bas la partie de l'entre-pinces que nous avons marquée par des pointillés et reportez-en la valeur par moitié de chaque côté, en dehors des parties correspondantes qui sont aussi indiquées en pointillés. Vous aurez la pince seule (traits pleins).

Déplacements et combinaisons de places des coutures (fig. 14).

Sur un corsage à deux petits côtés et à deux pinces de devant, nous avons tracé une veste à godets ou plutôt le fond de sa coupe, car ce patron ne contient pas la croisure du devant ni la partie des revers. Son étendue va du milieu du dos au milieu du devant.

Nous avons figuré en traits pleins toutes les principales lignes de jonction ou coutures les plus en usage. Les deux traits pleins qui continuent la pince unique transformée du devant, de même que les courbes de montage du dos au premier côté, sont les places de jonction souvent adoptées pour le montage des pièces des vêtements à baguettes rapportées. Le recroisement variable des pièces au-dessous de la taille doit être donné par moitié de chaque côté, en dehors des patrons ordinaires qui sont tracés en pointillés.

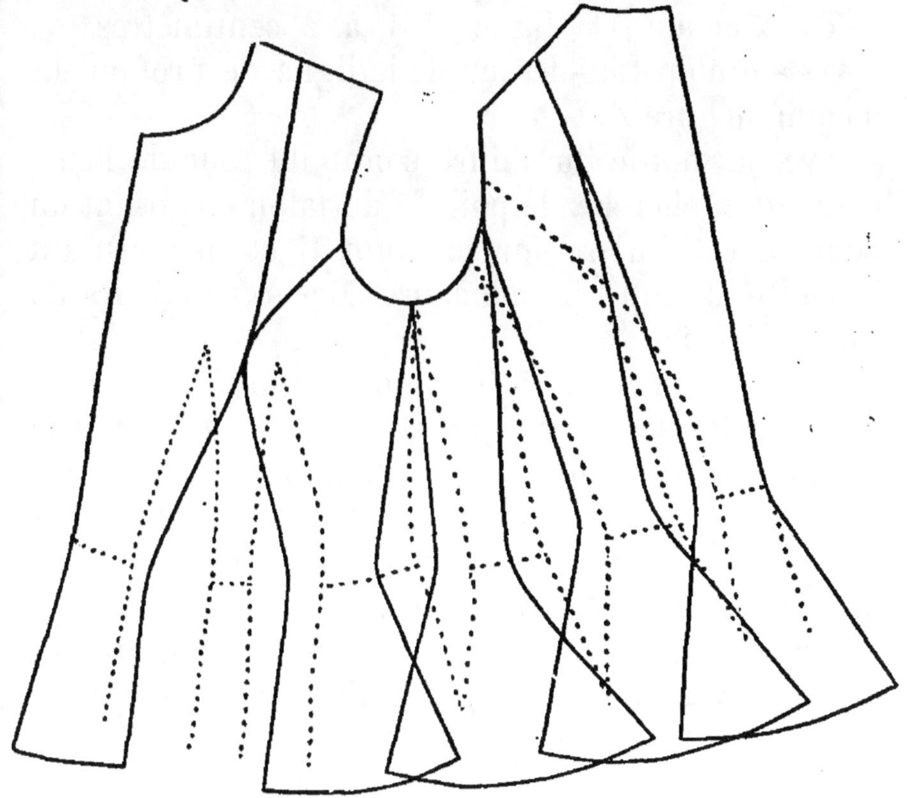

Fig. 14.

Tracé de la manche pour une grosseur moyenne.

Pour préparer le tracé de la manche, réunissez d'abord les trois pièces composant le corsage dans la position qu'elles occupent dans le plan de coupe (*fig.* 15); puis mesurez minutieusement le tour de l'emmanchure de L à L' passant par P-Z-U-O.

Pour cela, placez un bout du centimètre sur le point L du dos ou du devant; laissez tourner votre centimètre sur un de ses bords, celui en contact avec l'emmanchure, *du côté intérieur*, et mesurez ainsi par petites portions.

Quand le chiffre de l'emmanchure vous sera connu, inscrivez-le.

Tirez ensuite la ligne U 1 à 2 centimètres ou 1 1/2 au moins au-dessus de la ligne de profondeur d'emmanchure Z.

Avec la moitié du chiffre connu du tour de l'emmanchure, cherchez le point 3 du talon en posant un bout du centimètre sur le point U et en mesurant la moitié de cette emmanchure. Mesurez toujours du côté intérieur.

Repartez du point 3 du talon en remontant à L du dos ; portez le chiffre trouvé sur L' du devant et mesurez la partie du devant sur L'-O-U.

Si le chiffre trouvé égale l'autre moitié du tour de l'emmanchure, ces deux points U du devant et 3 du talon sont bien placés et sont ainsi contrôlés.

Tirez horizontalement, c'est-à-dire d'équerre sur une des verticales une petite ligne passant par le point 3 du talon.

Mesurez ensuite en ligne droite la distance comprise entre les deux lignes (U-*c*) et inscrivez le chiffre trouvé.

Construisons maintenant la manche.

Tirez la droite verticale 2-7, d'équerre sur cette ligne ; tirez l'horizontale 2-9 (*fig.* 16).

A partir du point 2 fixez le point 1, correspondant au point de l'emmanchure U, par le quart de votre grosseur augmenté de 1 à 1 1/2 ('). Trop de tête de manche vaut mieux qu'un manque de hauteur de cette partie.

1/4 de 42 (taille du tracé de cette figure) vaut 10 1/2 + 1 1/2 = 12. Portez donc 12 de 2 à 1.

____

1. 1 1/2 vaut mieux.

Entre le point 1 et le point 3 portez le chiffre inscrit de l'écart entre le montage de saignée U et celui du talon *e* 3.

Tirez d'équerre sur la ligne 2-1 l'horizontale *ae*-3, c'est la ligne du talon.

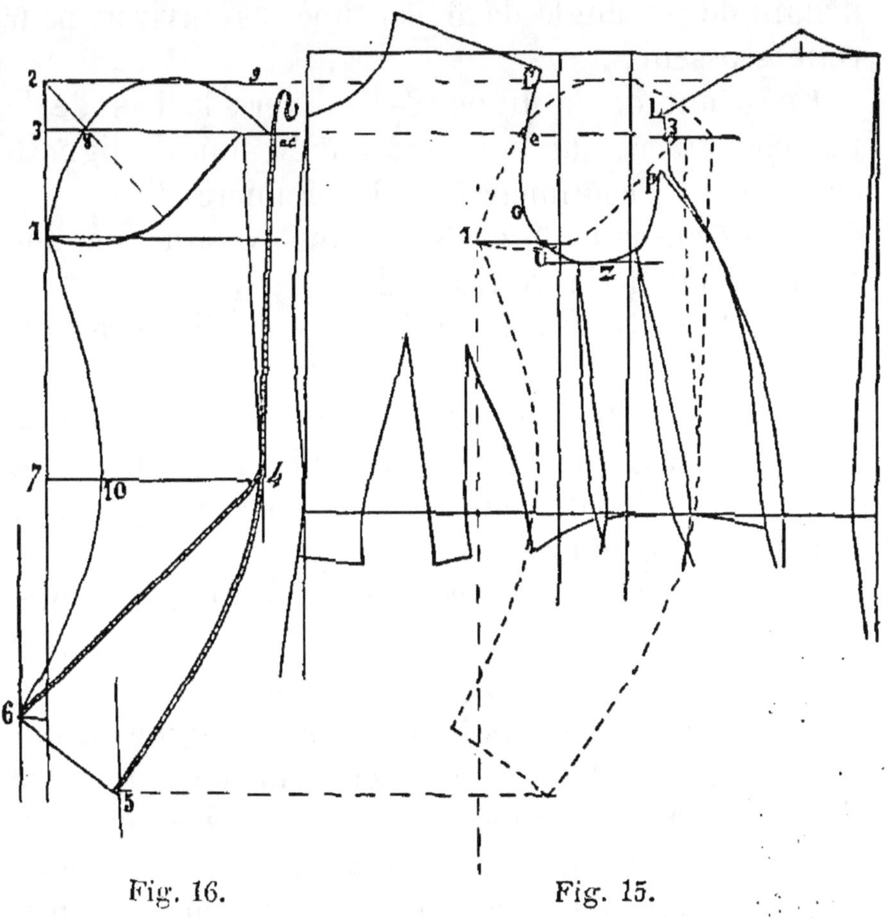

Fig. 16.   Fig. 15.

Du point 3 à *ae* portez le chiffre de la moitié du tour d'emmanchure (dans cet exemple, 19 environ).

Portez ce même chiffre 19 du point 7 au point 4 ou à toute autre place, puisque le point 7 n'est pas encore fixé.

Tirez une ligne droite de *ae* à 4.

Arrondissez la tête de la manche en partant du

point *ae* du talon, en venant toucher la ligne de tête 2-9 vers son milieu et sur un espace de 4 à 5 centimètres, puis passez au point 8 du devant de manche en venant rejoindre le point 1.

Le point 8 situé sur la bissectrice de l'angle 2 est distant de cet angle de 5 centimètres environ pour cette grosseur.

En avant de la ligne 2-7 et vers le bas de la manche, tracez sur une certaine étendue la ligne 6 éloignée de 3 centimètres de la première.

Tracez aussi la ligne 5 sur une certaine étendue et en arrière de la verticale 2-7.

Cette ligne 5 est à 6 centimètres de distance de la ligne 2-7.

Posez le chiffre de la largeur de carrure (16 1/2) sur le point *ae* du talon, puis suivez le long de la ligne *ae*-4 en redescendant retrouver la ligne 5 au point de longueur de la mesure prise.

Maintenez le centimètre sur un point, à peu près à la hauteur approximative du coude et faites tourner la longueur comprise entre 4 et 5 sur 4-6.

Réunissez les points 5 et 6 par une ligne droite.

Au milieu de la distance 4 et 6 du haut et du bas de la saignée, marquez le point 7 ; puis tirez d'équerre à ce point sur la verticale 2-7 la ligne du coude 7-4 creusez la saignée de 5 centimètres entre les points 7-10 et tracez la courbe de saignée de 4 à 10 et à 6.

Rentrez le dessous de manche de 2 centimètres environ en haut de la couture de coude et creusez ce dessous de manche de façon à ce qu'il y ait 15 centimètres d'éloignement de l'angle 2 sur la bissectrice de cet angle.

Au moyen du dessus de manche, il sera facile de

tracer le dessous en en prenant l'empreinte (déduction faite de la partie retirée en haut du coude et dans le creux du dessous).

Le bras a du relief en dehors, mais il n'en a pas ou très peu en dessous; pour cette raison, nous retranchons du dessus de la manche, en haut du coude, afin de former le dessous. C'est le tracé de la manche à peu près collante.

IV

TRACÉ DES PATRONS

—

Tracé du corsage prolongé pour enfants de 4 ans.

Puisque nous avons étudié le tracé d'un corsage moyen régulier, corsage et prolongement, et que nous savons aussi la coupe fondamentale de la manche, nous allons présenter successivement les tracés des principales tailles ou grosseurs (¹)

D'abord le tracé pour 4 ans (*fig.* 17) ou :

23 1/2 de longueur de taille.
11–46 carrure et manche.
13   de pente d'épaules.
26   de demi-grosseur du haut du corps.
25 1/2 de demi-grosseur de ceinture.
33 1/2 longueur de la nuque à la hanche.
35   de demi-grosseur du bassin.

1. Voyez pour d'autres mesures et tailles les tableaux pages 14, 15, 26 et 27.

Formez le rectangle A-B-C-D en appliquant de A à B la longueur de la taille 23 1/2, plus 1/2, soit 24.

Appliquez en largeur de A à C et de B à D la demi-grosseur augmentée de 5 1/2 (soit 26 + 5 1/2 = 31 1/2).

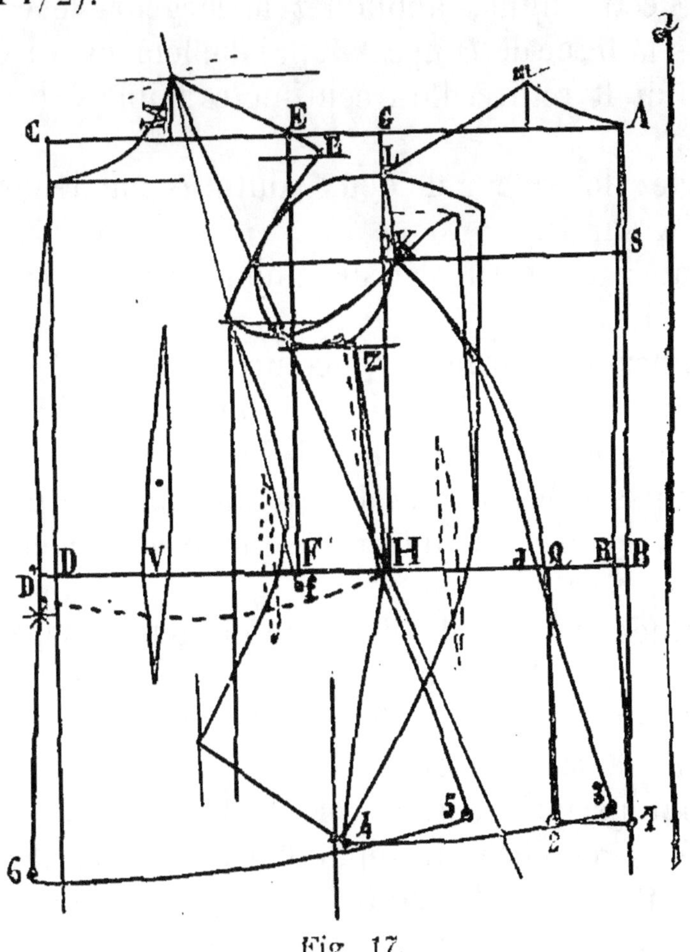

Fig. 17.

Partagez ce premier rectangle en deux autres A-G et E-C.

Les 5 1/2 se trouveront compris parallèlement entre les deux.

Diminuez, par la pensée, la longueur de la taille A-B de 3 centimètres environ (soit 20 1/2) et prenez-

5

en le tiers (soit à peu près 6,8 ou 6 3/4) que vous appliquerez du point A au point S.

Tirez bien d'équerre sur A-B la droite horizontale S-K.

Sur cette ligne, appliquez la largeur de carrure depuis la ligne de coupe A-R préalablement tracée sur un point R rentré d'un centimètre faible à la cambrure.

Sortez la valeur de deux coutures en dehors du point K sur P.

Donnez à la petite carrure une largeur de 4 à 4 1/2 de P à L.

Donnez à la largeur d'encolure du dos le 1/3 de la largeur de carrure, ce tiers augmenté d'un 1/2 centimètre (pour cet exemple 4 1/2 de A à M).

Réunissez les points M et L du montage d'épaulette du dos par une ligne presque droite, légèrement creusée.

Donnez au bas de dos une largeur quelconque (par exemple, 3 1/2 à 4) et tracez le dos dans sa partie supérieure et inférieure jusqu'à la taille ou hauteur de la ceinture.

Ajoutons que la ligne S-K de hauteur de carrure peut être cherchée en appliquant, sur un arc décrit du point A avec la moitié de la demi-grosseur 13 pour rayon, la mesure normale, anatomique, de carrure.

Il faut appliquer cette mesure de carrure, que nous donnons pour toutes les principales grosseurs pages 14 et 15, à partir de la ligne de coupe, de la ligne oblique A-R.

Le point du côté d'encolure M ne devra pas être calculé comme nous l'avons fait pour le tracé du corsage de moyenne grosseur. Chez les fillettes de 4 ans, le corps, à la hauteur de la poitrine, n'a pas plus d'épaisseur que celui d'un garçon de même âge. A la ceinture qui est grosse et épaisse et dont le chiffre égale ou approche habituellement celui de la grosseur du haut du corps, le patron a donc une largeur à peu près égale à l'endroit de la ceinture comme à hauteur d'emmanchure. Il en résulte que le devant et le côté, à l'endroit du creux des hanches (taille), n'ont presque aucun écart entre eux et que tout le haut de l'épaulette du devant se trouve de ce fait porté plus en arrière par rapport à sa position comparée au rectangle de construction.

Pour trouver le point M, nous opérons donc exactement comme pour le corsage d'un garçon de même âge.

Mesurez la distance S-P et portez-la en double de A à M (soit environ 24, de A à M). Descendez le point f à 3/4 de centimètre au-dessous du point F.

Placez ensuite le centimètre sur le point f, le chiffre 4 1/2 sur ce point f. Maintenez-le de l'index de la main gauche.

Placez la craie sur le chiffre 33 1/2 de la 7ᵉ mesure et de la main droite, décrivez la portion d'arc M.

Ce point M trouvé, faites votre abatage d'épaulettes en appliquant pour le dos et le devant 6 1/2 pour la pente totale. Ce nombre est égal au quart de la demi-grosseur.

Chez les mêmes fillettes, on trouve assez souvent, à l'essayage, à faire l'abatage un peu plus fort.

Nous savons que cet abatage total est composé de la distance comprise entre le point L du dos et l'horizontale A-G, distance ajoutée à l'autre existant entre l'horizontale passant au point M et le point d'abatage L' du devant.

Dans notre exemple, nous avons, entre la ligne A-G et le point L du dos, 2 1/2; nous portons ce chiffre (2 1/2) sur le point M et nous descendons jusqu'au chiffre 6 1/2; nous marquons là un point par lequel nous faisons passer la ligne horizontale L' du devant qui fixe l'inclinaison de l'épaulette de ce dernier.

L'avancement de l'emmanchure est fixé par la droite oblique partant de M et finissant à H.

L'évidage du devant de l'emmanchure passe à 1 centimètre en avant de cette ligne, à sa partie la plus creuse ([1]).

On obtient la profondeur d'encolure en appliquant au-dessous du point M le $1/3 + 1$ de la demi-grosseur 26 (soit 9 2/3). C'est une particularité et cela tient à ce que l'encolure, à cet âge, est grosse, comparativement à celle d'une taille moyenne ([2]).

La profondeur d'emmanchure sera obtenue en appliquant à partir de la hanche de H à Z la moitié de la longueur de la taille; cette moitié augmentée de 1/4 à 1/2, soit moitié de $23\ 1/2 = 11\ 3/4$. La distance de H à Z sera donc de 12 centimètres environ.

La répartition des largeurs à la ceinture ne se fait pas du tout comme aux patrons de grosseurs moyennes. Ainsi, à la cambrure entre B et R, nous n'avons que 1 centimètre au maximum.

Au montage du dos au côté entre les points Q et J, nous n'avons presque pas d'écart (1/2), mais entre le dos et le côté, au-dessus de ce point, cet écart

1. La largeur de poitrine est donnée au patron par le tracé.
2. C'est la raison pour laquelle nous ajoutons 1 centimètre au tiers de la demi-grosseur.

peut atteindre 1 centimètre vers le dessous de l'omoplate. En effet, à de telles grosseurs le dos est plat,
ou même creux, plutôt que bombé.

Si on ne fait qu'un petit côté large comme dans
ce tracé, on trouve à pratiquer *une toute petite pince*
comme celle indiquée en traits barrés. Sa valeur est
de 1/2, un peu au-dessus de la ligne de ceinture.

Entre le côté et le devant, nous n'avons qu'un
tout petit écart (1/2 à 3/4). Vers la partie comprise
entre le devant et sa pince principale V, nous trouvons une autre petite pince d'environ 1/4 de centimètre ; puis la pince du devant a environ 1 1/2, un
peu au-dessus de la ligne de taille. Cette pince ne se
prolonge presque pas sur le ventre qui est naturellement haut et bombé ; elle finit à environ 5 centimètres au-dessous de la ligne horizontale du tracé
(ligne B-D). Cette même pince se prolonge haut sur
le devant si on fait un ajustage complet. Sa position
dans le rectangle du devant est un peu *oblique* en
arrière pour la partie supérieure de cette pince ; mais
elle *oblique* également en avant pour sa partie inférieure. Vers le milieu de sa longueur, cette pince
occupe le milieu de la distance comprise entre les
parallèles C-D et E-F, place marquée d'un point.

En avant de la ligne de construction C-D, vers le
point D, sortez de 1 centimètre.

L'ensemble des largeurs qui composent la ceinture
de ce corsage sera d'environ 28 1/2, chiffre supérieur
de 3 à celui de la mesure de grosseur de ceinture,
ainsi que cela est nécessaire pour fournir la valeur
des coutures dans cette partie d'un corsage.

La place de la longueur de la taille devant est
marquée d'un astérisque situé à 1 centimètre au-dessous de l'arc décrit du point M aux points H et D'.

Pour prolonger le corsage au bassin, tirez obliquement la ligne R jusqu'à sa rencontre avec celle de construction (A-B prolongée). Tirez la ligne du côté de montage du dos Q-2, d'équerre sur B-D.

Tirez la ligne J-3, le point 3 situé à 1/2 centimètre de la ligne de construction A-B.

Sortez 1 1/2 en dehors de la ligne de construction C-D, au point 6 du devant du bassin.

Ces divers allongements sont faits à 13 centimètres plus bas que la ligne de taille naturelle ; pour le dos 13 centimètres au-dessous du point B et pour le devant 13 au-dessous de l'astérisque.

Faites suivre le prolongement du côté du devant du point H au point 5 à peu près parallèlement à la ligne prolongée M-H (ligne d'avancement d'emmanchure). Puis mesurez toutes les largeurs de 1 à 2 du dos, de 5 à 6 du devant ; reportez le chiffre donné sur le point 3 et venez fixer le point 4 par la grosseur du bassin augmentée de 5 centimètres au moins (soit $35 + 5 = 40$ ou même par 44). Tracez le prolongement du côté de H au point R en arrondissant, en renflant un peu.

Pour tracer la manche, opérez comme nous l'avons fait pour la manche du corsage moyen (*fig*. 15 et 16). Le haut de cette manche a de 13 à 13 1/2 de largeur et le bas a 8 1/2. La courbe de saignée est creusée de 2 1/2.

Ce corsage prolongé est un fond de coupe utilisable pour les jaquettes, manteaux, robes anglaises, pour les doublures ou carcasses des robes de formes vagues ou bouffantes.

Tracé du corsage prolongé, pour la grosseur 32 du haut du corps (*fig.* 18).

Ce corsage correspond à l'âge de 10 ans environ.

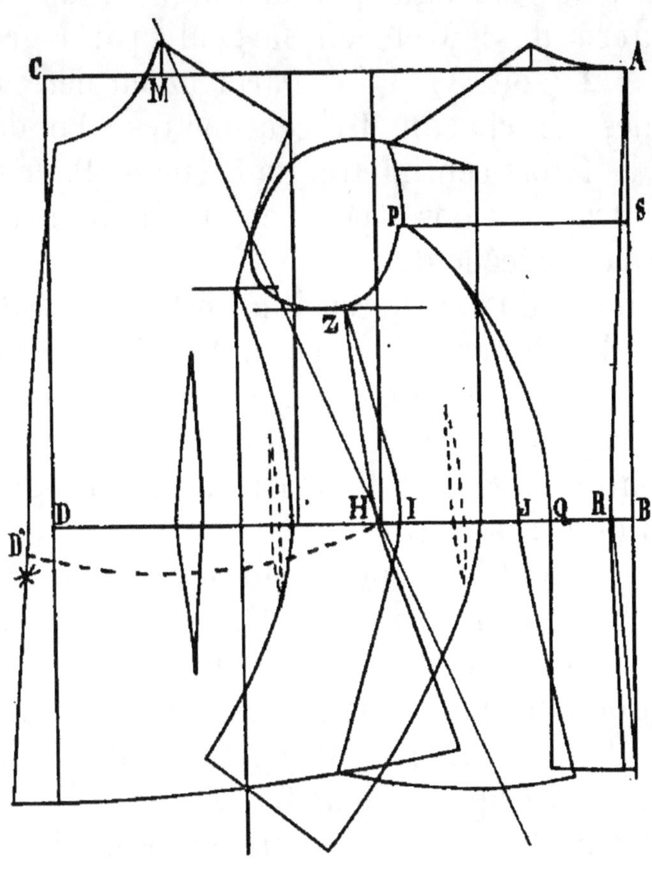

Fig. 18.

Rappelons les mesures principales :

Longueur de la taille.	29 1/2
Carrure et manche	13 1/2–61
Montant ou pente d'épaules . .	16
Demi-largeur de poitrine . . .	13 3/4
Demi-grosseur du haut du corps.	32
Demi-grosseur de ceinture. . .	28 1/2

Longueur du devant de la nuque à la
hanche 39 1/2
Demi-grosseur du bassin . . . . . 39 à 40

Formez le rectangle par la longueur de la taille
augmentée de 1/2 et, en largeur, par la grosseur
plus 5 1/2 (soit 37 1/2). Partagez en deux autres
rectangles de chacun 16 centimètres. Le dos est
rentré de 1 fort centimètre, de B sur R. Pour tout le
reste du tracé du dos, opérez comme nous avons dit
à l'exercice précédent.

Le point M du devant est situé en largeur à 30 centimètres d'éloignement du point A (soit la largeur de
deux fois S-P appliquée en cette partie).

L'abatage d'épaules pour le dos et le devant est
de 8 centimètres (soit le quart de la demi-grosseur
du haut du corps, 32).

L'avancement de l'emmanchure est donné par la
ligne oblique M-H avec un évidage porté en avant de
1 centimètre dans la partie la plus creuse.

La profondeur d'emmanchure est obtenue par la
mesure de la moitié de la longueur de taille (soit
15 centimètres appliqués de H à Z).

Pour la profondeur d'encolure, on prend le tiers de
la demi-grosseur (10 2/3, augmentés de 1/2 centimètre), soit 11 un peu forts.

A cette grosseur, la ceinture commence à se dessiner un peu ; aussi avons-nous entre les points Q
et J un écart de 1 1/2 à 1 3/4, et parfois 2.

Entre le côté et le devant, à la hanche, l'écart est
de 1ᵉ 1/2 entre I et H.

La pince du devant a une valeur de 2 centimètres
au plus creux.

A cette grosseur, la conformation du devant est

encore portée en ventre et il faut ressortir de 1 centimètre en avant de la ligne de construction C-D, à l'endroit du point de ceinture D'.

Pour un modelage très ajusté de cette grosseur, on trouvera deux petites pinces ou replis à faire au devant, entre la pince et la couture de côté et au petit côté vers son milieu. La valeur de ces pinces est de 1/2 centimètre pour chacune, au maximum.

En mesurant les largeurs des trois pièces du patron à l'endroit de la ceinture, on trouve 31 1/2 environ, soit 3 centimètres de plus que la mesure de ceinture, quantité que nous savons nécessaire.

Pour le prolongement des parties du corsage au bassin, dans notre étude, le chiffre a été fixé à 15 centimètres au-dessous de la taille. Le chiffre total, fourni par les trois pièces du patron à cet endroit, est de 48 centimètres.

Le bas du devant est ressorti de 2 centimètres en avant de la ligne de construction C-D. Le côté du devant suit presque parallèlement le prolongement de la ligne M-H.

Le bassin de cette grosseur a souvent moins de saillie dans sa partie postérieure, le prolongement du petit côté et du dos fournissent moins de jeu, de largeur, que dans l'exemple précédent de la figure 17. En revanche, le recroisement des pièces au-dessous de la hanche est souvent plus fort ([1]).

Comme avec des mesures égales du bassin, la répartition ne peut pas être fixée rigoureusement, nous avons établi nos tracés suivant les meilleures probabilités ; cependant, d'après l'expérience, nous savons qu'il n'est pas possible de fournir une règle

---

1. Le recroisement du devant et du côté au-dessous du point H est de 9 centimètres pour ce tracé.

fixe pour la répartition des largeurs autour d'une courbe aussi variable de forme qu'est celle du bassin. Le meilleur est certainement de couper dans cette partie avec une largeur dépassant un peu celle de la mesure et de reprendre à l'essayage les parties où cette largeur se trouve exagérée. Au moyen d'épingles bien placées, on obtiendra la place exacte où les largeurs seront employées. Chez une personne, le bassin est fort au ventre, chez une deuxième aux hanches, chez une autre à la partie postérieure, et cependant ces trois personnes peuvent très bien porter une égale mesure du bassin.

La manche est coupée comme les précédentes. La largeur en haut est de 15 à 15 1/2 et celle du bas de 9 1/2.

Tracé pour la grosseur 38 du haut du corps
(*fig.* 19).

Ce corsage correspond à peu près aux âges de 15 à 17 ans.

Les mesures principales sont les suivantes que nous inscrivons sans leur désignation, mais dans leur ordre habituel :

38 — 15 1/2 — 72 — 19 — 16 1/2 — 38 — 24 — 49 1/2

Bassin, 45 1/2 à 46.

Le rectangle est formé par la longueur de taille 38 plus 1/2 (soit 38 1/2) et, en largeur, par la demi-grosseur plus 6 (soit 44), ce rectangle est partagé en deux autres de chacun 19 centimètres.

Formez le dos comme il est indiqué au tracé du corsage moyen de 42 (*fig.* 8). Les mesures seules changent, la méthode reste la même.

Pour trouver la situation du point M, mesurez la

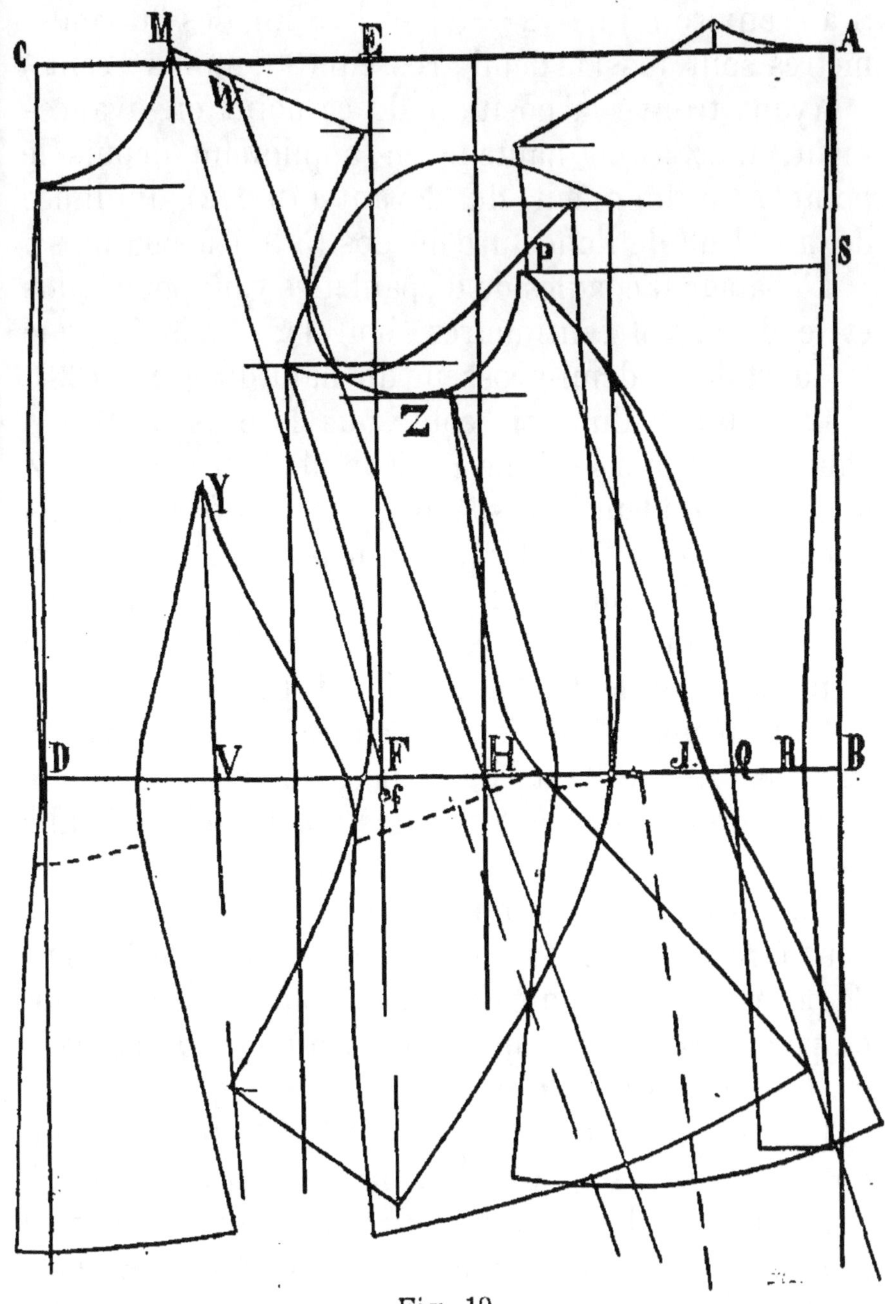

Fig. 19.

distance S-P, doublez-la, ajoutez-y 2 centimètres pour cette grosseur et portez-en le chiffre total de A à M. Dans cette étude et pour ces mesures nous avons de

S à P environ $17 \times 2 = 34 + 2 = 36$. Ces 36 centimètres sont aussi la demi-grosseur (38, moins 2 cent.)

Ayant trouvé la position de ce point en avancement, fixez-le en hauteur en appliquant depuis le point f la longueur du devant (49 1/2) diminuée de la valeur de l'encolure du dos (5 3/4 à peu près).

L'abatage d'épaules ou d'épaulettes vaut pour le dos et le devant 9 centimètres, soit 1/2 de moins que le quart de la demi-grosseur du haut du corps (38).

La hauteur du petit côté sous le bras de H à Z vaut 21, depuis la ligne horizontale B-D au point Z de la profondeur. C'est donc la moitié de la longueur de taille (38 1/2), augmentée de 1 3/4. En réalité, le dessous de bras a bien une longueur de 22, parce qu'il y a 1 centimètre au-dessous de la ligne horizontale de construction B-D.

L'avancement de l'emmanchure est fixé par la ligne habituelle. Cette ligne part du point W, situé pour cette grosseur à 4 centimètres du point M. Elle finit au point H, comme toujours.

Du reste, l'évidage ou avancement d'emmanchure peut être contrôlé ou fixé par la mesure de largeur de poitrine, augmentée de deux coutures (3/4 à 1), ou par l'avancement appliqué du milieu du dos (voir les tableaux pages 26 et 27).

La profondeur d'encolure vaut 12 2/3 (encolure du dos comprise), soit le 1/3 de la demi-grosseur (38).

Les points de ceinture diffèrent complètement de ceux de l'étude précédente. A la grosseur de 32 déjà traitée, nous avons vu que la ceinture tendait à diminuer de grosseur par rapport à la poitrine, laquelle augmente au contraire. Pour les grosseurs de 38 à 39 de poitrine, la ceinture se trouve habituellement très mince; c'est, en effet, à l'âge de 16, 17 ou 18 ans que la femme a la taille la plus fine, sauf pourtant quelques cas de personnes dont la poitrine, la ceinture et le bassin *sont comme cylindriques et d'une venue.* En pareils cas, les mesures indiquent tout naturellement la conformation et on coupe en les appliquant telles quelles. On obtient un tracé ressemblant à ceux des premiers âges ou tailles (26 ou 32).

Ces cas sont l'exception. Lorsqu'une jeune fille a atteint les grosseurs qui font l'objet de cette étude, *il y a beaucoup de chances pour que la ceinture soit* fine naturellement, et par le corset, et que le bassin soit saillant aux hanches et derrière.

C'est donc entre les grosseurs de 32 à 38 que, graduellement, les écarts entre les parties du dos à la ceinture tendent vers leur maximum ; surtout la pince du devant.

Expliquons les points de cette taille et rappelons en même temps les calculs déjà faits pour les obtenir.

L'écart de cambrure entre B et R vaut 2 centimètres ; entre Q et J, 1 1/2, à l'endroit de l'horizontale de construction B-D. Entre le côté et le devant, l'écart est de 1 1/2. Le total des écarts pour le dos est de 5 centimètres. Le devant et le côté sont très cintrés au-dessus de la ligne horizontale, *comme on* le voit au tracé ; le côté du dos, de même.

Le rectangle a une largeur de 38+6=44 ; de 44 ôtons 5, il reste 39.

La ceinture porte une mesure de 24+3 (pour coutures)=27. De 39 retirons 27, il reste 12 à déduire par la pince du devant, à l'endroit du plus creux de la ceinture.

Les 12 centimètres à retirer demandent plutôt à l'être en arrière de la ligne V-Y qui forme habituellement l'entre-pinces, le milieu de l'entre-pinces, ligne située entre les deux parallèles C-D, E-F au milieu des deux.

Malgré la position plus en arrière de la partie postérieure de cette pince, par rapport à la ligne V-Y, il faut toujours chercher à obtenir, pour les deux côtés de cette pince, une configuration telle qu'elles puissent coïncider, avoir même courbe quand on rabat — quand on « recouche », si on préfère — un côté coupé sur l'autre. Les longueurs et la forme des côtés se trouvent plus égales, condition sans laquelle les parties du devant forcées, inégales et se contrariant entre elles, visseraient, plisseraient infailliblement, ainsi que le représente le dessin de la figure 21.

Un moyen excellent, en ce qui concerne la coupe des pinces, est de couper un côté bien correctement et de replier ce côté sur l'autre pour recouper le second côté, quelle que soit la direction donnée à une pince.

Dans notre modèle, la pince du devant a donc 12 centimètres d'écart ou « profondeur », comme on dit, à l'endroit de la ceinture. Au ventre, au plus gros du bassin, l'écartement entre les côtés de la pince est de 9 1/2 à 10 centimètres.

Pour de semblables grosseurs, on fera bien de porter de l'étoffe en arrière, aux côtés, pour le prolongement au bassin qui est souvent fort, de même qu'aux hanches. Ce tracé a une largeur de 51 1/2 à une hauteur de 14 centimètres au-dessous de la ceinture.

On remarquera aussi que les élargissements des parties prolongées pour le bassin se font par moitié de chaque côté d'une ligne qui est perpendiculaire à **la pente de la ceinture devant. Nous avons marqué** ces deux lignes, au côté et à la nappe postérieure du devant, en traits rompus.

La manche est tracée par les mesures de longueur et de tour d'emmanchure d'après la méthode suivie pour celle de taille moyenne déjà mentionnée. Sa largeur en haut est de 18 centimètres et en bas de 10 1/2.

Tracé pour la grosseur 48 du haut du corps
(*fig.* 20).

C'est le patron de la femme de forte charpente et un peu au-dessus de la moyenne.

Rappelons les mesures que nous inscrivons par ordre et sans désignation.

40-18-78-24-21-48-34-54-54 à 55.

Formez le rectangle par la longueur de taille (40 plus 1/2, soit 40 1/2 en hauteur).

Donnez-lui en largeur 48 plus 6 = 54, puis divisez en deux autres rectangles de chacun 24.

Cherchez de préférence la situation de la ligne S-K en retranchant 3 centimètres de la longueur de taille (soit à peu près 37) et divisez en trois parties (soit 12 1/3) pour chacune.

Appliquez 12 1/3 de A à S et tracez cette ligne bien d'équerre sur A-B.

La largeur de l'encolure du dos vaut 7 centimètres, le point de côté d'encolure M est situé à 45 centimètres d'éloignement du point A de nuque, soit aussi à 9 centimètres du devant, ligne de construction C-D.

Après avoir divisé en trois parties la largeur du devant C-E et ajouté 1 centimètre à ce tiers 8 trouvé, nous aurons, en effet, 9 centimètres de la ligne C-D au point M. Le haut du devant d'encolure est à rentrer de 1 centimètre en dedans de la ligne de construction.

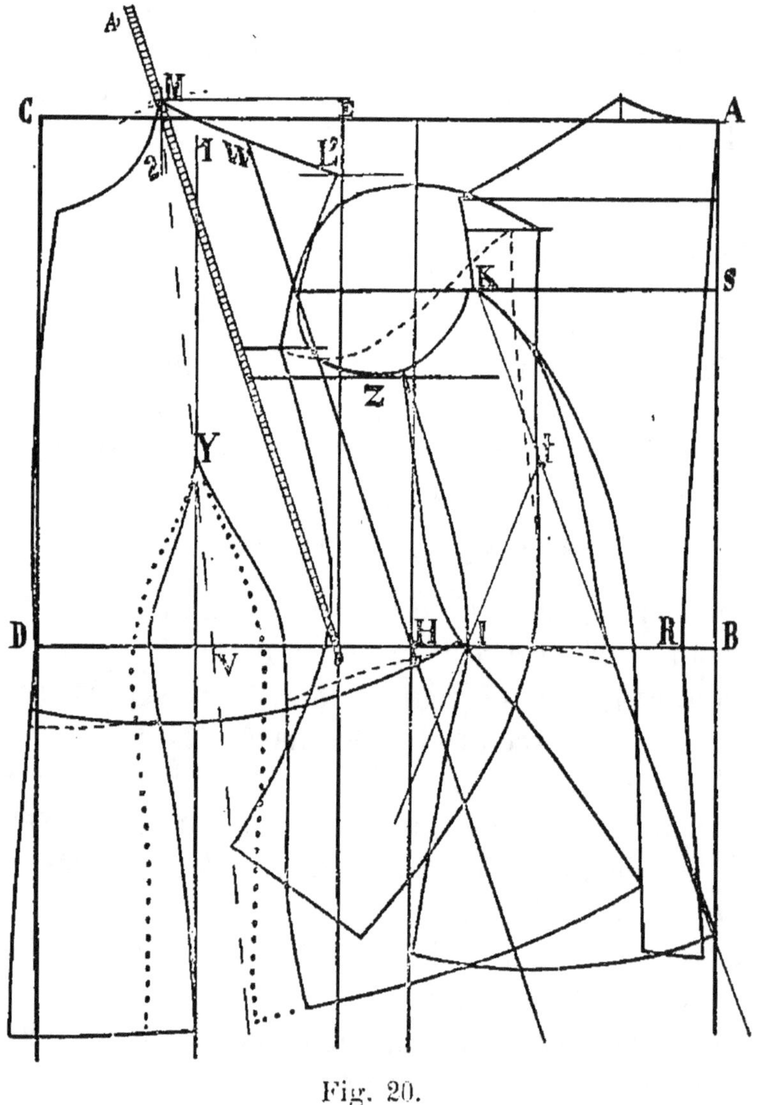

Fig. 20.

L'abatage d'épaulettes pour le dos et le devant vaut 11 centimètres (soit le 1/4 moins 1 de la demi-grosseur).

L'avancement d'emmanchure est fixé par la ligne

W-H. Le point W est situé au milieu de la distance
M-L. La profondeur d'emmanchure est déterminée par
la longueur H-Z qui équivaut à 21 dans notre exemple
(soit la moitié de la taille, moitié augmentée de 1 centimètre. Le point R de cambrure est rentré à 2 centimètres du point B. L'écart entre dos et côté est de
2 centimètres, entre le côté et le devant de 2 aussi.
Pourtant cet écart va souvent à 3 centimètres. Celui
entre les côtés de pince du devant est de 11 centimètres. Au ventre, entre les mêmes côtés de pince,
il n'est plus que de 9 à 9 1/2. Notre modèle est
celui de tenue renversée; aussi il n'a, comme on le
voit, aucune omoplate; la pince se prolonge haut
entre le dos et le côté.

Le rectangle a une largeur de. .   .   .   54
Nous avons 6 de retirés à la partie du dos.   6
                                Reste. .   48

La ceinture a 34 de mesure .   .   .   ..   } 37
plus . . . . . .   3 pour coutures. .   .   . }

La pince du devant vaut donc. .   .   .   11
que nous avons à ce tracé.

Mesuré à 14 de hauteur ou distance au-dessous
de la ceinture, le bassin a une largeur de 59 à
60 centimètres, soit la mesure 54 plus 5 à 6 centimètres; le bas du devant est ressorti de 2 centimètres en dehors de la ligne de construction.

Dans notre exemple, le petit côté (côté du sous-
bras) a moins de saillie pour les hanches par rapport
à la ligne t-I; mais le devant en a davantage, par
rapport à la ligne d'avancement prolongée W-H.

Toute la question est de retrouver au bassin le
chiffre de la mesure, augmenté de l'aisance connue
(5 à 6).

Nous avons tracé deux pinces au devant. L'une en pointillés représente la pince divisée par moitié de chaque côté de la ligne VY située elle-même au milieu du rectangle du devant; l'autre, en traits pleins, a ses courbes portées de chaque côté d'une ligne barrée posée plus obliquement et en arrière par la partie inférieure du devant.

La direction de la ligne de repli du devant et de la pince peut, pour toutes les grosseurs, avoir besoin d'être changée. Dans les cas de vestes ou jaquettes dont les devants sont abattus, arrondis, on fait en sorte que la couture de pince ne se trouve pas finir juste dans la partie arrondie du bas du devant. On la recule donc en arrière, dans sa partie inférieure. Pour cela, il est indispensable que tout le devant soit replié du haut en bas suivant la ligne pleine ou la ligne barrée. Cette ligne de repli sera située exactement au milieu des courbes latérales de la pince.

A la coupe, comme aussi au montage de cette pince, il faudra toujours que ces courbes s'accordent, comme longueur et position, suivant une des deux lignes qui sont situées au milieu pour chacune et qui sont prolongées jusqu'en haut du devant.

En d'autres termes, si à la coupe ou au montage, vous repliez le devant suivant la droite Y-1 il faudra que la pince ait ses côtés latéraux coupés et montés suivant la pince indiquée en traits pointillés. Si, au contraire, vous repliez le devant suivant la droite Y-2, il faudra aux côtés latéraux de la pince la position des traits pleins.

Si, par exemple, vous coupez et montez la pince (sa partie du devant coupée en traits pleins et sa partie arrière suivant les traits pointillés) et si vous en faites le montage en repliant votre devant suivant le repli Y-2, ou bien encore si la pince, côté du devant a une courbe exacte, mais si la pince de l'autre partie est coupée plus creuse, que ces courbes se contrarient, vous avez sur le corps un effet du genre de celui dessiné à la figure 21. Quelle que soit la di-

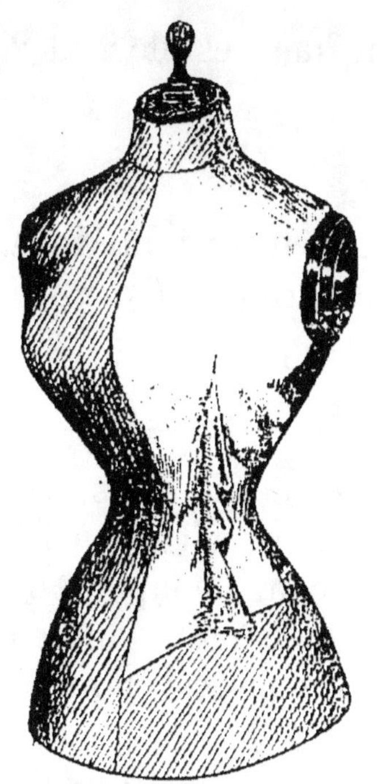

Fig. 21.

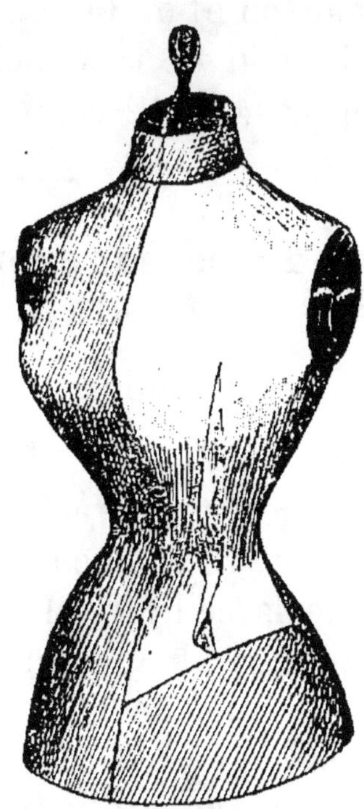

Fig. 22.

rection d'une pince, il ne faut pas qu'un de ses côtés contrarie l'autre, il faut de plus que la division des deux courbes se fasse également ou au moins à très peu près également par moitié de chaque côté d'une droite (soit Y-1 ou Y-2).

Quand une pince est épinglée avec toute l'étoffe inutile en dehors, il faut que le repli se fasse sans aucune vis ni torsion comme la figure 22 le représente.

La manche est tracée comme aux figures 15 et 16.

Le chiffre du tour d'emmanchure règle sa largeur du haut et la mesure de longueur prise règle celle de la manche. L'écart entre la ligne du montage de saignée et celle du talon est obtenu en appliquant la moitié du tour de l'emmanchure à partir du point de saignée jusqu'au point du talon.

La largeur de la manche, en haut, est de 20 1/2 à 21 ; en bas, de 12 centimètres.

Tracé du corsage prolongé pour la demi-grosseur 54 du haut du corps (*fig.* 23).

Les mesures sont :

41 — 20 — 80 — 26 — 22 1/2 — 54 — 38 — 55 — 63.

Ce patron a été tracé avec deux petits côtés, vu la largeur exagérée que chaque pièce aurait eue à l'endroit de la ceinture. De cette façon, l'adaptation se fera mieux ; il y aura plus facilement adhérence avec les creux de la ceinture, les pièces étant plus étroites.

Du reste, pour n'importe lequel des patrons dont nous avons déjà donné les tracés, il sera facile de changer à volonté le nombre des côtés, la place de leurs coutures de montage, en suivant les principes expliqués à ce sujet aux figures 13 et 14. Le rectangle est formé par la longueur de la taille, plus un demi-centimètre, soit 41 1/2. La largeur par la demi-grosseur, plus 6 centimètres, soit 60 centimètres.

Cherchons la situation de la ligne S-K en déduisant 3 centimètres de la longueur de la taille et en prenant le 1/3 du reste, soit 41 de longueur de taille. Retirons 3, il reste 38 centimètres que nous divisons

en trois parties, soit 12 centimètres 2/3 pour l'une
de ces parties ou tiers de la longueur 38, chiffre que
nous porterons de A de nuque à S.

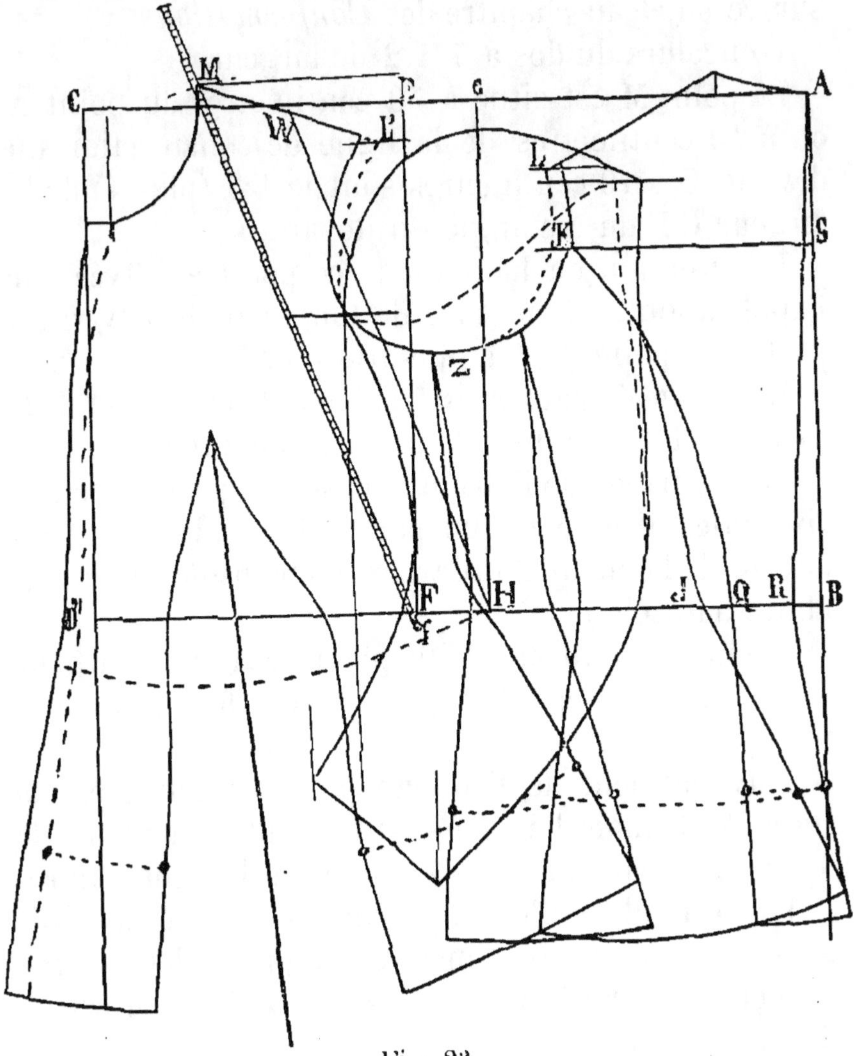

Fig. 23.

Tirons bien d'équerre, sur la verticale A-B, l'horizontale S-K.

Nous dirons, dès à présent, que, chaque fois que le
point d'intersection des deux mesures de pente et de

carrure se trouvera situé sur cette ligne, il n'y aura pas lieu de changer la valeur, la quantité d'abatage d'épaulettes. Nous nous étenderons plus amplement sur ce sujet au chapitre des *Conformations*.

L'encolure du dos a 7 1/2 de largeur.

Le point M est situé à 50 centimètres du point A ou à 10 centimètres de la ligne de construction du devant. Ces 10 centimètres sont le 1/3 (plus 1) de la largeur C-E du rectangle du devant.

La situation en hauteur de ce point est fixée par l'application de la mesure de longueur du devant, à partir du point f (3/4 plus bas que F).

L'abatage d'épaules est seulement de 11 à 11 1/2, c'est le 1/4 (moins 2) de la demi-grosseur.

Nous parlons de l'abatage mesuré à partir des horizontales M et A-G aux points L du dos et L' du devant de l'emmanchure tracée en pointillés (emmanchure naturelle).

L'emmanchure en traits pleins réduit la largeur de carrure et d'épaulette; ce qui est fort utile surtout pour les personnes de forte corpulence.

L'avancement de l'emmanchure est guidé par la ligne W-H, mais l'évidage est porté plus en avant (de 1 1/2) à la partie la plus avancée de l'emmanchure.

La profondeur d'encolure égale le 1/3 de la demi-grosseur, soit 18 centimètres. La profondeur d'emmanchure se règle par la hauteur Z-H; elle est de 21 centimètres.

Voici la répartition la plus probable des largeurs à la ceinture de ce patron :

2 centimètres retirés à la cambrure entre B et R.

2 centimètres retirés entre le côté et le dos Q-J.

2 1/2 retirés entre le premier et le deuxième côté.

1/2 retiré entre le deuxième côté et le devant.

7 centimètres au total.

Notre rectangle a $54 + 6 = 60 + 2 = 62$.

Il faut ressortir ces 2 centimètres en avant de la ligne de construction du devant au point D'.

De 62 ôtons 7, il reste 55.

La mesure de ceinture vaut 38, auquel chiffre nous ajoutons 3 pour les coutures, soit 41. Retirant 41 de 55, il reste 14 centimètres que nous enlevons par la pince du devant.

Cette pince, comme on le voit, est inclinée en avant vers le haut et en arrière vers le bas. On pourra la déplacer par moitié de chaque côté de la ligne qui sépare cette pince en deux parties, cette ligne du repli du devant devra elle-même être ramenée dans une situation parallèle aux verticales du rectangle si on veut donner cette position aux côtés de la pince.

Le bassin, mesuré à 14 centimètres au-dessous de la ligne de taille, vaut 69 au patron pour toutes les pièces réunies en cette partie (soit la mesure $63 + 6$).

La ligne du devant, au milieu du corps, celle marquée d'un trait barré ressort de 4 cent. 1/2 en dehors de la ligne de construction du devant et à l'endroit du bassin (à 14 centimètres au-dessous de la ceinture).

L'écart entre les côtés de pince du devant à même hauteur est de 16 ; au bas, pour un allongement total de 25 centimètres au-dessous de la ceinture, entre ces mêmes côtés de pince, il équivaut à 20 centimètres.

Pour le prolongement des autres parties du corsage, le tracé indique bien la position de chacune des pièces qui doivent, comme nous l'avons déjà dit, former le total de la mesure du bassin avec 6 centimètres **de plus.**

La manche a une largeur de 24 en haut et de 12 1/2 au bas.

Tracé d'un corsage pour la demi-grosseur de 60 du haut du corps (*fig. 24 et 25*).

Mesures : 39 — 21 1/2 — 80 — 27 — 24 1/2 — 60 — 52 — 53 — 83.

Fig. 24.

La taille est courte. Les epaules sont hautes et fortes et la tenue est un peu voûtée.

La figure 24 représente la vignette de ce vêtement confectionné.

Formez le rectangle (*fig. 25*) par la longueur de taille et un demi-centimètre en plus (soit 39 1/2 de hauteur) ; en largeur par la demi-grosseur plus 6 (soit 66).

Divisez comme toujours en deux autres rectangles, de 30 centimètres chacun.

Retranchez 3 de la longueur de taille 39, il reste 36 qui, divisés par 3, donnent 12 centimètres.

Appliquez ces 12 centimètres de A à S. Puis, tirez bien d'équerre, sur A-B, l'horizontale S-P.

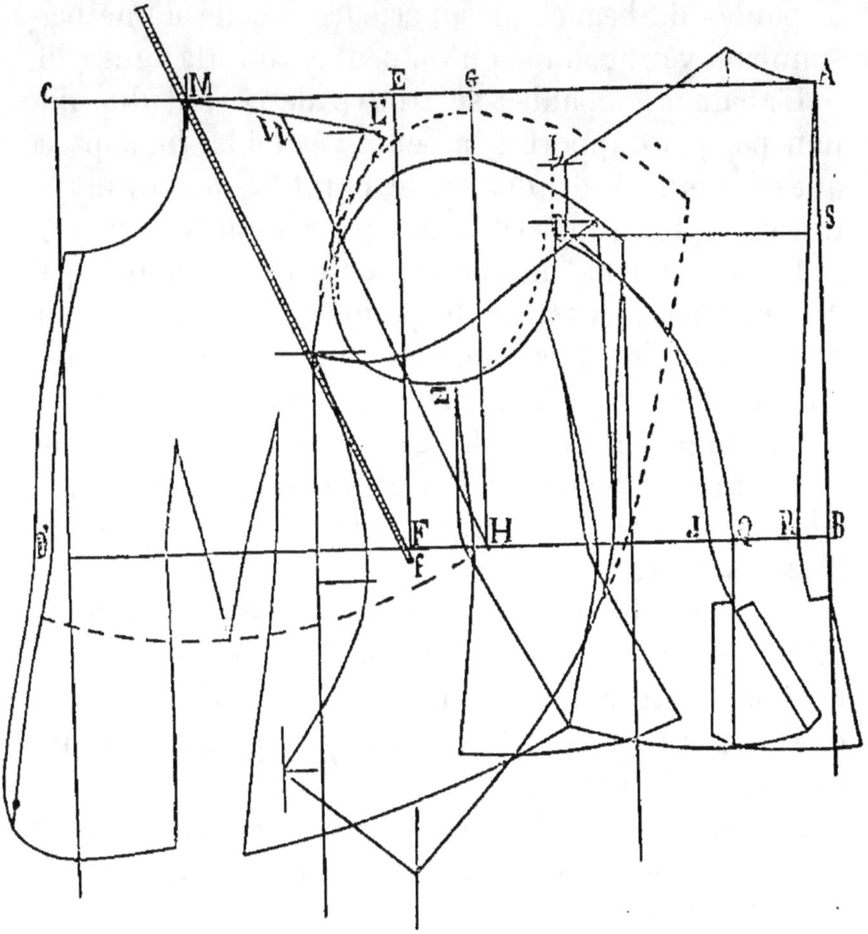

Fig. 25.

Partagez en deux parties égales la distance S-A pour avoir la largeur de la petite carrure P-L.

Nous avons indiqué la carrure normale en traits barrés et réduit cette carrure à 20 centimètres, au lieu de 21 1/2, afin de dégager le tour de l'emmanchure dans toute sa partie supérieure et les mouvements des bras. Le vêtement se déplace moins de la sorte, et il faut bien tenir compte de ce que les personnes de très forte corpulence n'ont pas la largeur d'épaules de beaucoup supérieure à celle d'une personne moyenne, ainsi qu'on peut le voir à la figure 26.

L'abatage d'épaules se trouve de ce fait diminué non pas par rapport à sa pente véritable, mais parce que le point L du dos et le point L' du devant se trouvent plus rapprochés des horizontales M et A-G.

L'avancement du point M est déterminé par 55 centimètres à partir du point A. C'est-à-dire qu'il est distant de 11 centimètres de la ligne de construction du devant (soit le 1/3 du rectangle C-E, plus 1).

Ce point est fixé en longueur par l'application de la mesure du devant, comme toujours, à partir de f, lequel est situé à 3/4 ou 1 centimètre au plus au-dessous de F.

Le chiffre de l'abatage d'épaulettes est de 12 centimètres pour le dos et le devant additionnés, il s'agit du point de carrure normale. Au point de carrure et d'épaulette réduites (traits pleins) l'abatage n'est plus que de 10 centimètres.

L'avancement d'emmanchure est fixé par la ligne W-H, le point W au milieu du montage d'épaulette normale.

L'évidage d'emmanchure au point le plus avancé passe à 2 centimètres en avant de cette ligne.

La profondeur d'emmanchure se détermine par la hauteur du côté H-Z, qui vaut ici 15 centimètres.

La profondeur d'encolure demande 20 centimètres (largeur de l'encolure du dos comprise), soit le 1/3 de la demi-grosseur, encolure naturelle pour boutonner jusqu'en haut avec col droit.

Le point de la base d'encolure([1]) est rentré de 1 centimètre en dedans de la ligne de construction du devant.

La répartition des largeurs à la ceinture est ainsi faite :

2 centimètres enlevés à la cambrure entre le point B et le point R.

2 centimètres sont retirés entre le dos (point Q) et le bas du côté (point J).

1 centimètre disparaît entre le premier et le deuxième côté.

1 également entre le deuxième côté et le devant.

Total 6, retirés en arrière.

La pince du devant est faite à 7 centimètres à la ceinture ([2]).

Total : 13 centimètres de retirés en totalité.

Nous avons ressorti de 4 centimètres en avant de la ligne de construction du devant, point D, ce qui a formé un total de 70 centimètres. Le rectangle est, en effet, composé en largeur par la grosseur $60 + 6$ et $+ 4$ . . . . 70 cent.

La ceinture étant de $52 + 5$ pour les coutures . . . . $\overline{57}$ »

Différence. . . 13 cent.

égale au chiffre des pinces additionnées.

Au bassin, l'écart entre les côtés de la pince du

1. Ce patron ne contient pas le revers qu'il faudra ajouter en dehors de la ligne de milieu du corps, *il faudra aussi hausser l'encolure dans sa partie du devant.*

2. Si les seins sont pointus, l'écart entre les côtés de la pince du devant, peut atteindre un chiffre plus élevé (voir *fig.* 42 et suivantes et *fig.* 31 relative aux ceintures fortes).

devant est de 6 centimètres seulement, à la condition que la personne ait le ventre presque droit et presque dans un même plan avec la ceinture ; nous aurions un écart encore moins grand ou presque nul pour une femme ayant le ventre en « boule ».

Mesuré à 15 centimètres au-dessous de la ligne de taille, le bassin a 89 centimètres au patron (soit la mesure du bassin, plus 6).

Le recroisement du côté sur le devant et du côté sur l'autre côté sont de 10 centimètres environ ; celui du côté sur le dos, de 4 centimètres à peu près, à une longueur de 18 centimètres au-dessous de la ligne de taille naturelle ; ce chiffre est celui de la longueur du vêtement au-dessous de la taille, la longueur de son prolongement pour le dos.

Le prolongement du devant est de 20 centimètres. A 15 centimètres au-dessous de la taille, la ligne du milieu du corps, à l'endroit indiqué par un point, fait une saillie de 9 centimètres.

La forme de la pince du devant offre une certaine particularité. L'entre-pince finit en pointe, en forme d'une M. Mais cette forme peut être changée à volonté.

La manche a une largeur en haut de 28 centimètres. L'emmanchure étant agrandie du fait de la réduction de la largeur de la carrure, la manche semble relativement large à ce chiffre. Nous avons dessiné en traits barrés la forme de la manche légèrement bouffante. La largeur du bas de manche compte 13 1/2.

Nous comparons (*fig*. 26), à ce patron de la figure 25, un autre patron de la grosseur moyenne de 42 de demi-grosseur sous les bras, afin de montrer les changements qui sont forcément très grands entre deux patrons aussi différents de grosseur.

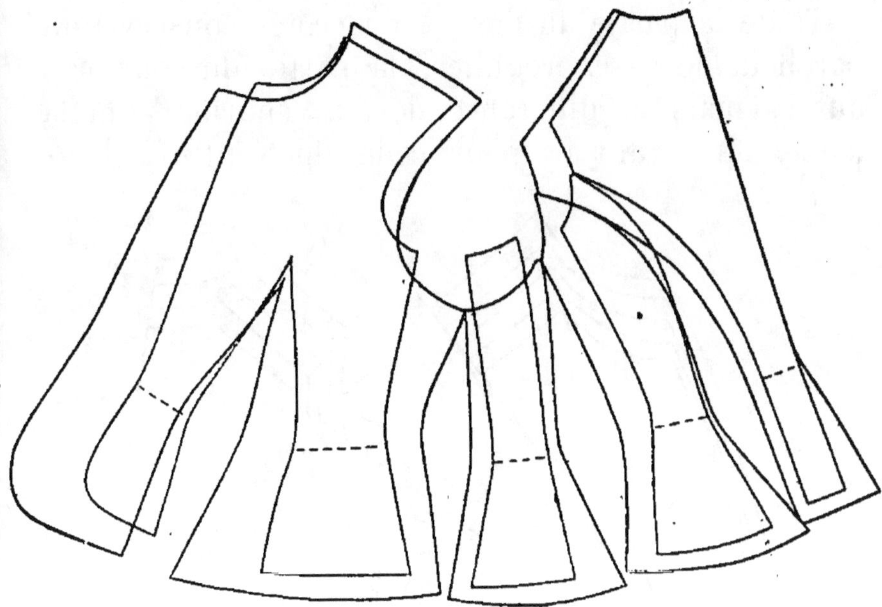

Fig. 26.

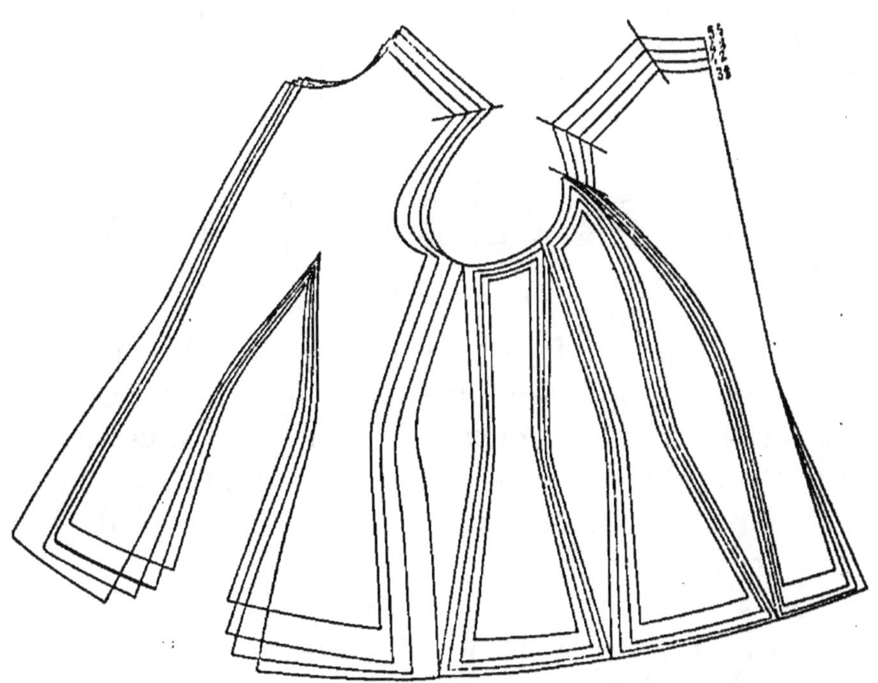

Fig. 27.

Toute la partie du dos et des côtés conserve un parallélisme assez régulier, la partie du sous-bras aussi ; mais la différence devient énorme pour la partie du devant et pour celle du ventre à l'en-

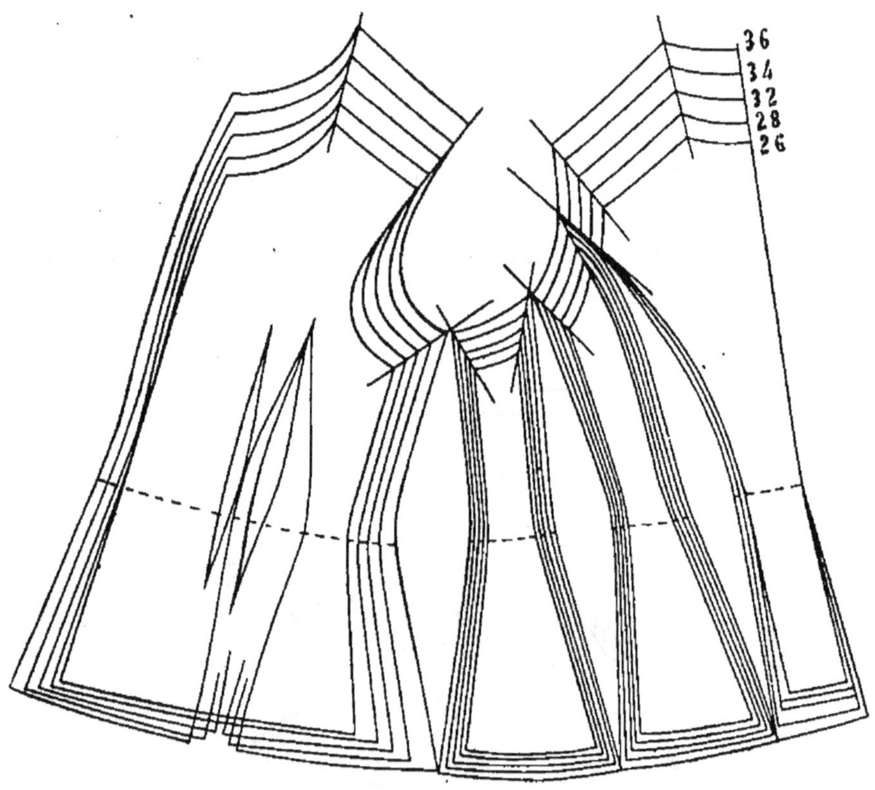

Fig. 28.

droit de la pince. La région du devant est approximativement plus large de 7 centimètres et celle de la partie arrière du devant également d'autant, au patron de 60, dont la forme à la ceinture n'a conservé aucun parallélisme avec celle du devant de 42 de grosseur.

Nous donnons des modèles gradués des grosseurs 54 à 38 à la figure 27 et des grosseurs 36 à 26 à la figure 28.

Ces figures sont comme une récapitulation des

divers changements qui s'opèrent, surtout dans la partie des devants, suivant les âges et les grosseurs.

Elles indiquent aussi, par leur disposition, le meilleur moyen, d'après nous, d'obtenir les différents patrons de séries et pour les graduer correctement d'après la croissance naturelle.

Terminons cet article en rappelant que la place du point de côté de l'encolure, point important, est obtenue aux tracés en appliquant du point de nuque le chiffre :

24 pour 26 du haut du corps
30 — 32 — —
36 — 38 — —
40 — 42 — —
50 — 54 — —
55 — 60 — —

Rappelons aussi que l'abatage d'épaules est relativement fort pour les enfants et relativement faible pour les fortes grosseurs.

OBSERVATIONS GÉNÉRALES

Après une description aussi détaillée de la coupe des corsages pour les principales grosseurs, après avoir expliqué les différences à faire pour obtenir la détermination de quelques points forcément aussi variables que l'est la forme de chaque corps, à raison de l'âge et de la croissance, nous avons cru devoir indiquer les particularités générales et probables pour chaque taille ou grosseur.

Parmi mes lecteurs, il se trouvera cependant un certain nombre de partisans de la routine et du hasard — de ces travailleurs endurcis dans un labeur incessant — hommes ou femmes, dignes et méritoires assurément, mais attachés avant tout aux nombreux tâtonnements qui sont le fond de leur manière de faire.

D'autres veulent trouver un praticien habile et éclairé qui puisse leur inculquer des principes ne nécessitant aucun effort.

Pour ces diverses catégories de lecteurs, un professeur qui veut donner un enseignement intégral ou présenter un ouvrage complet est inabordable, car il devient dans leur pensée un être « compliqué », dont les dissertations trop savantes leur paraissent abstraites ou confuses. Mais ceux-là ne réfléchissent pas que toute science, pour s'acquérir, nécessite une certaine application, un travail de l'esprit. Croyez-vous donc qu'un mathématicien parviendra à vous pénétrer de ses connaissances sans un effort de votre part ?

Pensez-vous qu'un universitaire quelconque éliminera de son cours tout ce qui peut sembler difficile, dans le simple but de ne pas vous fatiguer l'intelligence et ne vous donnera que quelques notions superficielles ? Ce professeur n'est pas un ignorant. Il a étudié, lui aussi, et il démontre très consciencieusement ce qu'on lui a appris jadis à lui-même.

Nous cherchons, nous, à faire connaître ce que nous avons appris par nous-même, à force d'observations, de patience et d'opiniâtreté, mais les efforts d'un homme de notre partie sont souvent l'objet d'une critique malveillante, suscitée par des détracteurs souvent aussi ignorants pour juger qu'impuissants pour mieux faire.

La plupart des auteurs touchant notre métier ont produit des œuvres « simples » tout bonnement parc qu'ils n'en savaient pas davantage. Traiter un sujet quelconque avec une connaissance approfondie de la matière et le présenter clairement, avec toute la simplicité de termes, de développements et de notions qui soit permise, c'est à quoi doit tendre tout auteur qui veut être lu et goûté. Mais faire un ouvrage, un *Traité de coupe* par exemple, en dix pages renfermant seulement un ou deux tracés, est impossible, car les sujets sont trop complexes.

A ceux qui ne craignent pas de se sentir amoindris par le progrès d'un art ou d'une science, par l'intelligence plus vaste de certains hommes du métier ; aux studieux, avides d'approfondir la science méthodique pour mieux pratiquer, nous dirons ceci : « Dans quelques années, notre profession sera devenue, malgré les routines les plus incorrigibles, une de celles qui comptera le plus d'hommes intelligents. Dans ce nombre il y en aura qui, ayant un bagage de connaissances acquises par l'étude et l'observation, ne s'amuseront pas à dénigrer systématiquement les chercheurs, les hommes qui veulent consacrer leur vie à la recherche d'améliorations ou de découvertes heureuses et utiles au métier que nous professons (¹).

Aussi, désireux de rendre service à ceux de nos confrères capables de comprendre le but de notre œuvre, c'est-à-dire de mettre à la portée de tous les données multiples et ardues de la coupe, les méthodes les plus commodes et les plus faciles pour la réaliser, nous poursuivrons sans relâche nos travaux avec l'espoir, en offrant au lecteur un ouvrage

---

1. Nous ne craignons pas d'avouer hautement que nous appartenons à cette dernière catégorie.

complet comme éléments techniques, tel que celui que nous mettons à présent sous ses yeux, de voir réaliser pour lui ce rêve que nous ambitionnons pour nous-même : être classé un jour parmi les précurseurs de la coupe future...

Malgré la routine, malgré l'enracinement d'idées rétrogrades, il faut bien se faire un aveu. C'est que tel qui se croit actuellement bon coupeur ne sera plus, dans un temps plus ou moins prochain, qu'un tout petit coupeur, car le public, lui aussi, devient connaisseur. Or, avec le progrès, les procédés actuels d'atelier changeront forcément et, pour ne pas rester au-dessous des autres, nous devrons chercher la vérité toute entière. Donc, pas d'entêtement... autrement que dans l'étude.

V

DES CONFORMATIONS

La figure 29 donne l'idée générale d'une personne voûtée avec omoplates très fortes, dos très rond.

La pente de la ligne de ceinture, au lieu d'être parallèle au sol, va en montant devant et en baissant derrière, ainsi que nous le voyons par la position de la ligne *a-b*, tirée à hauteur de ceinture et par rapport à la position du corps même.

La ligne de pente d'encolure *c-d*, très haute derrière et basse devant indique un dos haut avec devant court.

Fig. 29.

En effet, en pareil cas, la mesure de longueur de taille est longue comparée à celle du devant, qui est plus courte que dans les cas de structures normales

En appliquant ces mesures au plan de cou'
l'épaulette se trouve plus courte et le dos plus long (

Dans les cas de femmes voûtées, on a souvent besoin de redresser un peu le point d'avancement

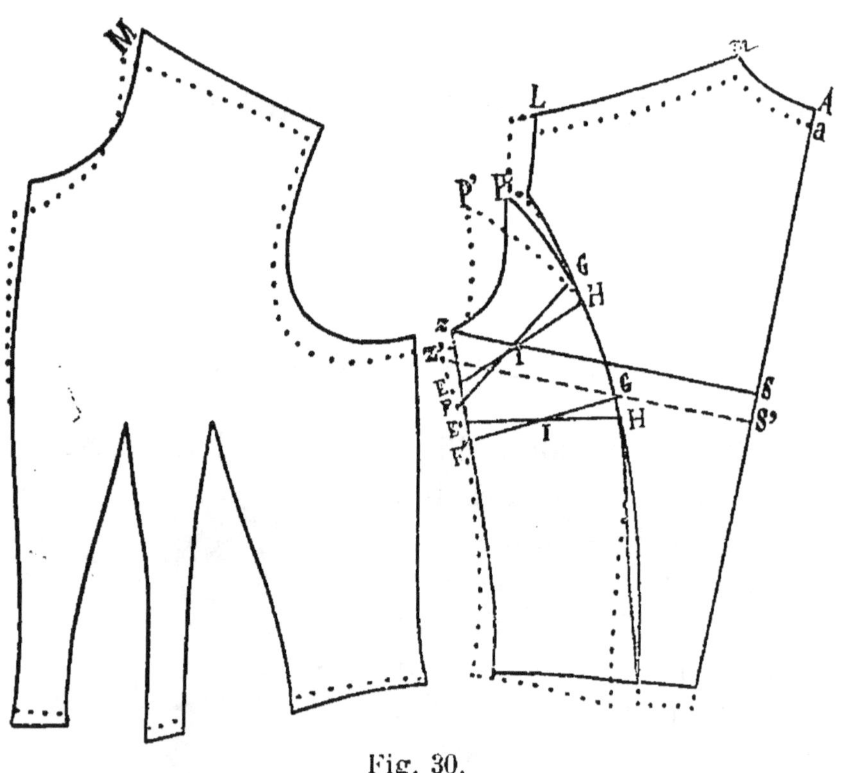

Fig. 30.

d'encolure **M** de 1 centimètre, afin de retirer toute rondeur en haut du devant.

La mesure de carrure est un peu plus large et la poitrine plus étroite ; il y a plus d'avancement d'emmanchure. La taille est habituellement un peu plus courte devant qu'à la hanche. Le côté (*fig.* 30) peut être considéré, dans cette conformation, comme

1. Voyez aussi le tracé de contrôle (*fig.* 59).

entaillé en deux ou trois places et se recroisant par un repli E-F du côté du sous-bras, puis s'ouvrant, dans la partie du dos, de la valeur G-H égale à la plus-value de longueur produite par la rondeur du dos.

Ces deux replis E-F changent toute la position du côté dont le sommet P se reporte en P′ et le point Z du sous-bras se reporte en Z′ ([1]).

Tout le bas du côté se jette en avant comme l'indiquent les pointillés. La taille a plus de longueur par le bas. Le montant de dos est augmenté par le haut de la valeur de l'écart existant entre les perpendiculaires au dos Z-S et Z′-S′ et ce surplus de montant produit le même effet que si on ajoutait directement, au-dessus du point *a* et de tout son encadrement, la valeur *a*-A.

Nous avons figuré l'encadrement ([2]) du corsage supposé régulier en traits pointillés et en traits pleins celui du corsage supposé voûté.

Quant au devant, nous avons indiqué en pointillés les changements généraux apportés à ses contours.

L'emmanchure est descendue (point Z) d'une distance égale à Z-Z′ du dos, puis évidée en dessous et en avant ; toute l'épaulette est relevée (plus courte) suivant la mesure de longueur de devant. L'encolure est baissée de la valeur retirée à la longueur d'épaulette. Le bas du devant est aussi un peu plus court.

Voilà l'ensemble des changements à apporter à un

---

1. Les deux parties du côté sont considérées comme pivotant sur les points 1.

2. Nous nommons encadrement toute la partie supérieure du dos A-*m*-L.

corsage de tenue droite pour en faire un de tenue
voûtée ; changements qui s'opèrent d'eux-mêmes par
le tracé fait dans le cadre habituel, en traçant avec
des mesures voûtées.

Au cas où on adapterait à une tenue voûtée un
corsage droit régulier, il n'y aurait qu'à lui apporter
les changements indiqués à cette figure en lui ap-

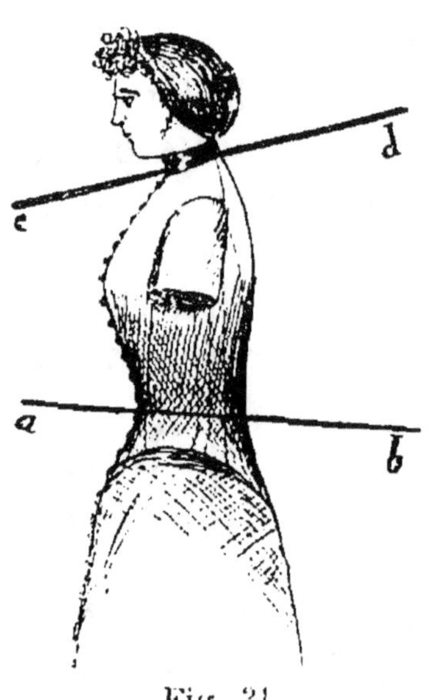

Fig. 31.

pliquant une mesure plus
longue de longueur de taille,
une mesure de longueur de
devant plus courte, une carrure plus large et une poitrine plus étroite.

Il arrive aussi qu'une personne peut avoir l'apparence
voûtée, sans pour cela avoir
le dos très rond ni la pente
de l'encolure très inclinée
(*fig.* 31). C'est la ligne de
ceinture *a-b* plus basse derrière et plus haute devant
par rapport à une parallèle
au sol, c'est aussi l'épaisseur de la ceinture qui
donnent cette apparence.

Pour ces cas-là, la mesure de longueur de devant
bien prise donnera aussi celle de l'épaulette, de même
que la mesure de longueur de taille fournira le
montant de dos.

Nous nommons « montant de dos » la distance
comprise entre les points A et S (*fig.* 30).

Les personnes conformées comme à la vignette 31
ont la ceinture habituellement forte comparée à la
grosseur du haut du corps et surtout à la saillie de
la pointe des seins qui est habituellement faible.

Aussi les pinces de devant sont-elles peu profondes au tracé ou à l'essayage.

La figure 32 nous montre une personne de tenue renversée, avec dos très plat. La ligne qui traverse la ceinture (*a–b*), au lieu d'être parallèle au sol, hausse plutôt un peu derrière (*a*) tandis qu'elle baisse un peu en avant (*b*). La ligne qui traverse la pente d'encolure C-*d*, au lieu d'être horizontale, aurait plutôt tendance à hausser en avant (point C) et baisser en arrière (point D). C'est la conformation opposée à celle de la figure 29.

Au tracé du patron régulier comparé avec celui qui convient à cette conformation (*fig.* 33), nous voyons que, par le repli figuré du dos G-H et par l'entaille de même valeur angulaire E-F

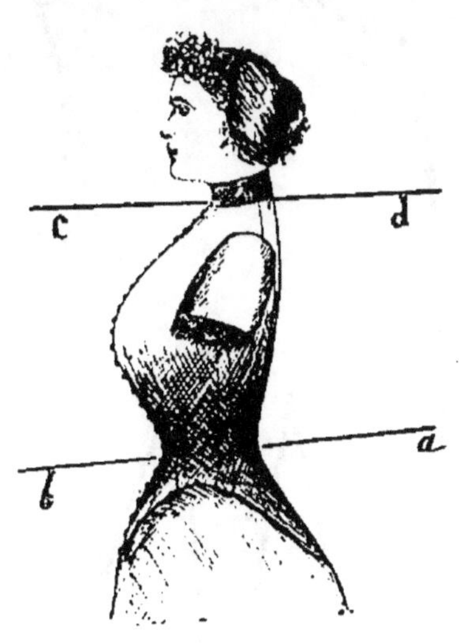

Fig. 32.

faite au patron, tout le bas de dos se jette en arrière (voir les pointillés) et se raccourcit un peu. Le point de montage de l'emmanchure monte de Z sur Z'.

Tout l'encadrement du dos se trouve donc plus bas d'une valeur équivalente à l'écart existant entre les perpendiculaires Z-S et Z'-S', cette valeur en moins de montant de dos est figurée entre l'encadrement pointillé *a* et celui en traits pleins A.

Le devant de conformation (en pointillés) a l'épaulette plus longue et un peu plus en arrière (renversée); la hauteur de l'encolure est montée d'une quantité égale à l'allongement de l'épaulette; enfin le bas du devant est aussi un peu plus long.

Si on coupe pour une personne bossue ou de travers, il faut faire les deux côtés du corsage pour le
côté du corps qui est le plus gros ; puis à l'essayage,

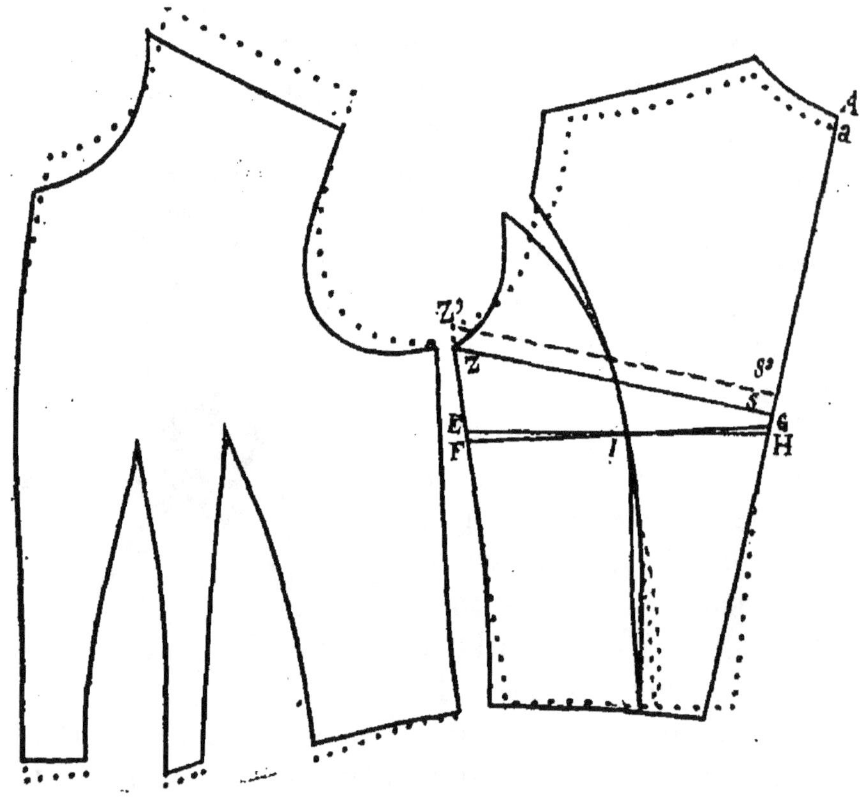

Fig. 33.

retirer par l'épinglage ce qu'il y aura en trop du
côté faible ; ce qui n'empêche pas de donner aux
coutures une forme aussi égale, aussi ressemblante
que possible pour les deux côtés.

Répartition des largeurs a la ceinture pour ceintures fortes.

Le tracé de la figure 34 a été établi sur la grosseur 54 du haut du corps et 46 de ceinture.

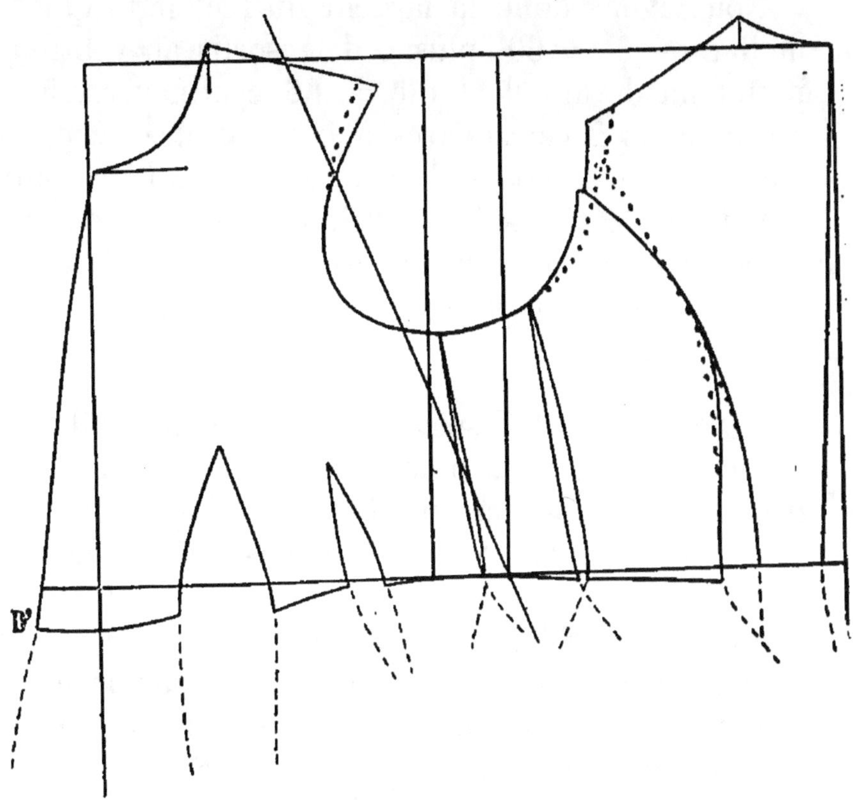

Fig. 34.

On pourra, en pareil cas, faire les calculs suivants.

Considérant la demi-ceinture proportionnée comme valant 14 centimètres de moins que la demi-grosseur du haut du corps, nous retranchons 14 de 54, il reste 40, chiffre qui serait celui de la ceinture proportionnée à cette grosseur 54. Puisque, au lieu de

40, nous avons un chiffre de 46, nous avons donc affaire à une personne dont la ceinture est en excédent de 6 centimètres. Nous en portons au moins 5 en avant de la ligne de construction du devant au point D', nous pouvons même porter les 6 centimètres.

Nous avons donc la largeur du rectangle qui est de 54 + 6 = 60, plus 6 de resortis au ventre ou plutôt au devant de taille = 66 centimètres. Nous retranchons 2 centimètres à la cambrure, 2 centimètres entre le dos et le côté et 1 centimètre entre chacun des côtés (soit 6 centimètres en totalité pour la partie du dos), il nous reste. 60

La ceinture est de 46 + 3 = 49 ; ôtons. . . 49

Reste . . 11

que nous faisons disparaître en une pince devant ou deux pinces si le nombre des petits côtés laisse trop large la surface du devant comprise entre le côté postérieur de la pince et le sous-bras ; opération qui divisera l'ampleur et facilitera l'ajustage.

Pour de semblables conformations, on fera bien de donner aux pièces du dos et des côtés la forme la plus effilée possible et en réduisant, autant que faire se peut, la largeur de l'épaulette ; on arrivera ainsi à donner au montage du dos au côté une forme plus droite (voir les pointillés).

Il vaut mieux aussi faire trois petits côtés que deux ; il faudra cependant que la quantité du retrait calculé entre les parties du dos et des côtés égale 6 centimètres et ne dépasse pas.

LA HAUTEUR DES ÉPAULES.

Avec une même longueur de taille, deux personnes peuvent avoir une pente d'épaules différente et, conséquemment un abatage différent aux patrons.

Ainsi la figure 35 représente une personne dont la structure à épaules hautes est bien caractéristique. La distance, existant entre la ligne horizontale située

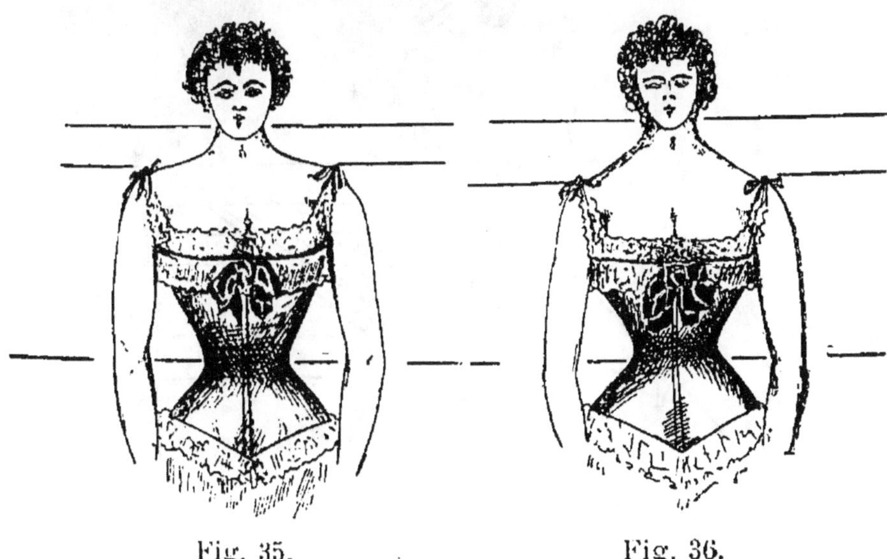

Fig. 35.   Fig. 36.

à la hauteur du point de nuque et une autre ligne traversant à la hauteur des épaules, est relativement courte.

Le tour de l'emmanchure, que nous pouvons estimer égal à celui de la personne de la figure 36, est donc situé plus haut ; plus près de l'horizontale passant par la nuque et le sous-bras (ou hauteur des côtés) est donc plus long. Par contre l'éloignement étant plus considérable entre le sommet des épaules et la nuque (*fig.* 36), le tour d'emmanchure est plus rapproché de la hanche ; donc le côté est plus court.

HAUTEUR DU BRAS

Nous avons deux moyens de prendre sur le corps la hauteur du bras par rapport à la taille et au point de nuque :

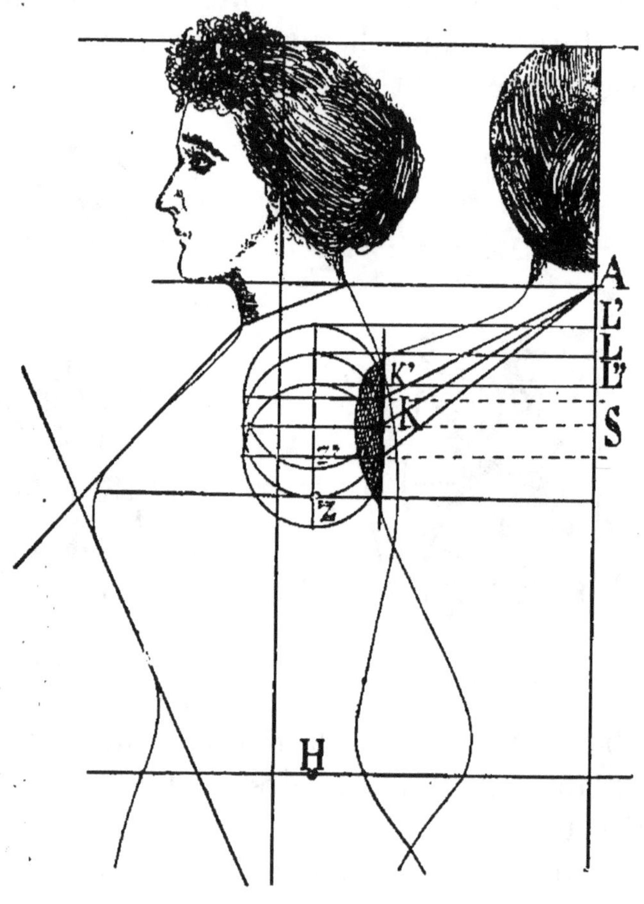

Fig. 37.

La mesure de pente d'épaules ;
La hauteur du côté.

Quand la hauteur du côté **H-Z** (projetée sur l'élévation, *fig*. 37), est plus longue, tout le bras et sa coupe d'emmanchure montent en laissant une distance moins longue, entre le point de nuque A et l'horizontale qui traverse le sommet d'épaules.

Au patron, il faut alors moins de tête de dos. Mais il est impossible que le bras, le tour d'emmanchure montent sans que l'oblique A–K' (projetée *fig.* 37), raccourcisse.

Si, au contraire, la hauteur H–Z diminue, la longueur oblique A–K augmente.

Les deux moyens se valent ou peuvent se contrôler.

Des deux façons, la répartition de la longueur du dos du corsage coupé doit être faite en raison directe de la hauteur de l'emmanchure.

Nous aurons ainsi pour la surface supérieure du dos, la hauteur (ou étendue) qui lui sera nécessaire; c'est-à-dire plus de tête entre A et L″ si les épaules sont basses et moins de tête entre les points A et L′ si elles sont hautes. Le reste appartiendra en totalité à la partie inférieure du dos.

Pour trouver la hauteur normale de l'intersection K deux moyens se présentent :

1° Décrire avec la longueur donnée [1] un arc ayant A pour centre; puis chercher entre la ligne de coupe du dos et cet arc, la mesure de largeur de carrure normale fournie (en chiffres) pour chaque grosseur;

2° Retirer 3 centimètres de la longueur de taille et porter le tiers du reste de A à S;

Quand cette intersection sera établie au tracé, si les deux mesures de pente et de carrure prises sur la personne portent plus haut ou plus bas que la ligne moyenne trouvée, il faut noter le chiffre de la diffé-

1. Pour cette longueur, comme pour la largeur de carrure, voir nos tableaux (pages 14 et 15).

rence et déplacer en hauteur, de la même quantité, l'emmanchure du *devant* et celle du *dos*. De même, il faut hausser ou baisser, d'une valeur égale à cette différence, le dessous de l'emmanchure Z.

Si nous appliquons la mesure de hauteur du côté, pour trouver la situation de cette emmanchure, et que le point Z soit plus haut ou plus bas de 1 ou 2 centimètres, nous devons hausser ou baisser de 1 ou 2 centimètres les deux pentes L du dos et L' du devant, car, l'évidence est manifeste, si le point Z monte ou descend d'une quantité quelconque, le centre de l'emmanchure suit la même variation. Même alternative pour le sommet de l'emmanchure, vue dans sa section verticale et plane sur la figure.

Selon que le quadrant antérieur monte ou descend d'une valeur, l'épaulette suit le mouvement; par conséquent il faudra donc faire subir au quadrant de l'emmanchure du dos la même modification. Son chiffre est exactement celui qui existe entre les deux intersections K et K' ou entre Z et Z'.

L'examen de cette figure nous montrera un angle formé par deux droites tangentes à la partie supérieure et inférieure aux seins. Cet angle qui circonscrit la pointe de ces derniers varie suivant leur relief. Plus les seins sont pointus, proéminents, plus cet angle devient aigu et *vice versa*, c'est-à-dire qu'avec une poitrine plate, il devient plus obtus.

Mais nous reviendrons plus loin sur ce chapitre.

Voici deux manières d'opérer les changements de hauteur d'abatage :

Supposons un corsage régulier (*fig.* 38), celui tracé en traits pleins.

Nous conservons intacte la ligne Z de profondeur **d'emmanchure.**

Le tour d'emmanchure restant le même chiffre, nous n'imposerons aucune modification aux sommets L et L', pas plus qu'à l'emmanchure dans son entier.

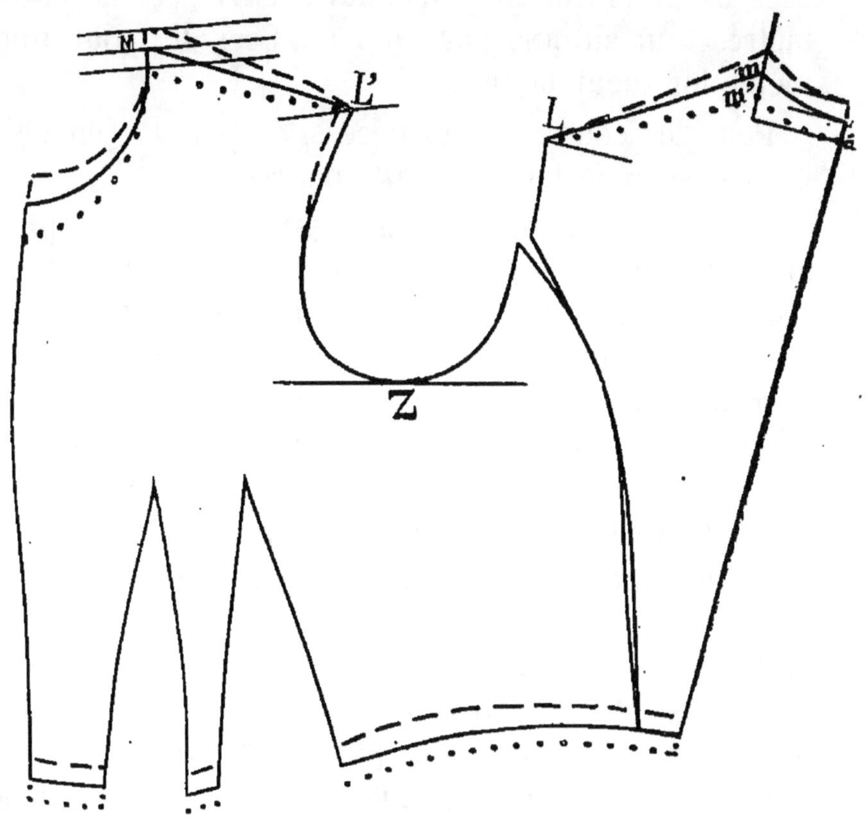

Fig. 38.

Si les épaules sont plus basses de 2 centimètres, nous élèverons de même quantité le point **M** du devant et la hauteur d'encolure.

Élevons également de 2 centimètres le **point de** nuque **A** du dos. Par suite nous exhausserons l'encadrement du dos et du devant seulement de l'encolure, en changeant la direction des pentes **M-L'** et **M-L**.

Nous aurons donc plus de tête, de dos et plus de pointe d'encolure de devant (2 centimètres).

Mais par cette modification la longueur de taille du dos et aussi celle du devant se trouvent allongées de 2 centimètres; il faudra retirer ces 2 centimètres tout autour, par en bas. Ceci dit pour une même longueur de taille.

Pour les changements nécessités par des épaules basses, se reporter aux traits barrés.

Si les épaules sont hautes, c'est-à-dire le côté plus long et la mesure de pente plus courte, la différence accusée égalant 2 centimètres, nous baisserons de la même valeur au-dessous du point A de nuque et parrallèlement à la courbe d'encolure Am; puis de *m'* au point L nous tracerons le montage d'épaulette du dos, lequel deviendra un peu plus court comme il convient pour la conformation d'épaules hautes.

Au devant nous baisserons de 2 centimètres au-dessous du point M, puis le devant d'encolure d'autant, et nous reformerons l'encadrement du devant en dégageant le sommet d'emmanchure de la valeur nécessitée par un montage plus court du dos.

En supposant une longueur de taille semblable à celle du patron régulier nous aurons, du fait des transformations de la partie supérieure du corsage, 2 centimètres en moins à la longueur de la taille. Ces 2 centimètres, nous les allongerons par le bas tout autour et parallèlement au corsage régulier indiqué en traits pleins.

Ces diverses manipulations relatives à l'épaule haute sont marquées en lignes pointillées.

La figure 39 nous fournit un moyen différent de modifier la valeur de l'abatage d'épaules.

Les points M du devant et A du dos restent fixes ainsi que la ligne de longueur de taille.

Nous faisons les changements par la profondeur Z et les sommets d'émanchure L et L'.

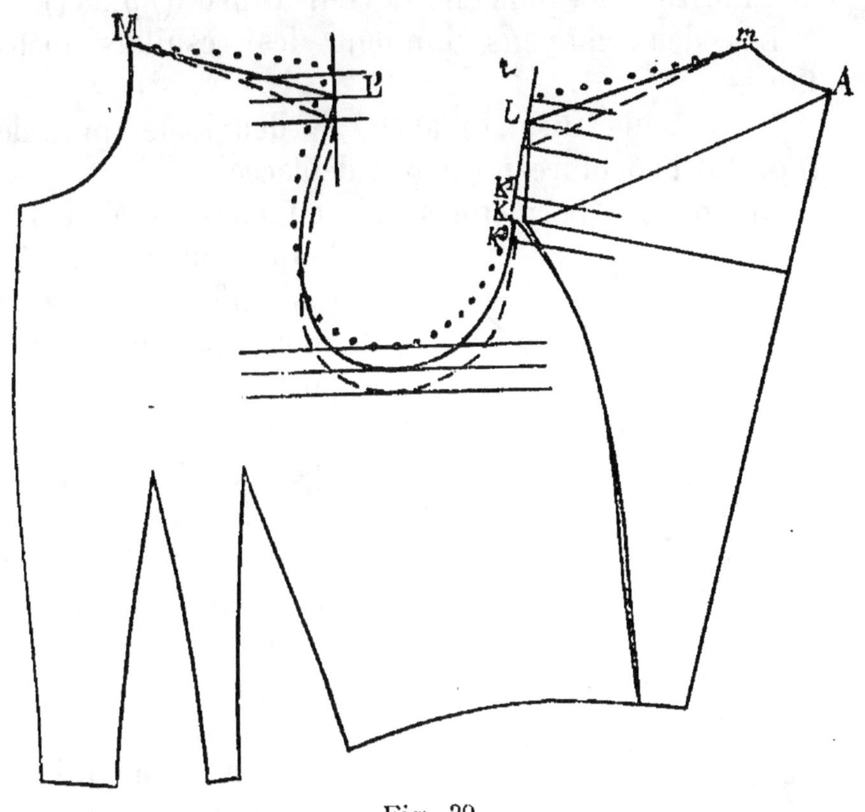

Fig. 39.

Si l'intersection K descend ou monte par l'application d'une mesure de pente plus longue ou plus courte, le côté s'allonge ou raccourcit parce que le point Z se déplace d'une quantité équivalente à l'écart existant entre les intersections K^1 ou K^2.

On descend ou on monte d'autant les deux pentes m-L et M-L', de façon à conserver le même chiffre de tour à l'emmanchure. Si on baisse ces pentes, le montage s'allonge comme il arrive pour les épaules basses. L'épaulette est un peu plus large et, si on les hausse, l'épaulette devient plus étroite au montage comme il convient pour les épaules hautes. En effet, plus la ligne d'inclinaison de l'épaule se rapproche de l'horizontale, plus elle devient courte (*fig.* 37).

Les deux moyens donnent des résultats identiques.

Il va sans dire qu'avec le deuxième procédé (*fig.* 39) l'encolure n'est pas déplacée.

Qu'on nous permette aussi, en passant, d'attirer l'attention sur un fait, insignifiant de prime abord, mais dont l'importance ne semble pas devoir passer inaperçue. Il s'agit de l'encolure du dos dont la largeur doit se calculer, comme nous l'avons vu aux tracés par grosseurs. Voici pourquoi.

Si, par une raison quelconque, nous diminuons la largeur de l'encolure du dos, soit par exemple un centimètre sur M' (*fig.* 40), c'est exactement comme si nous réduisions l'abatage d'épaulette de 1 centimètre.

Et, si nous donnons à la largeur de l'encolure du dos 1 centimètre de plus

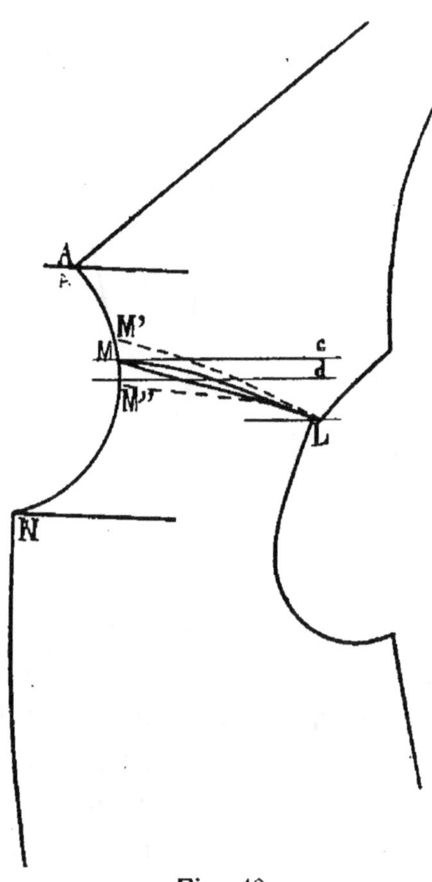

Fig. 40.

(M″, *fig.* 40), c'est comme si nous augmentions de 1 centimètre le chiffre de l'abatage.

Réduire la largeur de l'encolure du dos (*fig.* 40) n'est autre chose que changer l'inclinaison du devant, c'est-à-dire que l'effet se produit identiquement sur la pente du dos comme si nous donnions à la pente correspondante du devant l'inclinaison M″-L au lieu de l'inclinaison M-L. C'est donc comme si nous retirions à l'abatage total la valeur de l'écart compris entre les horizontales c et d (soit 1 centimètre dans notre exemple).

Autrement dit, l'encolure peut conserver son ouverture, son écart entre A et N si on a soin de donner au devant ce qui manque au dos ou lui retirer ce qui aurait été donné en plus à l'encolure du dos.

Mais le changement de pente influe sur la somme d'abatage. En effet, nous avons à abattre, par exemple, 10 centimètres en totalité, notre dos est, par hypothèse, abattu de 5 centimètres. C'est donc encore 5 centimètres qu'il nous faut abattre au devant. L'encolure du dos est-elle plus étroite de 1 centimètre, le point M de côté d'encolure est donc 1 centimètre plus élevé sur M′ ; abattons alors 5 à partir de ce point M′ surhaussé. La conséquence se trouve la même que si nous abattions 4 centimètres seulement ; la ligne L-M est devenue de 1 centimètre moins oblique par rapport à une horizontale passant par le point M.

Il faut donc former l'abatage avec le dos compté pour la largeur déjà déterminée pour chaque grosseur. Si on voulait changer cette largeur de dos, il faudrait réunir l'épaulette du devant à celle du dos et déplacer la couture s'il y a lieu, mais sur le patron déjà coupé suivant les règles.

La figure 41 nous montre aussi que l'abatage à faire est compris entre L et L'. Diminuons la largeur de l'encolure du dos ; la pente se présente en traits barrés du devant. Le point L du dos et toute la ligne L-*l* montera sur *a-a* et l'abatage ne sera plus que de la valeur L-L' moins L-*a*. Si nous élargissons l'encolure du dos, l'effet opposé se produira et se montrera sous l'apparence de la pente du devant sur la ligne pointée. Donc la somme de l'abatage entre L et L' sera augmentée de la distance L-*b*.

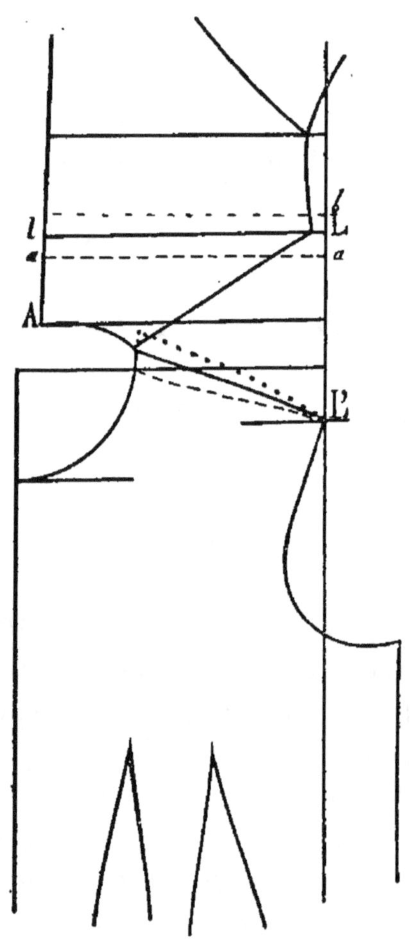

Fig. 41.

SEINS POINTUS ET PROÉMI-
NENTS ; AUGMENTATION
D'ÉCART ENTRE LES CO-
TÉS DE PINCE DE DEVANT

Reportons-nous à la figure 37 et considérons la proéminence variable de la poitrine, proéminence imprimant une modification obligatoire à l'angle formé par les deux tangentes sur le haut du devant et le bas.

Plus cet angle est aigu, plus les seins sont pointus et plus le devant a besoin de logement en cette partie. « En ce cas pourrait-on objecter, il n'y a qu'à passer la mesure au plus bombé de la poitrine et couper avec le nombre cherché ». A cette objection, nous répondrons négativement et nous interdirons formellement cette manière. On doit, au contraire, passer le centimètre *au-dessus* des seins et le chiffre trouvé sera celui à employer, car si on passait la mesure *sur* les seins à l'endroit culminant, la mesure se trouverait, en effet, augmentée, mais la valeur numérale de cette augmentation à employer dans la région du devant serait du coup disséminée dans toute la largeur du patron tracé. La largeur locale nécessaire au devant manquant quand même en cette partie, le patron serait généralement trop large.

La différence entre deux mesures prises l'une *au-dessus* des seins et l'autre passant *sur* les seins, en maintenant le centimètre dans la partie du dos, donne la quantité exacte d'étoffe nécessaire au devant ; mais il faut l'obtenir d'une façon différente.

Si on essaie un corsage coupé d'aplomb, mais manquant d'écart entre la ou les pinces, le devant sur le corps s'affaisse parce qu'il fait contact sur la poitrine et vient casser, festonner dans les deux parties du devant et de l'emmanchure. Dans cette dernière partie il produit habituellement le défaut dit « coup de sabre » représenté, pour cette partie de l'emmanchure, par la figure 72. En pareil cas, on n'a qu'à placer sur la personne une épingle à chaque pli du devant et de l'emmanchure (*fig.* 42), puis, quand le devant est débâti de ses pinces, il faut le relever à la roulette. Quand le patron de papier sera prêt, il faudra fendre la pince ou les pinces un peu plus haut et jusqu'à ce que le bombage produit par les deux plis, marqués et réépinglés à l'emmanchure et au devant, ait fait s'ouvrir ces pinces. La quantité de l'écart qui se fera en haut de cette ou de ces entailles sera l'espace qui manquait à la poitrine, il faudra combler ces vides et faire se terminer les pinces à hauteur primitive.

Les parties antérieure et postérieure du devant se porteront en avant et en arrière d'elles-mêmes. Il y aura lieu de recouper de nouveaux devants si on n'a pas prévu cet accident à la coupe. Il faudra toujours placer le droit fil du tissu le long du devant rectifié. Le biais sera au côté ; chose toujours bonne. Si on possède le patron qui a servi à couper, évidemment on opère sur ce patron lui-même. En tous cas, il est toujours bon de laisser des réserves d'étoffe en coupant. Les personnes les plus expertes en ont souvent besoin.

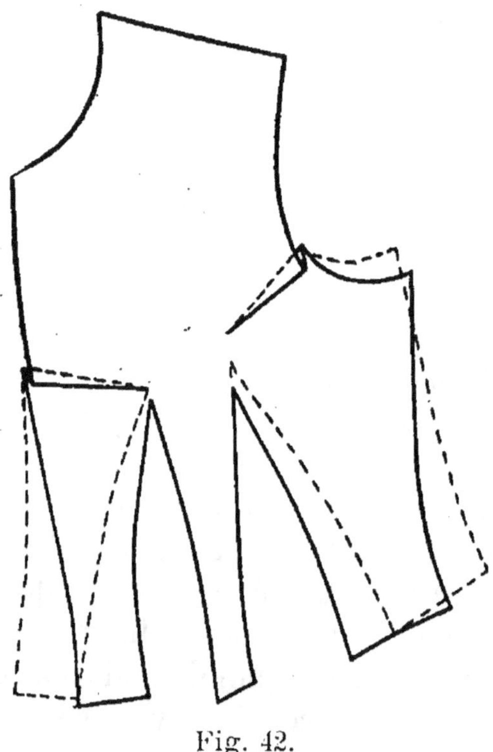

Fig. 42.

Toutefois, en approfondissant bien tout l'ensemble du présent traité, nous pouvons assurer qu'on aura toute chance de **réussir** si, au lieu de couper les doublures des vêtements ou robes à essayer, on opère immédiatement sur les tissus ; opération souvent réclamée par la clientèle elle-même et qui oblige le praticien inexpérimenté à plusieurs essayages et **manipulations :**

1° Tracé approximatif d'un premier patron ;

2° Essayage sur la doublure et deuxième patron ;

3° Dégrossissement sommaire du tissu ;

4° Essayage pour que la cliente juge de l'effet, sur le tissu, du costume ainsi dégrossi, etc., etc.

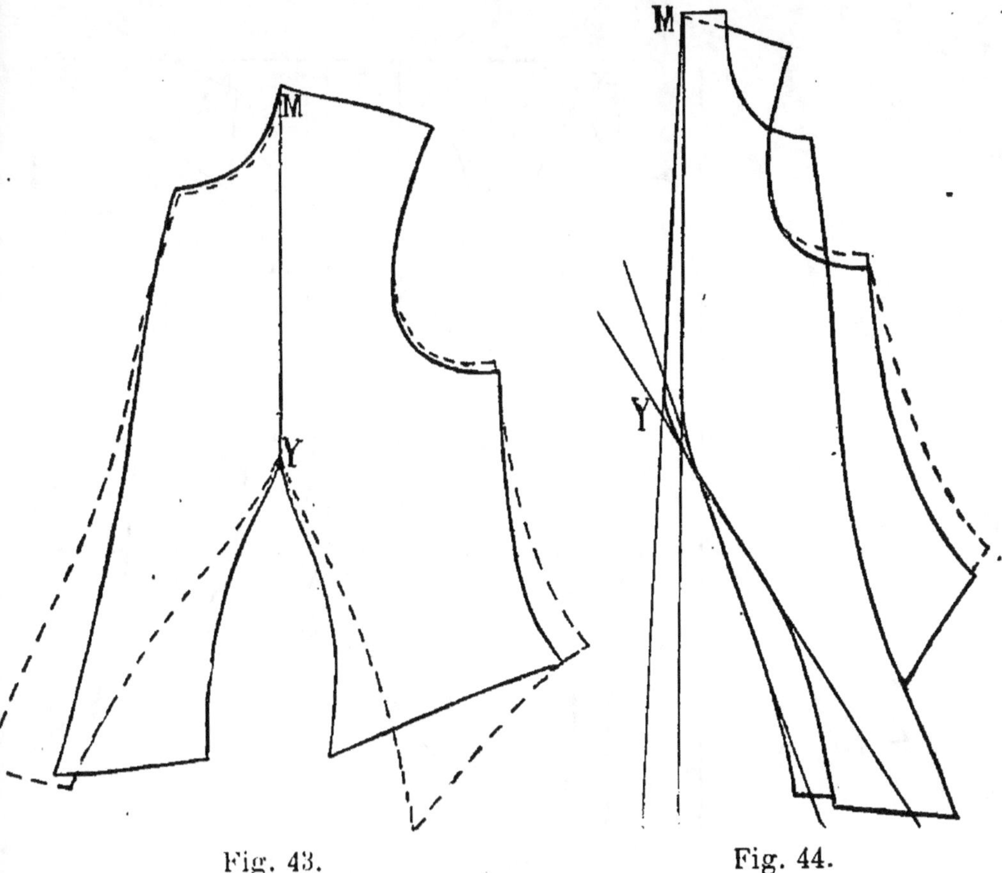

Fig. 43.   Fig. 44.

Chez certaines personnes, l'angle dont nous avons parlé au sujet de la figure 37 est si aigu que les pinces atteignent un écart considérable ; l'exemple que nous donnons (*fig.* 43), pris sur nature comme les autres, a un écart de pince de 29 centimètres à la ceinture. Le même patron essayé d'abord est marqué en traits pleins.

Ces deux patrons repliés sur la ligne Y-M (*fig.* 44),

nous donnent la différence d'ouverture des deux angles, angles dont nous aurions pu mieux juger la valeur à la coupe du premier patron, si nous avions pris les deux grosseurs de poitrine et tenu compte en **Y** de leur différence.

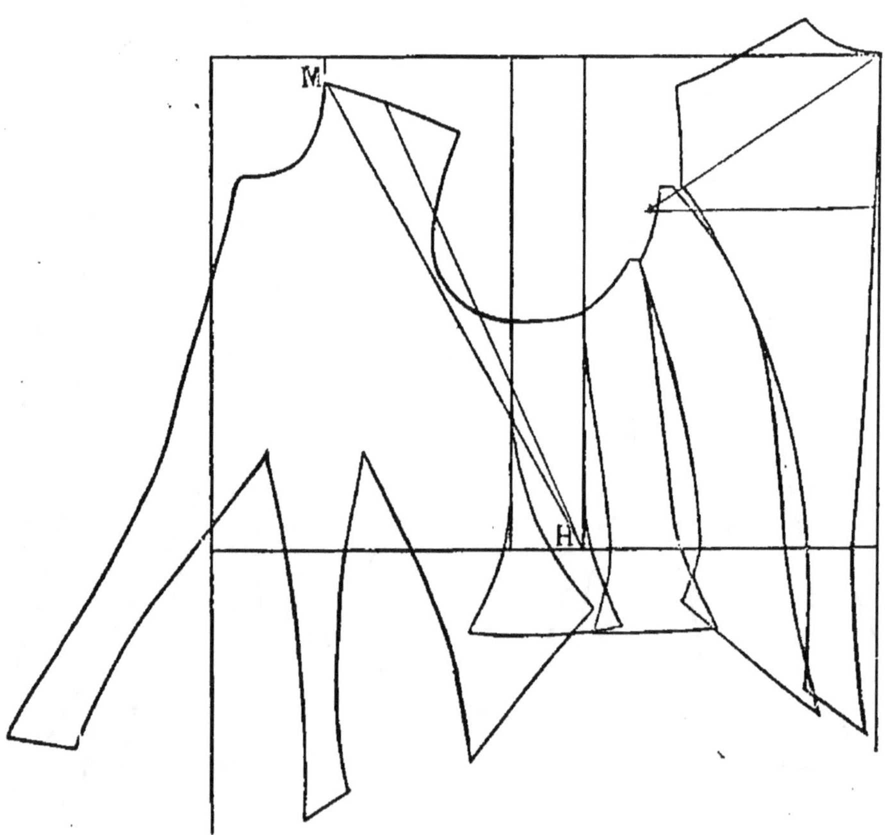

Fig. 45.

Le corsage avec prolongement de taille est tracé en entier, corsage rectifié après essayage (*fig.* 45).

Les mesures sont les suivantes :

Taille, longueur.   43
Carrure et manches. 19-80
Pente d'épaules.   25
Demi-largeur de poitrine. . .   **21**

Grosseur du haut.   54
Ceinture.   38
Longueur du devant.   .   .   .   55
Bassin.   68
Carrure réduite.   17

L'attitude est plutôt voûtée avec poitrine étroite ;
tout le haut du devant très resserré au-dessus des
seins comme il arrive très souvent chez les grosses
femmes. La ceinture a 16 de moins que le haut du
corps, mais c'est surtout à la pente, à l'obliquité de
la partie supérieure du devant que sont dus cette
grande profondeur de pince et aussi l'angle aigu
formé par les deux tangentes au devant, lignes très
obliques par rapport au corps, mais surtout celle de
la partie supérieure.

L'évidage de l'emmanchure est si ouvert que le
plus creux atteint presque une ligne partant de H
et venant à M, c'est la faiblesse du haut du devant
qui cause cela et l'on peut voir aussi comme le diamètre de largeur de l'emmanchure est large.

VI

PINCES

Leurs fausses positions et manière de les rectifier.

ÉCARTS ENTRE LES POINTS DE CEINTURE

La figure 46 nous montre un corsage prolongé de 28 centimètres ou hauteur équivalente à celle du corsage de pantalon, c'est-à-dire la hauteur comprise entre la ligne de fourche et la ligne de hanche.

Quand toutes les parties sont en contact au bas de ce patron et au sous-bras, il se produit à la ceinture des écarts provenant de la différence entre cette mesure et les deux autres (du haut du corps et du bassin).

Dans notre exemple, nous avons au patron tracé pour une grosseur de 42, les écarts suivants :

2 centimètres à la cambrure entre B et R ; 3 centimètres entre le dos et le bas du côté Q J ; 5 centimètres entre le premier et le deuxième côté I-H ; 4 centimètres entre le deuxième côté et le devant F*f*-

Nous savons déjà que la somme des pinces du devant est de 11 centimètres environ. Cette quantité d'écart ne change pas pour le devant qui n'est pas influencé par le bassin. Si, à cet endroit, la

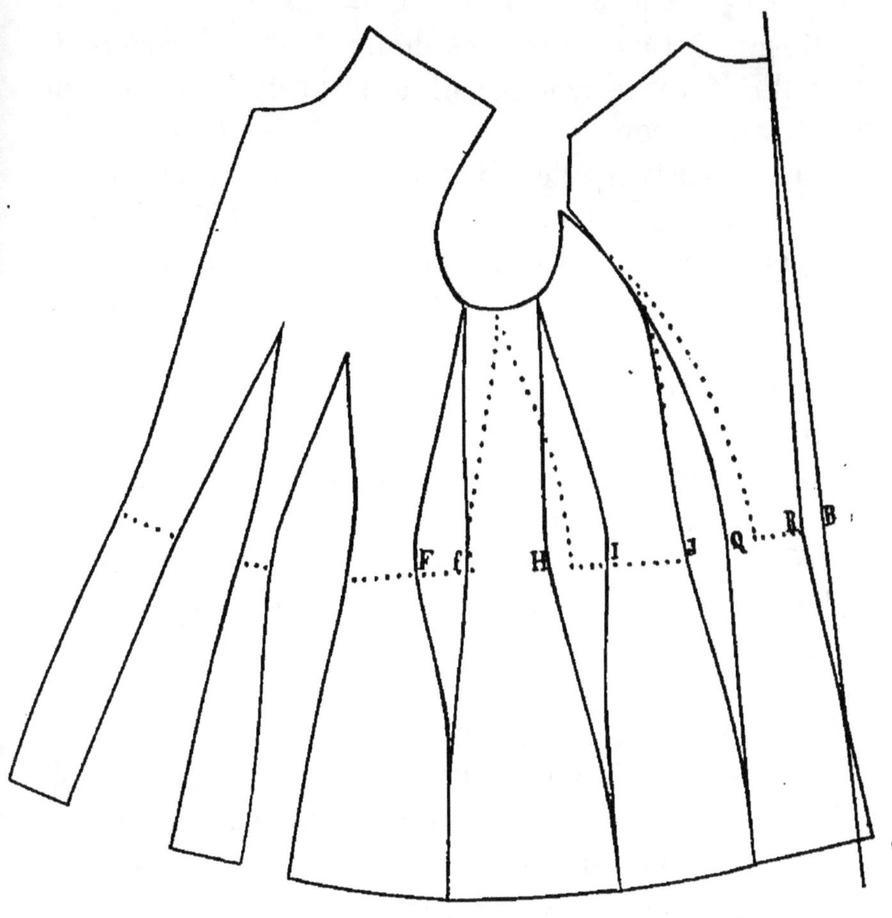

Fig. 46.

mesure du bassin se montre plus forte à cause du ventre plus proéminant, c'est de la rondeur locale à ajouter de chaque côté des pinces.

Les écarts de ceinture sont supérieurs à ceux que nous avons habituellement aux tracés de corsages parce que le bassin nécessite dans les régions situées au-dessous du sous-bras et du dos une plus grande surface recouvrante.

La somme des écarts existant entre les pinces de toutes les pièces du patron, à la ceinture est de : $2 + 3 + 5 + 4 + 11 = 25$.

Mesuré à 14 centimètres de hauteur au-dessous de la taille (ceinture), le bassin a environ 55 de largeur totale au patron.

En soustrayant de 55 la somme des écarts entre les parties du patron à la ceinture (soit 25), il reste 30 centimètres, total qui représente bien la ceinture : $27 + 3 = 30$. Ce dernier chiffre comprend toutes les parties ou entre-pinces composant la surface de la ceinture à cet endroit du patron.

On se rendra compte sans peine que ces écarts seront variables et souvent différents pour bien des motifs dont le principal consiste en la diversité extrême des mesures et la place qu'occupent les reliefs de bassin. Pour plusieurs personnes, avec une mesure semblable de bassin, il y aura plus ou moins de ventre chez l'une, plus ou moins de hanche ou de postérieur chez une autre.

On comprend donc que cette répartition variable d'une même mesure à l'endroit du bassin change les conditions dans lesquelles les pinces se font à la ceinture. Leur place varie, car une partie d'ampleur bien située au-dessous d'une couture elle-même placée avantageusement est nécessaire à la chute naturelle d'un vêtement, surtout sur une surface aussi minutieuse à recouvrir et de courbe si bizarre qu'est celle du bassin.

PROLONGEMENT DE DEVANT TROP OBLIQUE EN ARRIÈRE

La figure 47 nous offre l'aspect d'un corsage dont toute la partie inférieure ou prolongement du bassin a été coupée trop en arrière. Il manque de ventre et c'est la partie de la hanche qui vient fournir la largeur manquante.

Si nous déboutonnons, par la pensée, ce corsage, nous nous rendons bien compte que les deux bords s'éloigneront et qu'une partie des plis en torsion oblique disparaîtront. Si nous décousons les pinces, nous verrons aussi la partie postérieure du prolongement s'éloigner en arrière de l'entre-pinces ; ce qui restait de torsions disparaîtra à son tour.

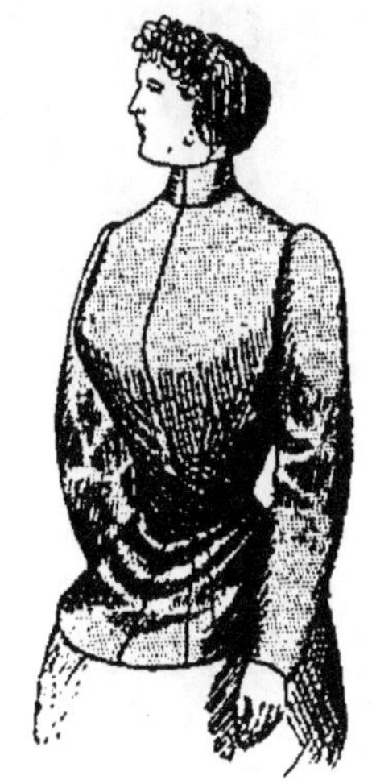

Fig. 47.

L'écart qui se fera de lui-même en essayant un tel corsage indiquera le chiffre de tissu manquant en ces parties.

L'entre-pinces reprendra aussi sa position, sa direction normale et régulière en le supposant mal placé à la coupe.

Sur la figure 51, nous pouvons nous rendre compte de l'origine de ce défaut, jugée sur le patron vu à plat. La partie prolongée du devant est désignée par les lettres *n-g* ; celle de l'entre-pinces est supposée régulièrement posée et marquée des lettres *a-b*. La partie arrière est désignée par les lettres K-*l* (toutes ces lignes défectueuses en traits barrés).

PROLONGEMENT DE DEVANT TROP OBLIQUE EN AVANT

La figure 48 nous donne l'aspect d'un autre corsage dont toute la partie inférieure du devant a été coupée trop en avant, trop en ventre. De plus, il manque de largeur à la hanche.

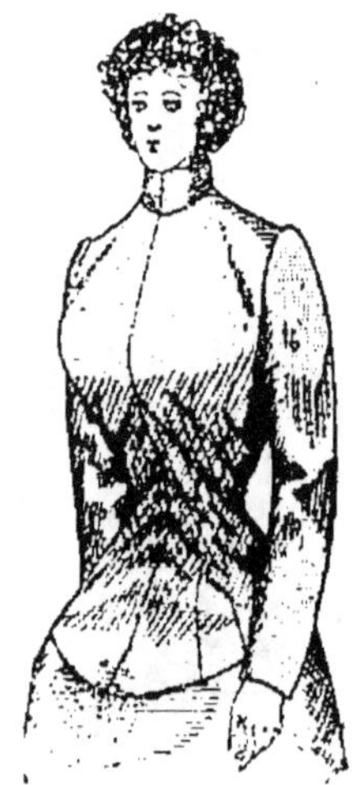

Fig. 48.

Décousant par la pensée ou sur la personne les deux pinces et le côté de la hanche de ce corsage, puis en le déboutonnant, on verra que la hanche se desserrera d'elle-même, l'entre-pinces se portera naturellement plus en avant et on reconnaîtra la nécessité de porter cet entre-pinces plus en arrière au patron ; tout le bas du devant recroisera au milieu et manquera d'étoffe à sa partie cousue à l'entre-pinces.

Nous pouvons voir à la figure 51 l'origine des défauts de cette fausse position des parties prolongées du corsage : la partie P-F trop en avant ; l'entre-pinces *o-h* aussi trop en avant ; la partie arrière du bas de devant également trop en avant sur J-O.

Toutes les lignes défectueuses de cette figure sont marquées en traits barrés.

CORSAGE COUPÉ D'APLOMB, MAIS AVEC DEVANT ET COTÉ TROP ÉLOIGNÉS DE L'ENTRE-PINCES

La figure 49 rend l'effet produit par un corsage dont l'entre-pinces peut avoir été coupé d'aplomb, mais dont les surfaces du devant et du côté sont trop éloignées de cet entre-pinces.

Il est facile de se rendre compte, même par la pensée, que si nous décousons les deux pinces, la partie du devant viendra se jeter plus au ventre en accusant de l'étoffe en trop en avant tandis qu'il en

Fig. 49.

Fig. 50.

manquera dans la région attachée à l'entre-pinces. La partie du côté se jettera en arrière, accusera un surcroît de tissu du côté de la hanche et manquera du côté attaché à l'entre-pinces.

Les lignes défectueuses de cette figure 49 sont indiquées à la figure 51, par les lettres *l*K, pour la partie du côté de devant et, par FP, pour la partie du devant.

CORSAGE COUPÉ D'APLOMB, MAIS AVEC COTÉ ET DEVANT TROP PRÈS DE L'ENTRE-PINCES

La figure 50 rend l'effet d'un défaut opposé au précédent.

Supposons l'entre-pinces coupé dans une bonne

et régulière position. La partie du devant et celle du côté sont trop près de l'entre-pinces ; l'écart entre les parties n'est pas assez grand. Décousons les pinces et nous verrons que le devant déboutonné viendra de lui-même accuser un manque d'étoffe au ventre. Les plis du devant auront disparu, mais il y aura un recroisement sur l'entre-pinces. Le côté du sous-bras décousu à la hanche s'ouvrira de la valeur manquante et le côté opposé de cette partie viendra se recroiser sur l'entre-pinces.

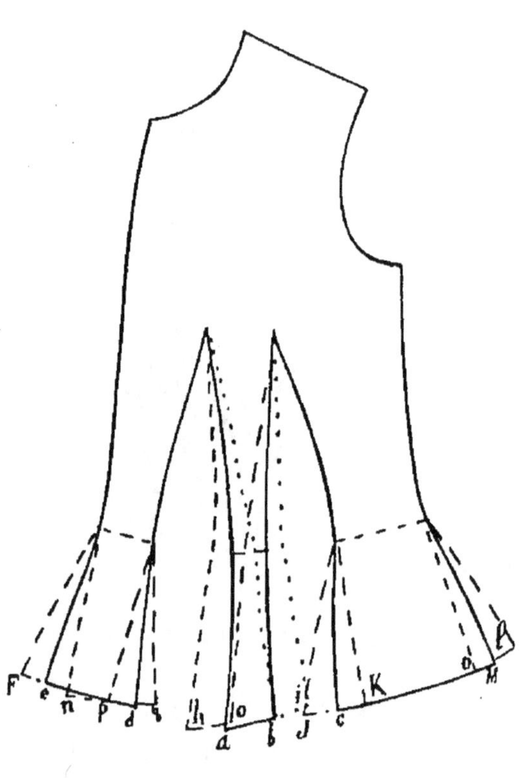

Fig. 51.

Ces lignes défectueuses sont désignées à la figure 51 par les lettres *o-j* pour la partie du côté et par les lettres *g-n* pour la partie du devant.

Si un entre-pinces est porté dans la direction *o-h* (traits barrés), il tordra sur le corps suivant la direction des plis de la figure 48. S'il est porté dans la direction *i-b* (traits pointés), il tordra sur le corps dans la direction opposée à celle du précédent.

Ces différents effets sont produits, comme nous le voyons, non pas par un manque ou un excès de largeur au bassin, mais par une fausse position des diverses pièces du devant.

CORSAGE COUPÉ D'APLOMB, SAUF AUX SOUS-BRAS

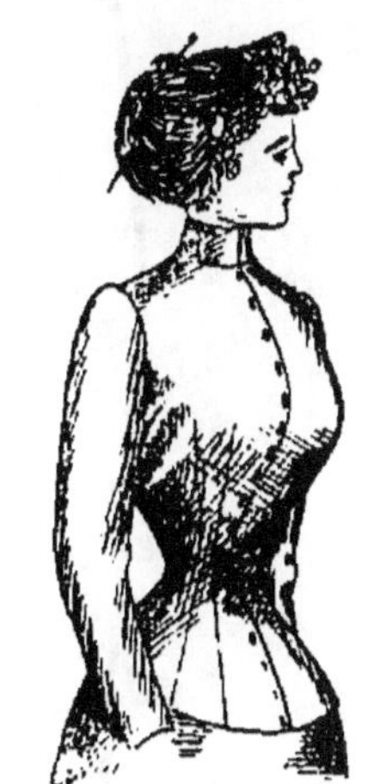

Fig. 52.

La figure 52 montre l'aspect d'un corsage bien d'aplomb de partout, sauf la région du sous-bras comprise entre la pince et le petit côté; cette partie est trop portée en avant, ou, si on préfère, la deuxième pince n'a pas été faite assez forte, assez profonde. Si on découd la couture de jonction du devant au côté, on verra tourner le devant dans la direction du ventre, le point de l'emmanchure, le haut de la couture descendre un peu au-dessous du point du petit côté, point avec lequel, il était cousu; puis le devant s'ouvrira à la hanche de toute la valeur laissée en trop du côté de l'entre-pinces.

CORSAGE REMONTANT AU-DESSUS DES HANCHES .

Un autre défaut est celui d'un corsage qui remonte horizontalement au-dessus des hanches, à la hauteur de la ceinture.

On se demande si c'est le côté ou le ventre qui n'ont pas la largeur suffisante.

Si on fait un pli épinglé *a-b* (*fig.* 53), le défaut disparaît dans ce pli, à condition que la distance comprise entre les points *c* et *d* soit devenue suffisante pour recouvrir la hanche à cette hauteur. C'est la force du pli qui enlève ce défaut en remontant C-E-*d* à des points plus élevés de la hanche. Plus on arrive vers la ceinture, près de la ceinture, moins la hanche est forte et plus la largeur C-E-*d* augmente, puisque cette largeur devient celle de la courbe C-F-*d* (ligne pointée); ce repli horizontal apporte, en réalité, la largeur

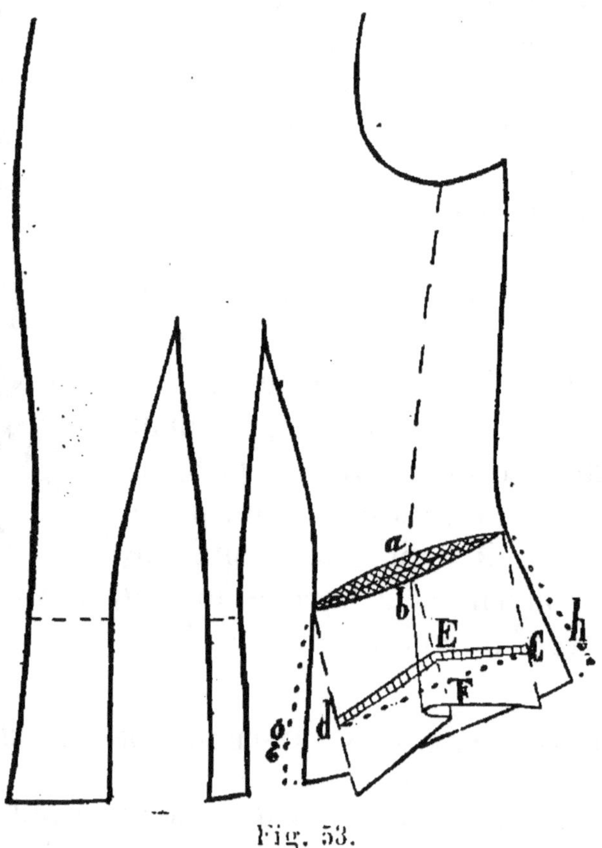

Fig. 53.

qui lui manquait et qui est celle du tuyautage *b*-E-F (*fig.* 53).

Il faudra, après essayage, débâtir tout le devant, combler le creux produit par le tuyau F et ressortir par moitié de chaque côté de cette partie du corsage, en dehors des lignes primitives tracées en traits pleins, la valeur du repli F. Ainsi, supposant ce repli comme valant 3 centimètres, il faudra ressortir, en dehors des traits barrés, 1 1 2 aux points *h* et *g* (lignes pointées).

Le corsage aura bien ainsi sa largeur dans cette partie, mais il faudra de préférence reporter cette largeur à la place occupée par le repli FE en transformant la pince ou repli horizontal (*fig.* 54). Pour y arriver, il est nécessaire de rapprocher les côtés *a* et *b* de la pince creuse sur la

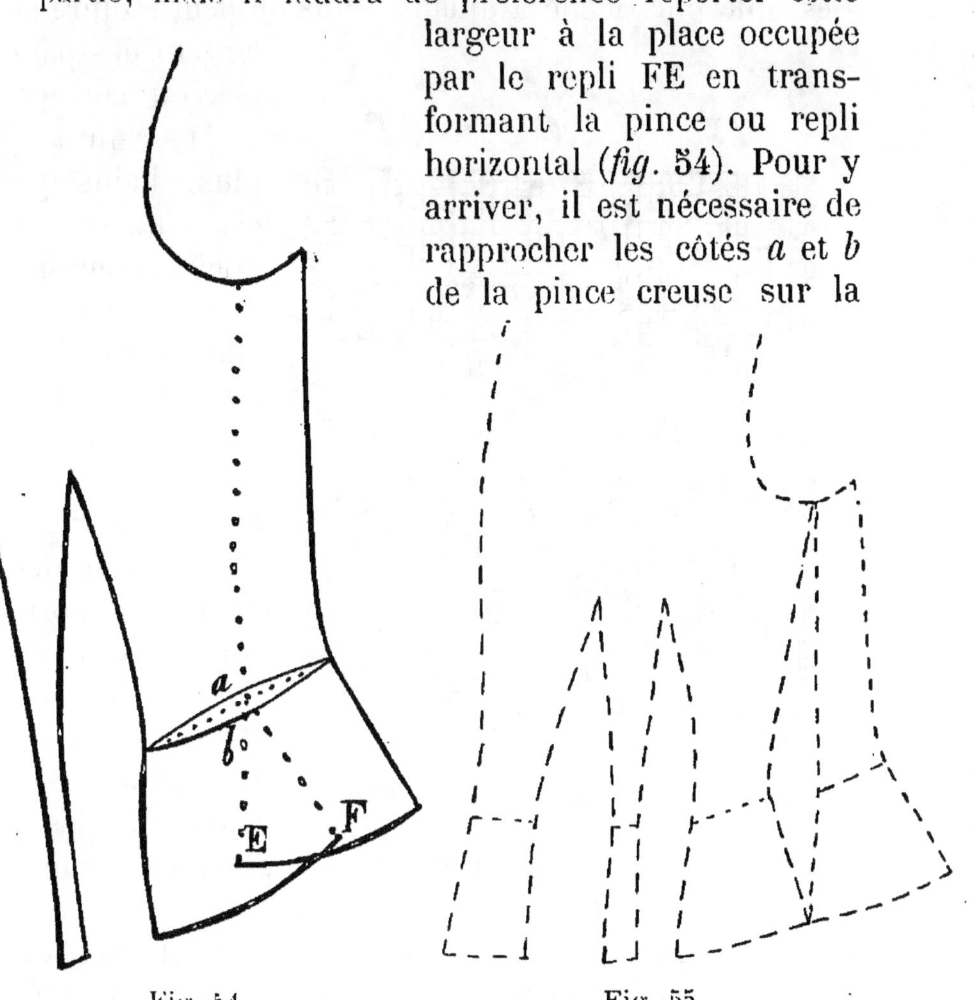

Fig. 54.

Fig. 55.

ligne pointée figurée entre les côtés de cette pince. De cette façon, la pince amènera un recroisement E-F que l'on relèvera à la roulette. On fera un petit côté supplémentaire en détachant jusqu'à l'emmanchure, comme la figure l'indique par des traits pointillés. Le devant et ce nouveau côté ainsi reformés deviendront ceux de la figure 55. De cette façon, l'ampleur qui manquait à la hanche se trouve apportée en plein milieu de cette dernière et la ceinture n'en est que plus facile à ajuster. Plus on peut réduire la largeur des parties du corsage à la ceinture, plus l'ajustage est facile et mieux il réussit.

Nous avons, pour compléter cette étude, supposé une étoffe et dessiné (*fig.* 56) un rectangle divisé verticalement et horizontalement de lignes droites qui représentent la chaîne et la trame du tissu.

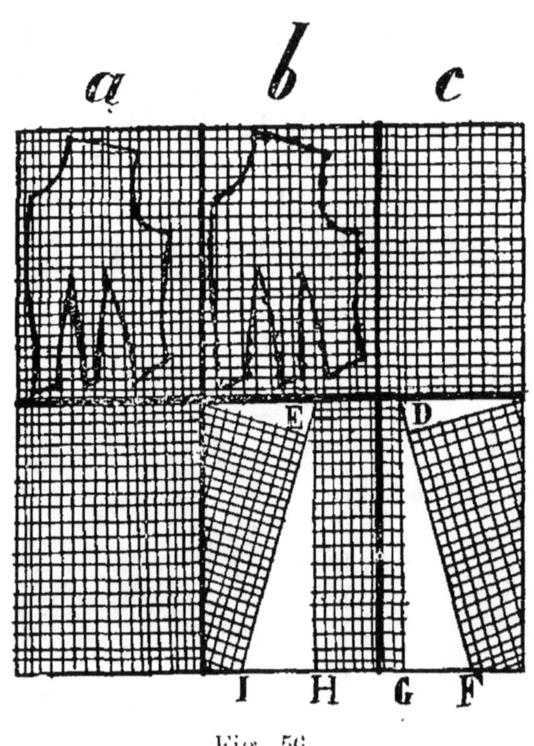

Fig. 56.

Ce rectangle, à son tour, est partagé en trois compartiments *a*, *b*, *c*.

Dans le compartiment *a* est placé le devant du corsage, posé à plein droit fil devant (selon la méthode la plus rationnelle et la plus absolue) ; au prolongement du bassin, situé dans le compartiment au-dessous de *a*, les fils de tissu n'étant pas contrariés par aucune coupe oblique, il n'y a aucune fausse position ; ce tissu ne peut que tomber verticalement, puisqu'il n'est attiré ni d'un côté ni de l'autre.

Mais, en imaginant le devant posé bien d'aplomb (compartiment *b*), si le prolongement est fait tel qu'il manque de hanche de la valeur de l'angle *i*-H, comme issu d'un même angle, il remontera horizontalement dans la ligne de ceinture de la valeur de l'angle E égal à *i*-H. Si c'est, au contraire, le ventre qui manque de la valeur indiquée dans le rectangle C, le milieu du devant remontera et plissera dans la ligne de ceinture de la valeur de l'angle D égal à G-F.

Disons aussi que pour tous les vêtements dont le devant doit rester droit, sans ajustage et ne faisant contact qu'aux seins et au ventre, le genre de pince oblique de la hanche aux seins (*fig.* 57, traits barrés) est celui qui convient le

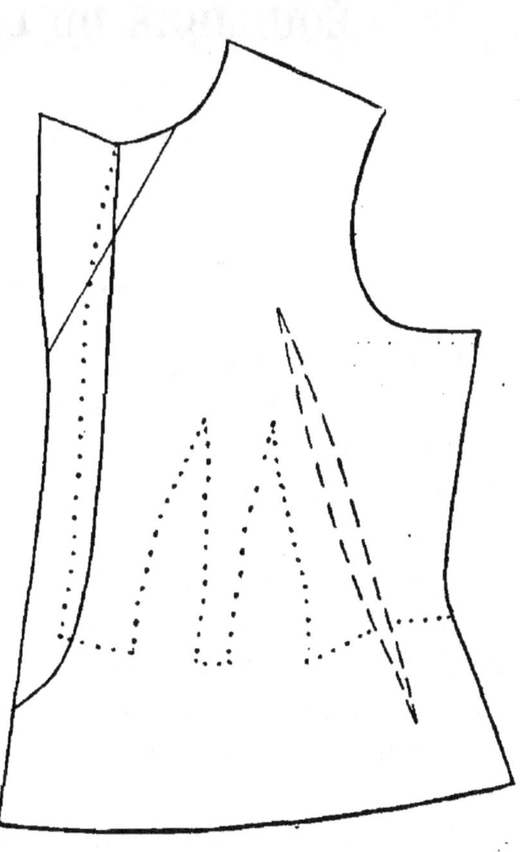

Fig. 57.

mieux. Cette pince retire légèrement de l'ampleur en excédent entre le sous-bras et la hanche, à la ceinture, et elle vient se terminer sur deux surfaces bombées, proéminentes, sans changer en rien la forme droite du devant.

VII

ÉQUILIBRE DU CORSAGE

Triangulation.

L'équilibre du corsage ou « aplomb du corsage » dépend de causes très diverses. De là naissent plusieurs problèmes dont la solution offrirait le plus grand intérêt, intercalés dans un traité scientifique spécial.

Mais, pour les professionnels et toutes les personnes en général qui font les vêtements d'autrui ou les leurs, pour gagner leur vie ou par économie, nous avons cru utile d'exposer le plus simplement possible les principales façons de reconnaître cet équilibre.

Revenant aux causes diverses qui modifient pour chaque âge ou grosseur, la pose, l'ensemble d'un patron de corsage, nous allons parler spécialement de la position qu'occupe le corps dans l'espace, et que l'on nomme « attitude »; de la structure générale, c'est-à-dire de la forme du solide, sa rondeur de dos, de devant; la façon dont la tête est inclinée en avant ou en arrière, la grosseur de la ceinture et la façon dont se répartissent dans l'espace toutes les formes et dimensions.

La grosseur de ceinture par rapport à celle du haut du corps exerce la plus grande influence relativement aux écarts du haut du patron.

Les deux longueurs, celle du dos et celle du devant influent directement sur la hauteur relative de ces deux parties du patron, sur leur position respective.

A la figure 58, on trouvera un corsage moyen d'une demi-grosseur de 42 du haut et 27 de ceinture. Les pièces qui composent ce patron sont réunies et en contact au sous-bras, à la ceinture et ouvertes par en haut, de l'emmanchure et des épaulettes. Dans cette position, réunissons par une ligne droite les points A et A' de nuque. Puis, tirons d'équerre sur cette droite A-A' l'autre droite AB.

Dans ce patron, nous trouverons que le point de cambrure R est éloigné, rentrant de 1 1/2 à l'intérieur du côté d'angle droit A-B. C'est là une relation variable, il est vrai, mais bonne à noter, parce que cet écart est bien celui qui existe au patron, quand une personne est d'une tenue régulière et de grosseur moyenne.

Si des points A et A' comme centres, nous décrivons deux portions d'arc avec la mesure de longueur de devant (7° mesure) pour rayon, ces arcs, à leur intersection F, amènent un point de l'axe de symétrie du patron (axe de symétrie pour les points de nuque et nuque rabattue A-A').

Si des mêmes points A et A' comme centres et avec un rayon arbitraire mais à peu près égal à la distance A-Z, nous décrivons deux autres portions d'arc, leur intersection à l'emmanchure ou en un point voisin nous fournira un deuxième point de l'axe de symétrie, Z'. Par F et Z', faisons passer la droite F-Z'-*a* ; cette droite est l'axe de symétrie et coupe la droite A-A' en deux parties égales ; car chacun des points d'une droite élevée perpendiculairement à une autre droite et au milieu est situé à une égale distance des extrémités de cette droite. *Tout le monde connaît ce principe de géométrie.*

A l'endroit de la profondeur d'emmanchure, pour un patron régulier comme celui de la figure 58, l'axe de symétrie passe à 1 centimètre en arrière du point Z, point situé lui-même au milieu de la distance comprise entre le milieu du dos et le milieu du devant. Le patron mesuré est partagé en deux parties à cette hauteur.

Au bas, le point F de l'axe se trouve à 23 centimètres du point de cambrure R.

Ces 23 centimètres sont la moitié (21) de la demi-grosseur de poitrine (2 cent. en plus).

De telle façon que, par la relation entre F-R avec A-A', on pourra toujours se rendre compte de la position respective des *largeurs* et *hauteurs d'un* patron et en déduire à quelle conformation il peut s'adapter ou bien reconnaître les modifications à lui apporter. Pour cela, il n'y a qu'à rapprocher dos, côtés et devant dans la position des pièces du corsage (*fig.* 58) ; puis mesurer la largeur totale du patron, à la hauteur de l'emmanchure (de S à O, trait barré) ; en fixer la moitié au point Z ; *placer* enfin un autre point X à 1 centimètre en arrière. *Ce point X sera un de ceux de l'axe.*

A partir du point R de cambrure, il faut ensuite déterminer un point F à une distance égale à la moitié de la demi-grosseur de la *femme* et augmenter ce chiffre de 2 centimètres.

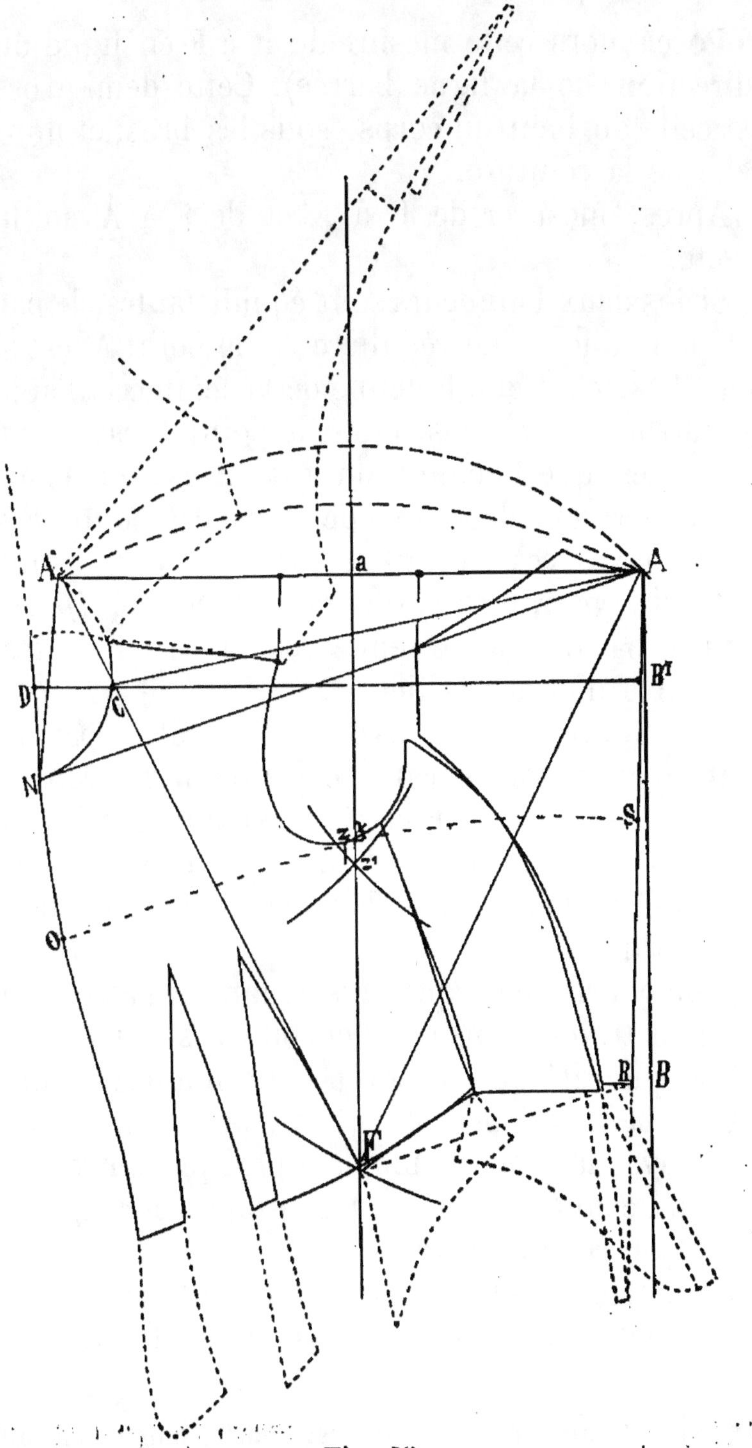

Fig. 58.

Poser alors cette mesure de R à F en ligne droite (direction de la ligne barrée). Cette demi-grosseur est celle du haut du corps, sous les bras, et non pas celle de la ceinture.

Après, mesurer de F à A et de F à A' en ligne droite.

Si les deux longueurs sont équidistantes, le patron est pour une tenue régulière; si le point A' est situé plus bas, c'est que la tenue de la femme et l'aplomb du patron sont voûtés, et, si le point A est plus près de F, c'est que l'aplomb du patron est renversé.

En décrivant deux arcs de cercle des points F et X pour centres, ces deux arcs se couperont aux points A et A', si le patron est d'un aplomb régulier (*fig.* 58).

Si le patron est de tenue renversée ou voûtée, la rencontre n'aura pas lieu.

A la figure 59 nous avons affaire à un patron de conformation voûtée, car le point de nuque rabattu A' est moins éloigné de F et avec ce point tout le devant se trouve plus court par le haut par rapport à la distance F-A ou montant de dos mesuré depuis le point F de ceinture.

L'on pourra remarquer aussi, dans ce patron voûté, tracé en traits pleins que l'encolure est plus basse de même quantité que le point A' de nuque ; l'emmanchure est portée plus en avant, la carrure est plus large, avec la pince d'omoplate plus prononcée ([1]). Le bas du devant est aussi un peu plus court que celui du patron régulier comparé.

Ce patron régulier est tracé en traits barrés.

Si nous faisons passer une ligne droite par les

---

1. Plus l'épaulette du devant est courte, plus la pince d'omoplate est prononcée.

points A' et A de ce patron voûté, et que de l'angle A nous abaissions la perpendiculaire A-B, l'écart qui

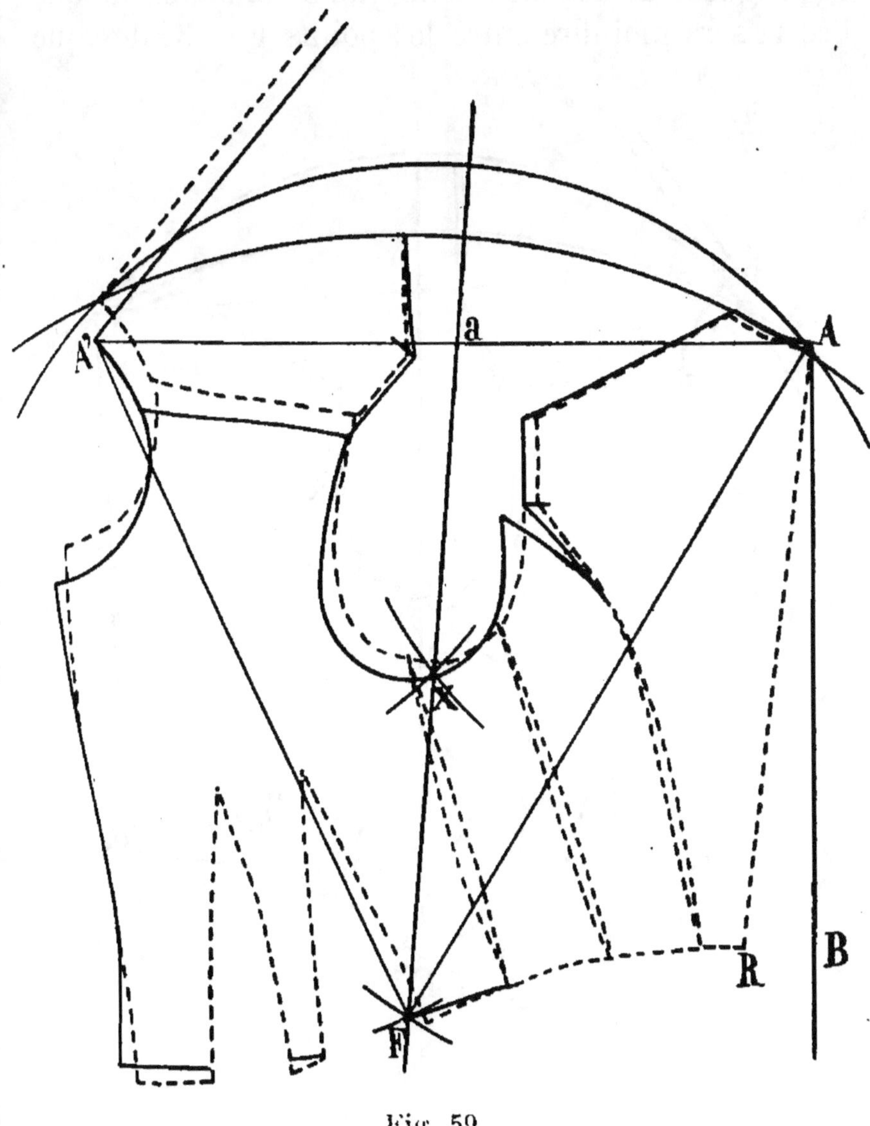

Fig. 59.

existera entre le point R et le point B à la cambrure de ce patron sera d'autant plus grand que la personne sera plus voûtée.

Donc, quand nous couperons ou vérifierons un

patron destiné à une personne dont la mesure de longueur de taille de dos sera longue et la mesure de longueur de devant courte, nous constaterons que l'écart sera moindre entre les points F et R, dès que

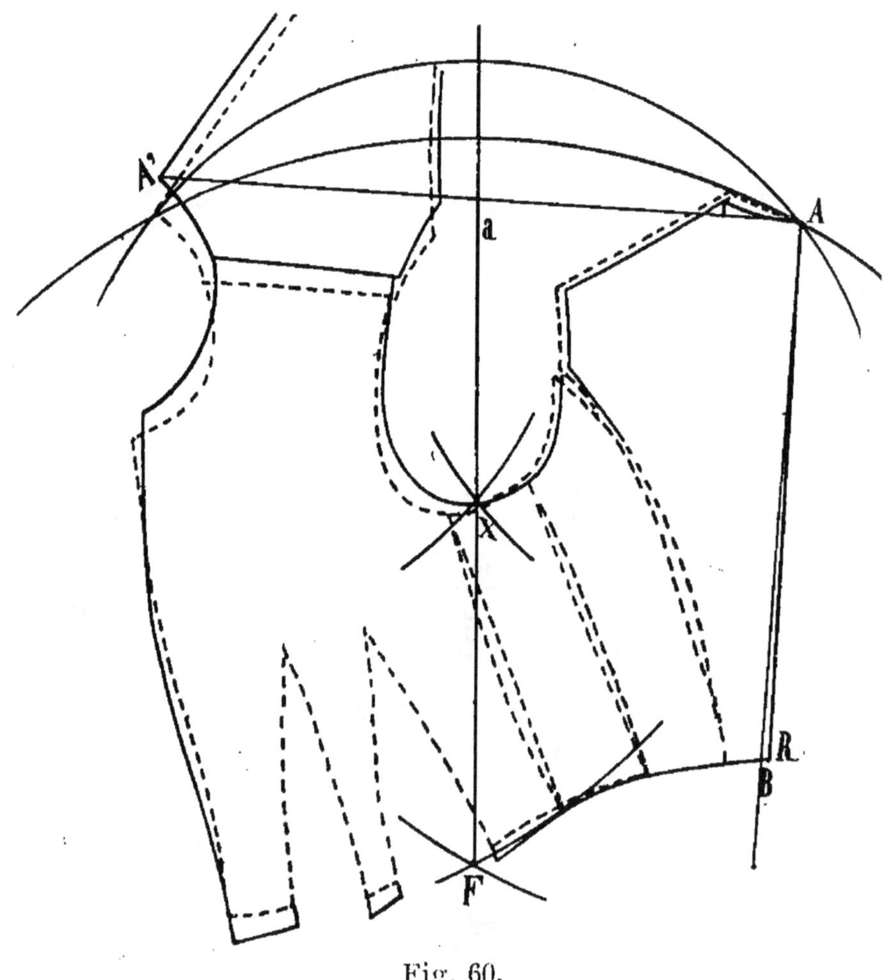

Fig. 60.

nous aurons opéré et contrôlé par la triangulation (en commençant à décrire des arcs F et X avec, pour centre, les points A et A' voûté). La figure 60 nous offre une conformation opposée à la précédente ; ce corsage tracé en traits pleins est celui qui convient à une personne de tenue renversée, c'est-à-dire ayant le dos court par rapport au devant. La distance A'-F est plus longue que celle F-A du dos et, si nous faisons passer une ligne droite par les points A' et A et que nous abaissions la perpendiculaire A–B, l'écart entre B et R se fera inversement et s'agrandira d'autant plus que la tenue sera plus renversée.

Si nous opérons le contrôle en décrivant des arcs F et X à partir de A et de A' renversé pour centres, nous trouverons *plus* d'écart entre les points F et R.

Cet écart varie aussi lorsque la ceinture est grossie et que l'obliquité du sous-bras tend à disparaître; en d'autres termes, quand la ceinture devient moins cintrée au-dessus des hanches. Chez les fillettes, c'est une particularité qui ne crée pas une exception, mais fait la règle.

Le patron de contrôle (*fig.* 62) indique un éloignement assez considérable entre le point B de la ligne A-B et le point R (4 à 4 1/2). Tel est l'équilibre habituel à l'âge de 4 à 6 ans et même au-dessus. La ceinture n'a aucun dessin, aucune cambrure au-dessus des hanches et la septième mesure est longue comparativement à celle de la taille du dos.

Chez les personnes dont la grosseur dépasse la moyenne, et jusqu'aux fortes grosseurs, l'écart varie de 1 1/2 à 0, entre R de la cambrure et le côté B de l'angle droit. La conformation est-elle voûtée ou renversée, l'écart diminue ou augmente.

Au n° 63, nous figurons le patron déjà tracé figure 25.

Nous avons placé ce patron avec ses diverses pièces réunies dans la position de contrôle; puis, après avoir réuni A' et A, nous avons abaissé au-dessous de A'-A et à partir de A la perpendiculaire AB. L'écart entre B et R de cambrure est de 3 1/2 à 4 en *dedans*, c'est-à-dire que ce patron est un peu voûté.

Il faut, au moyen de la triangulation des points F-A, F-A', X-A et X-A' (*fig.* 58), observer aussi les écarts du haut du patron, écarts existant entre le sommet du dos et celui du devant.

Ces écarts sont variables selon l'âge et la grosseur. Avec une même grosseur du haut du corps, une ceinture fine agrandit l'écart et une ceintnre grosse le diminue.

Chiffres de divers écarts.

Ages ou grosseur du haut du corps.	Grosseur de ceinture.	Longueur de taille.	Écart entre la nuque et la nuque rabattue en avant.	Écart entre la nuque et le côté de l'encolure.	Écart entre la nuque et la base de l'encolure du devant.
(1)	(2)	(3)	(4)	(5)	(6)
4 ans. 26	25 1/2	23 1/2	26	23 1/2	30
10 ans. 32	28 1/2	29 à 30	32,5	30 1/2	37 1/4
15 à 16 ans. 38	24	38	39 1/2	37	43 1/2
42	27	39	47	43 1/2	51 1/4
48	33 à 34	40	49	45	52 1/2
54	38	41	52	47 1/3	58
60	52	39 (1)	62	58	67

1. Mesures et dimensions prises sur le patron essayé d'une personne très grosse, d'une hauteur et longueur de taille moyennes, avec conformation un peu voûtée.

Écart entre la ligne du devant prolongée D, le côté d'encolure C et la ligne du dos entre les points D et B¹.

Grosseur du haut du corps..................	26	32	38	42	48	54	60 (¹)
Grosseur de ceinture...	25¹/₂	28¹/₂	24	27	33·34	38	52
Longueur de taille.....	23¹/₂	29	38	39	40	41	39
Écart entre la ligne D et le côté d'encolure (²)..	4¹/₄	5¹/₄	6¹/₄	7	8	9	10
Écart total entre D et B¹.	30¹/₂	36¹/₂	42¹/₂	49	50¹/₂	55	63

A présent, reportons-nous à la figure 58 et consultons les tableaux des pages 150 et 151. Sous la désignation « Écarts entre la nuque et la nuque rabattue en avant » (col. 4, p. 150), nous donnons les différents écarts existant entre les points A et A' (*fig.* 58).

La colonne 5 donne le chiffre de l'écart entre les points A-C (*même fig.*)

La colonne 6 énumère celui de l'écart entre les points A–N.

A la page 151, se trouve l'écart concernant les principales grosseurs et situé entre les points D et C et D et B¹ (*fig.* 58).

1. Nous avons basé notre étude sur un patron d'une personne très grosse, d'une hauteur et longueur de taille moyennes et d'une tenue un peu voûtée.

2. Cet écart peut être calculé sur le sixième de la grosseur du haut du corps, à très peu de chose près.

Contrôle par le dos rabattu sur le devant.

La figure 61 indique les écarts du haut et du

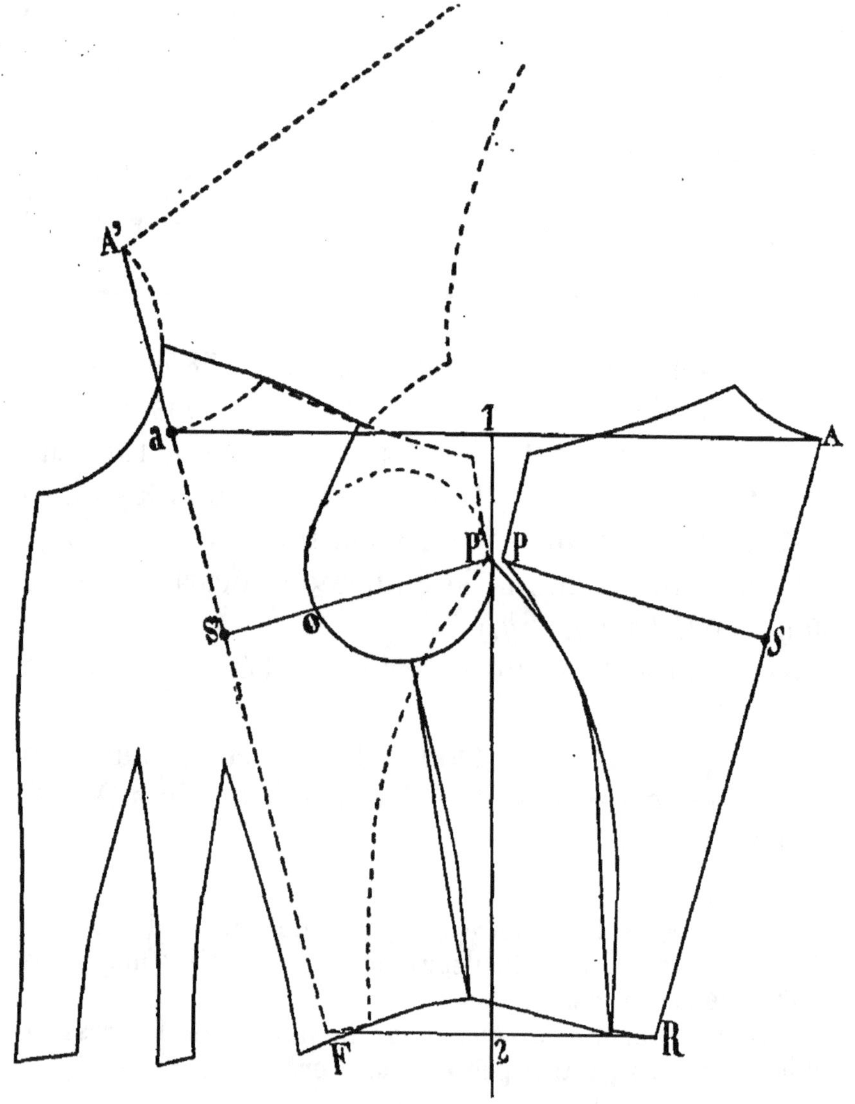

Fig. 61.

bas d'un patron. Cette figure a été dessinée d'après
un patron de grosseur moyenne (42 du haut du

corps, 27 de ceinture avec 39 de longueur de taille).

Le dos est rabattu ; le point de nuque A sur *a* prend contact avec une ligne passant par le rabattement du point de nuque A'. Le deuxième point est en **P** en haut du côté.

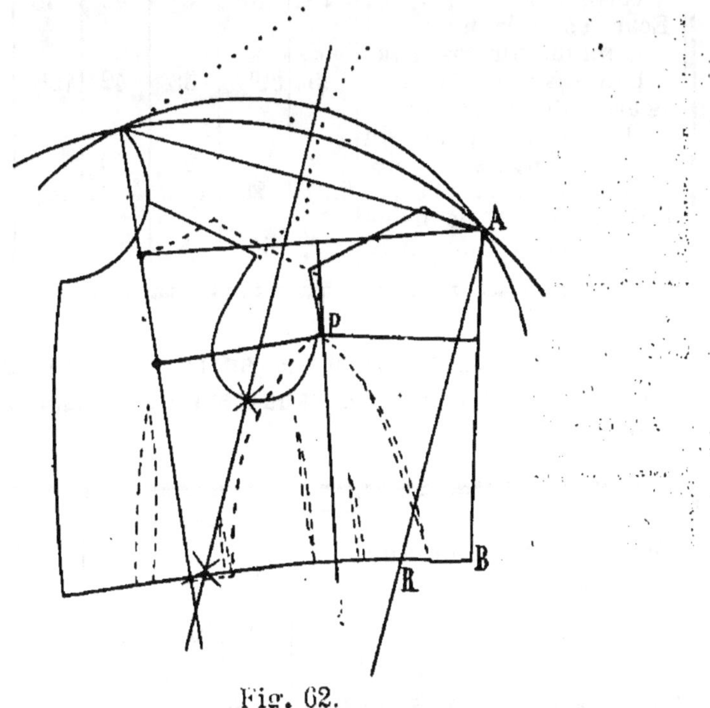

Fig. 62.

La position de toute la ligne A'-*a*-F du dos transposé sur le devant se trouve ainsi déterminée. Il en résulte deux écarts, très variables d'ailleurs, qui proviennent de la double inclinaison du dos. La cause principale de la variation de ces écarts est due naturellement aux différences existant entre la mesure de ceinture et celle du haut du corps.

Afin d'éviter des calculs de géométrie et de trigonométrie, hors le plan de cet ouvrage, nous nous bornerons à donner un aperçu général et pratique sans nous appesantir sur des théories abstraites et fastidieuses.

Tableau des chiffres d'inclinaison du dos.

Grosseur du haut du corps..............	26	32	38	42	48	54	60
Ecart entre la nuque et la nuque du dos a rabattue sur le devant..	25	$30^1/_2$	36	42	$42^1/_2$	46	$57^1/_2$
Ecart entre la cambrure et le même point du dos rabattu sur le devant RF..............	$22^1/_2$	20	20 à 21	20 à 21	$24^1/_2$	26	35
Chiffre de la demi-inclinaison du dos.....	$1^1/_4$	$5^1/_4$	8	11	9	10	$11^1/_2$

Chiffres des écarts existant entre le point de nuque du dos rabattu a et le rabattement du même point de nuque A′.

Grosseur du haut du corps......	26	32	38	42	48	54	60
Distance......	8	8	$10^1/_2$	13	$14^1/_2$	$14^1/_2$	13

Le tableau en tête de la page 154 contient les chiffres d'écart entre le point A du dos et le point a du dos rabattu ou transposé sur le devant; ensuite ceux des écarts existant entre le point de cambrure R et le même point rabattu en F sur le devant.

Nous donnons le chiffre de la différence entre l'écart A-a du haut et R-F du bas. Cette différence qui est notée par moitié est le chiffre de l'inclinaison du dos la plus appropriée aux principales grosseurs.

Enfin, nous déterminons la distance, ou hauteur,

existant entre les points *a* du dos transposé et A' de
nuque rabattue (tableau du milieu, p. 154).

Quand le dos est bien transposé, la ligne 1-2 sépa-

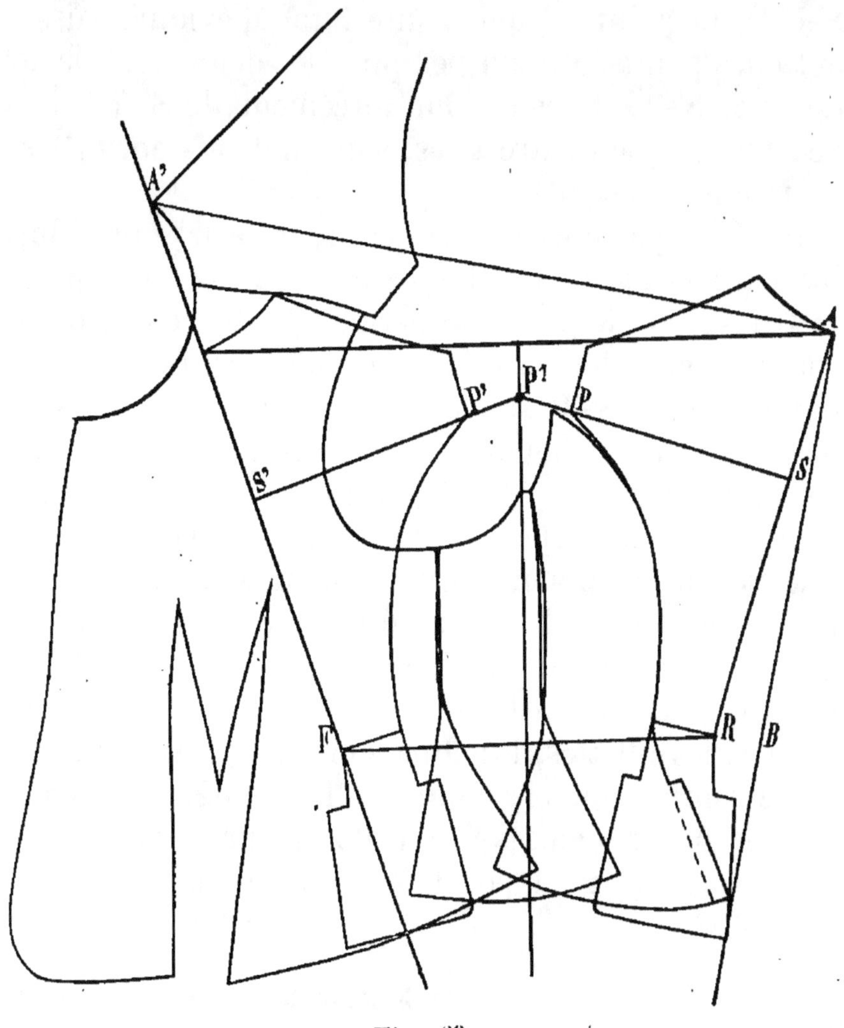

Fig. 63.

rant en deux parties égales la ligne A-*a* et la ligne R-F
forme une perpendiculaire sur A-*a* et traverse le
point P (*fig.* 61).

Plus une tenue est voûtée, plus la distance entre

les points A' et *a* devient courte, et plus une tenue est renversée, plus cette distance s'allonge.

Ajoutons aussi que la ligne d'évidure à l'emmanchure passe à l'endroit de la ligne du dos transposé S'-P' à un point tel que ladite ligne d'évidure laisse entre les points O-P' un peu plus des deux tiers de la distance S'-P'. Il reste donc forcément de S' à O un peu moins que l'autre tiers, soit un demi-centimètre en moins.

Pour les patrons de forte corpulence tel que celui inscrit à la figure 63, la position du dos transposé se trouve en éloignant le point P de son correspondant ; on cherche aussi le point de concours des deux lignes S-P et S'-P' sur la verticale P' située dans le plan de la carrure anatomique. La recherche va souvent au delà, si le corps a conservé une forme fine de ceinture. La surface du dos se développant suivant une forme conique dont les génératrices feraient entre elles un angle assez obtus, il en résulte que la perpendiculaire qui coupe en deux les écarts du haut et du bas dépasse la limite de la carrure naturelle ([1]).

Chez les fillettes, l'inclinaison du dos est presque nulle comme nous le montre la figure 62. Il pourrait arriver que les deux points P de carrure anatomique se recroisassent au point P, contrairement au plan (*fig.* 63).

---

1. Nous savons aussi que la largeur de carrure et celle de la poitrine augmentent moins que le diamètre du largeur de l'emmanchure.

VIII

RETOUCHES

Défauts des corsages.

Nous avons déjà traité des défauts les plus fréquents aux corsages, ceux des pinces coupées dans des fausses positions. Maintenant, nous allons expliquer la cause de certaines autres défectuosités pour les corsages et les manches et indiquer leurs rectifications.

LE DOS TROP HAUT

Le dos trop haut sur toute son étendue boursoufle et ondule le long de la couture du dos et de celles du dos aux côtés, il fait des ombres horizontales sur toute la surface du dos, comme le représente la figure 64.

Fig. 64.

C'est le défaut le plus facile à reconnaître.

Le haut des côtés s'affaisse en formant ce que l'on

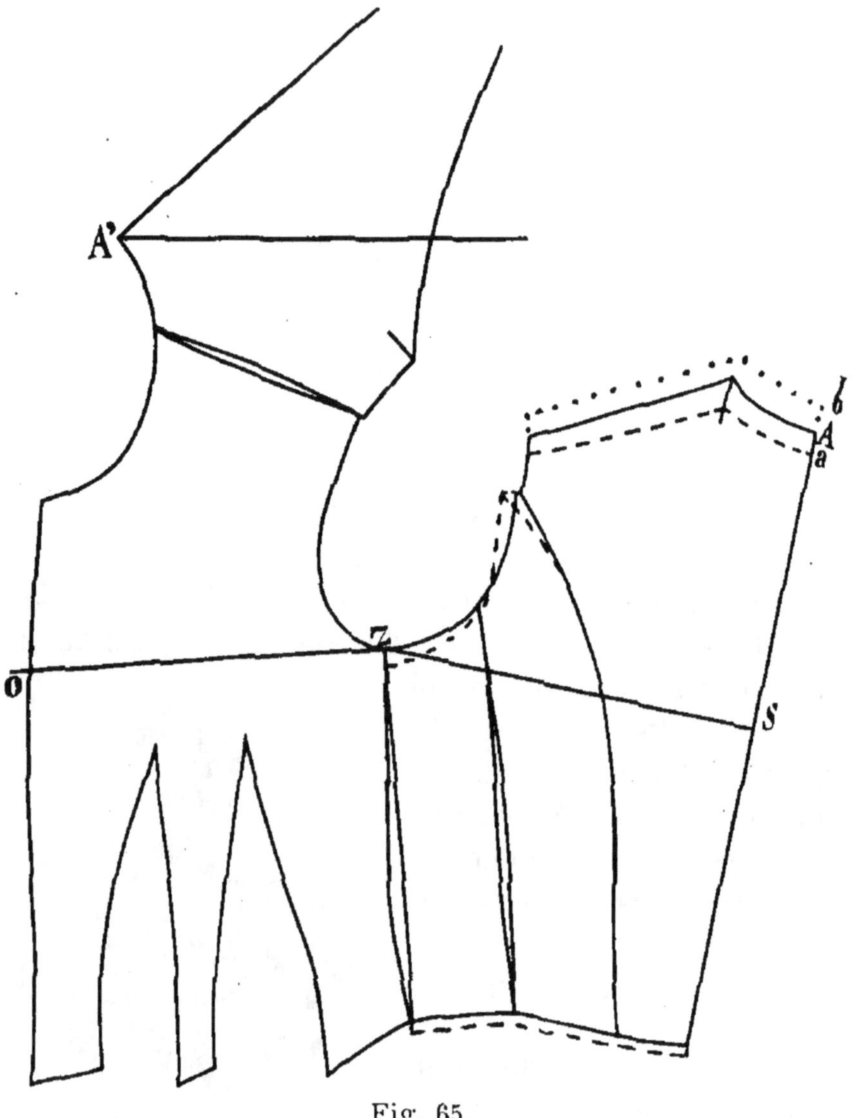

Fig. 65.

nomme « des crochets » (crochets représentés par la figure 71).

Quand on essaie un corsage ayant ce défaut, il n'y a qu'à épingler en travers du dos, à la hauteur de la ligne de carrure, tout ce que le dos a en trop et jusqu'à ce qu'il soit devenu lisse et net.

Si le dos est trop haut de la valeur A-*b* et tout son encadrement (*fig.* 65), l'épinglage retirera cette quantité que l'on recoupera au patron et au corsage.

Quand la hauteur relative comprise entre les lignes O-Z et A' du devant et S-Z-*b* du dos ne s'accordent pas, si la distance S-*b* est supérieure de la valeur A-*b* à celle du devant O–Z-A', le défaut de la figure 64 se produira.

Si le dos est trop court de la distance A-*a* (*fig.* 65) dans tout son encadrement, il produira sur la personne le défaut dessiné figure 66. Il paraîtra comme suspendu par la nuque et ombrera dans la direction oblique de la nuque aux omoplates et aux hanches. Si on ne peut pas hausser l'encadrement de la quantité manquante (soit *a*-A, *fig.* 65) on descendra le dessous de l'emmanchure de la même quantité A-*a* et

Fig. 66.

on allongera le dos et les côtés de même quantité par le bas de la taille. En pareil cas, on aura à faire un crochet plus fort en haut des côtés.

Ces diverses opérations sont indiquées en traits barrés.

LE DOS QUI A TROP DE HAUTEUR PAR LA TÊTE

Quand le dos est trop haut dans la région supérieure comprise entre le sommet des épaules et la nuque, il remonte en un ou deux plis refoulants voir *fig.* 67).

S'il faut à un corsage (*fig*. 68) une hauteur égale à l'espace compris entre la ligne LL du dos et le point A et si cette partie est coupée d'une hauteur égale à L-L-*a*-M', le dos ne peut être monté qu'en reportant le point M' sur M. Il en résulte que le point L vient sur L', ce qui renverse l'épaulette du devant.

Le dos étant trop haut de la valeur *a*-A et devenu plus étroit d'encolure, remonte jusqu'à ce que chacune des lignes horizontales ait rencontré sur le corps un espace correspondant d'égale longueur à chacune d'elles. Toute cette région remonte donc,

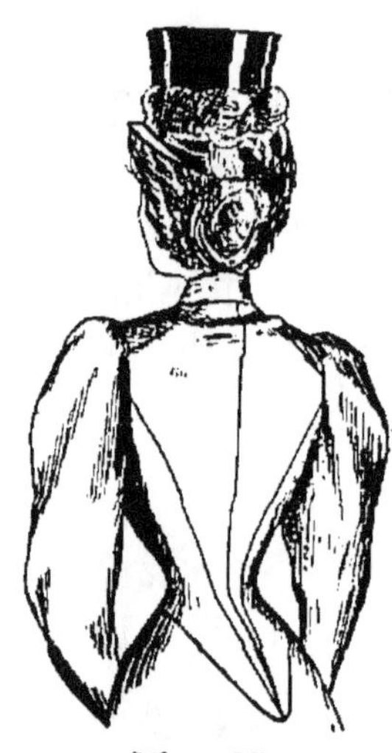

Fig. 67.

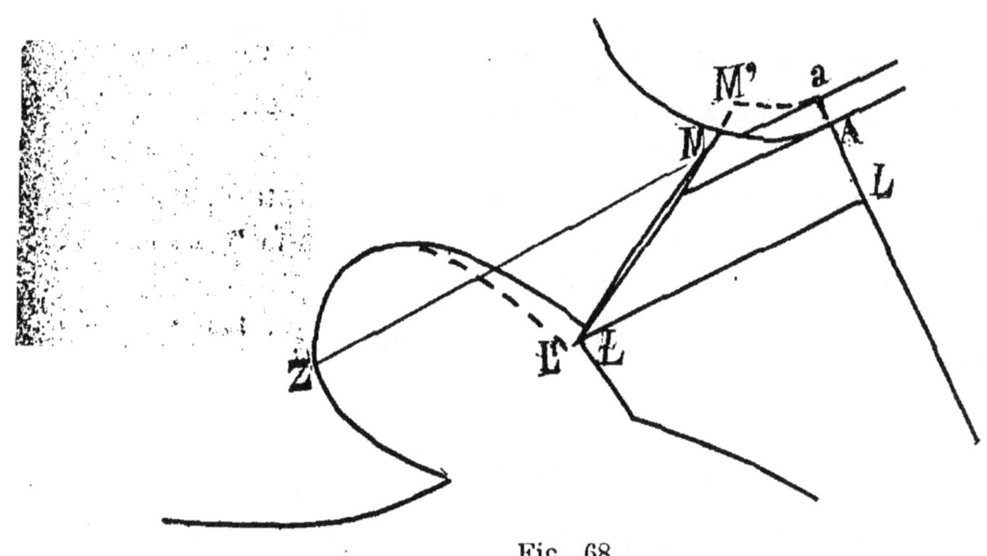

Fig 68.

ainsi que la ligne de montage d'épaulette M'-L qui produit alors une ou deux brisures sur le parcours de sa longueur. Le devant, étant cousu avec, forme forcément les mêmes brisures, et on le voit d'autant mieux qu'il est devenu trop court, dans la direction M-Z, d'une quantité égale à la réduction de la largeur d'encolure du dos. De plus l'épaulette du devant se trouve courte et renversée, du fait du dos; or, il arrive fatalement que, lorsqu'un devant est trop renversé d'encolure (M[1], *fig.* 69) et en même

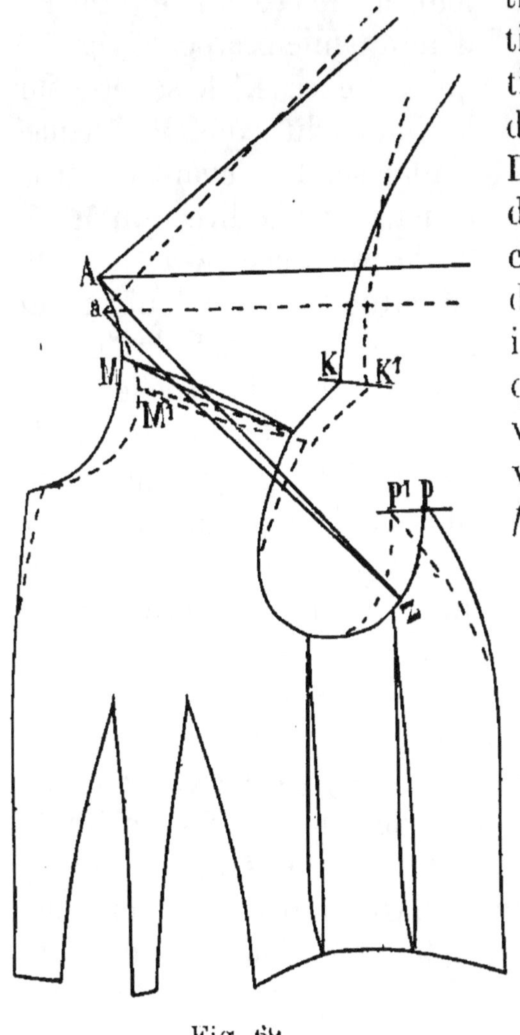

Fig. 69.

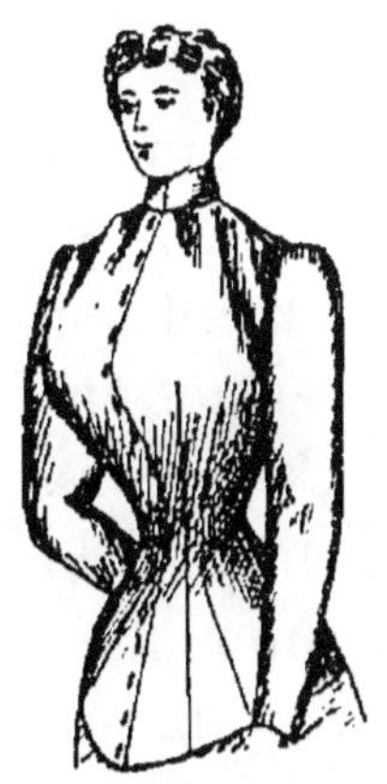

Fig. 70.

temps trop court, il vient forcément visser obliquement de la nuque au tendon du bras (fig. 70).

Dans cette position trop renversée du devant, soit par cause d'un excès de tête de dos, soit parce que l'encolure est elle-même trop renversée, le dos prend forcément la position a-K^1 (*fig.* 69) au lieu de la position A-K (traits pleins); le dos gagne trop de hauteur par fausse position de la valeur K^1-K, valeur qui forme d'autant mieux crochet (fig. 71) que cet excès K^1-K se jette sur le haut du côté P^1, lequel s'affaisse. Le devant est trop court, dans la direction M^1-Z, de la distance A-a; ce qui accentue encore et doublement le trop de hauteur de dos.

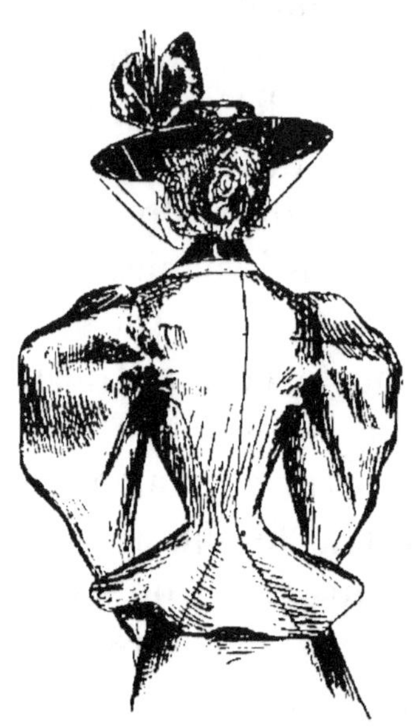

Fig. 71.

Si on fait le crochet de P à P^1, la gêne du devant de l'emmanchure deviendra insoutenable et il faudra évider le devant d'emmanchure, ce qui retirera la largeur de poitrine sans faire disparaître ni les plis ni la gêne; le vêtement sera alors perdu sans remède. Tout simplement, on démontera sur la personne un tel vêtement et on épinglera bien en place les épaulettes.

Si c'est le dos qui a trop de tête, l'excès sortira de lui-même. Si le devant est trop renversé d'encolure et manque de longueur, il retombera seul et vous verrez disparaître gêne, plis en torsion des devants et crochet des côtés.

ESPACE TROP LONG ENTRE LE SOMMET DES PINCES ET LE HAUT DU DEVANT; « COUP DE SABRE »

Un corsage peut être parfaitement ajusté du bas, à la ceinture, aller très bien de tout le dos, mais produire les effets de la figure 72. Quand un corsage ou un vêtement quelconque s'affaisse au-dessus des seins entre la fin des pinces et l'encolure, c'est que l'épaulette est trop longue.

Sur le corps, après avoir démonté les épaulettes, on les relève (raccourcir), jusqu'à ce que les plis d'affaisse-

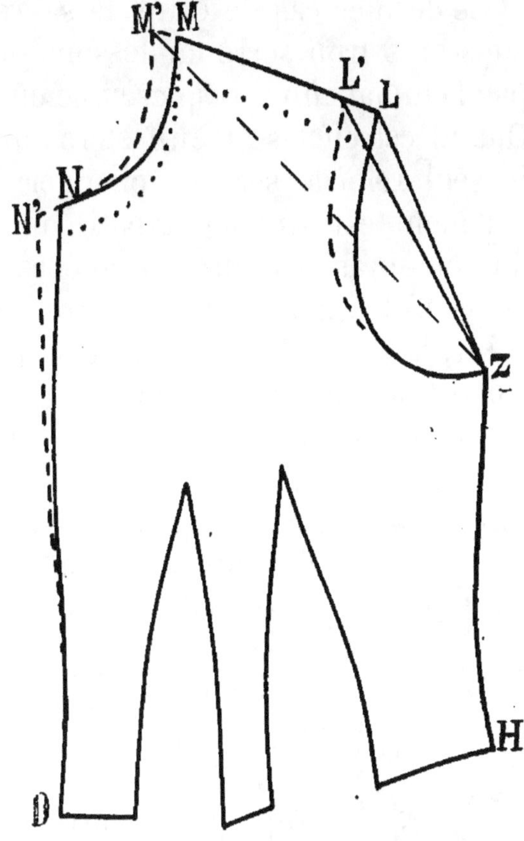

Fig. 72.

Fig. 73.

ment aient disparu complètement; on épingle et on baisse l'encolure du devant suivant les lignes pointées de la figure 73.

Il peut arriver que du sous-bras, du dessous de l'emmanchure parte une série de plis dont le principal est un pli d'affaissement (*fig.* 72) presque horizontal et les autres vont se disperser dans la direction du devant de l'encolure et de la ceinture, en éventail. C'est un des cas du « coup de sabre »; mais ce n'est pas celui dont nous avons fourni l'explication au sujet des pinces trop faibles du devant.

Ce dernier cas de coup de sabre est causé par un sous-bras trop serré au-dessous de l'emmanchure et par l'emmanchure trop creusée en *ovale ou en carré*. Quand cet effet se manifestera sur un vêtement fini, *le seul remède sera* de changer les devants; si le vêtement est seulement bâti, on démontera le haut du sous-bras (couture du côté avec le devant). Les pièces s'éloigneront de la quantité manquante en ce point, laissant l'emmanchure se porter en avant, de tout l'évidage pratiqué en trop.

On marquera cette quantité manquante du creux *de l'emmanchure et aussi celle du* sous-bras et, après avoir corrigé le patron, on le reportera sur les devants de tissu en utilisant, pour cette recoupe, toutes les réserves ou crochets laissés autour des devants.

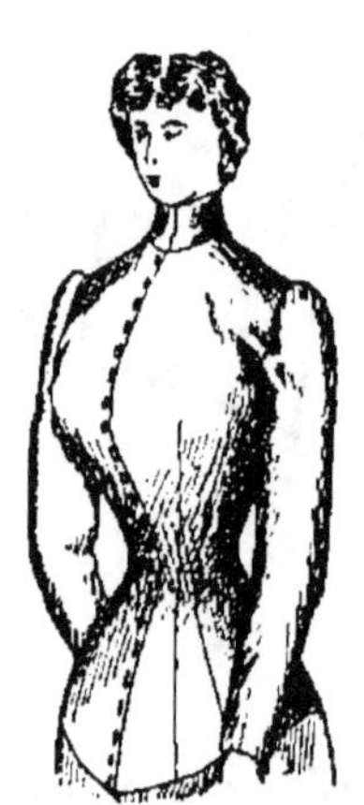

Fig. 74.

Quand la partie supérieure d'un devant (*fig.* 73) est trop redressée (sur L'-M'-N'), c'est-à-dire quand l'écart est trop grand entre les points Z-L' de l'emmanchure par rapport à la position du sous-bras Z-H, cet écart entre les points Z-M' est exagéré de la quantité M-M'. Le bas du devant occupant sur le corps la position H-D, il en résulte que tout le haut de ce devant *retenu contre le cou* se trouve rejeté en arrière, vers l'emmanchure (d'une quantité M-M', N-N'), ce qui fait affaisser ce devant en avant de l'emmanchure (*fig.* 74).

La correction est indiquée par les traits pleins de la figure 73.

————

Défauts des manches.

MANCHE A TALON TROP ABATTU

La figure 75 représente l'effet d'une manche dont le talon a été trop abattu.

La cause est indiquée à la

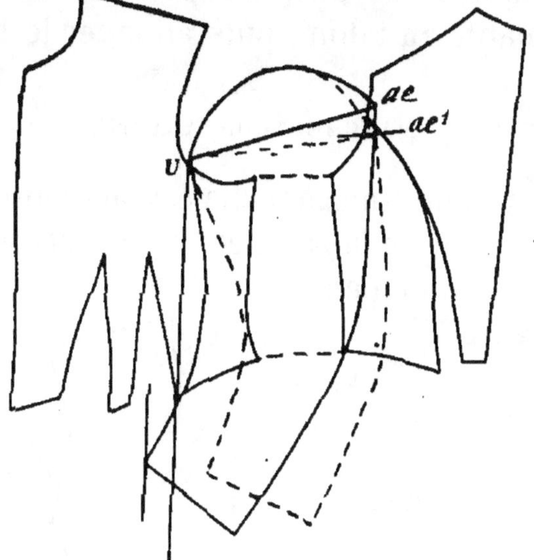

Fig. 75.

Fig. 76.

figure 76. La manche ayant son point de talon situé sur $a\text{-}e^1$, au lieu de l'être sur le point *ae* qui se trouve à la moitié du tour de l'emmanchure, il arrive alors que, lorsque cette manche est montée à l'emmanchure, le point *u* sur *u* correspondant et le point ae^1 sur *ae*, la ligne $u\text{-}ae^1$ du diamètre oblique de cette manche vient forcément prendre la position *u-ae*.

Sur le comptoir et sur le corps, la ligne diamétrale revenue sur *u-ae*, toute la manche veut prendre la position en arrière indiquée par les traits barrés. Le bras oblige cette manche à revenir à la position normale, ce qui la fait plisser obliquement du talon à la saignée.

Pour corriger ce défaut, on ne peut pas, que les manches soient bâties ou finies, ajouter de l'étoffe au talon, puisqu'on n'en laisse jamais en réserve dans cette partie ; il faut donc baisser le haut de la saignée, devant, au point u de la hauteur manquante au talon ; puis allonger le bas d'autant.

MANCHE TROP ABATTUE A LA SAIGNÉE

Quand une manche est, au contraire, trop abattue du haut de la saignée, on constate sur le corps l'effet rendu par la figure 77.

En effet, le point u^1 étant plus

Fig. 77.

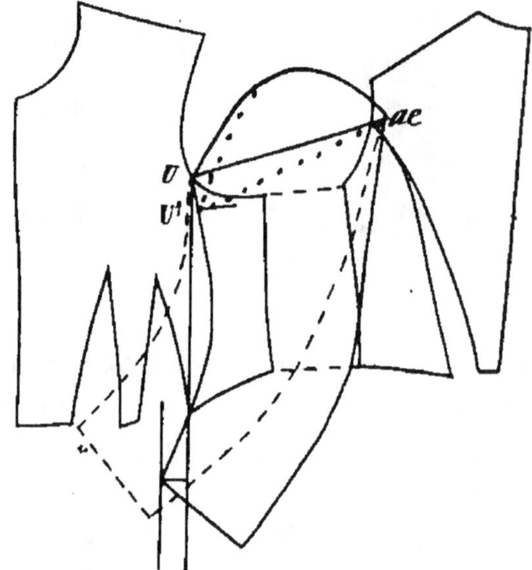

Fig. 78.

bas que u de l'emmanchure (*fig.* 78), le point ae de la manche et celui de l'emmanchure coïncidant, la ligne diamétrale u^1-ae oblique de la manche vient se placer sur la ligne normale u-ae ; toute la manche vient se jeter en avant, aussi bien sur le comptoir que sur le corps (dans la direction des traits barrés). Le bras oblige cette manche à revenir à la position verticale. La manche se trouve être comme suspendue dans la région du devant de l'emmanchure et plisse obliquement du devant au coude.

Pour corriger ce défaut, il faut enlever au talon une hauteur égale à celle de l'excès d'abatage du devant et, si la manche était courte avant correction, allongez-la de la quantité qui lui manquait. Si elle n'était pas courte, n'ajoutez rien.

MANCHE MANQUANT DE TÊTE

La manche manquant de tête, c'est comme un manque d'abatage au talon et en haut de la saignée à la fois ; l'effet est rendu à la figure 79.

Supposons une manche coupée suivant la ligne ae-L¹-U (*fig*. 80). Si cette courbe manque de hauteur ou tête — de la distance comprise entre les points L¹ et L — cette manche se trouve attirée vers le point L de la

Fig. 79.

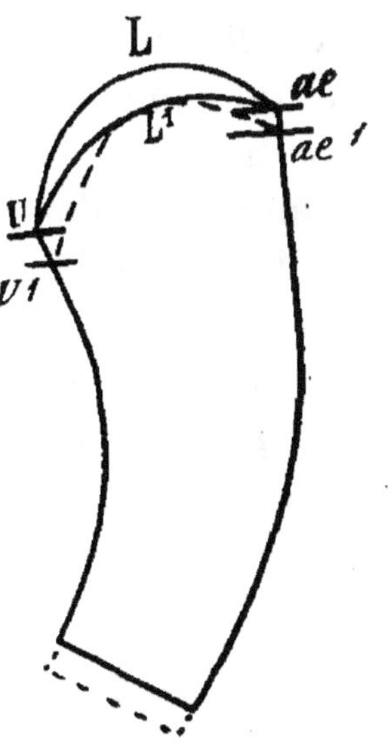

Fig. 80.

quantité faisant défaut (L-L¹). Elle plisse donc dans deux sens : de la tête, dans la direction du coude et dans la direction de la saignée.

Comme remède à cet inconvénient, baissez les points ae sur ae^1 et u sur u^1, de façon à obtenir une courbe de haut de manche ae'-L'-U' parallèle à celle considérée comme sans défaut (ae-L-U).

Il faut aussi allonger la manche d'une quantité égale à ae'-ae ou de u' à u (voir le trait barré du bas de manche).

MANCHE SANS CONCORDANCE ENTRE SES POINTS DE MONTAGE ET CEUX DE L'EMMANCHURE

Une manche bien coupée, mais dont un des points de montage ne s'accorde pas en hauteur avec celui de l'emmanchure, produira les défauts déjà mentionnés. Ainsi, une manche bien coupée et bien fixée en place au point ae du talon produira le défaut de la figure 75 si le point de saignée de manche est attaché au dessous de u de l'emmanchure.

Cette même manche bien coupée et fixée en place au point u de l'emmanchure, mais dont le talon sera monté au dessous de ae de l'emmanchure, produira l'effet de la figure 77.

Il ne suffit donc pas qu'une manche soit bien coupée pour l'emmanchure ; il est indispensable aussi que la hauteur de ses deux points de montage soit en face des points correspondants de l'emmanchure.

Transformation ou suppression de pinces.

Cette étude a surtout pour but d'aider à déplacer, transformer ou supprimer les pinces du devant, afin de pouvoir tracer plus facilement plusieurs des formes ci-après et expliquées au chapitre des *Formes diverses de vêtements*.

COURBURES DES SOUS-BRAS, DE CEINTURE ET DU BASSIN
(CORSAGE PROLONGÉ)

La figure 81 esquisse un corsage prolongé au bassin, sur lequel nous avons abaissé la perpendiculaire au sol *a*-B. Cette ligne traverse le point Z à peu près au milieu de la longueur de la courbe du sous-bras, sous l'emmanchure.

Deux autres droites parallèles à la première passent l'une (0-01) par le point culminant des seins et, intérieurement, à la saillie du ventre ; l'autre ligne *d*-D est tangente au point le plus saillant du ventre.

Ces trois droites verticales font apprécier les différences entre les diamètres et la longueur des courbes de sous-bras, de ceinture et du bassin.

Entre le point le plus rentrant de la ceinture et la droite 0-01, nous avons trouvé, d'après de minutieux calculs, un écart ou flèche de 4 centimètres à très peu de chose près.

Fig. 81.

À cette flèche répond une différence de 7 centimètres environ de longueur en moins entre la courbe du devant, à la ceinture et la courbe du devant à la hauteur des seins.

Entre ce même point le plus rentrant de la ceinture et le point culminant du bassin, nous avons obtenu une flèche de 7 centimètres environ, à laquelle correspond une différence de 11 centimètres de longueur en plus au bassin qu'à la ceinture; c'est-à-dire que, entre le point Z sur la ligne a-B et la limite du devant coupé, nous aurions pour une femme moyenne environ. **24**

La courbe de la ceinture comprise entre la ligne a-B et sa limite devant, au patron coupé, aurait environ. **17**

Soit une différence entre la ceinture et le haut de. **7**

Entre le bassin et la ceinture, le bassin a une longueur de courbe, à partir de la ligne a-B qui vaut **28**

La ceinture ne vaut que. **17**

La différence entre ces deux courbes est. . **11** et souvent un peu plus.

Maintenant, et c'est le point capital, le bassin vaut **28** pour longueur de courbe comprise entre la ligne a-B et sa limite, au patron coupé.

Le haut du corps n'a que 24 de longueur de courbe.

Le bassin a donc un relief qui dépasse, d'une longueur de 4 centimètres, le haut du corps et de 11 centimètres la ceinture.

Il en résulte qu'une pince de 7 centimètres à la ceinture serait logiquement suffisante pour donner le relief des seins, mais manquerait de 4 centimètres pour celui du ventre.

COURBURES DU SOUS-BRAS ET DU BASSIN, AVEC PROÉMINENCE DES SEINS

Nous savons déjà par l'étude faite sur la proéminence des seins (*fig.* 42-43-44) que les pinces de ceinture dépendent de la forme plus ou moins bombée de la poitrine, mais nous n'ignorons plus maintenant que le bassin, localement au ventre, ne peut pas être recouvert avec une surface égale à celle fournie par la courbe du haut du corps et qui manquerait au moins de 3 centimètres dans le trajet compris entre la perpendiculaire a-B et la limite du devant([1]).

Pour préciser clairement ce principe, nous donnons (*fig.* 82) un croquis de la partie supérieure du corps prolongée jusqu'au plus gros du bassin. Au-dessous de la ligne de terre a-T, nous avons figuré le plan géométral qui contient les trois principales sections horizontales de la ceinture, du haut du corps sous les bras et du bassin. a étant la ligne a-B de la figure 81 projetée au géométral, a-B^2 étant perpendiculaire à la ligne de terre a-T au point a, nous disons que :

De B^2 à C et à D^1 la courbe du bassin vaut **28** environ.

De B à C^1 et à O^1 la courbe du sous-bras vaut **24** environ.

De B^1 à D^2, mesurant la courbe de ceinture, nous trouvons **17** environ.

Comme nous l'avons dit, la différence de longueur

1. Ces 3 centimètres au minimum sont la longueur de courbe produite par la différence des rayons a-o^1 et a-D^1. Cette différence est égale à la distance o^1-D (*fig.* 81). La différence de courbe est celle qui existe entre les lignes C^1-o^1 et C-D^1 de la figure **82**.

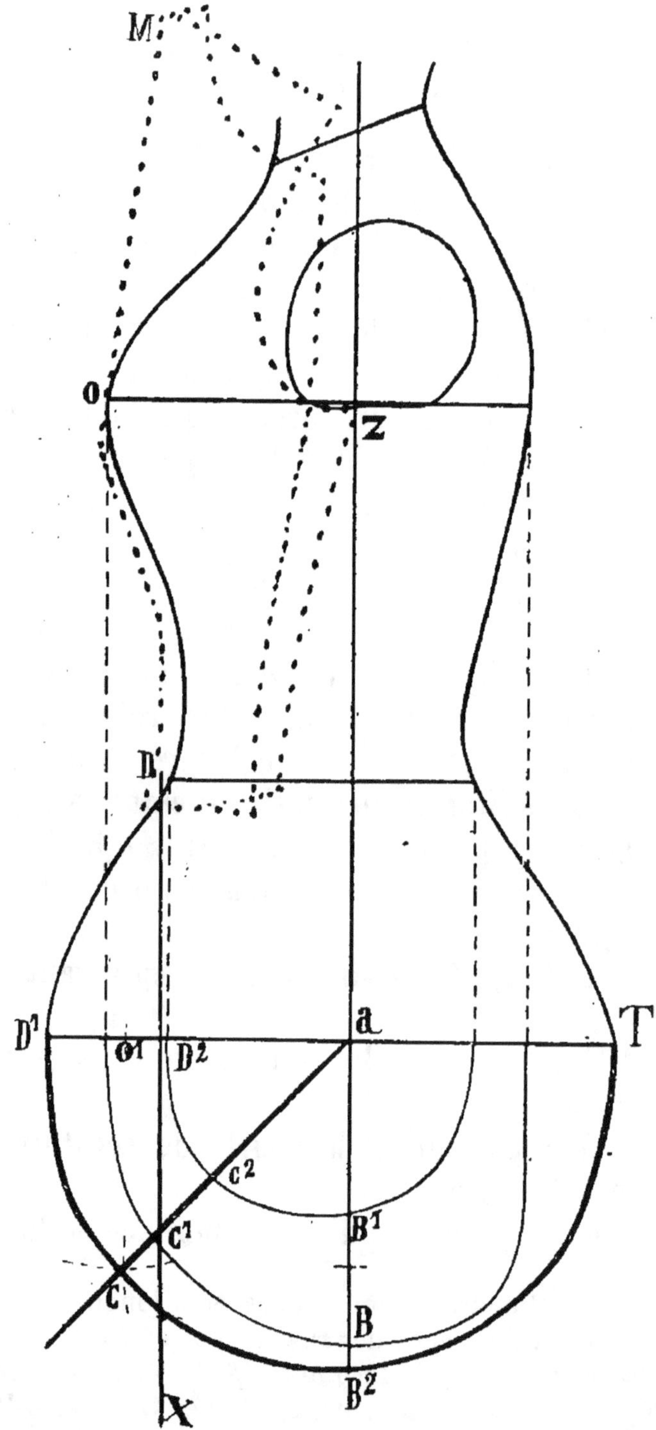

Fig. 82.

étant de 7 entre la courbe de ceinture et celle du haut du corps et de 11 environ entre la ceinture et le bassin, il est évident que, si un corsage s'arrêtait à la hauteur de la ceinture, le corsage ne subira pour son ajustage que l'influence des grosseurs de ceinture et du haut du corps. Tel un boléro par exemple.

DÉFAUT D'UN DEVANT QUI MANQUE DE CONVEXITÉ AU VENTRE

Nous avons dessiné sur la même figure, en pointillés, un devant replié sur sa ligne de pinces dont le pli est représenté par M-O.

Prolongeons ce corsage suivant une ligne verticale D-X menée au-dessous de la fin de pince D. A l'endroit du ventre, il manquera de la valeur de la courbe représentée par le diamètre D^1-D^2 et cette partie ne pourra être recouverte qu'avec l'aide de l'étoffe fournie par le côté et le devant (étoffe sollicitée, forcée par le bombé du ventre). Dans ce mouvement, le haut du corsage se maintient fixe par son montage avec l'épaulette du dos, le côté du devant également au petit côté et, comme le ventre l'attire, alors il se produira des plis obliques dont la figure 83 nous présente l'aspect ; plis inhérents à tout vêtement manquant de convexité au ventre.

Fig. 83.

Pratiquement, cette convexité, locale à la région située au-dessous de la pince ou des pinces du devant égale la différence existant entre la portion de courbe du haut du corps C^1-O^1 et celle du bassin C-D^1. Ces deux courbes sont comprises entre les côtés de l'angle formé par la ligne de terre a-D^1 et la bissectrice a-C de l'angle droit a-D^1-B^2.

Cette différence atteint 2 centimètres à **2 1/2**, ainsi que la pratique le confirme.

Bien entendu, pour des personnes très grosses, ce chiffre peut changer — et le fait se présente souvent — mais il ne nous est pas possible de donner une sorte de barème pour les cas nombreux et variés dont l'essayage seul a plus sûrement raison que tous les calculs possibles. Nous nous bornons à relater cette remarque.

TRACÉ DU BOLÉRO A L'AIDE DU CORSAGE

Si nous faisons un boléro (*fig.* 84), au moyen du corsage tracé en petits traits barrés, nous commencerons à faire une seule pince au devant au lieu des deux indiquées; puis, nous séparerons cette pince jusqu'en haut de l'encolure, au point N. Nous pourrons ensuite ramener les deux parties inférieures du corsage jusqu'à ce qu'elles soient en contact à la ceinture ([1]). La nappe A aura occupé la position B (traits pointés) en laissant se former une pince exactement équivalente sous les revers, si ce vêtement en possède d'assez grands. Autrement on fera la pince par le bas, ou bien partie par le bas, partie par le haut. Pour retirer la valeur du creux formé entre les deux nappes du devant V (si la pince est faite

---

1. Ce vêtement s'arrête à la hauteur de la ceinture, il n'y a pas à tenir compte des reliefs du bassin et du ventre.

seulement sous les revers), on creusera un peu le
côté du sous-bras et la partie antérieure du devant,
puis on travaillera les devants au fer, on les cambrera.

Pour ces sortes de vêtements, on fait souvent le
dos d'un seul morceau, c'est-à-dire qu'il comprend

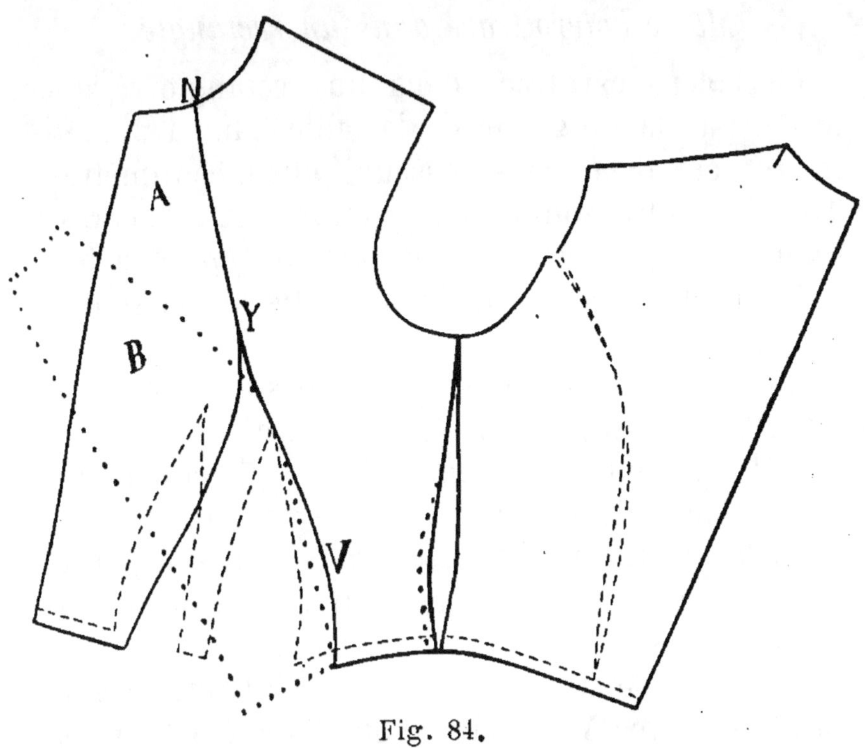

Fig. 84.

la superficie du dos et d'un côté ordinaires. Le dos est
sans couture au milieu et coupé sur le tissu pris en
biais et replié. Le meilleur procédé pour le bon ajustage consiste à couper une carcasse intérieure en
toile légère; cette carcasse est formée d'un dos et
d'un côté séparés de façon à laisser se former à leur
jonction près de l'emmanchure un crochet ou pince qui
vient amener le bombé nécessaire pour l'omoplate.

Le dos de dessus, bâti sur cette carcasse et bien
tendu, prendra les mêmes reliefs et ce vêtement ne

peut bien toucher la taille qu'ainsi disposé, car le dos trop plat ferait contact sur les omoplates, les parties situées au-dessous se détacheraient forcément et ne pourraient toucher la taille, mais tomberaient en s'en éloignant.

Même boléro tracé dans un rectangle.

Ce boléro est tracé dans un rectangle régulier formé par la longueur de la taille (plus 1/2 centimètre), et par la demi-grosseur (plus 6 centimètres). Tous les points sont obtenus comme ceux du corsage régulier du premier tracé de corsage (*fig.* 8 et 9).

Les particularités attachées à cette forme sont les suivantes :

Le dos étant en contact par le bas avec le bas du côté JQ (*fig.* 85), l'autre partie du côté de H vient sur H¹ à 2 centimètres en arrière ; celle-ci baisse en même temps de 1 fort centimètre au point Z¹.

Le devant tracé suivant les traits pleins, le point Y fixé, on prendra ce dernier pour centre de rotation des parties supérieures et inférieures.

A partir de Y avec Y-1 pour rayon, décrivez l'arc 1-1, avec Y-2 pour rayon, l'arc 2-5-2. Portez de 1 à 5 la distance comprise entre 3-3 de la pince du bas et de 5 à 2 la même distance que de 2 à 1.

Pour faire la transformation du bas du devant, à partir du centre Y et avec un rayon égal à la distance Y4, décrivez l'arc 4-4. A partir du point 3 portez au point 4 sur cet arc la distance comprise entre 4 et 3 du devant primitif (traits pleins) et vous aurez à terminer la ligne du bord en partant du point 2 passant sur l'arc 6 décrit préalablement avec un rayon égal à Y-0 et en venant terminer au point 4 du bas.

Il peut arriver souvent que le point de centre Y ne soit pas équidistant du haut et du bas. En ce cas, pour obtenir une ouverture de pince égale du haut à celle du bas, il faudra décrire avec un rayon arbitraire (toujours à partir du point Y) deux arcs 7-7 et 8-8.

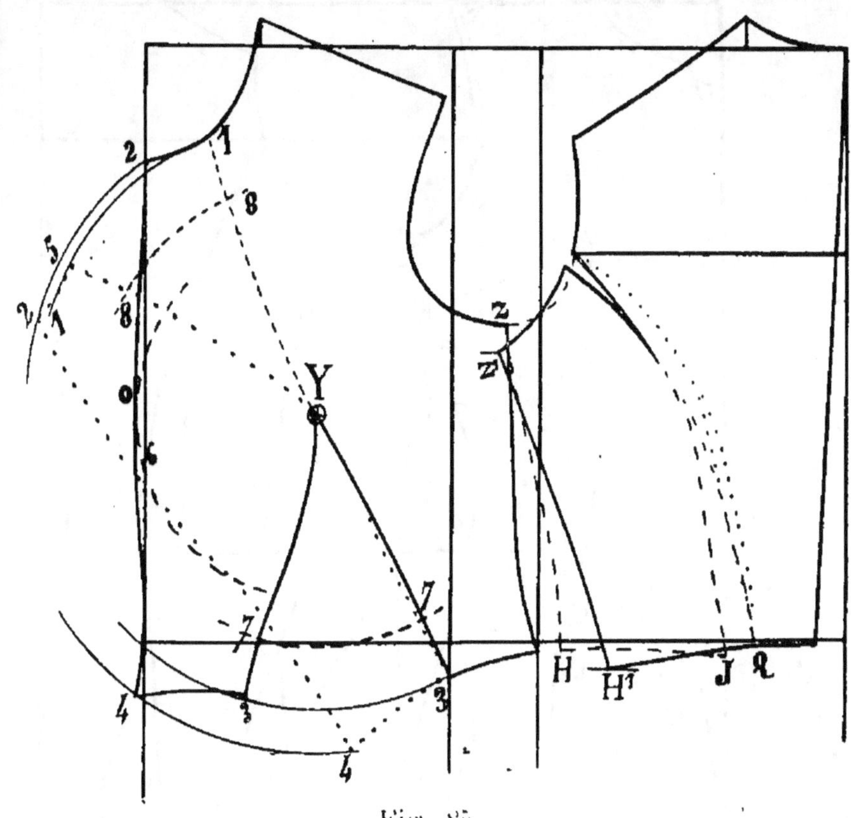

Fig. 85.

A la hauteur de ces deux arcs on reportera de 8 à 8 la distance trouvée de 7 à 7. La longueur des côtés de ces angles étant égale, les pinces seront équivalentes.

DIMINUTION OU SUPPRESSION DE LA PINCE DU DEVANT

Soit maintenant un corsage prolongé de tout le bassin (*fig.* 86). Il conviendra à une personne

moyenne et ayant la poitrine plutôt pointue, avec
ceinture bien cambrée. Les deux parties du bas sont
comprises entre les lignes pointées ABCD-EFGH.

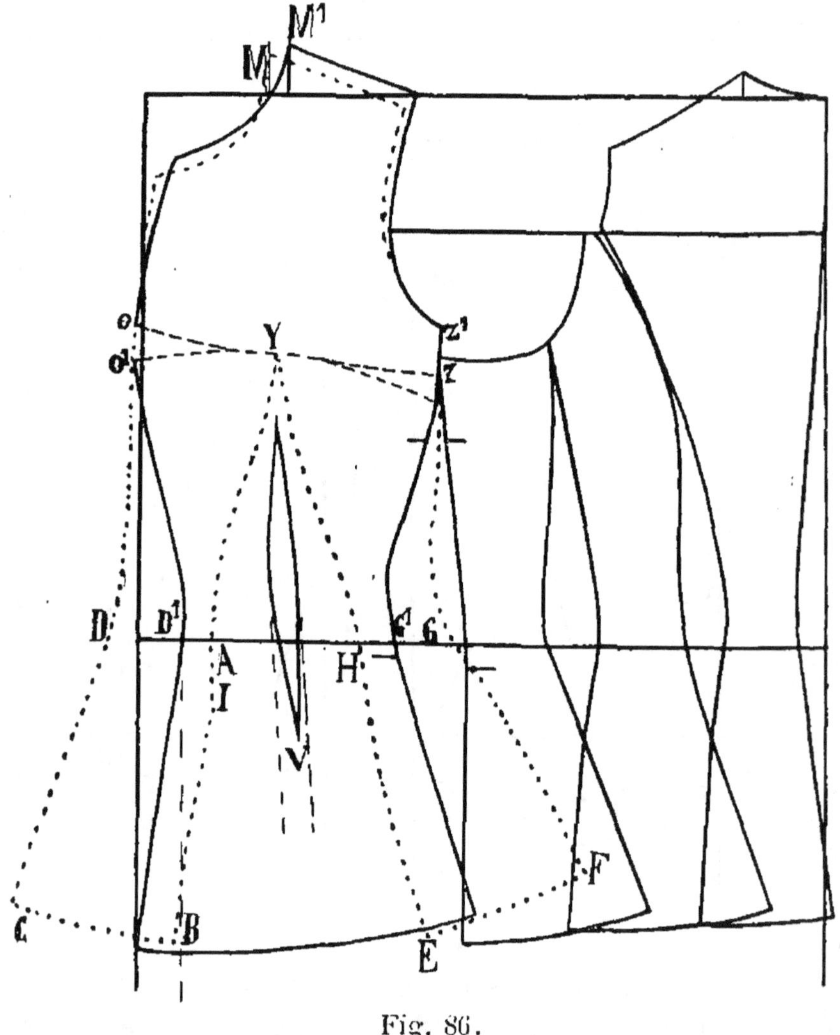

Fig. 86.

La forme ne permettant pas de transformer la
pince du devant dans une pince d'encolure comme
nous l'avons fait au boléro précédent, nous adopte-
rons une autre combinaison.

Nous plaçons le point M de l'encolure régulière

plus en arrière sur M¹ (à 1 1/2 plus en arrière); nous allongeons l'épaulette de 1 centimètre. Haussons le dessous de bras du devant de Z sur Z¹, puis, le devant étant tout tracé, nous le relevons à la roulette dans toute son étendue.

Nous le coupons en plein travers de la poitrine (¹) sur la ligne Z-Y-O; puis, nous rapprochons les deux surfaces du bas en ayant soin de laisser *entre les points I et H* un écart de 2 centimètres à 2 1/2 (écart presque égal à la différence existant entre la longueur de la courbe du haut du corps et celle du bassin pour la partie antérieure du devant). Finissons à présent la pince au point V; de cette façon, elle est supprimée pour le bas du devant et le ventre a une largeur égale à celle comprise entre les deux lignes barrées tangentes aux côtés de pinces, à la ceinture.

Le devant transformé est devenu celui tracé en traits pleins; mais il est nécessaire de refouler fortement au fer en haut du montage du devant pour faire rentrer la valeur de la distance Z-Z¹; et sur le devant on refoulera également le bord de la valeur de la pince figurée entre O et O¹.

Pour quelques vêtements, on peut, à la rigueur et avec des difficultés, supprimer la pince du devant même à la ceinture. Mais, en ce cas, on creusera de 1 centimètre : 1° le devant en dedans du trait plein; 2° le côté en dedans du trait plein; puis, le devant coupé, pliez en deux et cambrez au fer en tendant très fortement les parties creuses de la ceinture et en rentrant aussi fortement sur le pli au même endroit, c'est-à-dire à la même hauteur. Le bombé qu'on a la précaution de laisser en avant et en dehors du

---

1. **Tous ces changements devront être opérés sur le patron.**

côté, sera refoulé vers le point culminant du ventre, de façon à obtenir une saillie d'étoffe, semblable à

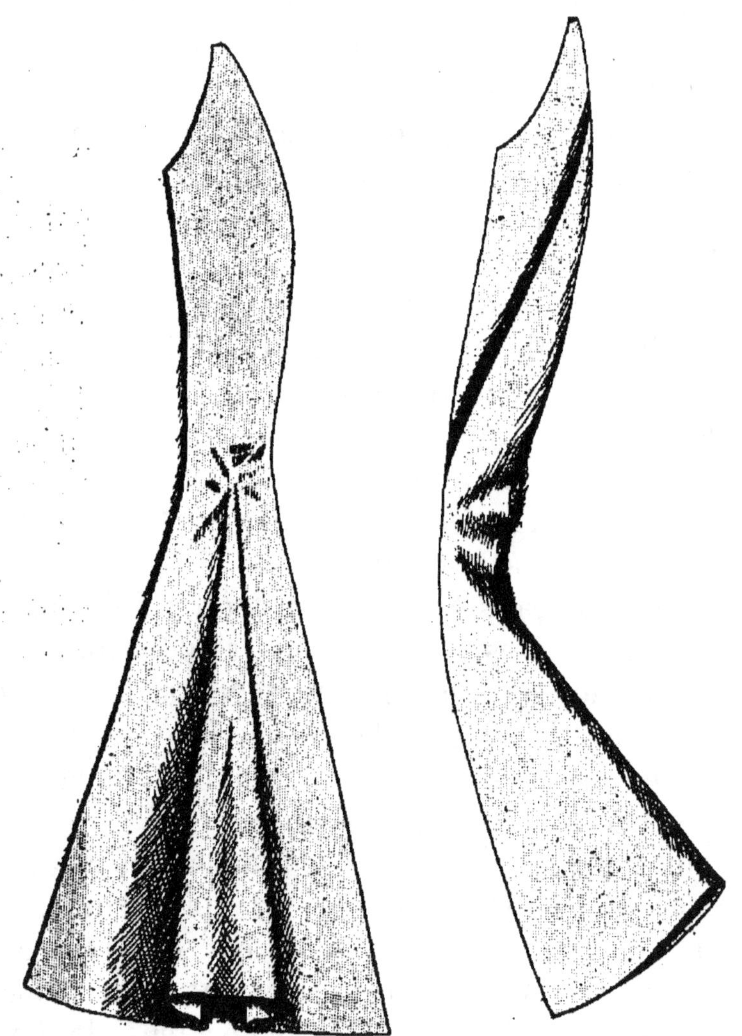

Fig. 87.

celle que produit le travail au fer pratiqué sur le petit côté de la figure 87.

Ce travail au fer est obligatoire, surtout pour les vêtements à godets, parce qu'alors on fait porter l'ampleur au milieu de chacune des pièces ; il naît un effet analogue à celui résultant de la séparation en deux parties de chacun des côtés.

Pour terminer l'étude de la transformation du devant (*fig.* 86), nous ferons remarquer qu'entre le côté G d'un devant ordinaire et le côté G¹ d'un devant fait avec une petite pince de 2 centimètres à la ceinture, il existe 4 1/2 d'éloignement; entre le devant D et D¹ se trouve aussi un écart de même quantité, quand on supprime complètement la pince, même à la ceinture; l'écart entre G et G¹, de même qu'entre D et D¹, vaut la moitié d'une pince ordinaire (soit 5 1/2 pour chacun d'eux).

RÉDUCTION OU SUPPRESSION DE PINCE AUX DEVANTS D'UNE VESTE.

La figure 88 nous représente une veste dont le devant peut être fait avec pince complète jusqu'au bas du devant ou avec pince finissant au ventre (ou, à la rigueur, sans pince devant.)

Fig. 88.

Nous voyons au tracé (*fig.* 89) que le devant peut être combiné de plusieurs façons quant à la position des pinces.

Dans cet exemple, la partie postérieure du devant occupe une place régulière et habituelle; c'est la partie antérieure qui a subi les transformations par rapport à la position du vêtement dans le rectangle.

Le tracé dont il est question a été établi d'après le patron d'une personne moyenne et ayant la poitrine assez proéminente. La pince de ceinture a son

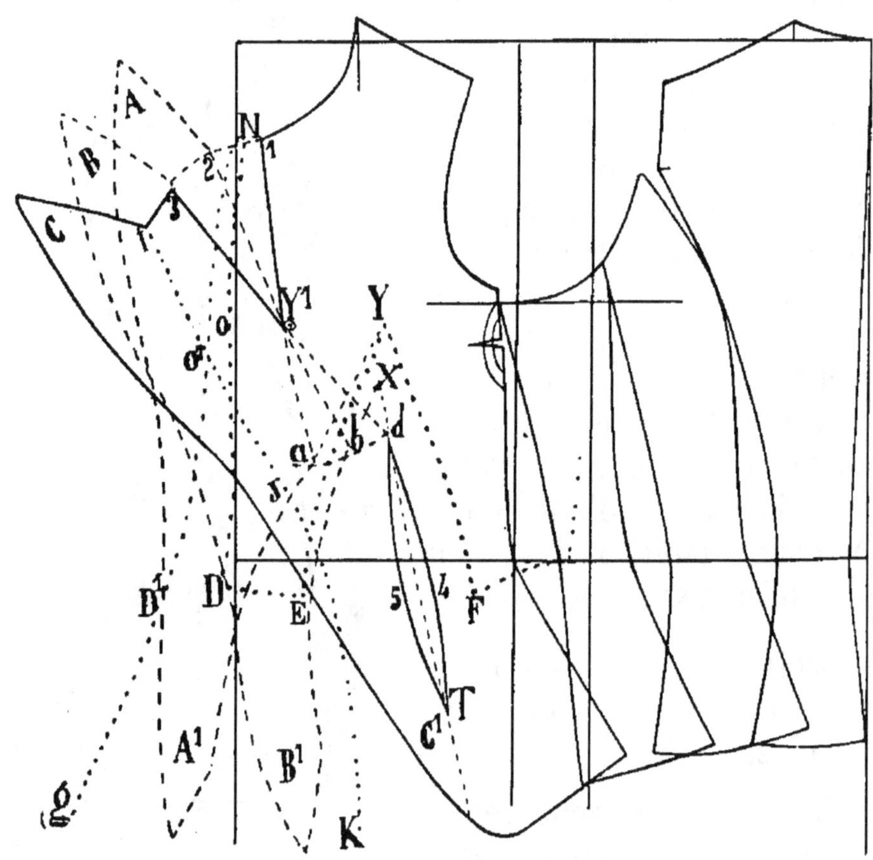

Fig. 89.

écart désigné par EF ; tout le devant primitif qui a servi à créer le devant de cette veste est indiqué en traits pointés marqués des lettres N-O-D-E-Y-F.

Le vêtement est-il fait sans pince sous le revers, la partie antérieure du devant est celle désignée par les lettres A et A¹. En ce cas, la pince est à son maximum d'écart à la ceinture.

Avec la pince d'encolure 1-2, la partie du revers devient B et la partie inférieure du devant B^1. La pince de poitrine diminue de la distance comprise entre B^1 et A^1.

Si nous supprimons la pince au bas du devant de ce vêtement, il faut rapprocher toute la nappe antérieure du bas du devant de la partie postérieure en laissant entre les points 4 et 5 un écart de 2 centimètres à 2 1/2.

Toute la partie inférieure du devant se trouve placée de B^1 en C^1 (les points C^1 et T en contact), à une distance de 14 centimètres environ au-dessous de la ceinture.

Toute la différence avec la construction du boléro (*fig.* 85), repose sur le déplacement du centre Y sur Y^1 qui devient, ici, le pivot pour les mouvements de la partie antérieure du devant. Le patron primitif doit être ouvert de *d* à Y^1 et, suivant que l'on diminuera la pince du revers, celle du devant s'agrandira de la valeur de l'écart entre les angles Y^1-*d-b* ou Y^1-*d-a*. Le vêtement ayant son devant abattu, le déplacement en arrière de la pince du devant est nécessaire. Nous avons donc dirigé cette pince sur X-T obliquement au devant primitif.

Le milieu du corps du vêtement, essayé et réglé (sans pince de revers), porte l'indication N–O^1-D^1-*g* (trait pointé) ; quand ce même vêtement est réglé avec une pince d'encolure 1-Y^1-3 (traits pleins), le milieu du corps de ce devant ainsi transformé est situé sur le trait pointé *i*–J-K.

La rotation des deux parties du devant au point Y^1 donne des écarts égaux entre elles, qu'ils soient faits au-dessus ou au-dessous du point Y^1.

Ce sont des angles opposés par le sommet Y^1.

EMBOÎTAGE DE POITRINE (JAQUETTE LONGUE)

Les figures 90 et 91 donnent la représentation, vue de devant et de dos, d'une jaquette longue ; modèle très porté en 1895 et qui peut servir de fond de coupe pour tous les vêtements ajustés, sans jupes rapportées.

Ce vêtement, après essayage, nous offre un devant transformé par les pinces d'emboîtage de poitrine et dont les lignes

Fig. 90.

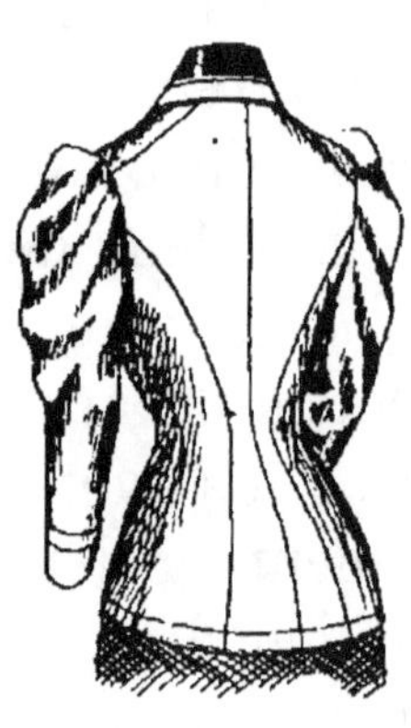

Fig. 91.

tracées en traits pleins sont indiquées par les lettres $a, b, c, d, e, f, g, h, i, j, k$ (*fig.* 92).

Le milieu du corps, indiqué par les traits barrés n-o-p, est porté obliquement en avant par suite de l'emboîtage du devant sur une poitrine pointue.

Si nous voulons supprimer la pince du devant,

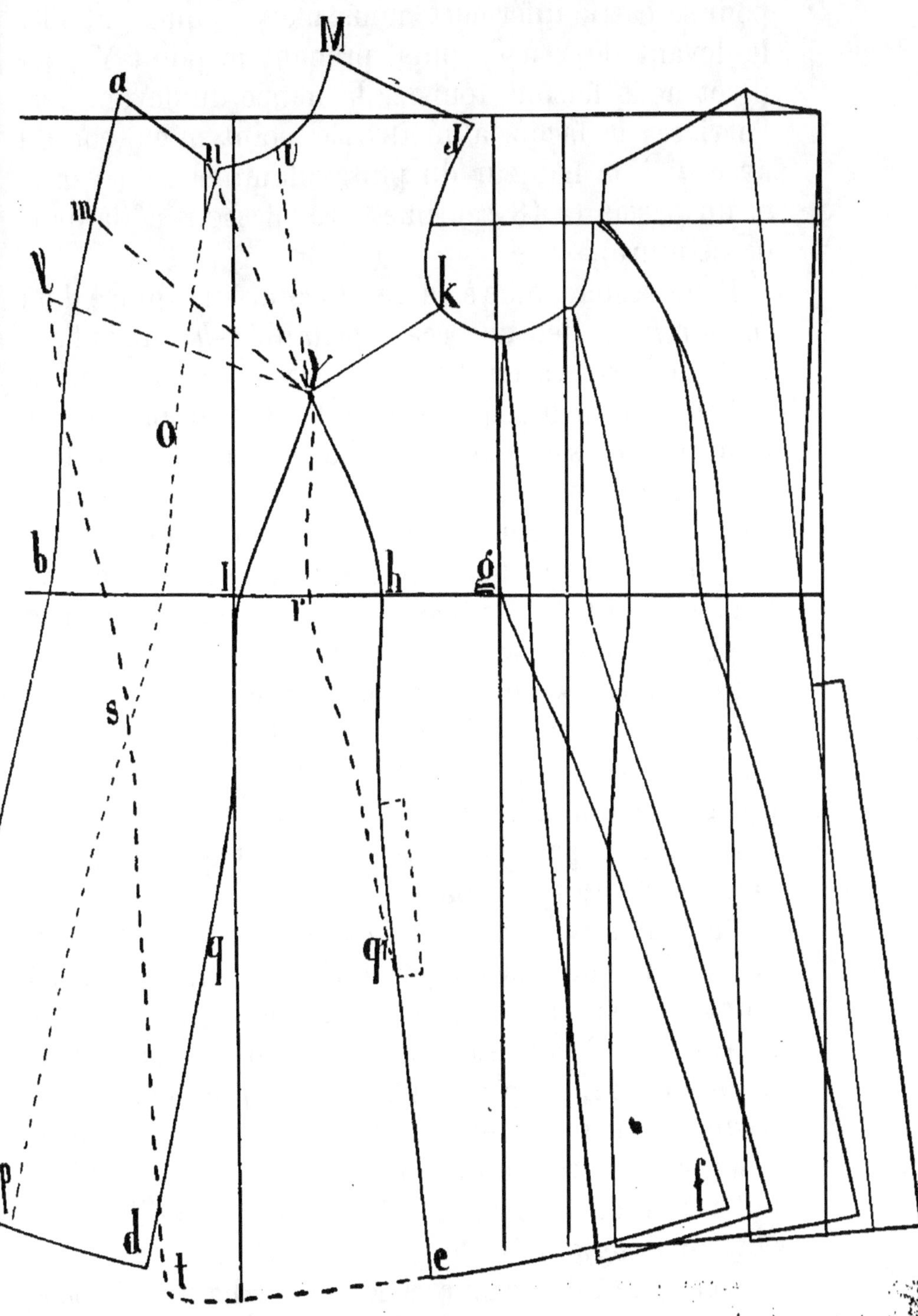

Fig. 92.

pour sa partie inférieure, nous n'avons qu'à entailler le devant de Y à *l*; puis, prenant le point Y pour pivot nous faisons tourner la nappe du devant vers l'arrière de façon à mettre le point *q* en contact avec q^1 à la hauteur du plus volumineux du ventre et du bassin (à 18 centimètres au-dessous de la ligne de ceinture).

Il ne restera plus à la ceinture qu'une pince d'un écart *r-h* au lieu de l'écart primitif *i-h* ; mais l'entaille se formera en suçon, de la valeur de l'angle Y-*l-m*, en même temps que le devant prendra la position *m-l-s-t*. Cette entaille ou pince peut tout aussi bien être transformée dans l'angle Y-*n-u* et être utilisée pour une pince située à une place où il est d'usage de la faire. Notre démonstration a surtout pour but de montrer la manière de transporter la pince d'une place à une autre.

Nous ferions l'entaille sur Y-*k* que nous obtiendrions un bombage équivalent à la pince primitive du bas *d-q-i*-Y-*h-q*-1-*c*, s'il était d'usage de faire cette pince à l'emmanchure.

N'oublions pas que le point M se trouve toujours dans sa position normale.

On peut aussi (*fig.* 93), opérer le rapprochement de la pince du devant par une rotation autour du point Y et par l'entaille Y-*k* ; de même pour la pince du revers qui doit être coupée au patron. Dans cette manipulation, la partie postérieure-inférieure et la partie inférieure-antérieure du devant se rapprochent simultanément en tournant autour du point Y. L'entaille Y-*k* devient l'angle Y-L-*k* et l'entaille Y-N^1 devient l'angle *a*-N^1-N.

L'entaille Y-L-*k* rapprochée, tout le haut de l'épaulette se renverse sur *m* (traits pleins), la pince d'en-

colure devient N¹A. La petite entaille a-Y sera trans-
portée en une pince C-B, sous le revers.

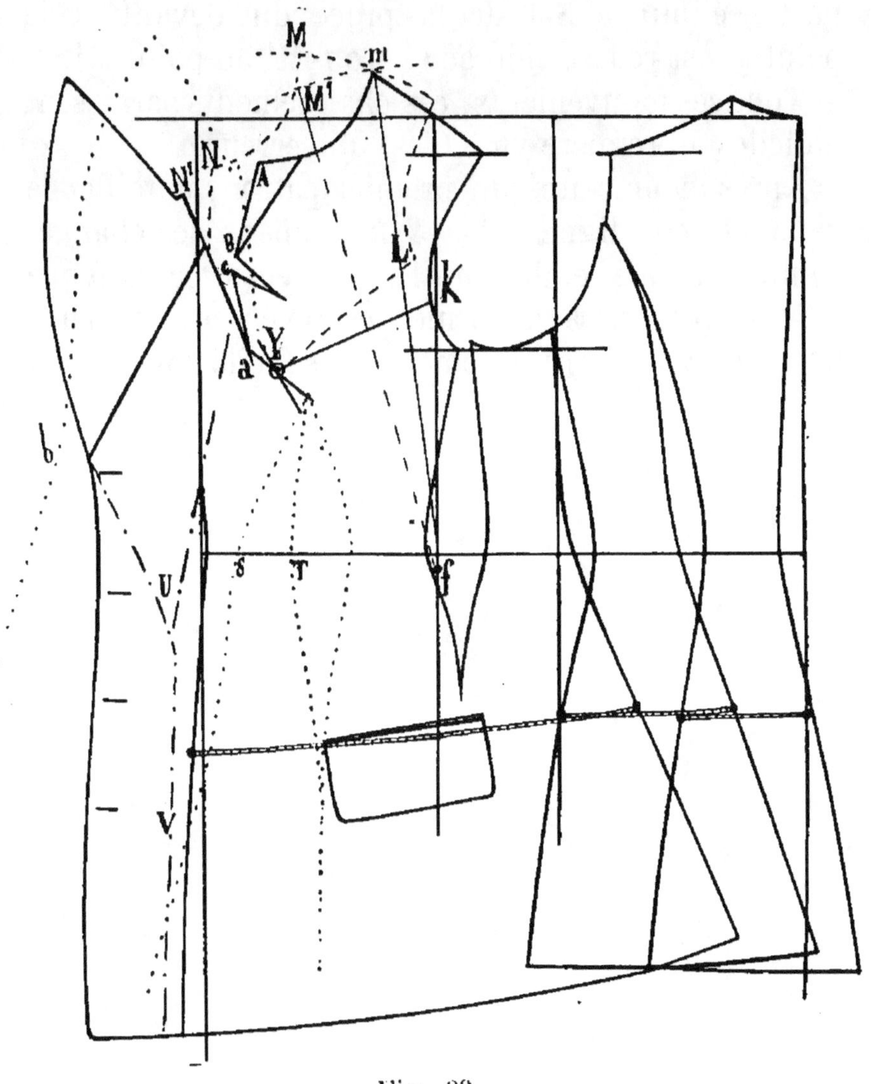

Fig. 93.

L'épaulette dont la longueur réelle est comprise
entre le point f et m conserverait une longueur égale
de f sur M¹, mais elle obéit au mouvement de rotation autour du centre Y et elle vient se placer au

point M situé sur l'arc décrit du point Y avec Y-*m* pour rayon. Quand les pinces d'encolure sont cousues, le bombé de poitrine obtenu est équivalent à la partie éliminée S-T de la pince du devant et le point M est redescendu sur l'arc *f*-M¹ au point M'.

Tous ces mouvements, ces changements paraissent difficiles à première vue. C'est une erreur.

Après avoir coupé un premier patron, entaillez-le dans les deux lignes N¹-*a*-Y-*k* et opérez les changements qui vous sembleront les meilleurs, suivant que vous le permettra la forme des revers et en même temps en vue d'un placement plus facile sur l'étoffe.

IX

COUPE DES COLLETS

Formes généralement usitées.

COL CHEVALIÈRE (*fig*. 94).

Ce col, dont nous figurons le dessin vu sur le corps à la figure 225, s'obtient de la façon ci-après.

Réunissez le devant et le dos par l'épaulette.

Tracez sur le devant l'empreinte *a-b* du collet supposé fini.

Élevez le point K qui figure la cassure ou repli du col au milieu du dos, de 3 ou 4 centimètres au-dessus du point A de nuque, suivant la longueur du cou de la personne.

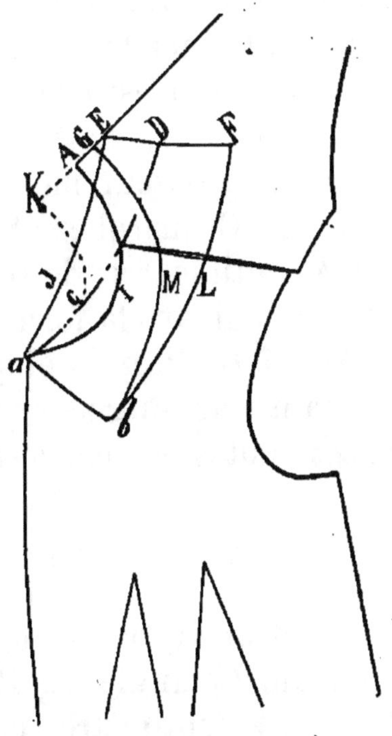

Fig. 94.

De **K** à **G**, donnez la largeur du tombant du col (partie extérieure derrière).

De **I** à **C**, élevez de 2 centimètres, la hauteur du pied du col à l'endroit du côté de l'encolure.

De **C** à **J**, donnez aussi 2 centimètres pour la partie intérieure du pied du col.

Fixez le point **E** (limite du montage du col), à 6 centimètres au-dessous de **K** et sur la ligne du dos.

De **E** à **D**, marquez la même distance que de **A** à **K**.

De **D** à **F**, même distance que de **K** à **G**.

Mesurez la longueur de la courbe de tombant *b*-M-G et portez cette longueur sur *b*-L-F.

Tracez les trois courbes F-D-E du milieu derrière, F-L-*b* du tombant et E-J-*a* du montage du collet.

Marquez aussi la ligne de cassure D-C-*a*.

Avant de monter ce collet, il faut tendre la partie courbe du montage afin que le pied puisse se rabattre librement sous le tombant.

Ce même col est tracé dans un angle droit (*fig.* 95).

De l'angle **A**, marquez sur **B**, 22 à 23 centimètres pour une grosseur moyenne.

De **A** à **C**, marquez 18 centimètres environ ; de **A** à **D**, 4 centimètres ; de **D** à **E**, 4 ; puis de **E** à **F**, 5 à 6, ou plus suivant la forme.

De **C** à **G**, tirez l'oblique du devant du col, en lui donnant une longueur plus ou moins étendue ; puis tracez toutes les courbes.

COL OFFICIER (COL DROIT)

Le col droit, ou *col officier* (*fig.* 96), est compris dans un rectangle de 19 centimètres de long, sur 8 1/2 à 9 centimètres de haut (19 entre **A-B**, 8 1/2 entre **A-D**).

De A à C, abaissez 3 1/2 ; de B à G, marquez 2 1/2 ; de F à E, 4.

Tracez par ces points tout le col, ainsi que la

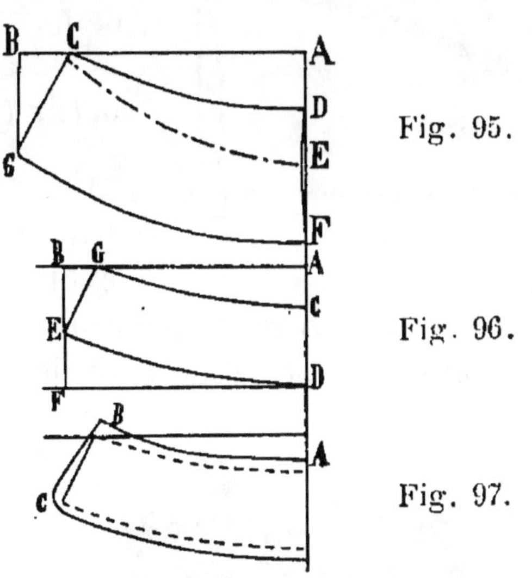

Fig. 95.

Fig. 96.

Fig. 97.

figure l'indique. La ligne ED est celle du montage à l'encolure.

COL SAXE (fig. 97)[1].

On le fait à l'aide du col droit précédent, c'est celui qui forme pied. Il est tracé en pointillés. Quant au tombant qui forme le col double, on lui donne 1 centimètre de plus de hauteur à sa partie de cassure A-B, afin de réserver la valeur du rempli intérieur recouvert par la soie de doublure. Au point B du devant, il faut laisser 1 1/2 à 2 centimètres au-dessus du pied afin que le tombant ait suffisamment de jeu pour s'étaler sur le pied.

On laisse aussi à la ligne B-C du devant un peu

1. On verra cette forme de col aux figures 236 et 275.

plus d'avancement et 1 centimètre de plus de largeur au tombant, à sa partie inférieure.

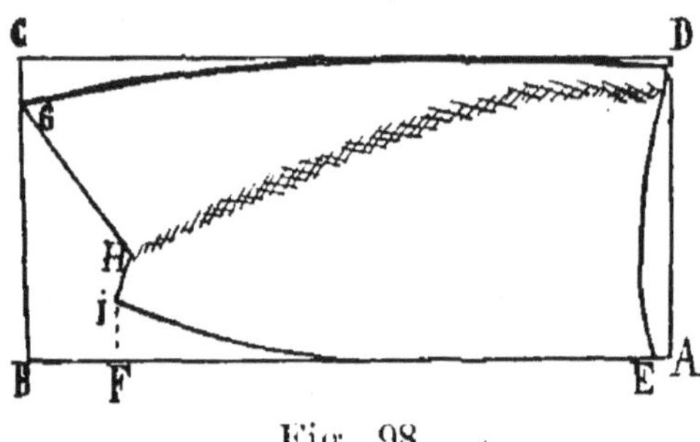

Fig. 98.

Le tombant est figuré en traits pleins.

COLLET (*fig*. 98-99)

Ce col est de forme Chevalière devant et Médicis derrière ; il se replie devant, se roule derrière sur l'ombrée du tracé (*fig*. 98) et se maintient dans cette

Fig. 99.

forme au moyen d'une toile gommée placée intérieurement.

De A à B, marquez 32 à 33 centimètres; de A à D, 14 à 15; de B à F, retranchez 4 centimètres; de E à A, retirez 1 centimètre, fixez le point I à 3 centimètres au-dessus de F et le point H à 4 1/2.

De C à G abaissez 2 centimètres, puis tracez les lignes de ce col ainsi que la figure l'indique.

COL MÉDICIS, COL DIT *Marie Stuart* (fig. 100).

Tracez l'angle droit AB—AC.

Du point A de l'angle fixez le point *a* de nuque à 12 centimètres pour les deux cols; puis le point *b* à 24 centimètres pour le col Médicis, et le point B à 29 pour la pointe du col Marie Stuart.

Du point A à D marquez 11 centimètres pour le col Médicis et 12 pour le col Marie Stuart.

De A à C, prenez 24 centimètres.

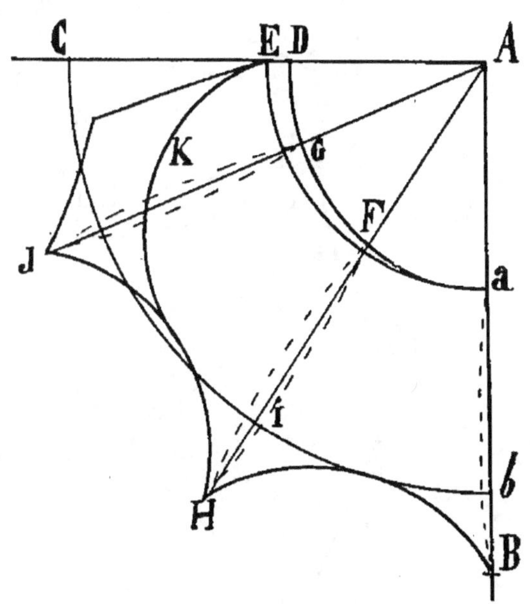

Fig. 100.

A partir du point A décrivez un arc *a*FGD qui est le montage du col Marie Stuart et, au-dessous, tracez l'autre courbe *a*E qui est le montage du col Médicis.

Du centre **A**, avec un rayon égal à **A**-*b*, décrivez

l'arc *b*–I–C qui vous guidera pour tracer les courbes comprises entre les pointes du col Marie Stuart.

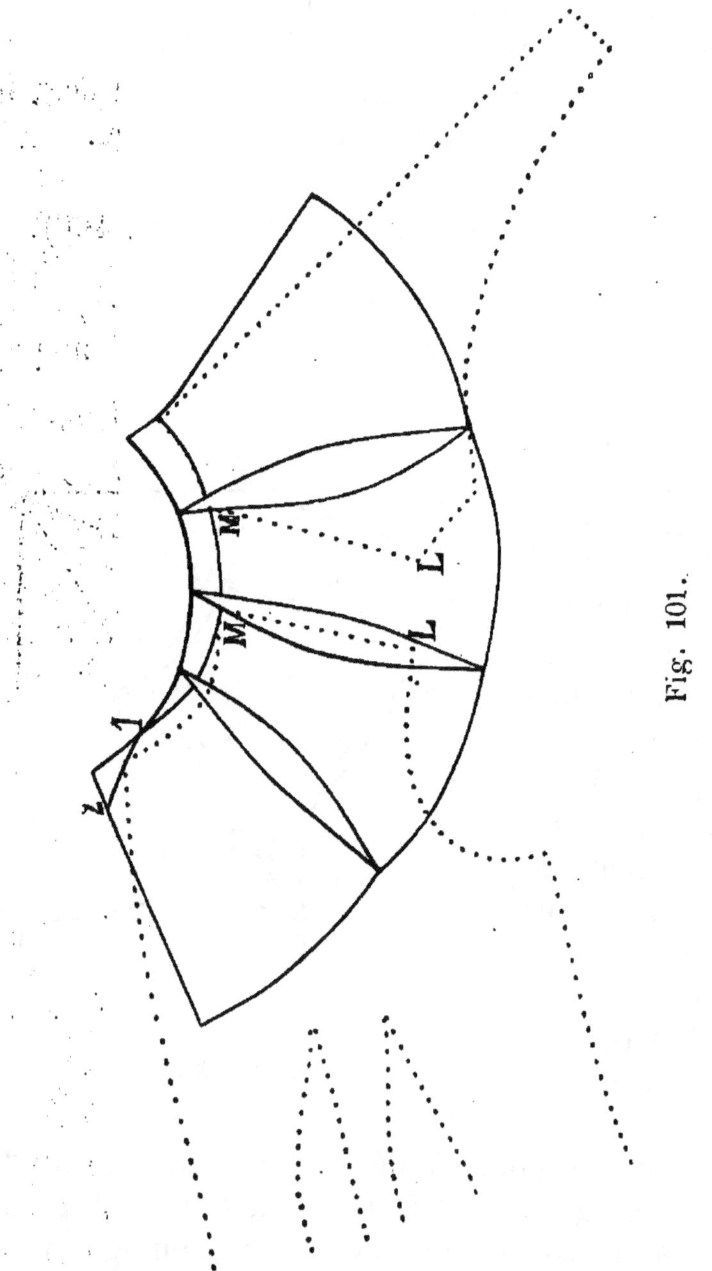

Fig. 101.

Partagez l'angle A en trois parties égales ou inégales, au coup d'œil et suivant le genre que vous adopterez ; puis donnez à ces pointes un éloignement de 29 à 30 centimètres à partir de l'angle A.

Formez la courbe *b*-I-K-E du col Médicis.

Vous aurez alors les deux formes, dans le même tracé, à relever à la roulette pour l'une ou l'autre.

COL A GODETS (*fig.* 101-102)

Pour tracer ce col, présentez l'épaulette du devant du corsage à celle du dos (dans la position qui leur est donnée figure 101), avec un éloignement parallèle de 4 à 5 centimètres entre les deux lignes du corsage. Partagez en quatre ou cinq parties égales la surface ainsi préparée pour ce col et retirez, entre chacune de ces parties, un fuseau (2 1/2 à peu près) vers le milieu de la largeur et au plus creux.

Fig. 102.

Tous les contours de ce col sont tracés en traits pleins.

Si ce col est disposé pour être fixé à une jaquette ou vêtement à revers, il faudra l'abattre suivant une direction 1-2 (direction donnée par la ligne de cassure du revers du vêtement). Cette forme était en usage en 1895.

Diverses autres formes de cols et collets.

Traitant de la coupe en général, cet ouvrage ne pouvait être réduit aux seules modes courantes dont

la disparition suit de près l'apparition. On ne sera
donc pas surpris si nous traitons, par la suite, de
formes anciennes, qui ne seront présentées que pour
donner des principes de coupe qu'il est bon de connaître.

COLLET REVERS D'ASTRAKAN (*fig.* 103)

Surmonté d'un autre collet (Médicis derrière et
Chevalière devant), le
tout posé sur une
longue redingote dont
nous reparlerons au
chapitre des *Formes
diverses* (page 261). Ce
tracé est le fond de
coupe des redingotes
sans couture horizon-
tale de jupes.

Fig. 103.

Pour faire le patron
de ce ol revers, ré-
unissez un devant et
un dos de corsage ou
du vêtement sur lequel
ce col doit être posé.
Les épaulettes jointes
comme la figure 104
l'indique, posez ce de-
vant et ce dos sur le
comptoir ou, ce qui
est mieux, sur un
« buste » ou « manne-
quin ». Fixez sur la cassure C-D un morceau de papier destiné à ce patron ; puis plissez-le de deux
plis sur l'épaule devant et dos ; prenez ensuite l'em-

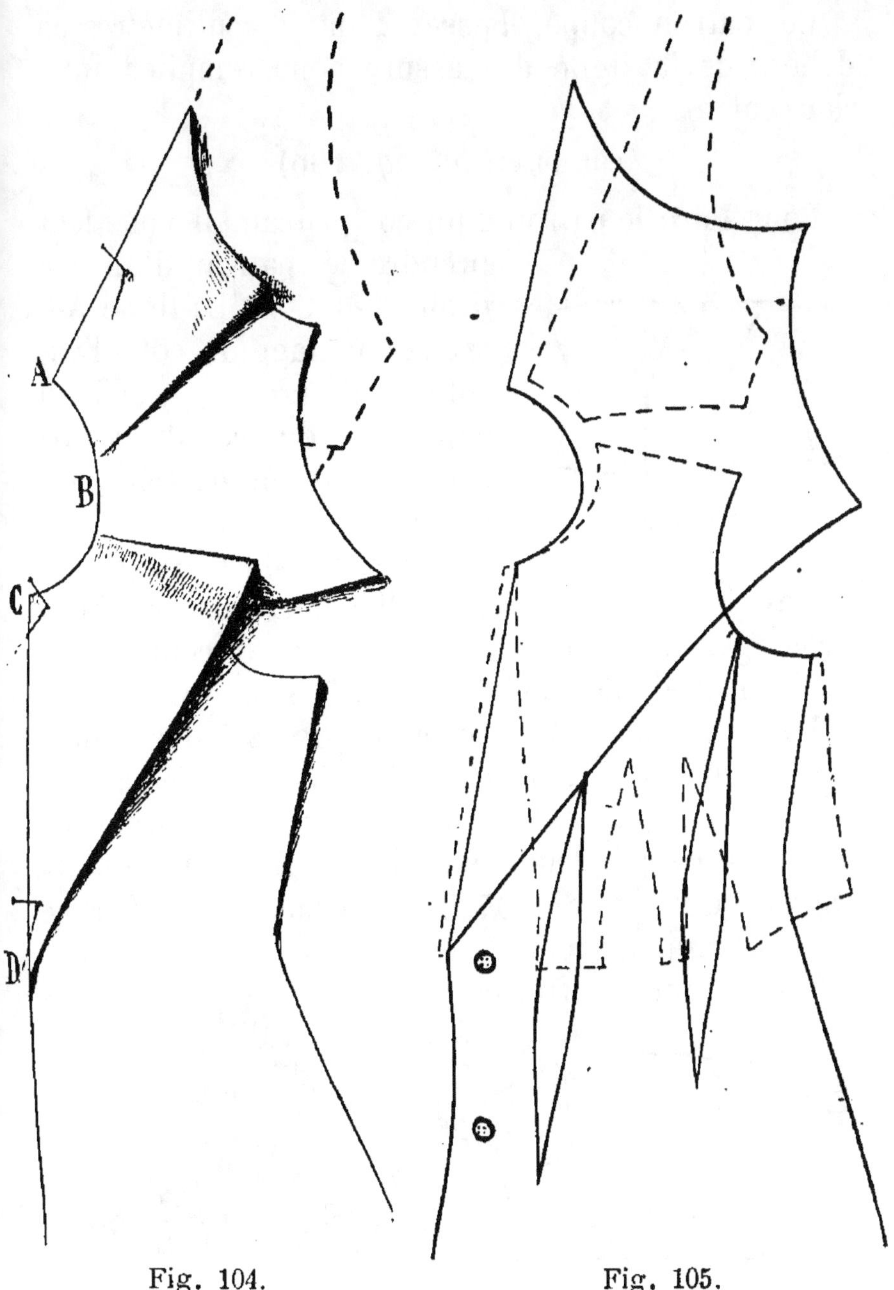

Fig. 104.   Fig. 105.

preinte exacte de l'encolure A-B-C. Ce patron développé vous donnera la forme de la figure 105 où nous l'avons comparé au corsage

Ce patron coupé, laissez 1 ou 2 centimètres en dehors de la ligne de cassure pour remplier intérieurement.

COL PLATEAU (*fig.* 106)

Pour faire le patron d'un col plateau, il vous faut

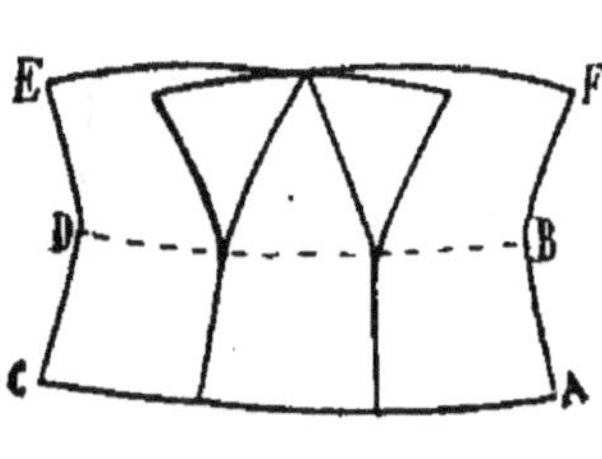
Fig. 106.

prendre le patron d'un col droit A–B–C–D. La ligne A–C est le montage du col à l'encolure ; la ligne B–D, le bord supérieur du col droit. La couture du col, derrière, est marquée des lettres A–B–F.

Partagez en plusieurs parties égales (trois parties habituellement) ce col droit. Prolongez-en partout la hauteur de 6 centimètres environ au-dessus de la ligne B–D, sur F–E.

Faites recroiser ces parties de 3 1/2 à 4 centimètres et en double ; puis relevez chacune d'elles à la roulette. Ces parties, relevées et coupées séparément, puis réunies par leurs extrémités, vous offriront le patron de la figure 107. Entre chacune des parties et à l'endroit du repli de ce col, vous trouverez un écart

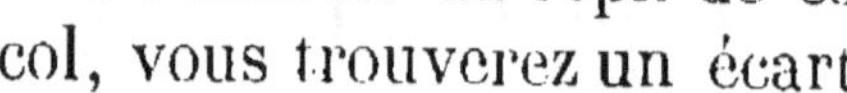

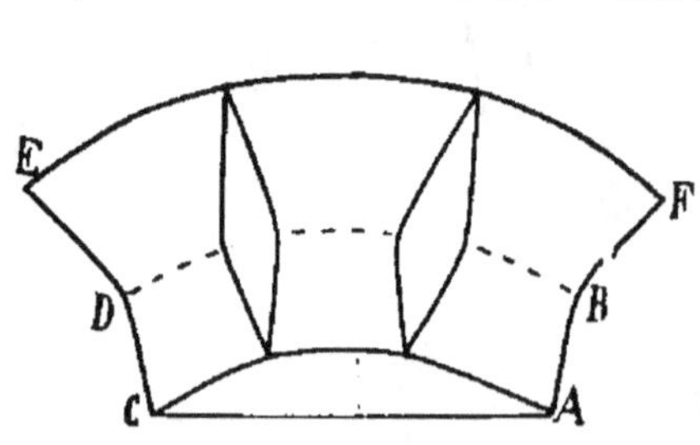
Fig. 107.

Fig. 108.

de 4 centimètres. La base ou montage présentera une courbe de 3 1/2 au-dessus de la droite AC.

L'aspect de ce col est dessiné à la figure 108.

CAPUCHON (*fig.* 109).

Pour faire le patron d'un capuchon ordinaire, présentez contre les côtés d'un angle droit **A-B-C** le patron du devant et du dos d'un corsage, les deux pièces réunies par le coin de l'épaulette du côté de l'emmanchure. Tracez les lignes du capuchon suivant les traits pleins de la figure 109 en donnant un peu de saillie en dehors du haut de dos du corsage et en décreusant un peu l'encolure. Faites une

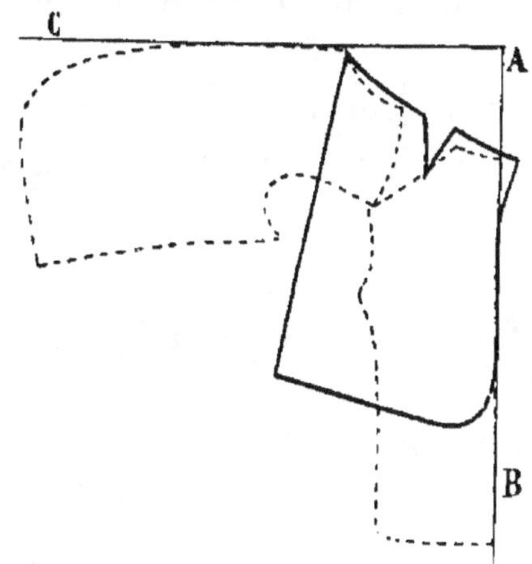

Fig. 109.

Fig. 110.

pince presque d'égale largeur que l'écart que vous avez entre le point de côté d'encolure du dos et du devant. La longueur de ce capuchon peut être évaluée de 38 à 40 cent., soit la longueur de taille du corsage et une largeur de 29 à 30 centimètres au plus large, complète les dimensions de ce capuchon, coupé pour une femme de moyenne grosseur (voir fig. 110).

On peut avec n'importe quel patron de vêtement couper celui du capuchon ; nous avons, du reste, tracé celui de cette figure à l'aide du patron de veston d'un petit garçon. Il faut pourtant que le patron soit proportionné à la grosseur de la personne pour laquelle on coupe le capuchon.

COL A REVERS

Avant de faire le patron d'un col à revers (*fig.* 111), préparez-le ainsi :

Formez la ligne de cassure du revers (ligne A-B) de façon à ce qu'il y ait entre cette ligne et la courbe d'encolure du corsage ou du vêtement, sur le côté du cou M, une distance égale à la hauteur du pied de collet.

La hauteur varie suivant la longueur du cou des personnes et aussi suivant la forme que l'on se propose de donner à un collet.

Supposons la hauteur de 3 centimètres. Nous replierons notre revers de façon à ce que la ligne de cassure (repli) prolongée A-E passe à 3 centimètres de distance de la courbe d'encolure M.

Considérons la distance restant entre cette ligne de cassure à son point E et le point N de l'encolure naturelle (1) du corsage.

Nous voyons aussitôt que cette distance N-E n'est pas suffisante pour fournir l'étendue nécessaire à la partie reversible du revers E-F. Il faut donc éloigner et hausser le point N sur F¹ et jusqu'à ce que cette distance F¹-E soit devenue égale à E-F (E-F doit avoir de 4 à 5 centimètres, suivant la grosseur du patron et la forme générale du revers).

Afin de pouvoir fixer les largeurs de la croisure du vêtement, partie comprise entre la ligne N-O du milieu de corps et la ligne A-D¹-C¹, il faut dire que cette

---

(1) *Naturelle*, parce que ce point est le seul qui puisse être choisi pour un vêtement boutonnant jusqu'en haut à l'encolure.

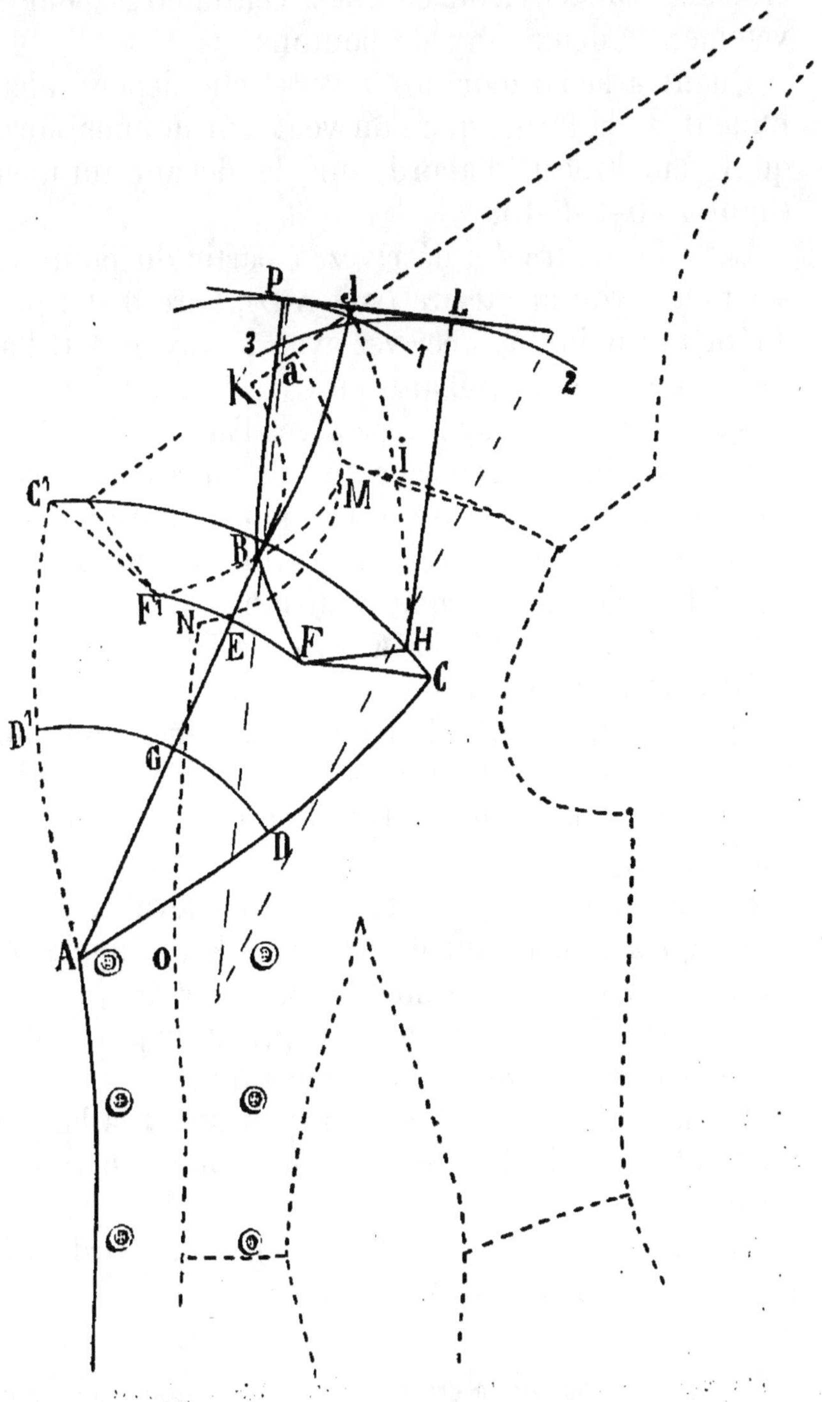

Fig. 111.

croisure vaut environ de 8 à 9 centimètres pour un vêtement à deux rang de boutons (1).

Quant à la largeur des revers, elle dépend absolument de la forme que l'on veut leur donner, forme qu'il faut tracer d'abord sur le devant lui-même (ligne A–D–C-F-B).

Cette forme tracée, décrivez, à partir du point A et avec un rayon arbitraire (soit A-D), l'arc D-D¹ ; puis, du même point A, décrivez avec le rayon A-C l'arc C-C¹ fixant l'angle rabattu en C¹.

Avec A-F pour rayon, décrivez l'arc F-F¹.

Il est utile de reporter les distances comprises entre la ligne de cassure et les points limites F-C et D sur les arcs pour avoir les points de rabattement F¹-C¹-D¹, c'est-à-dire que la distance C¹-E doit être égale à E-C, celle F¹-E à E-F, celle D¹-G à G-D.

Le revers ainsi préparé, portez ce devant de vêtement sur une feuille de papier disposée pour faire le col, un tapis de drap sous cette feuille de papier.

Relevez à la roulette l'empreinte du devant du col B–F–H.

Réunissez par l'épaulette le dos au devant.

Marquez de *a* (point de nuque) à K (point de cassure du col fini) 3 centimètres (hauteur du pied) ou tout autre chiffre égal à celui prévu déjà et placé entre la ligne de cassure et l'encolure M.

A partir de ce point K, marquez sur J la largeur du tombant (soit 6, 7 ou plus ou moins, suivant la forme et la mode).

Tracez sur le vêtement l'empreinte du bord inférieur du tombant H-I-J.

____

(1) Nous parlons de la croisure située au-dessous du premier bouton, point **A**.

Mesurez la longueur du tombant H-I-J et inscrivez-la, celle du montage d'encolure à partir de B à M et jusqu'à *a*; inscrivez également cette longueur.

Retirez votre devant et aussi le dos du vêtement, il restera sur le papier l'empreinte du devant du col B-F-H.

A partir de B pour centre, avec la longueur du montage d'encolure pour rayon, décrivez l'arc P¹ et. à partir du point H pour centre, avec la longueur du tombant pour rayon, décrivez l'arc L-3-2.

Posez votre équerre ou règle en contact sur le point culminant de chacun de ces arcs et tirez la droite P-J-L.

Placez ensuite l'angle droit de votre équerre sur le point P, une branche de cette équerre appuyée sur la ligne P-J-L et l'autre branche passant par le point B (¹).

Il faut faire passer l'autre côté de l'angle droit de l'équerre par le point B. Après avoir fixé le point P, marquez de P à J la hauteur du pied de col et de J à L, la largeur du tombant.

Réunissez L à H par une ligne droite. Vous avez le tombant du collet dont la ligne H-L sera égale de longueur à la courbe du col fini H-I-J.

Au pied du col, un peu au-dessus du point B, donnez du renflement, comme le dessin (*fig.* 111) l'indique (²).

Il est indispensable que ce col repose (avec sa couture de milieu en contact de ses extrémités L-P) sur un des côtés ou branche de l'équerre et que sa base

---

1. Le point P n'est déterminé qu'à cette condition.
2. Voyez l'équerre dessinée en traits barrés.

d'attachement P-B repose sur l'autre côté, comme le démontre la figure 111 *bis*.

Avant de monter ce col à l'encolure, il faut le tendre à l'endroit des hachures, de façon à ce que le pied ou surface compris entre J-P-B puisse se rabattre sur le tombant ou plutôt sous le tombant.

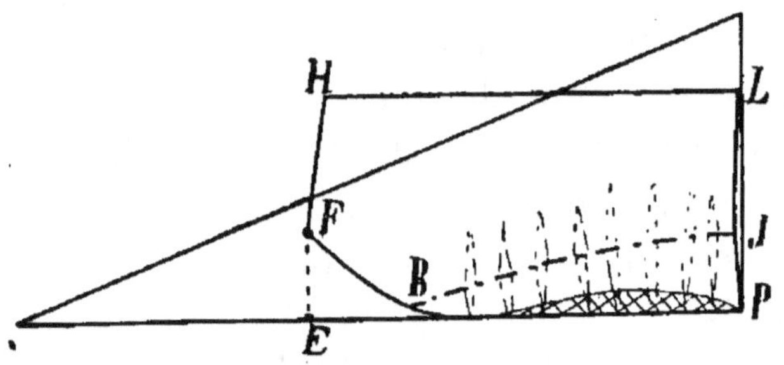

Fig. 111 *bis*.

Avant de couvrir ce col, il faut rentrer la cassure, comme nous l'avons figuré par des fuseaux retirés, car plus on monte vers la partie supérieure du cou, plus ce dernier devient étroit. Raccourcissez par le rentrage la ligne de cassure.

L'abatage fait entre les points F-E du devant du col dépend de la direction donnée à la ligne B-F (*fig.* 111).

Plus cette ligne aura son point F *rapproché* de la ligne de cassure, plus le devant du collet sera droit, c'est-à-dire qu'il aura *moins* d'écart entre les points E et F (*fig.* 111 *bis*). Et inversement, plus le point F sera *éloigné* de la ligne de cassure, moins le collet sera droit devant; c'est-à-dire que, dans ce dernier cas, le col sera plus abattu de E à F.

Nous poserons en principe que la partie postérieure du col I-L-J-P ne peut, ne doit changer que par une différence dans la structure même du patron.

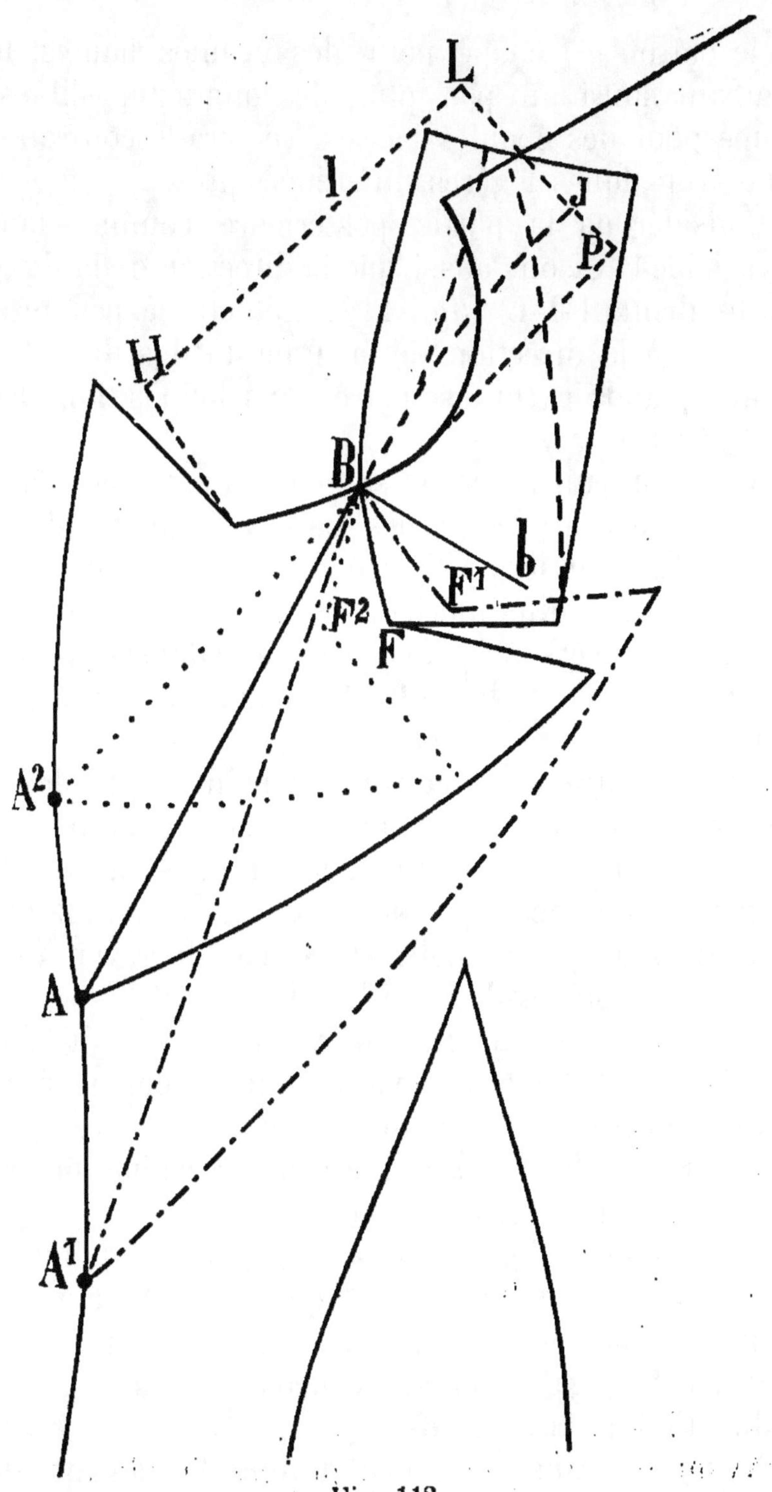

Fig. 112.

12

Si le patron est coupé pour des épaules hautes, le tombant aura un peu plus de longueur; s'il est coupé pour des épaules basses, ce sera le contraire, mais à quelques légères différences près.

Considérons la partie postérieure comme étant invariable et disons aussi que la direction de la ligne du tombant H–I–L (*fig.* 112) doit être à peu près parallèle à la direction de la ligne du dos du vêtement, quand le col est placé dans la position des traits barrés.

Supposons un revers et son col coupés bien d'accord et suivant les lignes en traits pleins de la figure 112. L'arrière du col étant fixe, si nous plaçons le point-limite inférieur de la brisure ou cassure sur A', le revers ne pourra se placer dans sa partie B–F que suivant la ligne B–F'; donc le col ou le pas du revers devront être abattus de la valeur de F à F'. Si, au contraire, nous faisons le point-limite de la cassure ou hauteur du boutonnement au point A², le revers se renversera de telle façon que sa ligne B-F ne pourra se placer que suivant la direction B-F². Donc il manquera au collet ou au pas du revers une quantité d'étoffe égale à F-F².

Plus le boutonnement d'un vêtement se fait bas, plus le col est abattu devant et inversement si le boutonnement est fait haut.

La direction de la ligne B-F a une certaine importance et, pour la fixer, procédons ainsi :

Élevons sur la ligne de cassure, à partir du point B, une petite perpendiculaire B-*b* qui forme donc angle droit avec la cassure. Partageons à peu près en deux parties égales cet angle droit et nous aurons la direction de la ligne B-F.

Avant de transporter l'empreinte du devant du

collet sur une feuille de papier pour y dessiner ce collet, il est indispensable de bien régler la forme du revers.

COL—CHALE (*fig.* 113)

Préparez d'abord la partie du châle formée par le haut du devant et comprise entre la limite de cassure A du bas, au boutonnement, et l'autre limite B de l'encolure.

Comme pour le col à revers de la précédente étude, il faut calculer le passage de la ligne de cassure du revers-châle de façon à ce qu'il y ait, entre cette ligne et le point M de la courbe de l'encolure, la hauteur du pied de ce col-châle, hauteur choisie suivant la longueur du cou de la personne.

La forme de col-châle est habituellement très ouverte ; aussi la hauteur d'encolure M-B-C¹ aura-t-elle plutôt besoin d'être baissée que haussée, ou plus simplement laissée à la hauteur naturelle, puisque toute la surface du châle est recouverte par la garniture du devant, qu'il ne faut pas couper et rejoindre sur la ligne d'encolure M—B—C¹. La place de la jonction du col-châle avec le devant serait donc quelconque *au-dessous* du point B, de B à C¹, qu'il n'y aurait aucun inconvénient à cela. Cependant, si nous haussions l'encolure du point M à B et à C¹, le patron de notre col-châle aurait un montage court, portant haut sur le cou de la personne et empêcherait le vêtement de bien entrer.

Le devant sous le tombant refoulerait, produirait un gonflement et l'emmanchure serait rejetée sur le bras. De plus, la ligne de cassure, vue de profil, offrirait sur le côté du cou, sur le profil de la per-

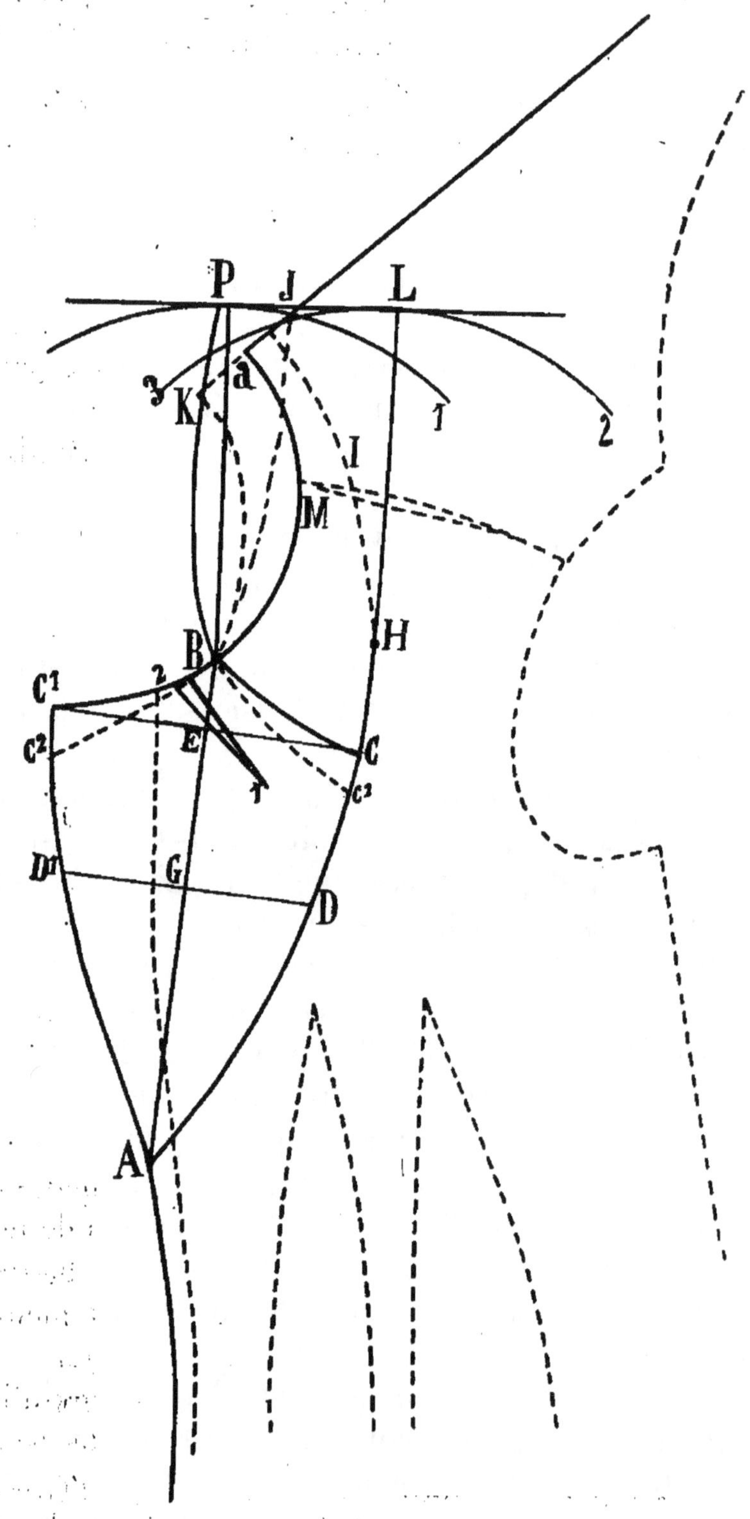

Fig. 113.

sonne, une forme ronde, bossue et allant en redescendant, en cintrant vers le milieu du dos.

Si, au contraire, on dégageait trop l'encolure à partir du côté et devant de M à B et à C¹, le col-châle coupé pour cette encolure aurait un montage trop long ; le col entier serait, contrairement au précédent, trop long et empêcherait ainsi le vêtement de garnir assez, de monter assez haut sur le côté du cou.

Le devant replié sur la ligne de cassure **A-B**, donnez-lui la forme extérieure A-D-C, en le recouchant sur le devant, ou en élevant à la ligne de cassure les deux ou trois perpendiculaires D-D¹ et C-C¹.

La distance entre les points G et D doit être reportée de G à D¹ et celle comprise entre E et C doit l'être aussi de E à C¹, mais augmentée de la valeur de la pince de l'encolure.

Cette pince étant cousue agira sur la hauteur du devant d'encolure, qu'elle fera hausser de la valeur C¹-C². La valeur devra être déduite au-devant du col B-C ou à l'encolure elle-même B-C². Cet écart n'est pas autre chose que l'angle équivalent à la pince d'encolure, car si nous menions une perpendiculaire sur le côté 1-2 de la pince et à partir du point 2 (cette ligne passant, par exemple, par C²), une deuxième perpendiculaire menée sur le côté de pince B-1, à partir du point B, passerait au-dessus de la première en faisant un angle égal à 2-C¹-C². Cet angle équivaut à celui formé par la pince.

Pour couper le col-châle, mesurez la longueur du montage B-M-*a* et inscrivez-en le résultat. Mesurez aussi le tombant de H à I et à J et inscrivez le chiffre obtenu.

Il vaut mieux mesurer ce tombant à partir du

point H que du point C, l'application de la longueur trouvée sera pour la coupe du col plus facile et plus juste. Placez donc le point H en un point arbitraire, mais plus voisin de la couture d'épaulette que le point C.

Placez un tapis sur le comptoir, une feuille de papier par-dessus, puis, sur le tout, posez le devant ainsi préparé. Prenez, avec la roulette, l'empreinte du devant du col-châle B-C-H.

Du point H, avec un rayon égal à la longueur inscrite du tombant, décrivez l'arc 3-L-2 et avec la longueur du montage, à partir du point B, décrivez l'arc P-1. Par les points culminants P et L de ces deux arcs, tirez la droite P-L. Sur cette ligne, placez un côté de l'équerre dans une position telle que l'autre branche passe par le point B et tirez la ligne P-B.

Sortez un peu de rondeur de P à K et à B en dehors de cette ligne.

De P à J, marquez la hauteur du pied, et de J à L, la largeur du tombant.

Pour décrire les différents arcs de cercle dont nous nous servons pour ces constructions, posez un bout du centimètre sur chaque centre, puis mettez la craie sur le centimètre au chiffre voulu, l'index de la main gauche sur le bout ferré et de la main droite tenez la craie entre le pouce et l'index, tandis que le doigt majeur sera placé sous le centimètre. La craie bien maintenue sur le chiffre voulu, laissez tourner sous le doigt de la main gauche votre centimètre, tandis que la craie décrira l'arc. On peut aussi avoir un centimètre avec trou près du bout ferré. Dans cette ouverture, on passe un poinçon autour duquel on fait tourner le centimètre.

Comme nous l'avons dit, la garniture du devant forme aussi le col-châle sans autre jonction ou couture que celle du milieu du dos L–J–P (*fig.* 114). Cette garniture U-V-X sera laissée un peu plus large de 2 centimètres de P à U, de façon à pouvoir couvrir facilement le col-châle. Avant de procéder au bâtissage de cette garniture, il faut refouler fortement la partie antérieure de A à C¹, de façon à retirer au bord l'équivalent de l'angle C¹-C² et aussi celui du retrait produit par la pose du passement du bord. La partie M-U devra être, au contraire, très fortement tendue pour pouvoir se développer sous le collet et faciliter le rentrage de la cassure (¹).

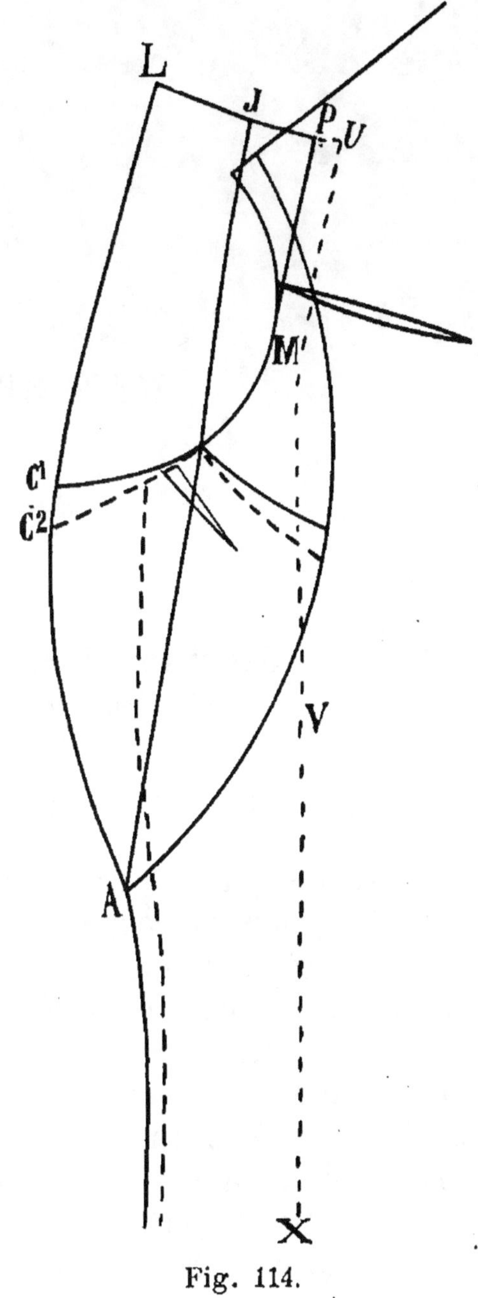

Fig. 114.

1. Aux figures 113 et 114, le milieu du corps du corsage est figuré en traits rompus.

X

MANCHES

Leurs diverses formes et manière de les couper.

MANCHE PLATE OU MANCHE ORDINAIRE

Nous avons (*fig.* 16) traité de la coupe de la manche ordinaire, mais la coupe que nous avons obtenue par ce tracé, tout en étant la plus logique, n'est cependant pas bien en usage ; il est nécessaire de lui faire subir la transformation indiquée à la figure 115 pour l'utiliser à la coupe des manches de robe et de beaucoup de vêtements.

Le tracé de la figure 16 est celui de la manche plate et sans dédoublement ni au coude ni à la saignée. Ce tracé fait bien comprendre les relations de la manche avec son emmanchure, de même qu'il indique bien la position de ladite manche par rapport au corsage, ou au vêtement avec lequel elle **doit être montée.**

Il est donc d'usage à peu près partout de faire un dédoublement de la couture du coude.

La ligne *b*-G-H-I-J de la figure 115 est celle de la couture du coude de la manche plate. Pour en opérer le dédoublement, figurez la ligne creuse du dessous de manche du point du talon *b* jusqu'à quelques centimètres vers C. Ce point C est situé à une distance de 7 centimètres environ de la ligne *b*-G.

Par le point C, et d'équerre sur *b*-G, faites passer la droite C-G prolongée jusqu'à C¹ (de C¹ à G, 1 1/2 à 2 centimètres de moins que de G à C).

A une autre place quelconque, un peu

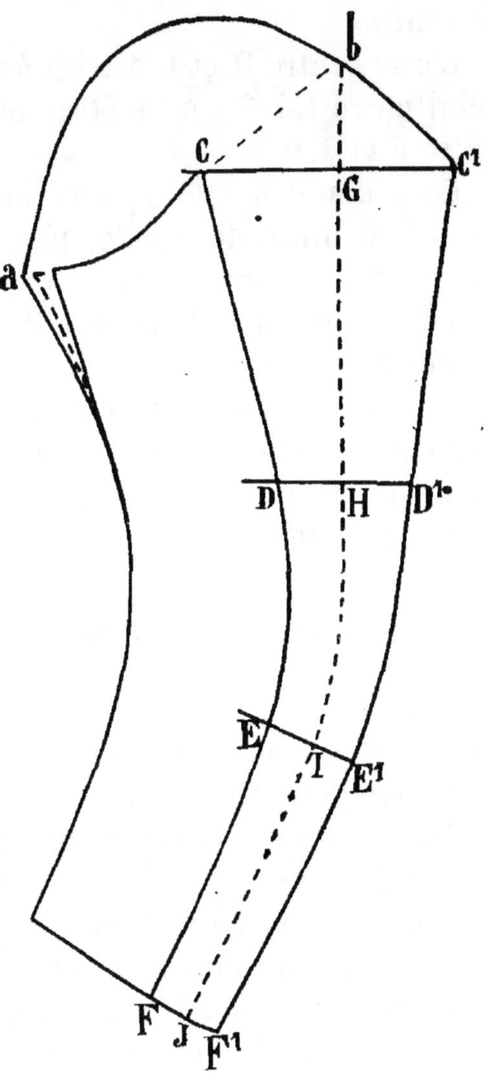

Fig. 115.

au-dessus du coude, faites passer la ligne H-D prolongée jusqu'à D¹. Cette ligne doit aussi être d'équerre sur H-G-*b* et la distance D¹-H égale à celle de H à D.

Au-dessous du coude, faites passer la ligne E-I-E¹

d'équerre sur J-I et donnez de E¹ à I la même distance que de I à E.

Au bas retirez F à J et reportez de J à F¹ la même distance.

L'écart entre D et H atteint 4 centimètres environ, celui entre E-I 3 centimètres et 3 centimètres aussi entre F et J.

Ce dédoublement a pour but de cacher sous le bras la couture du coude, mais comme ce changement de la place de cette couture nous a allongé son montage pour le dessus de manche, il faut faire emboire la partie du dessus comprise entre D¹ et E¹, jusqu'à ce qu'elle soit égale à la longueur D-E du dessous. On exécute aussi quelquefois un petit dédoublement en haut de la saignée au point *a* (voir le trait barré qui représente la manche plate ordinaire.)

MANCHE A DEUX MORCEAUX (*fig.* 117)

Cette manche est dessinée finie ; on l'obtient au moyen d'une manche collante ordinaire, celle que nous avons tracée en traits pointés à la figure 116.

Au-dessus du point *b* du talon, élevez de 13 à 14 centimètres.

Élargissez en haut (3 ou 4 centimètres) en dehors du point *b* du talon et, au bas de C à C¹, élargissez également de 5 à 6 centimètres. Puis, tirez en ligne droite le côté du coude B-C¹. Cette ligne doit être posée contre un pli du tissu ou, en d'autres termes, il n'y a pas de couture à cet endroit pour cette forme de manche.

En avant de la saignée, élargissez (3 ou 4 centimètres) de *a* sur *a*¹. Le poignet collant, ou manchette, est rapporté à 7 ou 8 centimètres au-dessous du

coude. Quand la manche est froncée depuis le point
C¹ jusqu'à la saignée, réduite à la largeur de la par-

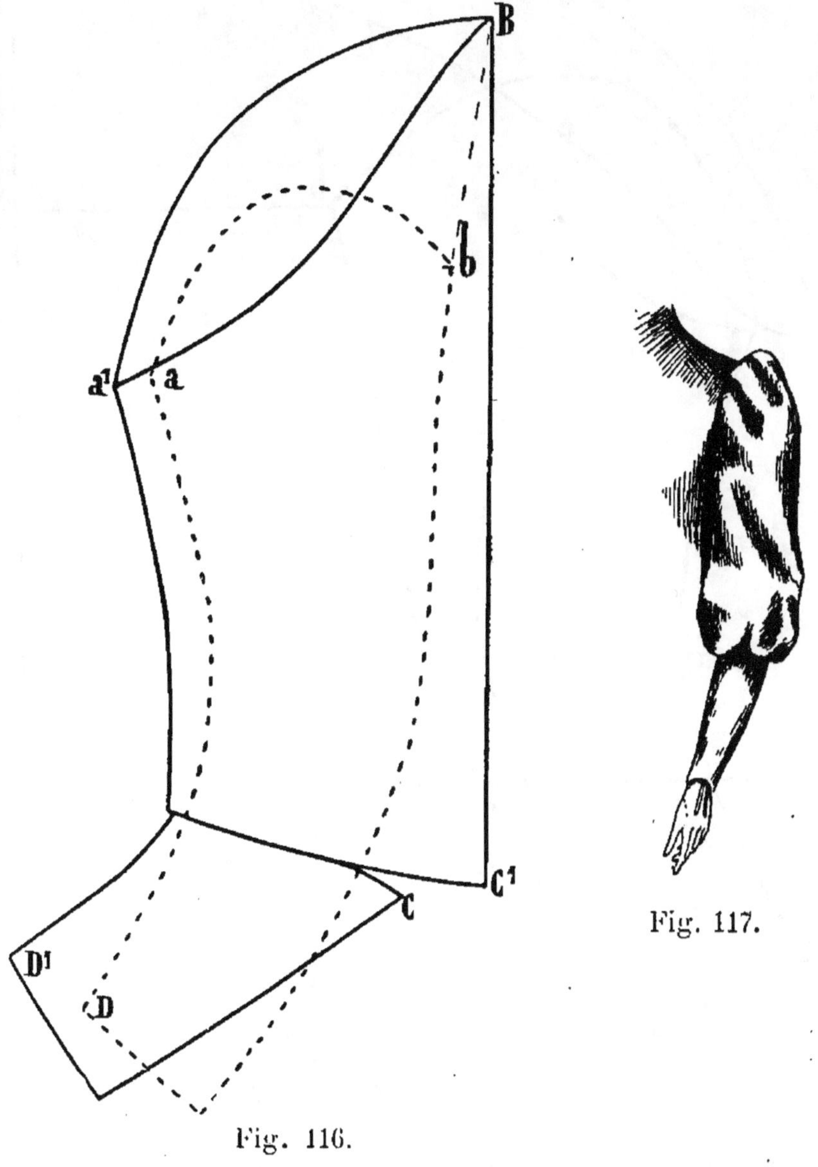

Fig. 116.

Fig. 117.

tie inférieure, puis fixée au poignet, l'ensemble de
cette manche reprend la position naturelle de celle
tracée en pointillés et qui sert de type pour toutes
les manches, en général.

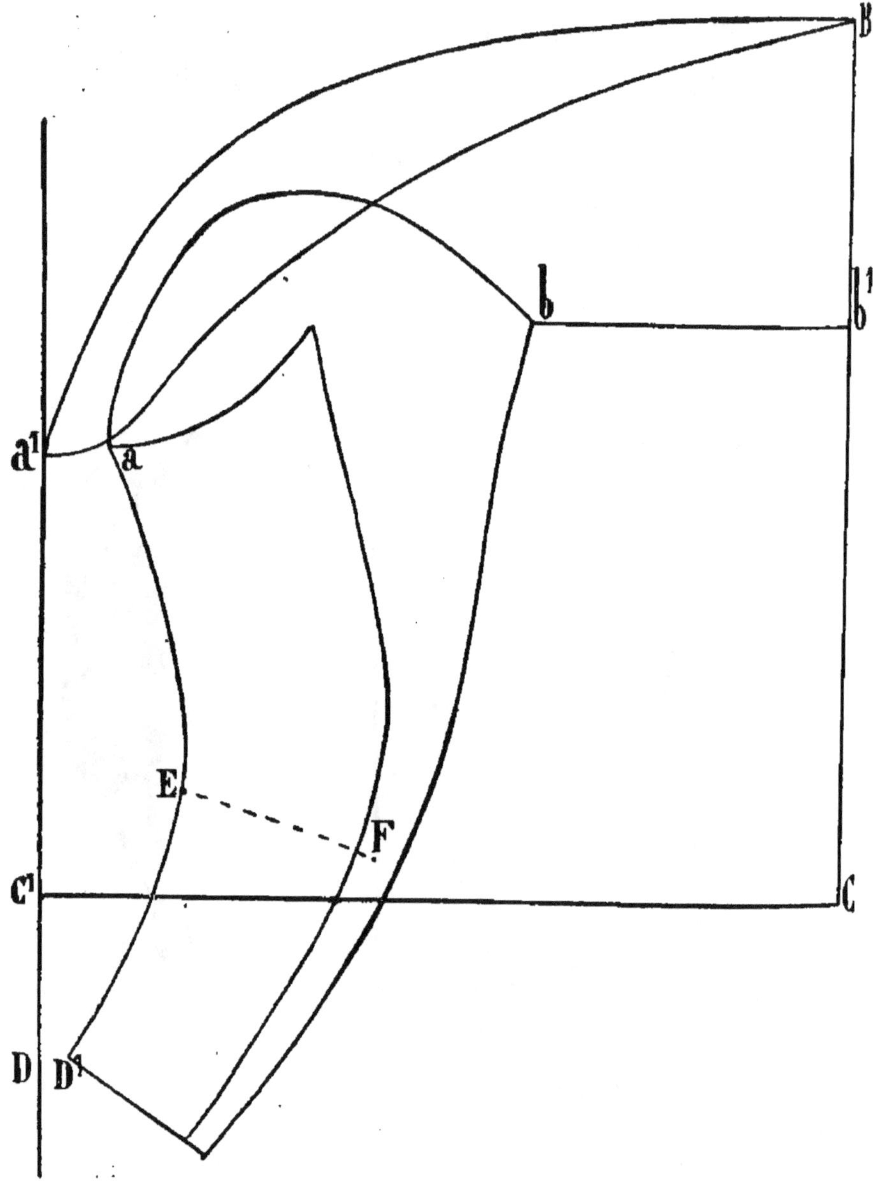

Fig. 118.

MANCHE BOUFFANTE A DEUX MORCEAUX (*fig.* 118)

Ici, la forme est très bouffante. Pour obtenir le patron de cette manche, servez-vous encore du modèle moyen ordinaire.

Tirez une ligne droite a'-D qui passe à 4 ou 5 centimètres du point a, en haut du montage de saignée, et au bas à 2 ou 3 centimètres de D¹ sur D.

Prenez en dehors de b du talon, 20 ou 22 centimètres sur b' ou même davantage, suivant le bouffant plus volumineux s'il y avait lieu ; l'ensemble de la largeur de a' à b' comprend environ 55 centimètres ; donnez même largeur au bas et tirez en ligne droite B–C parallèle à a'-D.

Tirez d'équerre sur la droite B-C l'horizontale b'-b.

Au-dessus de b', fixez le point B à 20 ou 22, soit la même distance que de b' à b.

La superficie du poignet est comprise entre les points D¹ et E jusqu'à F, la section E pratiquée à 2 ou 3 centimètres au-dessous du coude. La partie C-C¹ froncée et montée à E–F forme retroussis en dessous, surtout du côté de la saignée.

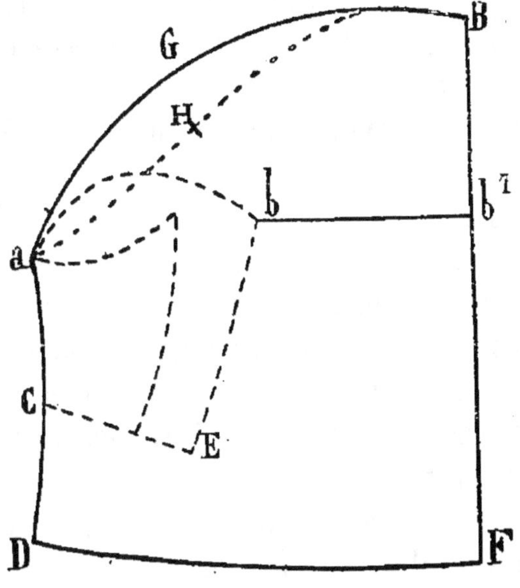

MANCHE COURTE ET BOUFFANTE POUR ROBES DE SOIRÉE

Cette manche est obtenue, de même que les autres formes de manches, à l'aide du type moyen ordinaire que nous avons figuré par des traits barrés à la figure 119.

Fig. 119.

Conservez de cette manche type une longueur de

20 centimètres de *a* à C pour le haut de la saignée, et 30 centimètres de *b* à E pour le haut du côté du coude. Ce haut de manche tracé en traits barrés est fait en tissu de doublure. Pour avoir le dessus destiné au bouillonné, prolongez la longueur de la saignée de 13 ou 14 centimètres. Tirez la droite B-*b*¹-F parallèlement aux points *a* et D et de façon à laisser entre *b* et *b*¹ 25 à 30 centimètres.

Sur la droite B-F, tirez d'équerre au point *b*¹ l'horizontale *b*¹-*b*. Au-dessus de *b*¹, fixez le point B avec 25 centimètres. Marquez le point F à 45 centimètres au-dessous de *b*¹ et tracez toute la manche, comme l'indiquent les traits pleins de cette figure.

Les chiffres que nous donnons ne sont pas absolus, et il est bien possible de les varier en plus ou moins forts, pourvu que l'éloignement entre les points *b*¹-*b* et *b*¹-B soit conservé à peu près identique.

On trouvera, au chapitre des *Formes diverses de vêtements*, un dessin de cette manche finie (*fig.* 167).

Le haut du dessus de manche *a*-G-B est froncé à partir de 5 centimètres au-dessus du point *a* et le haut du dessous est aussi froncé, mais à partir du point H ; c'est-à-dire que le dessous de *a* jusqu'à H est sans fronces et que le dessous et le dessus sont froncés de H à B et à G jusqu'à 5 centimètres de *a*. On donne à ces parties la même longueur qu'aux parties correspondantes de la doublure et on les fixe ensemble par un point de bâti avant de monter le tout à l'emmanchure. Le bas de D à F et à D est aussi froncé dessus et dessous et fixé sur la doublure de C à E par un petit biais. Ces fronces doivent être bien régulièrement divisées et réparties sur la doublure en haut et en bas.

On termine habituellement le bas par la pose d'un

ruban ou jarretière dont la couture, du côté du coude, est cachée par un chou.

MANCHE DITE « BALLON » (*fig.* 120).

D'après nos souvenirs, cette manche remonte à 1892, où elle était connue sous le nom de « manche Cerny », de l'actrice de ce nom, et affectait la forme de la manche large.

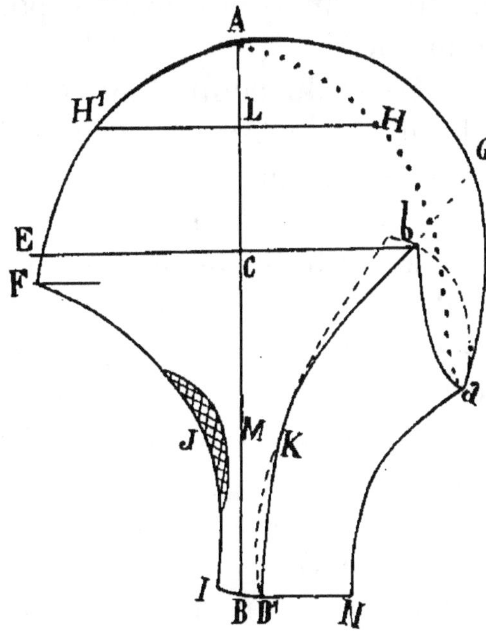

Fig. 120.

La manche ballon est composée d'un dessus fort large et d'un dessous ordinaire. La manche du patron-type est indiquée en traits barrés.

1re *forme*.

Il faut, pour la tracer, commencer par établir la ligne A-B (*fig.* 120) bien en situation voulue. Pour cela, cherchons un point au bas (B) et un à la hauteur du talon (C).

Supposons que le bas de la manche type ait 12 centimètres de largeur ; si nous voulons donner 20 en totalité à la manche (¹), ajoutons alors la moitié de 8 (différence entre 12 et 20) de B¹ à B ; nous avons alors un point de la ligne du milieu.

A la hauteur du talon, si nous désirons faire une manche de 60 centimètres plus large que le patron-type, nous ajouterons 30 centimètres de *b* à C et tirerons une ligne droite par les points B et C jusqu'au sommet A.

Portons au-dessus du point C 30 centimètres sur le point A. La distance A-C est égale à C-*b*. Sur la ligne C-*b* prolongée jusqu'à E, marquons le point E à 30 centimètres de C. La ligne C-*b*-C-E doit être bien d'équerre sur la ligne du milieu A–B.

Pour arrondir le dessus de manche, prenons un point G à 14 centimètres environ plus haut que *b*.

Afin de former le haut du dessous de manche, il faut d'abord marquer son passage sur le dessus (ligne pointée A-II-*a*).

Le dessous ne doit pas être très creusé (de 10 centimètres au plus creux).

Ensuite, choisissons un point quelconque sur cette courbe du dessous (H, par exemple) et tirons d'équerre sur la ligne A-B du milieu l'horizontale H–L–H¹, en donnant de H¹ à L même distance que de L à H.

Par ce point II¹, faisons passer la courbe du dessous de manche A-H-¹-F en plaçant le point F à 2 centimètres plus bas que le point E.

Vers le coude, sortons en dehors de la ligne du milieu, au point J, la même distance qu'il y a de

1. Cette forme est étroite du bas et jusqu'au coude, le plus souvent.

M à K et au bas également, en dehors de B à I, la même distance que de B à B'. Tracez ensuite la courbe F-J-I, qui sera un peu plus courte que le montage du dessous de manche b-K-B'. On tendra la partie empreinte de hachures avant de monter les deux parties du coude.

Ces sortes de manches sont doublées d'une autre manche (doublure) de coupe collante ou presque collante s'il s'agit d'une robe. S'il s'agissait d'un vêtement destiné à être porté par-dessus la susdite robe, les manches de ce vêtement, du dessus et celles de la doublure, auraient les superficies égales (¹).

La manche ballon est plissée de plis creux, dits « plis crévés » (5 centimètres au-dessus de a sur G-A, H' et F).

. Du point a au point b le dessous n'est pas plissé.

<h3 align="center">2e forme.</h3>

Une autre forme de manche ballon est présentée à la figure 121.

Pour en faire le patron, tirez la ligne droite A-B, contre laquelle vous présenterez le patron-type en contact en bas, comme le tracé l'indique (le patron-type est en traits pointés). A la hauteur du talon, faites un écart à volonté suivant l'ampleur que vous désirez donner à cette manche. Dans cette étude, nous avons fixé l'écart de C à b et de C à b' par 17 centimètres de chaque côté.

Portez de C à A et de b à E ce chiffre 17 (ou tout autre, pourvu qu'il représente exactement l'écart entre C et b.)

Arrondissez le dessus de A sur E et jusqu'à a.

1. Sans cette précaution, les manches ballon de la robe ne pourraient se loger dans la doublure collante du vêtement.

Dessinez le dessous de manche sur A-F-*a*.

Le dessous, au plus creux, doit avoir de 8 à 9 centimètres de moins de hauteur que le dessus.

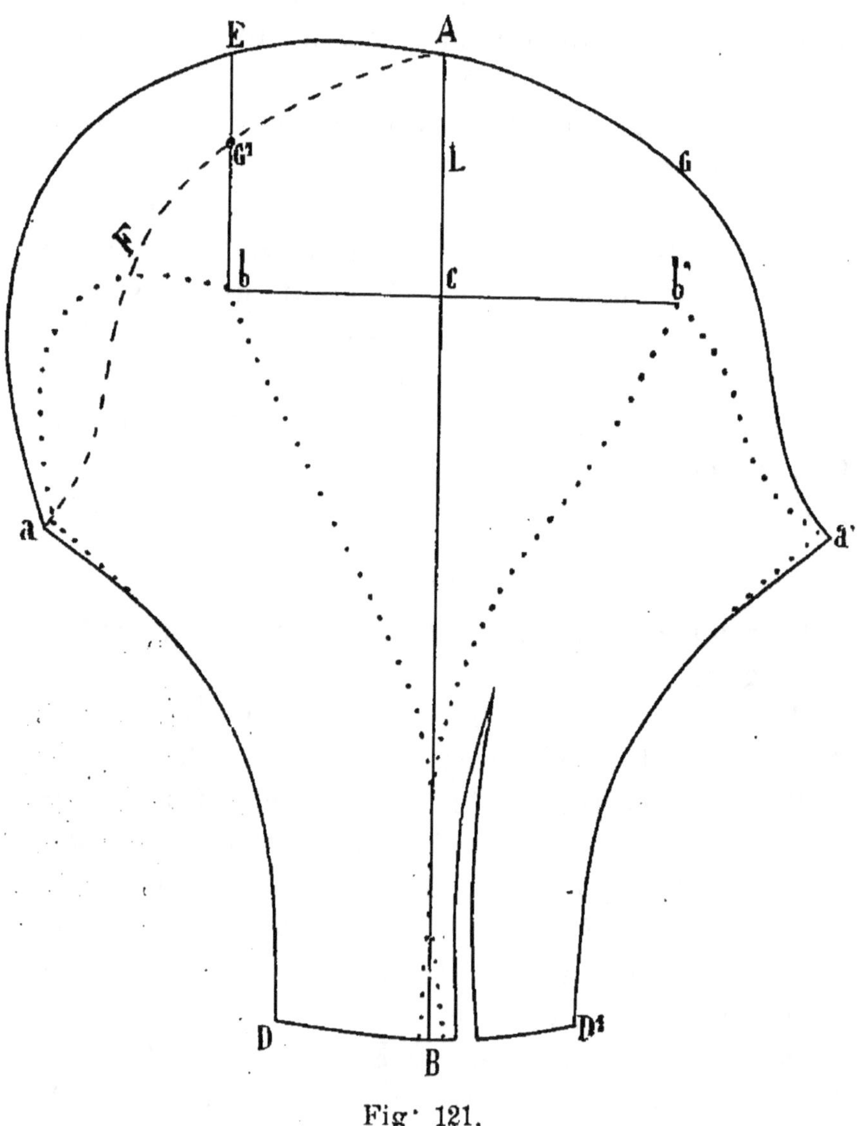

Fig· 121.

Pour avoir la courbe du dessous de manche,
prenez un point à volonté du côté du dessous
(G¹ par exemple), faites passer par ce point la

ligne G¹-L-G bien d'équerre sur la ligne A-B et portez de L à G la même distance que de G¹ à L. Tracez ensuite la courbe du dessous A-G-a'.

Au bas, vous pourrez ajuster la manche par une pince de 2 centimètres, pince finissant au coude et située sous le bras.

Cette manche n'a qu'une couture, celle de la saignée, et cette pince du bas. On peut aussi supprimer la pince du bas. Pour cela, il faut faire recroiser de 1 ou 2 centimètres le dessus et le dessous de manche, vers le bas et jusqu'au coude.

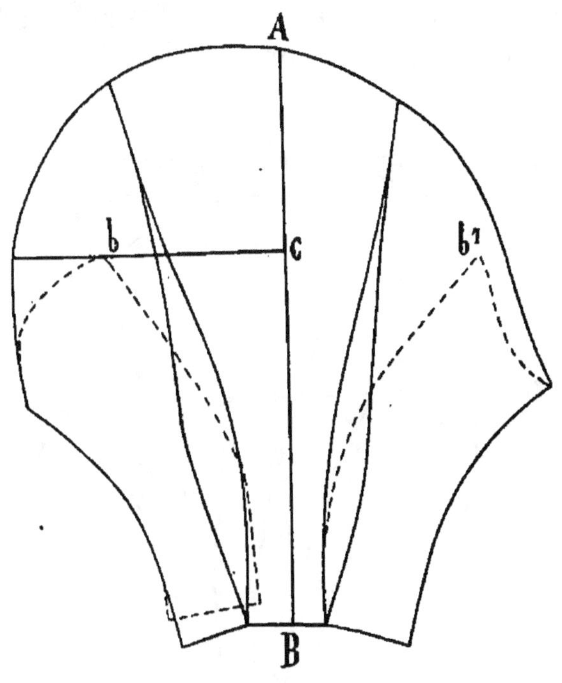

Fig. 122.

MANCHE DITE « EN CÔTE DE MELON ».

1ᵉʳ tracé (fig. 122).

Ce premier tracé donne une manche en trois morceaux et d'une ampleur modérée.

Le haut a environ 60 centimètres de plus qu'une manche type.

Pour exécuter ce patron, tirez la ligne droite A–B.

Présentez-lui le patron-type, dessus et dessous dans la position donnée à la figure. Faites un écart de 2 à 3 centimètres au bas et un de 30 en haut (de C à *b* et de C à *b¹*).

De C à A et de *b* à C même distance, tracez le dessus et le dessous de manche comme aux exemples précédents.

Partagez le haut et le bas en trois parties égales en retirant entre les parties les fuseaux nécessaires pour obtenir l'ajustage complet depuis le coude jusqu'au bas.

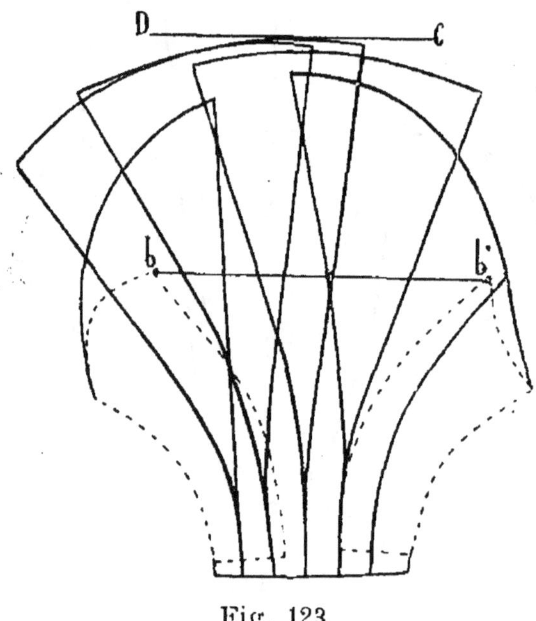

Fig. 123.

2ᵉ *tracé (fig. 123).*

Ici, la division comporte six parties.

Pour en construire le patron, prenez le modèle-type et placez-le comme les traits barrés de la figure l'indiquent. Au bas faites un écart de 7 ou 8 centimètres en totalité. En haut, entre les points *b* et *b'*, écartez de 60 ou 70 centimètres et réunissez ces deux points par une ligne droite.

Elevez à 45 centimètres une autre ligne parallèle (CD). Les parties les plus élevées des côtes de cette manche toucheront cette deuxième ligne.

Divisez en six parties égales la partie du bas et, à partir de chaque division, tracez, en remontant, tous les côtés de montage des six morceaux ; donnez une longueur égale à chacun des côtés se correspondant.

Quant à la largeur du haut, elle est facultative ; cependant, chaque morceau sera mesuré de façon à ce que la largeur soit la même pour tous.

Quand ce tracé est fait, il faut relever séparément chaque morceau, ou côte, au moyen de la roulette ; ensuite les rapprocher, montage contre montage, de façon à pouvoir tracer régulièrement la rondeur du haut.

Toutes les parties qui composent cette manche sont réunies (*fig.* 124) dans la position qu'il faut leur donner afin de pouvoir juger de leur ensemble et de leur régularité.

Dans notre exemple, la manche a 3^m,30 environ de largeur à sa ligne de montage avec l'emmanchure.

La hauteur de B à A est de 1^m,05 et les longueurs obliques de *b* à A et de A à *b'* sont de 1^m,07 environ.

Cette manche est la même que la précédente et chaque partie est chiffrée à commencer par le dessous de manche.

Cette forme de manche emploie une grande quantité de tissu par son volume et sa configuration.

Nous complétons ces données par deux exemples
de disposition des patrons sur du tissu de 0^m,70 de

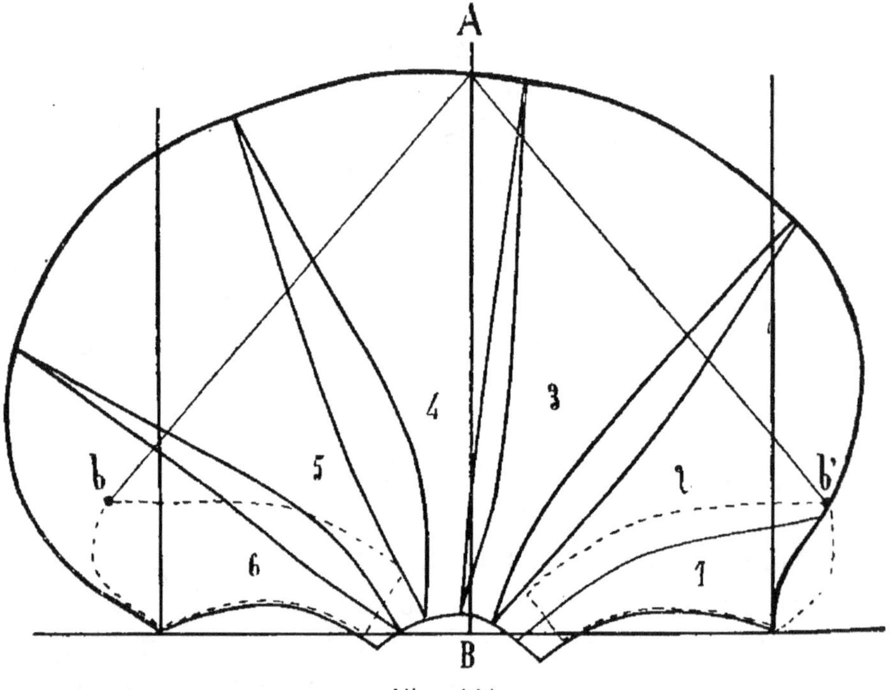

Fig. 124.

largeur double ou repliée, c'est-à-dire du 1^m,40 à
drap ouvert.

Le premier exemple (*fig.* 125) est celui du tracé à
poil de chacune des parties ; ce qui veut dire que
ces parties sont toutes dans le même sens et à poil
descendant.

2^m,75 y sont employés avec quelques fausses
coupes forcées en pareil cas. Chacune des parties est
munie de son numéro suivant l'ordre d'inscription
de la figure 124 précédente.

La figure 126 offre le deuxième exemple du tracé
de cette même manche sur un tissu de 0^m,70 de
demi-largeur (¹) et que nous avons supposé comme

1. Le plan de disposition (*fig.* 126) paraît plus étendu que le

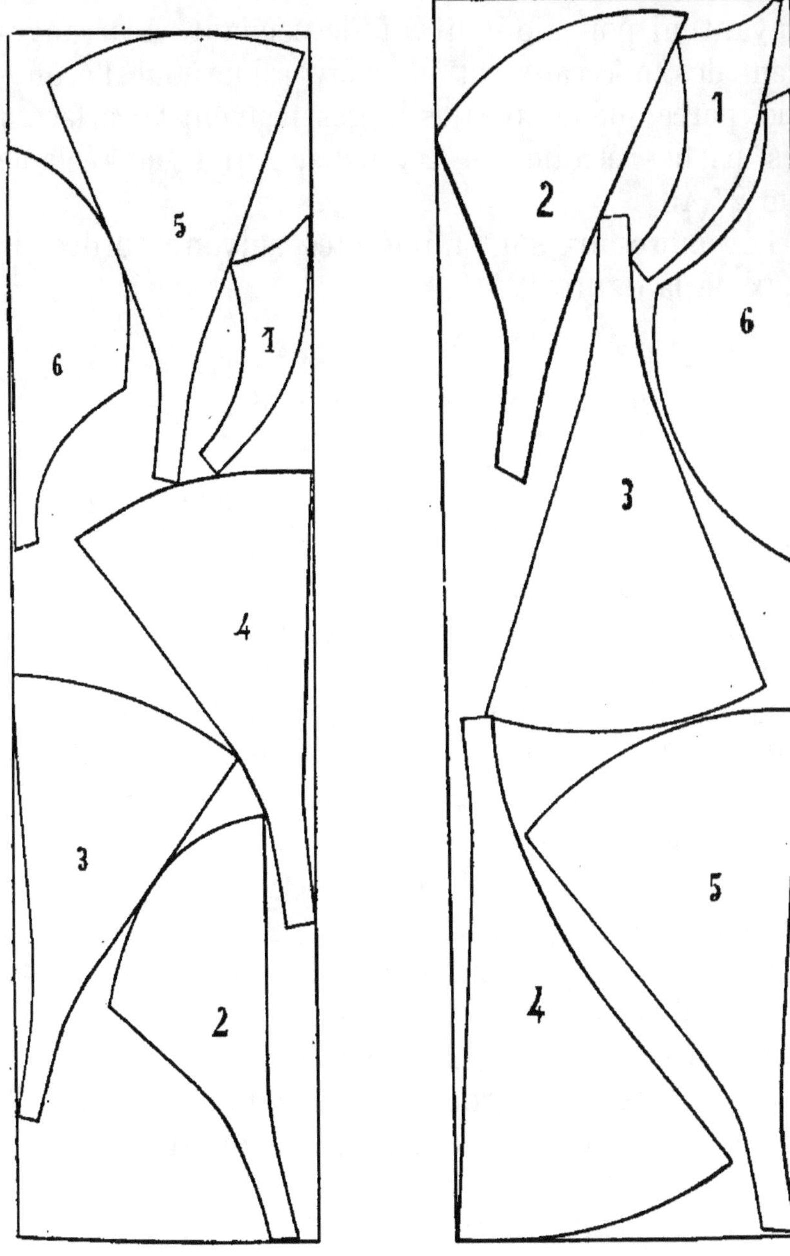

Fig. 125.   Fig. 126.

précédent. Ceci vient de la réduction nécessaire au format de
l'ouvrage. L'échelle des plans et dessins se trouve différente de
celle des originaux.

n'ayant ni poil montant ni descendant. L'arrangement des morceaux est plus favorable pour l'économie, parce que les parties larges peuvent faire face à des parties étroites et cette disposition ne réclame que 2ᵐ,45.

Les morceaux sont numérotés suivant l'ordre de ceux de la figure 124.

MANCHE PAPILLON (*fig.* **126** *bis*).

La manche « papillon » (figurine et tracé **126** *bis*) est coupée à l'aide d'un patron type de manche. Nous l'avons figuré en pointillés.

Voici les rapports qui existent entre la manche papillon et le patron–type :

Le dessus de manche indiqué par les lettres *a*-B–G–C–E–F–N–C–J–L est de forme plus large et plus droite que celle du patron-type. Il comporte une largeur de 58 centimètres de F à *a*.

La largeur du cran E-F est de 12 centimètres. La tête est surélevée de 33 centimètres au-dessous de celle du patron-type dans la direction D-C et de 31 dans la direction I-J. La distance comprise entre les points A'-*a* est de 26 centimètres.

La couture de saignée est dédoublée de 6 centimètres environ à la hauteur de la moitié de cette couture.

Le dessous est réduit d'autant.

Ce dessous est indiqué par les lettres B'-H-E-F-N-K-M-A.

La distance I-K est de 19 centimètres, celle entre A' et A est de 10.

De B' à B, l'allongement est de 7 ou 8 centimètres

pour le dessus de manche. Le point *a* est situé sur une ligne perpendiculaire à F-N.

Cette ligne F-N a une longueur de 46 centimètres.

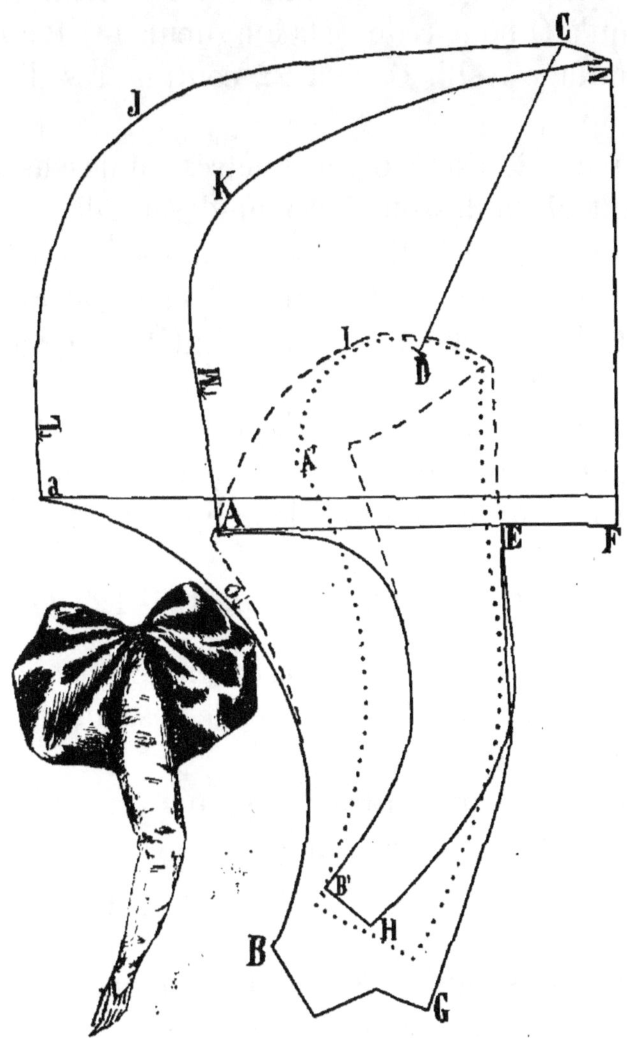

Fig. 126 bis.

La ligne *a* est à 3 centimètres au-dessous du point A' du patron type. La ligne A-F est à 6 au-dessous de ce même point A'. A-F a 40 de longueur.

Cette manche a une doublure dont les contours

sont indiqués en traits barrés pour la partie supérieure. Pour la partie inférieure, elle se confond avec les lignes du dessus et du dessous.

A l'assemblage il est obligatoire de froncer depuis *a* jusqu'à O pour réduire la longueur *a*-O-B au chiffre du montage A-B'. O est à 22 centimètres d'éloignement de *a*.

Le point L est à 6 centimètres au-dessus de *a* et le point M du dessous à 15 au-dessus de A.

Il faut froncer la ligne D-C et la réduire à 5 centimètres de longueur. De même, on froncera tout le haut de la manche depuis le point L jusqu'au point M sur J-C-N et K. Il est nécessaire aussi de réduire par de petits plis toute la ligne E-F à zéro longueur.

Quand la largeur du tissu le permet, on peut supprimer la couture le long de la ligne F-N.

Manche « Yolande » (*fig.* 127–127 *bis*).

Pour faire ce patron, placez en contact depuis le bas jusqu'au coude le dessus et le dessous du patron-type moyen.

Laissez en haut, entre les points de talon *b* et *b'*, un écart de 34 à 35 centimètres.

Réunissez les deux points *b* et *b'* par une ligne droite.

Placez le sommet F de cette manche à $0^m,75$ d'élévation au-dessus de la ligne *b-b'*.

Le plus large du ballon est circonscrit entre deux lignes parallèles éloignées de $1^m,15$ à $1^m,20$.

Le patron ([1]) de la doublure de la manche Yolande est indiqué, pour le bas, dans la même ligne poin-

1. Tout le patron-type est indiqué en pointillés.

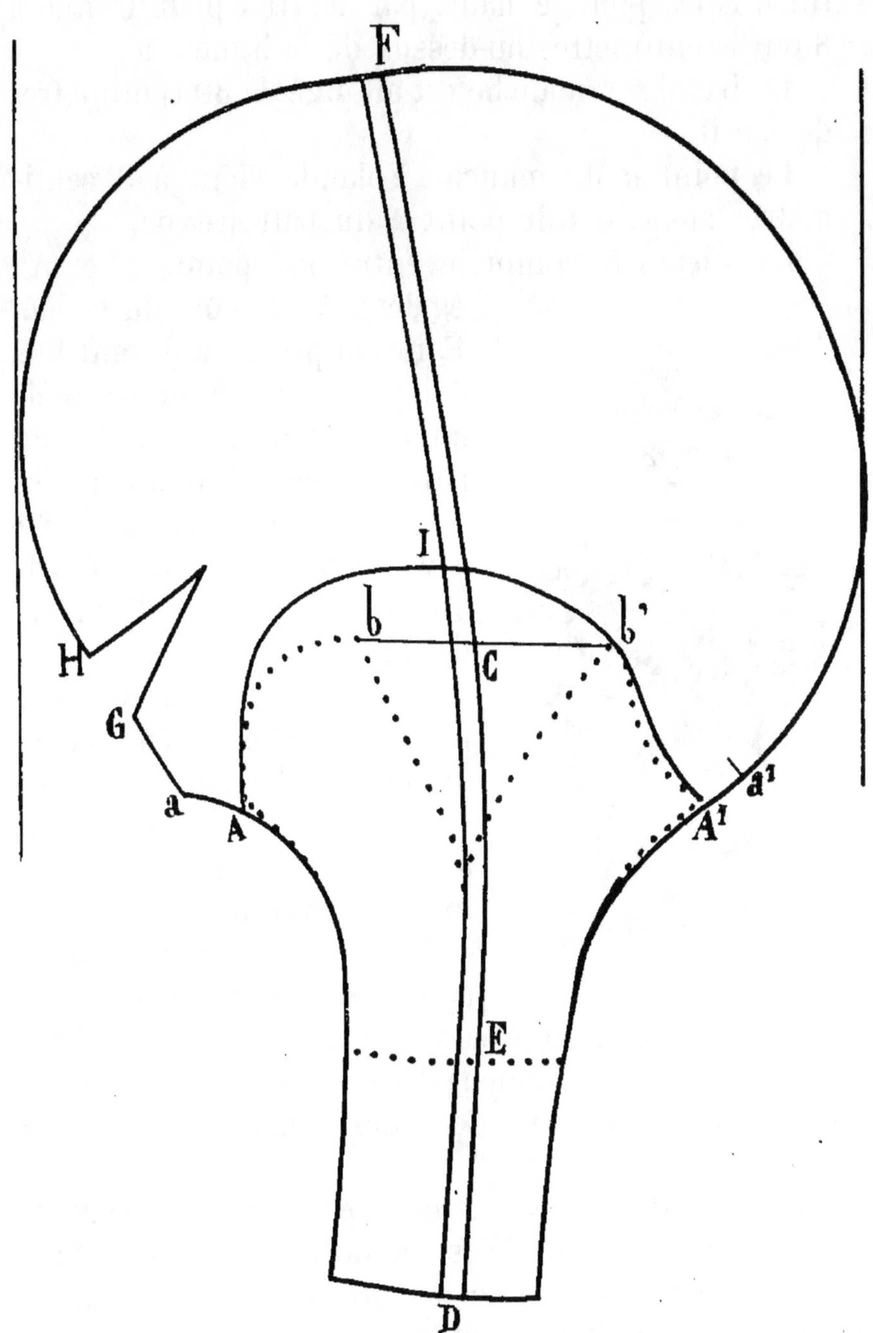

Fig. 127.

tillée E et, pour le haut, par le trait plein I situé à 8 ou 9 centimètres au-dessus de la ligne *b-b'*.

Le bas de la manche est allongé de 30 centimètres de E à D.

Le point *a* de manche Yolande vient à 8 centimètres au-dessus du point A du patron-type.

La distance comprise entre les points *a'* et A' égale *a*-A, du côté du coude. Faites la pince du devant H-G dans une direction parallèle au devant de la manche du patron-type. La longueur des côtés de cette pince est de 20 à 22 centimètres et l'écart, entre les points H et G, de 15.

Fig. 127 *bis.*

La distance comprise entre les points G et *a* fait partie du dessous de manche ; la longueur de montage d'un point à l'autre comporte 18 centimètres environ.

On froncera cette manche dans toute sa longueur à l'endroit des deux lignes parallèles situées à son milieu ; on posera intérieurement deux ganses ayant chacune la longueur du bras. Ces ganses maintiendront les fronces.

Cette manche peut être coupée en deux parties, entre les lignes parallèles du milieu et on sera bien forcé de s'y prendre de la sorte chaque fois que le tissu n'aura qu'une demi-largeur.

La doublure doit être coupée en biais et le dessus en droit fil.

Avant de poser le dessus sur la doublure, il faut le froncer dans toute sa partie supérieure depuis le point H jusqu'à F et à a^1. Le point A de la doublure sera fixé sur a du dessus, au devant du bras et le point A^1 sera fixé sur a^1 du dessus, au talon.

Sur un tissu de $1^m,30$ de largeur (drap ouvert) les deux manches emploient $3^m,50$ et sur un tissu de $0^m,65$ en simple largeur, elles emploient $6^m,70$.

XI

COUPE DES JUPES

———

Variétés et formes de jupes.

Les jupes sont très variées de formes et, sans parler des anciennes jupes plissées du haut ou froncées presque tout autour de la ceinture, telles que les portaient nos arrière-grand'mères, il nous reste bien cinq ou six formes distinctes de jupes.

Par exemple : la *jupe à trois lés*, qui sert de fond de jupe assez couramment de nos jours encore ; la *jupe fourreau*, genre tailleur, courte et ajustée de partout ; la *jupe ombrelle ;* la *jupe cloche ;* la *jupe à grande ampleur ;* la *jupe à traîne*, etc.

Ces diverses formes, dont les variations reposent surtout sur l'ampleur du bas, peuvent être obtenues facilement si on connaît bien les proportions du haut, le modelage, en quelque sorte, du bassin depuis la fourche jusqu'à la ceinture.

Modelage du bassin, des hanches et de l'abdomen (*fig.* 128).

Ce modelage est tracé pour une grosseur moyenne (48 de bassin et 27 de ceinture).

Pour construire ce type fondamental, tirez la ligne droite A-B.

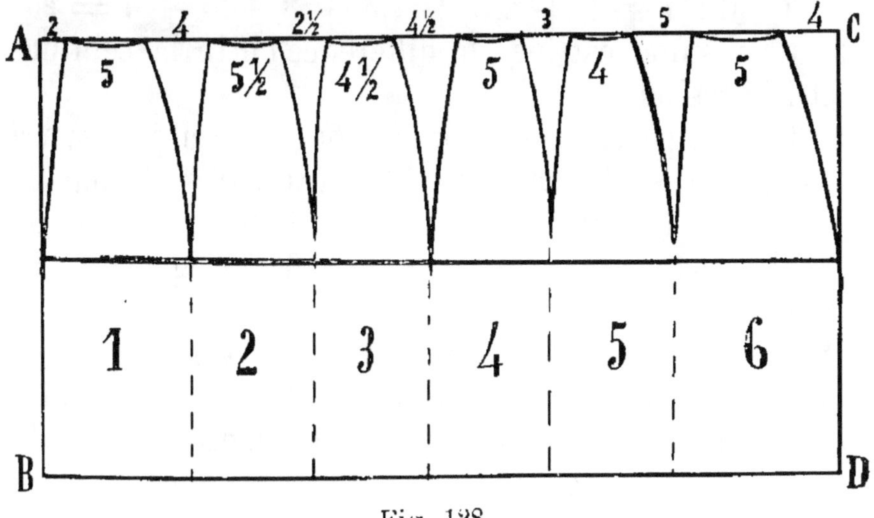

Fig. 128.

Bien d'équerre sur cette ligne, tirez les deux horizontales A-C et B-D en donnant à chacune d'elles une longueur de 54 centimètres (bassin 48 centimètres plus 6).

A l'endroit de la ligne de ceinture, ce modelage ne devra avoir que 29 à peu près, soit 27 de la mesure de ceinture et 2 pour la valeur de toutes les coutures de jonction. Bien entendu, ce patron ne sera utilisé que pour aider à créer les diverses formes de jupes comme nous le verrons bientôt, mais par lui-même il ne peut servir que comme patron à souche.

La ceinture ne devant avoir que 29 centimètres en totalité et le bassin ayant 54 au plus gros, c'est donc un total de 25 centimètres qu'il nous faut retirer par toutes les pinces additionnées.

D'après nos calculs, nous avons trouvé : pour la première pince du devant A, de 1 1/2 à 2 centimètres ; pour la deuxième, 4 ; la troisième, 2 1/2 ; la quatrième, 4 1/2 ; la cinquième, 3 ; la sixième, 5 ; et la dernière, 4.

Total : $2 + 4 + 2,5 + 4,5 + 3 + 5 + 4 = 25$.

Ce résultat est bien la différence entre la ceinture et le bassin.

D'autre part, nous avons : pour le premier espace entre-pinces du devant, 5 centimètres ; pour le deuxième, 5 1/2 ; le troisième, 4 1/2 ; le quatrième, 5 ; le cinquième, 4 ; et le sixième, 5. Total égale 29 centimètres.

Ces pinces doivent être terminées vers le milieu de la hauteur AB, soit environ 14 centimètres. Elles peuvent varier un peu de valeur d'écart selon la répartition de grosseur du bassin. Pour une personne à ventre proéminent, les pinces du devant seront nécessairement plus fortes pour amener de l'étoffe au ventre tandis que les hanches ou la partie postérieure seront moins bombées et réclameront, par conséquent, moins d'étoffe sur une de ces parties. En ce cas les pinces situées au-dessus seront moins fortes.

Ces données sont d'une bonne moyenne et sujettes à une très minime variation.

Votre tracé déterminé d'après ces règles, découpez le tout et, après avoir donné un numéro à chacun des six morceaux composant ce patron, séparez-les tous suivant les traits barrés.

Faisons une première application de ce patron.

Jupe a trois lés doubles (*fig.* 129) ([1]).

Pour tracer le patron, tirez la ligne droite **A-B** et
bien d'équerre; sur
la même ligne, tra-
cez les horizontales
A-C et B-D, cha-
cune ayant 1 mètre
de longueur (à sup-
poser la jupe de
1 mètre également,
soit *un carré par-*
fait).

A partir du point
A, donnez au lé de
devant une largeur
de 30 centimètres
et élevez la paral-

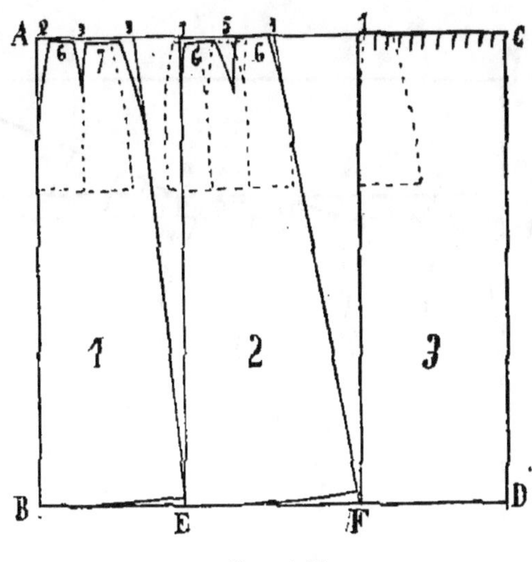

Fig. 129.

lèle E. Au côté, de E à F, prenez une largeur de
40 centimètres et élevez la parallèle F qui formera le
côté du lé de derrière.

Au devant, à partir de l'angle A, abattez en largeur 2 centimètres au maximum et formez la petite
pince du milieu du devant. Donnez 6 centimètres de
largeur au premier entre-pinces et faites une pince
de 3 centimètres ; au *deuxième* entre-pinces, donnez
une largeur de 7 centimètres ; puis, à 3 centimètres
plus en arrière, tirez la droite oblique du côté du
devant jusqu'au bas E. En haut de cette ligne le
devant forme donc une pince de 3 centimètres.

(1) Nous pourrions intituler aussi cette jupe *fond de jupe*.
Au moyen de ce patron, on peut couper les jupes ordinaires
en lainage, alpaga, soie ou tous autres tissus, aussi bien que
es jupes drapées, à paniers, garnies d'une façon quelconque.

En haut du lé de côté, rentrez 1 centimètre ; puis, donnez 6 centimètres de largeur au premier entre-pinces ; faites un suçon de 5 centimètres et donnez encore une largeur de 6 au deuxième entre-pinces.

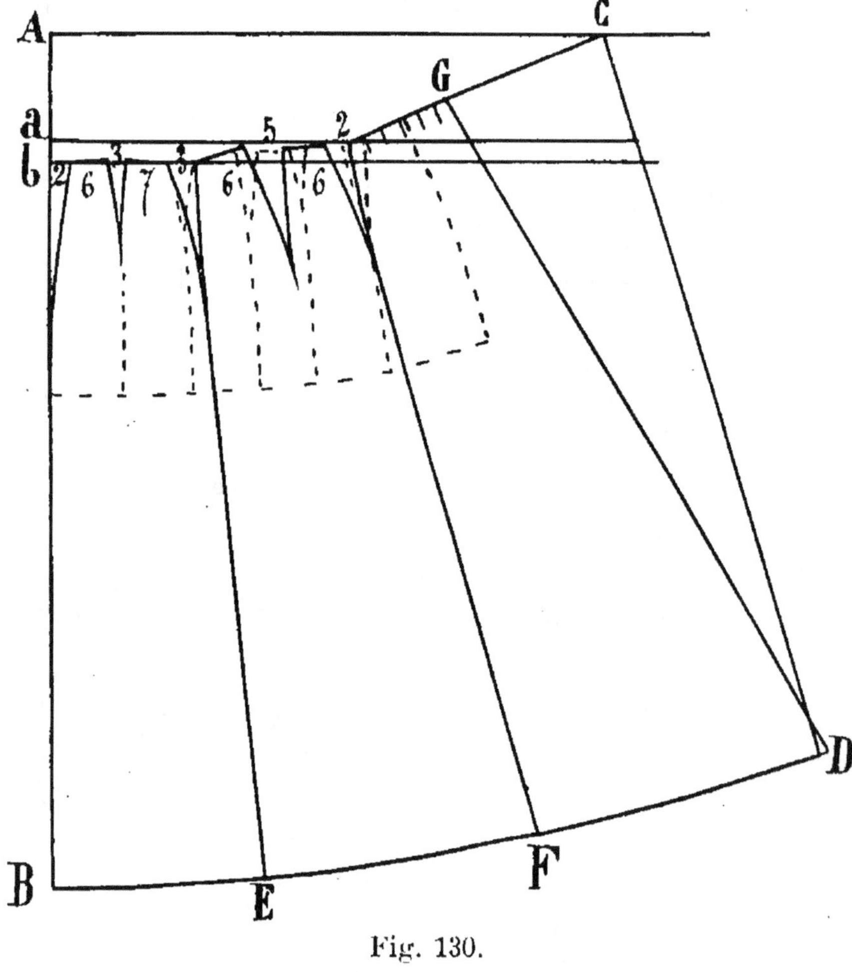

Fig. 130.

Faites, en haut du côté, une autre pince de 1 centimètre et tirez la droite oblique jusqu'à F.

En haut du lé de derrière (partie qui s'attache au lé de côté), faites une petite pince de 1 centimètre.

Le patron souche du bassin est indiqué en pointillés et quoique les pinces de la jupe à trois lés soient changées de place, elles doivent fournir un total de retrait égal à celui des pinces du patron souche.

Cette jupe ayant plus de largeur que la mesure à l'endroit de la ceinture doit être froncée ou plissée de tout ce qu'il y a en trop. Ces fronces ou plis sont faits en haut du lé de derrière.

La figure 130 montre ce patron réuni à ses deux montages et comparé au patron souche.

JUPE FOURREAU

Avec ce patron, nous avons fait la jupe fourreau.

Nous n'avons laissé en haut, au point G, que 5 à 6 centimètres en dehors du modelage de bassin et le bassin lui-même n'a que peu d'excès d'ampleur, ainsi qu'on le voit au passage de la ligne oblique G-D qui limite la largeur de cette jupe.

Réunis dans cette position, les trois lés peuvent être changés de largeur. Ce qui est souvent nécessaire, particulièrement dans les cas où il faut couper une jupe dans un tissu plus étroit, on est même forcé parfois de faire quatre lés au lieu de trois.

Le patron que nous venons d'étudier a une largeur de 2 mètres en totalité au bas (la robe finie), ce qui est à peu près le minimum de largeur. En tous cas, on ne peut guère donner moins de 1^m,90 de tour à un bas de jupe, même pour celles qui seraient recouvertes de draperies et garnitures. Plus étroites, elles empêcheraient la marche.

Si nous tirons d'équerre sur A-B les horizontales A-a-b, l'écart A et a est de 14 centimètres et, entre A et b, de 17.

Comme les tracés des figures 129 et 130 sont en quelque sorte de coupe classique, nous donnons la

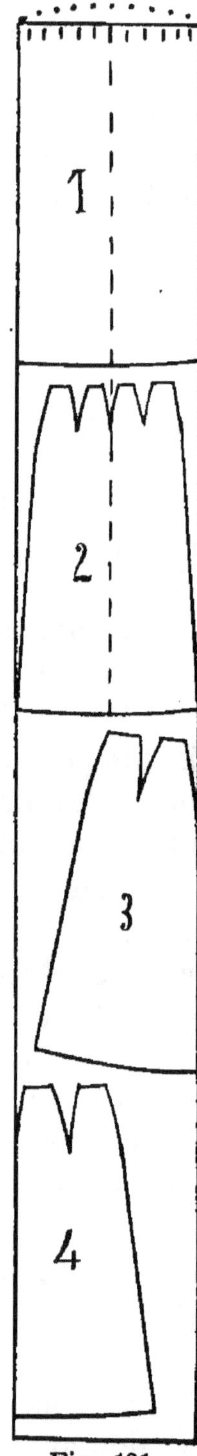

Fig. 131.

disposition des patrons qui composent cette jupe sur un tissu de 60 centimètres de largeur (*fig*. 131). La longueur du tissu employé est de 4^m,70 (les remplis du bas compris), ainsi que l'indiquent les espaces laissés pour cet objet entre les patrons.

Le patron 1 est celui du lé double de *derrière;* il est sans couture au milieu et la jupe s'agrafe sur le côté gauche. La poche est habituellement posée du côté droit.

Le patron 2 est celui du devant double (le droit et le gauche). Ce lé est sans couture au milieu et a cependant une petite pince en haut et au milieu, pour l'emboîtage du ventre. Les deux lés de côté sont au-dessous, sous les numéros 3 et 4.

Quand on aura tracé un de ces lés, il faut aussitôt placer le patron au-dessous et dans le sens opposé de ce patron afin de ne pas couper ces deux lés pour le même côté.

Si cette jupe devait être portée avec une tournure comme cela se pratiquait il y a quelques années, il faudrait hausser de 4 ou 5 centimètres la partie supérieure du lé de derrière, vers le milieu, ainsi que l'indique la ligne pointée de la figure. On voit à la figure 132 cette jupe entièrement finie.

Avis essentiel.

Avant de clore cette étude, nous dirons que, pour arrondir le bas d'une jupe, il est souvent indispensable d'avoir trois longueurs : celle du dos (de la taille à terre), celle du côté (de la hanche à terre) et celle du devant.

Les femmes moyennes et de bonne tenue portent la jupe à peu près d'égale longueur devant et derrière avec un peu plus sur le côté (1 centim.) ; mais il arrive quelquefois que la longueur du devant dépasse celle du dos, surtout pour les femmes très grosses et même les enfants.

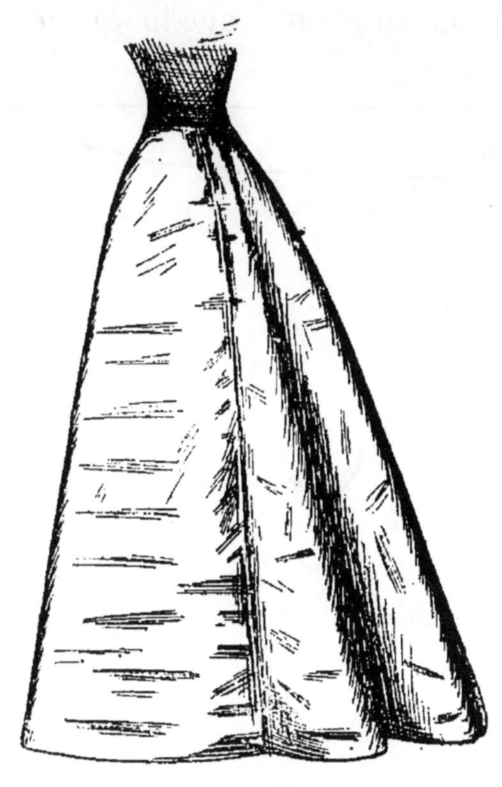

Fig. 132.

Les trois mesures de longueur ou l'essayage sont nécessaires.

JUPE OMBRELLE (*fig.* 133).

Cette jupe est de forme plate devant, ce n'est qu'à partir des côtés et jusqu'au milieu derrière que l'ampleur tuyaute. Le patron est obtenu au moyen du modèle souche, en plaçant ses parties dans la position indiquée à cette figure. Tracez la ligne A-B. Perpendiculairement à cette ligne tirez la ligne A-C, prolongée jusqu'à une longueur de jupe au delà de C.

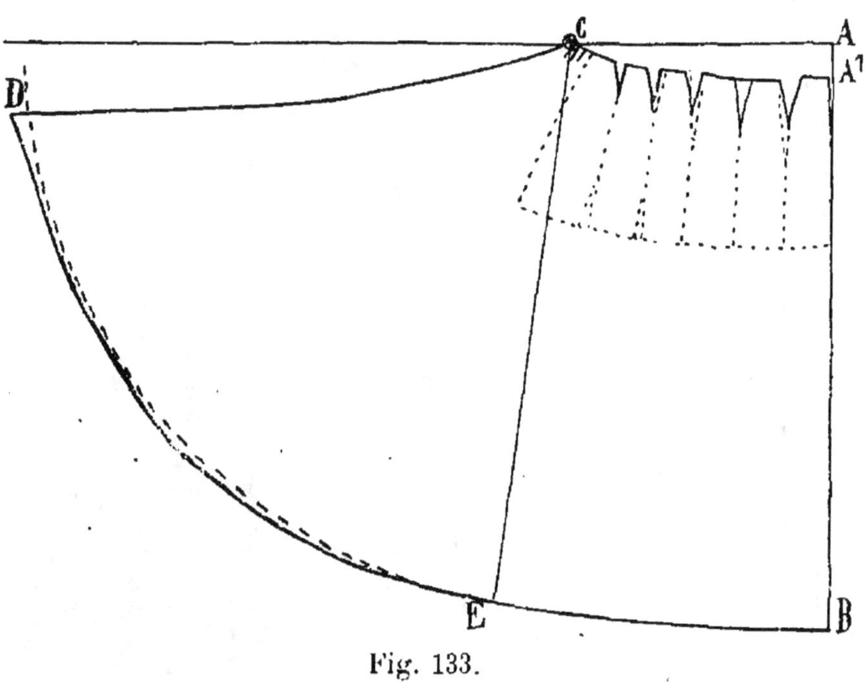

Fig. 133.

De A abaissez 6 centimètres sur A^1. De A^1 à B donnez la longueur du devant de la jupe (ici 100).

De A à C marquez 50 centimètres, soit 2 centimètres de plus que le bassin.

Au bas marquez 60 centimètres de B à E.

De C à E prenez une longueur de 102 centimètres, soit le devant A^1–B plus 2.

A partir du point C comme centre, et avec la longueur C-E pour rayon, décrivez l'arc E–D; puis allongez au-dessous (de 2 centim.) le bas du derrière de la jupe. L'arc est en traits barrés, et la jupe en traits pleins.

Dans l'exemple donné ici, le point D, qui limite

l'ampleur de la jupe derrière, est éloigné de 15 centimètres de la ligne horizontale A-C. On pourra donner plus ou moins d'ampleur ; le devant de cette jupe conservera une chute verticale et restera ajusté au ventre et aux hanches.

Au montage du haut, on pourra ne faire que trois ou quatre pinces, mais en ce cas on les fera plus profondes.

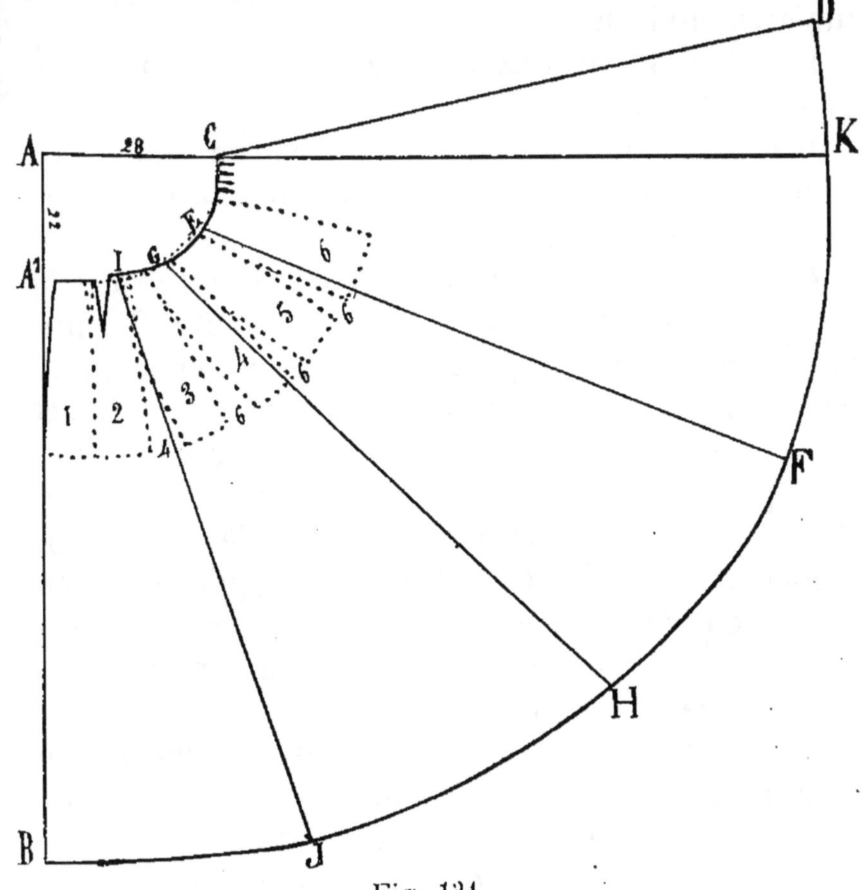

Fig. 134.

JUPE CLOCHE (*fig.* 134).

Elle se coupe aussi à l'aide du patron souche, mais comme cette jupe a plus d'ampleur du bas et que cette ampleur doit se répartir un peu tout autour, sauf cependant dans la région du devant, il est nécessaire de laisser s'éloigner dans leur partie inférieure les morceaux du patron souche.

Pour construire ce modèle, tirez la ligne droite A-B. De A à A¹ mesurez 22 centimètres.

Bien d'équerre sur la ligne droite A–B tracez la droite horizontale A-C-K et marquez de A à C 28 centimètres environ.

De A¹ à B mesurez la longueur du devant de la jupe (ici 105).

Placez ensuite les parties du patron souche de façon à ce que leur sommet produise la courbe de ceinture A¹-G–E-C.

Pour cela, placez la partie 1 du devant contre la droite A–A¹-B, mais en rentrant de 1 1/2 à 2 centimètres en dedans du point A¹ pour former la pince de ventre. Placez la partie 2 du devant en contact avec la première dans leur région inférieure. Ces deux parties formeront un écart, en haut à la ceinture. Faites une pince de devant de la valeur de cet écart (¹).

Placez la partie 3 de façon à ce qu'elle soit en contact en haut avec la deuxième, mais laissez se former entre elles un écart de 4 à 5 centimètres au plus, au bas. Placez la 4, la 5 et la 6 en contact par le haut, mais laissez former entre elles, inférieurement, un écart de 6 centimètres environ. La courbe de ceinture sera ainsi obtenue et vous n'aurez qu'à adoucir les angles formés par la position oblique donnée aux morceaux du patron souche.

---

1. La position donnée à ces deux premières divisions du patron-type de bassin a pour but de conserver à la jupe une chute verticale devant.

Au-dessus de l'horizontale C-K marquez le point D à un éloignement de 25 centimètres.

Partagez l'angle droit A en trois parties à peu près égales et mesurez sur ces différentes lignes les longueurs suivantes pour pouvoir arrondir le bas :

Point A^1 à B$=$105 ; I à J$=$107 ; G à H$=$108 ; E à F$=$109 ; C à D$=$109.

Si cette jupe, tracée pour une personne de grande taille, était utilisée pour une plus petite ou une plus grande, il serait nécessaire de raccourcir le patron de la quantité indiquée par les mesures et parallèlement au bord inférieur, ou l'allonger de même.

En haut de la couture du milieu derrière, au-dessous du point C, on laisse une ouverture de 18 à 20 centimètres pour permettre d'ôter et de mettre la jupe. La poche est placée sous cette ouverture, un intervalle de quelques centimètres subsiste, derrière, entre le point C et la mesure de ceinture ; on y fait, comme à la jupe précédente, deux ou trois fronces destinées à ramener la largeur de ceinture à son chiffre en donnant un peu d'aisance derrière.

La figure 135 démontre les changements qui s'opèrent dans la partie supérieure des jupes suivant le degré d'ampleur du bas.

A titre de comparaison, nous donnons deux tracés, l'un est celui d'une jupe de 5 mètres d'ampleur du bas et l'autre de 7 mètres. Entre ces deux jupes, nous en avons figuré une troisième d'ampleur intermédiaire.

Plus la partie d'arrière augmente d'ampleur, plus le haut se courbe et diminue de longueur au montage de ceinture. Quand l'ampleur D est sur D^1, le point C du milieu derrière est sur C^1 et de D^1 sur D^2 correspond un changement du haut de C^1 sur C^2. C'est donc

la partie supérieure postérieure qui change de position.
Il faut même avoir bien soin de ne pas changer celle des

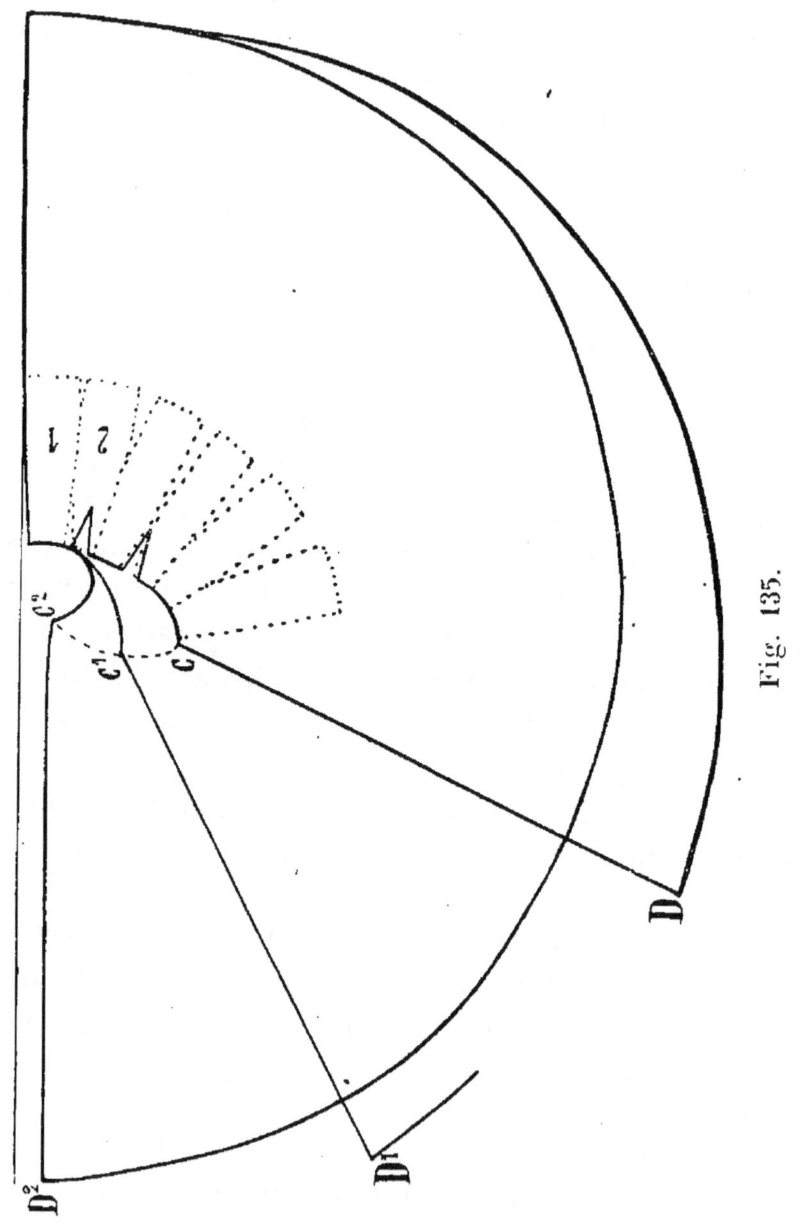

deux parties de devant, parce que si on éloignait à
leur région inférieure les deux morceaux du patron

souche, celui du côté viendrait (s'écartant du premier) gagner de la hauteur à la hanche; hauteur qui, sur la personne, se porte en avant (voir *fig.* 136) et produit l'effet d'une jupe à laquelle on aurait trop creusé le milieu du lé du devant, par le haut.

JUPE A GRANDE AMPLEUR
(*fig.* 137).

Pour faire le tracé, tirez la ligne droite B-A-K d'une longueur de 2^m,50 environ.

De B jusqu'à A, appliquez la longueur du devant de jupe (ici 105).

Fig. 136.

De A à C appliquez 18, soit le 1/3 de la largeur du bassin au plus gros (mesure augmentée de 6 centimètres). Le bassin ayant, par exemple, 48, ajoutez-y 6 pour l'aisance, soit 54, prenez-en le tiers (18). De A à *a* comptez la moitié (9). De *a* à E marquez le même chiffre 18 augmenté de 1 (soit 19).

Au-dessous du point C, sur la petite perpendiculaire C-C^1, descendez de 10 centimètres.

Tirez C^{1}D presque parallèlement à la ligne B-K.

Donnez à la ligne du milieu, derrière, une longueur de 112 de C^1 à D.

Placez ensuite les morceaux du patron souche dans la position qui leur est donnée à ce tracé: les deux parties du devant en contact à leur région infé-

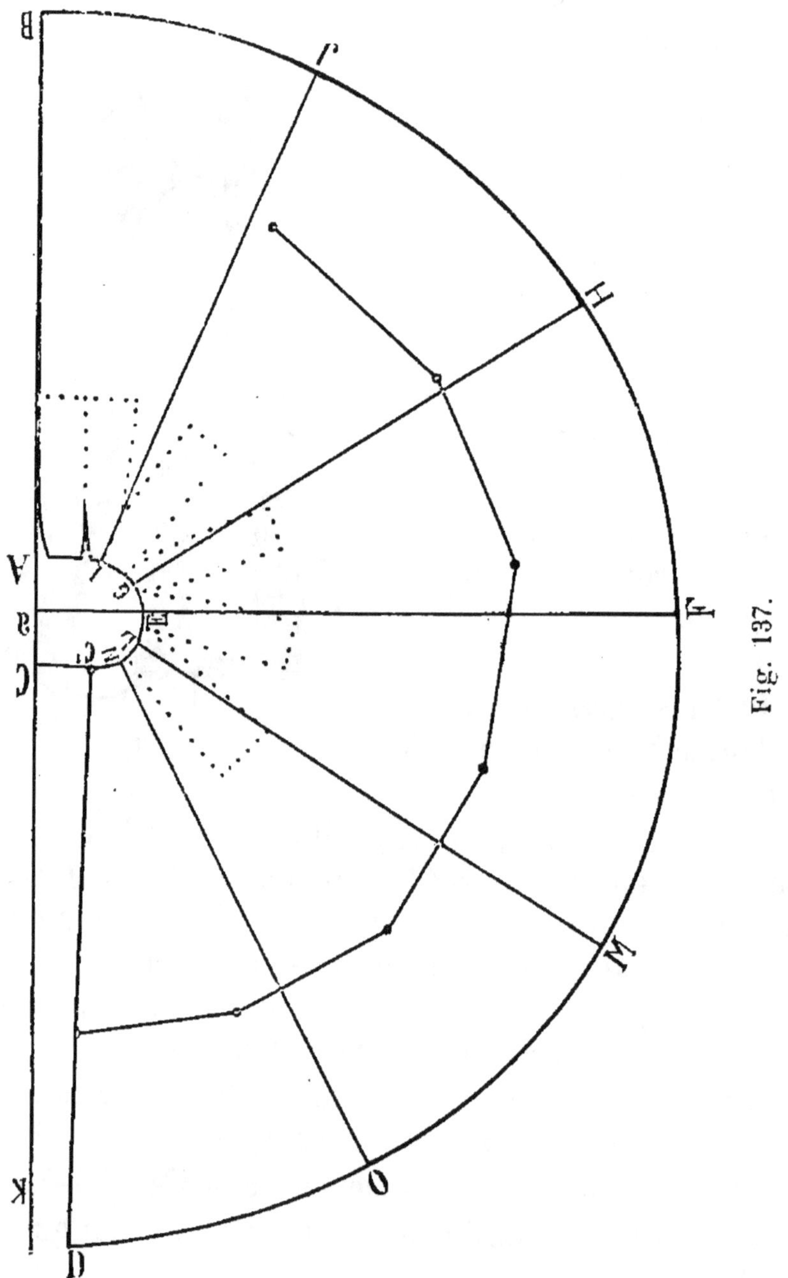

Fig. 137.

rieure et le haut formant pince par conséquent.
Mettez le troisième morceau en contact avec le deuxième

à leur partie supérieure et laissez se former au bas un écart de 12 centimètres.

Placez le quatrième morceau en contact du haut avec le troisième avec, au bas, un écart de13 centimètres.

Placez le cinquième et le sixième morceau en contact par le haut ; ici l'écartement sera de 13 centimètres entre chacun d'eux.

Entre la ligne du milieu derrière et le côté du dernier morceau du patron souche, vous aurez de 24 à 25 centimètres.

Vous aurez deux pinces de ventre à faire dont une de 2 centimètres au milieu et une de côté de même valeur ou à peu près.

Partagez en six parties à peu près égales les courbes inférieures et supérieures de ce patron.

Donnez :

Sur la ligne I–J une longueur de 105.
     —   G-H   —   106.
     —   E-F   —   108.
     —   L-M   —   110.
Sur N–O et C^1-D   —   112.

Le tour total du bas de cette jupe dont le tracé ne fournit que la moitié donnera une largeur de 7^m,60.

La ligne A–B est toujours ou presque toujours posée contre un pli du tissu de façon à avoir cette partie sans couture.

Les lés sont diversement combinés de largeur suivant la largeur des étoffes employées.

On fait quelques petits plis ou fronces derrière pour réduire le haut de la jupe à la mesure de ceinture.

Au bas, à une hauteur de 30 ou 35 centimètres,

on fixe par un point, intérieurement, en six places à peu près également espacées, la jupe sur une bande de tissu ou de drap moins large que la jupe, en laissant se former entre chaque arrêt un godet qui y reste maintenu. La largeur de cette bande est de 1^m,60 environ et sa hauteur de 3 ou 4 centimètres.

JUPE A TRAINE (*fig.* 138).

Pour former le patron, tirez la ligne droite A-B de l'angle A ; tirez d'équerre sur A-B l'horizontale A-C.

De A à A¹, marquez 40 centimètres et, de A à C, 65.

Disposez les parties du patron souche comme l'indique le tracé et dessinez la courbe de ceinture.

Donnez au lé du devant, en haut, 15 centimètres. Les pinces sont à déduire de ce chiffre.

Comptez, pour le deuxième lé, de 15 à 16 centimètres. La pince est aussi à déduire.

La quantité à retirer dans ces pinces sera indiquée par les écarts qu'il y aura entre les parties du patron type.

Au troisième lé, en haut, donnez une largeur de 12 à 13 centimètres ; au quatrième, en haut, 14 à 15 ; et au cinquième et dernier 14 à 15.

Au premier lé du devant, apportez une largeur (au bas), de 30 centimètres ; au deuxième lé, 60 ; au troisième, 65 ; au quatrième, 65 ; au cinquième, 60.

Réunissez par des lignes droites ces divers points de largeur, vous aurez les côtés ou montage des lés.

La longueur du milieu du devant A-B est de 100 ; celle du montage du devant au côté, de 102 ; le deuxième montage, de 118 ; le troisième, de 148 ; le quatrième, de 172. Le milieu de jupe derrière a 1^m,85.

La largeur des entre-pinces du lé de devant et de

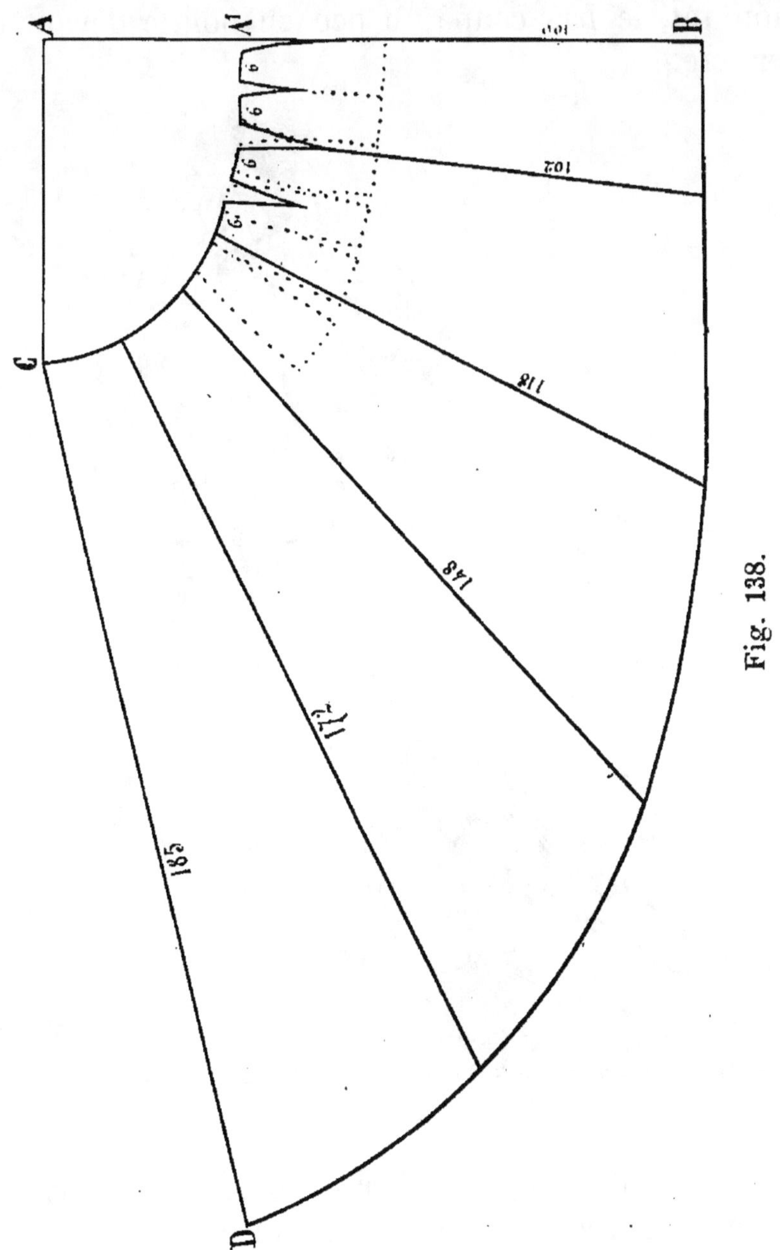

celui du côté est de 6 centimètres. Le tour du bas
est de 5ᵐ,75 environ.

La jupe finie et portée figure au n° 139. Cette jupe est accompagnée d'un corsage simple et montant, le bas coupé un peu en pointe devant et derrière.

Fig. 139.

Le lé du devant ou *tablier* — on ne doit pas perdre de vue cette règle — est sans couture au milieu.

A la partie postérieure de la jupe, l'excédent d'ampleur de ceinture devra être monté en six plis creux ou simplement froncés.

Disposition des patrons de jupes
sur le tissu.

JUPE DE 5 MÈTRES D'AMPLEUR DU BAS SUR 1 MÈTRE DE
LONGUEUR DEVANT

1re disposition.

Cette disposition nécessite un métrage de 3m,55 de tissu d'une largeur de 1m,40 ouvert. La ligne D-E est celle du pli développé de l'étoffe (*fig.* 140).

Tous les patrons sont tracés avec les remplis inférieurs et intérieurs de 5 à 6 centimètres.

Les différents lés de cette jupe ont été coupés d'après le patron de la jupe de 5 mètres (*fig.* 135).

La figure A représente le double lé du devant ou tablier. Le milieu de ces lés a été déplacé, afin de laisser la chute de coupe en un morceau plus étendu et plus utilisable. Le pli du tissu doit donc être effacé au fer.

Les figures B sont celles des lés de côté. Les montages avec les côtés du tablier sont indiqués par les lettres F-G et les montages avec les côtes du lé de derrière par I-H.

A la figure C se voit le double lé du derrière. Il est sans couture et on fait en haut deux plis de la valeur comprise entre J et J, afin de ramener la ceinture à la mesure de la personne. La largeur du tissu limite celle du bas de dos.

2e disposition.

La figure 141 nous fournit une autre disposition de la même jupe ; mais comme nous avons supposé une couture au lé de derrière, au milieu, le place-

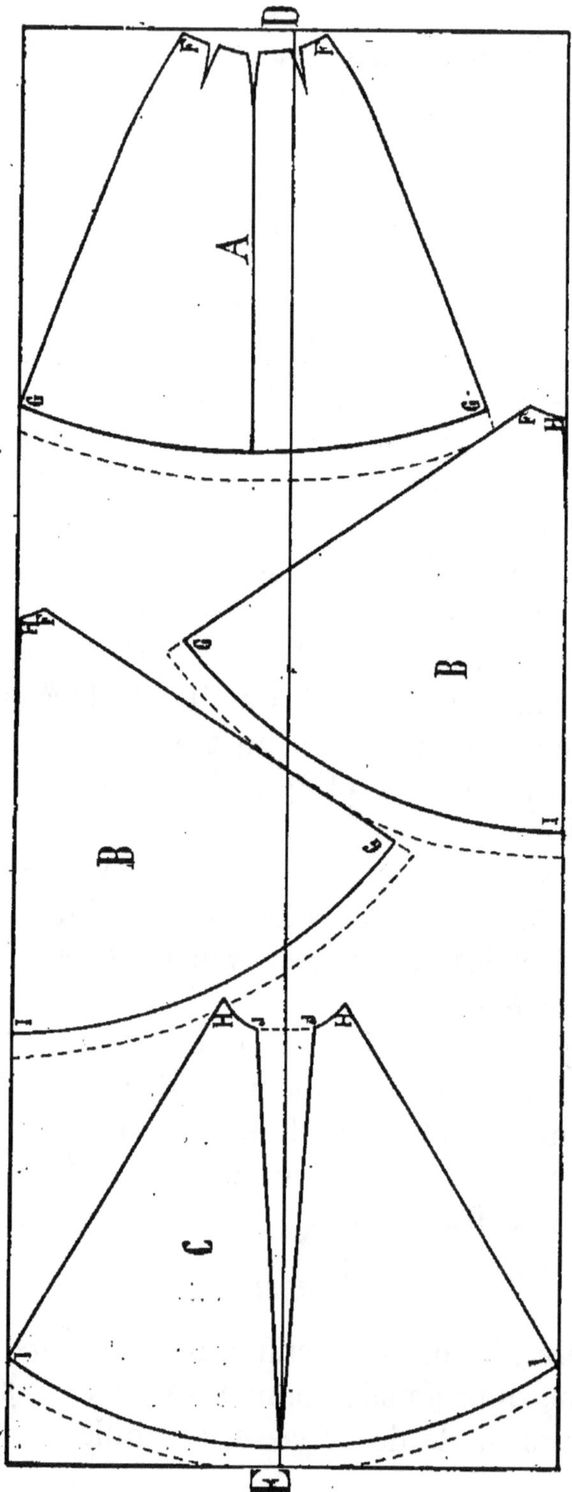

Fig. 140.

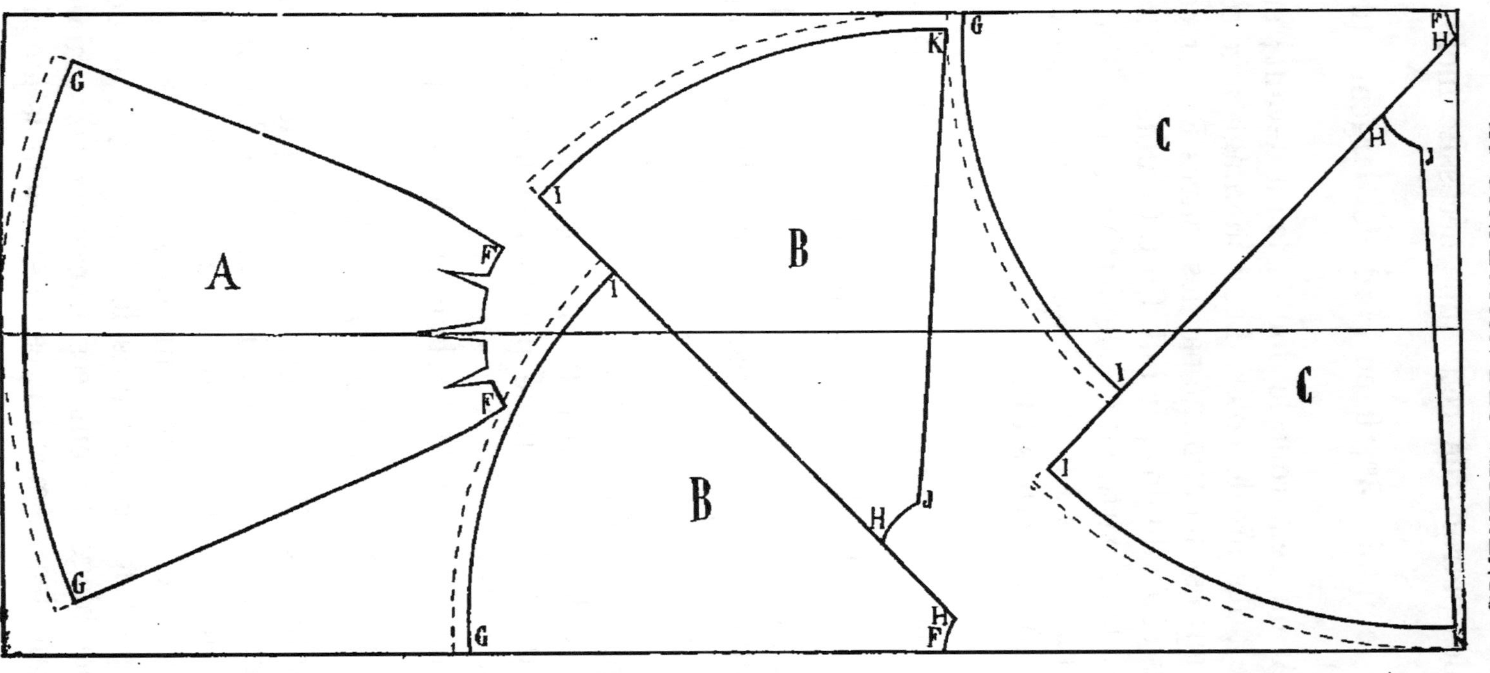

Fig. 141.

ment des patrons de cette jupe nécessite moins de tissu.

Elle emploie 3^m,10 en 140 de largeur (drap ouvert).

En A, on remarque le double lé du devant ; en B (double), les lés de côtés. Leur montage aux côtés du devant est mentionné par les lettres F-G et celui avec les côtés du dos par I-H. En C (double), on trouvera les deux parties du lé de derrière ; le milieu répond aux lettres J-K et le côté du montage (aux lés des côtés) aux lettres I-H.

JUPE A GRANDE AMPLEUR, COMPOSÉE DE TROIS LÉS DOUBLES

1re *disposition (fig. 142).*

Cette jupe emploie 3^m,95 de tissu en 140 de largeur (ouvert). Toutes les parties sont placées à sens, c'est-à-dire à poil descendant.

Le tablier du devant est marqué par A et ses montages de côtés par F-G.

Les lés de côté (lettre B) ont leur montage avec le côté du devant indiqué par F-G et leur montage avec les côtés des lés du dos par I-H.

Le milieu des lés de derrière est désigné par J-K.

2e *disposition (fig. 143).*

Le patron a été décomposé en cinq lés doubles dont : un double lé A, pour le tablier du devant ; un premier double lé B, pour les côtés ; un deuxième double lé pour les côtés ; un troisième double lé C, encore pour les côtés ; puis le double lé E du dos.

L'assemblage de tous ces morceaux sera fait en réunissant les mêmes lettres : E-F, pour la jonction

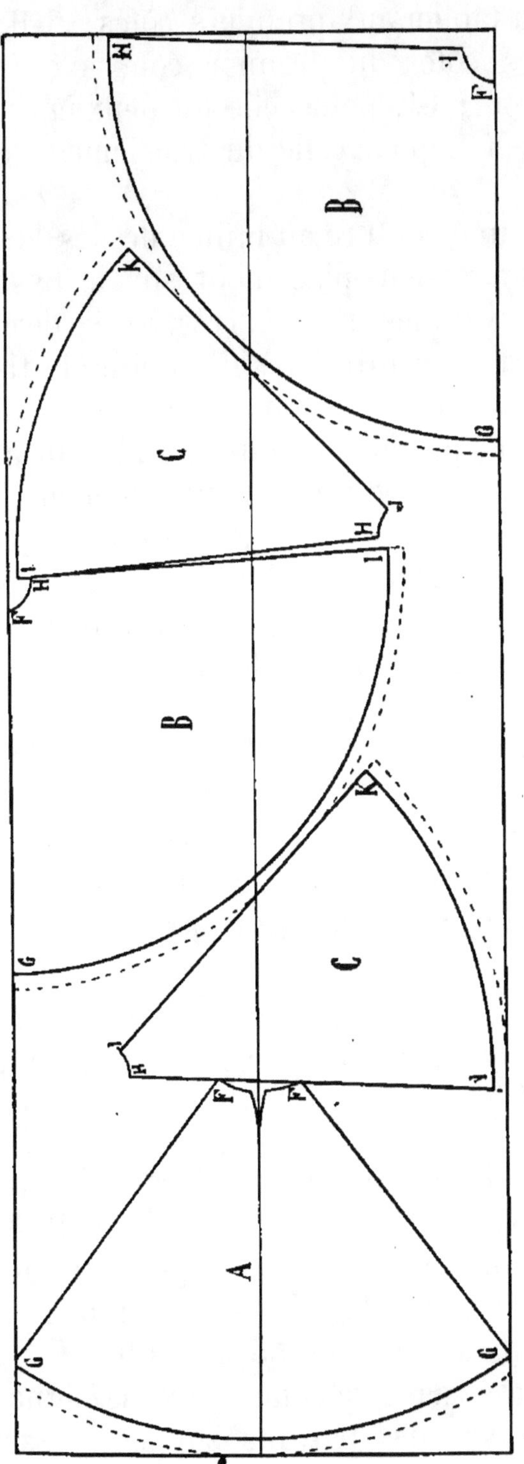

Fig. 142.

des côtés du tablier aux premiers côtés ; G-H, pour la jonction des côtés du premier côté avec ceux du deuxième côté ; I-J, pour celle du deuxième au troisième côté ; K-L, pour celle du troisième côté aux lés du derrière.

Si on fait une couture au milieu des lés de derrière, on peut changer leur placement sur le tissu en les disposant suivant les traits barrés. En ce dernier cas, on emploiera 15 centimètres de moins de tissu.

Pour le placement de toutes ces parties aussi divisées, il faut apporter le plus grand soin à ne pas couper deux parties d'un lé pour un même côté du corps. Pour cela, dès qu'un des patrons est tracé sur l'étoffe aux lieu et place voulus, il est bon de changer ce patron de côté, de retourner le dessous en dessus avant de le reporter sur l'étoffe à la place qui lui est destinée.

Cette jupe ainsi disposée fait très peu de fausses coupes ; chacune des parties étroites s'intercale dans une partie large ; mais des morceaux sont à poil, d'autres à contre-poil ; on ne peut se servir, avec ce système, que d'étoffes n'ayant pas de sens.

JUPE A GRANDE AMPLEUR COUPÉE AVEC UN DOUBLE LÉ SANS COUTURE DEVANT ET UN DOUBLE LÉ AVEC COUTURE DERRIÈRE (*fig.* 144).

Ce double lé prend toute la largeur à lui seul. Pour le trouver, il faut qu'un tissu ait 1^m,30 environ de largeur (ouvert). Cette jupe a une longueur de 105 devant et de 110 derrière, remplis compris. Sa disposition nécessite 5^m,55 à 5^m,60.

Tous les métrages que nous avons signalés ont été calculés avec des patrons supposés essayés. Il

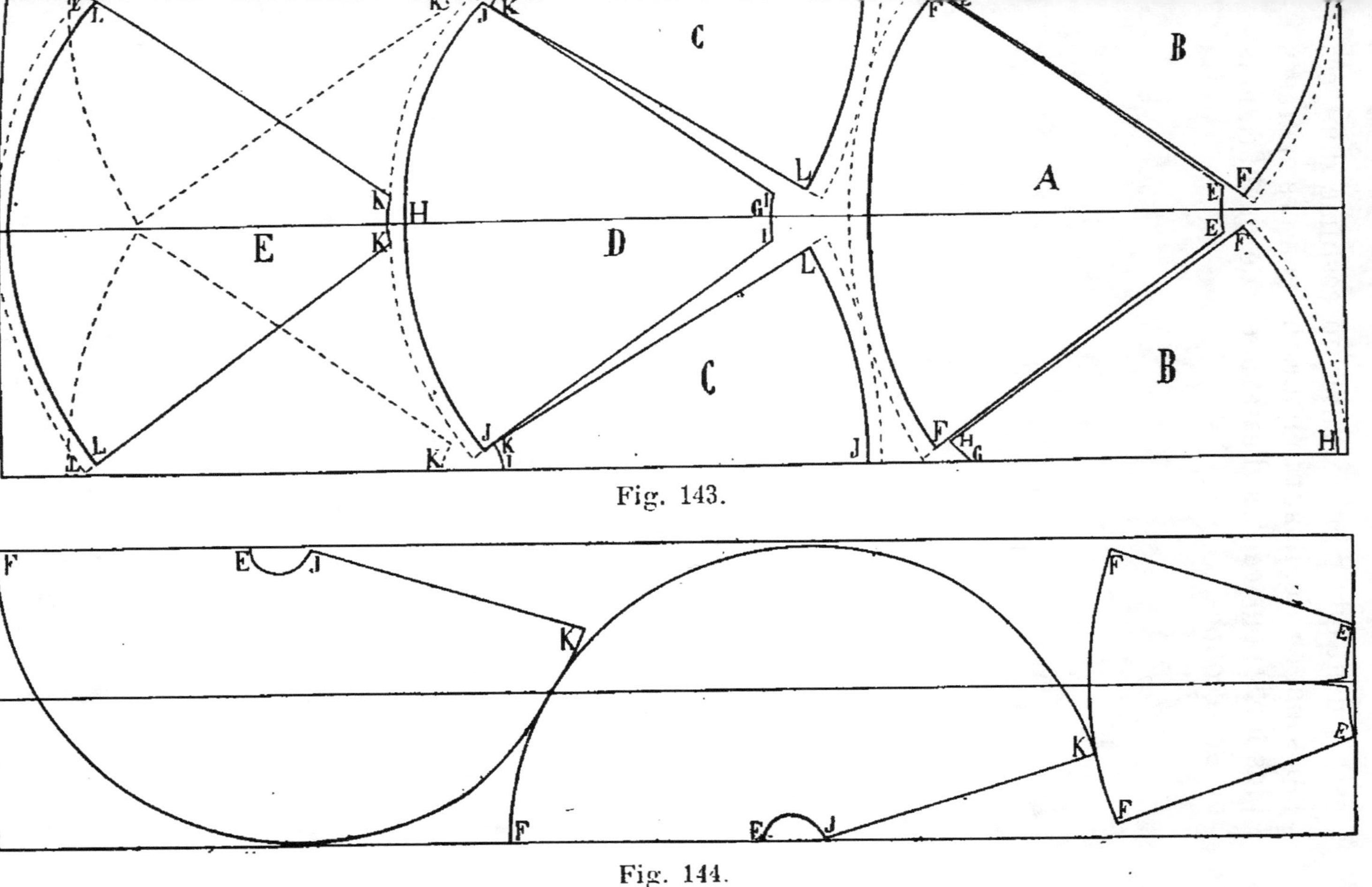

Fig. 143.

Fig. 144.

est évident que pour exécuter un costume dont ces jupes font partie, il faut toujours prévoir des métrages plus forts pour causes d'essayages, de modifications ou de recoupes.

XII

FORMES DIVERSES DE VÊTEMENTS

Avis préliminaire.

EMBOÎTAGE DE LA JUPE AVEC LE CORSAGE

Avant d'entreprendre la description des vêtements et, notamment, de la redingote, il est nécessaire de connaître les principes relatifs à l'emboîtage d'une jupe.

Comme celui-ci peut se faire à une hauteur quelconque, une base fixe de calcul nous paraît indispensable.

Par exemple, voici (*fig.* 145) un corsage essayé, rectifié et prolongé de 14 centimètres au-dessous de la taille naturelle B-D, tout autour et régulièrement. Sur le corps, toutes les lignes comprises entre les points limites du dos, côtés et devant formeront une seule ligne parallèle au sol, c'est-à-dire une ligne horizontale.

La longueur totale de toutes ces lignes sera environ de 54 centimètres, le dos compris.

Bien que le bassin ait acquis à cette hauteur son développement à peu près complet, les surfaces situées

Fig. 145.

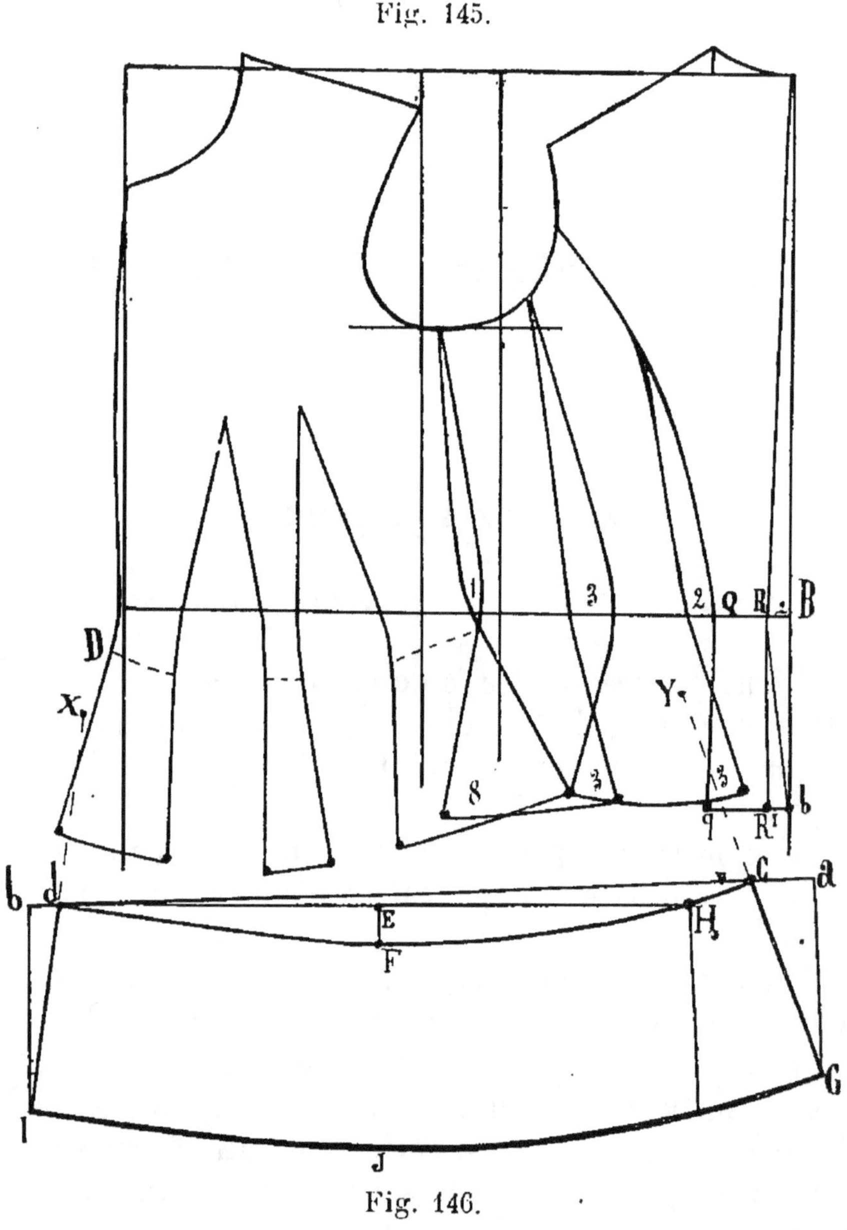

Fig. 146.

inférieurement tendent cependant à conserver une forme légèrement conique ; on ne peut, du reste, ajuster un vêtement d'une façon par trop exagérée. Il faut donc donner à la jupe, dans l'allongement destiné à être cousu horizontalement au corsage, une forme un peu conique. C'est ce que nous avons fait au patron type de la figure 146.

Tracez le rectangle *a-b-i-*G de 57 centimètres de largeur sur 14 centimètres de hauteur.

Du point *a* à C, retranchez 4 centimètres : de *b* à *d*, 2 centimètres.

Tirez les obliques C-G et *d-i*, qui sont les lignes du milieu du corps derrière et devant.

De C à H, retranchez la valeur du bas de dos *q-b* (nous savons que *b* rejoint la construction à 2 centimètres d'éloignement de R¹ (à 14 centimètres au-dessous de la taille naturelle).

Du point *d*, tirez la ligne *d*-H, au milieu de laquelle vous descendrez F à une distance de 2 1/2 au-dessous de E. Tracez toute la courbe C-H-F-*d* et parallèlement la courbe inférieure G-J-I, cette dernière se trouve située à la hauteur de la ligne de fourche.

Du tracé ci-dessus, retenons bien ce détail :

Pour emboîter une jupe à un corsage prolongé de 14 centimètres tout autour et au-dessous de la taille naturelle, il faut y joindre une courbe dont le milieu fait flèche sur E-F de 2 1/2 par rapport à une droite tirée du point *d* du devant au point H du bas du petit côté.

La longueur de la courbe de montage C-H-F-*d* est inférieure de 3 centimètres à peu près à celle du montage du corsage prolongé ; mais quand toutes les coutures sont faites, les longueurs deviennent égales.

Si on fait l'allongement du corsage d'une quantité

quelconque et inégale pour le dos, le côté et le devant (cas des redingotes, auxquelles on donne à la couture de taille une pente plus gracieuse), on ajoute, au-dessus des points correspondants de la jupe, tout ce que le corsage ne fournit pas.

S'il s'agit, par exemple, d'allonger un corsage de 8 centimètres au-dessous de la taille, au dos et au bas du côté, j'élève de 6 centimètres au-dessus du point H correspondant de la jupe, j'ai alors 14 centimètres. Si ce même corsage porte 5 centimètres de prolongement au-dessous de la hanche, 'ajoute 9 centimètres au-dessus du point F correspondant de la jupe et, pour le devant du corsage augmenté de 9 centimètres, j'élève de 5 centimètres à la jupe, au-dessus du point *d*.

Il est évident que si la jupe devait être montée au corsage, à l'endroit de la taille naturelle **B-D**, on élèverait de 14 centimètres partout *au-dessus* des points **H-F-***d*, une courbe de montage parallèle à la première, ayant comme cette dernière une flèche de 2 1/2 entre ses points **E** et **F**, transportés également à 14 centimètres plus haut.

Mais la courbe de montage de jupe présenterait, à cette hauteur, une longueur de 45 centimètres environ (dos compris) entre les points **X-Y**, tandis que la ceinture du corsage n'a que 30 centimètres. Nous aurions, par conséquent, 15 centimètres à retirer par des pinces de jupes (pinces correspondant par leur écart aux recroisements du corsage prolongé de la figure 145).

Ces recroisements sont de 3 centimètres pour le bas du côté sur le dos, 3 à 4 du premier côté sur le second et 8 du deuxième côté sur le devant.

C'est au point de vue purement théorique que

nous nous plaçons, puisque l'usage n'est pas de monter une jupe de redingote en pleine taille naturelle. On fait toujours des prolongements dont les chiffres décident du chic de la pente pour cette couture.

Afin de faciliter la compréhension de ces figures, nous dirons que le point X du bassin prolongé correspond au point D de la taille naturelle du devant et que le point Y du même bassin prolongé correspond au point R de la taille naturelle du dos.

Fig. 147.

Redingote croisée avec baguettes rapportées *(fig.* 147) (¹).

La gravure fournit un exemple de l'allongement de taille dont nous venons d'exposer et fixer les principes.

COUPE DE LA REDINGOTE *(fig.* 148).

Mesures.

Longueur de taille et longueur totale. 39-134
Carrure, 17 ; réduite. 14 1/2

(1) Ces baguettes sont rapportées sur toutes les coutures et en feston en haut des pinces, en travers des devants.

Montant ou pente d'épaule 22
Grosseur du haut 46
— de ceinture 32
Longueur du devant de la nuque à la
    hanche. 51
Grosseur du bassin. 52

Cette mensuration ne comprend pas la demi-largeur de poitrine, ni la longueur de manches

Le tracé par la méthode fournit la largeur de poitrine.

Construction.

Ce vêtement se fait sans couture au milieu du dos ; celle-ci est remplacée par le pli de l'étoffe.

La jupe et la basque du dos sont cousues en plein travers ; les coutures sont couvertes d'une baguette.

L'allongement de la taille comprend 9 centimètres au milieu du dos, 5 centimètres à la hanche et 14 centimètres au-devant.

Le rectangle du corsage est formé par :

$$46 + 6 = 52.$$

Il se subdivise aussi en deux autres rectangles de 23 centimètres chacun.

Tout le tracé est conforme au modèle type moyen.

L'intersection P, obtenue par l'application des mesures de pente 22 et de carrure 17, partage la longueur de la taille à un demi-centimètre près, suivant le calcul donné pour remplacer à l'occasion ces deux mesures.

Autrement, en retranchant 3 centimètres de la longueur de taille, 39, et en divisant le reste en trois parties, il existe 12 centimètres (distance de l'intersection P à la ligne horizontale A-G).

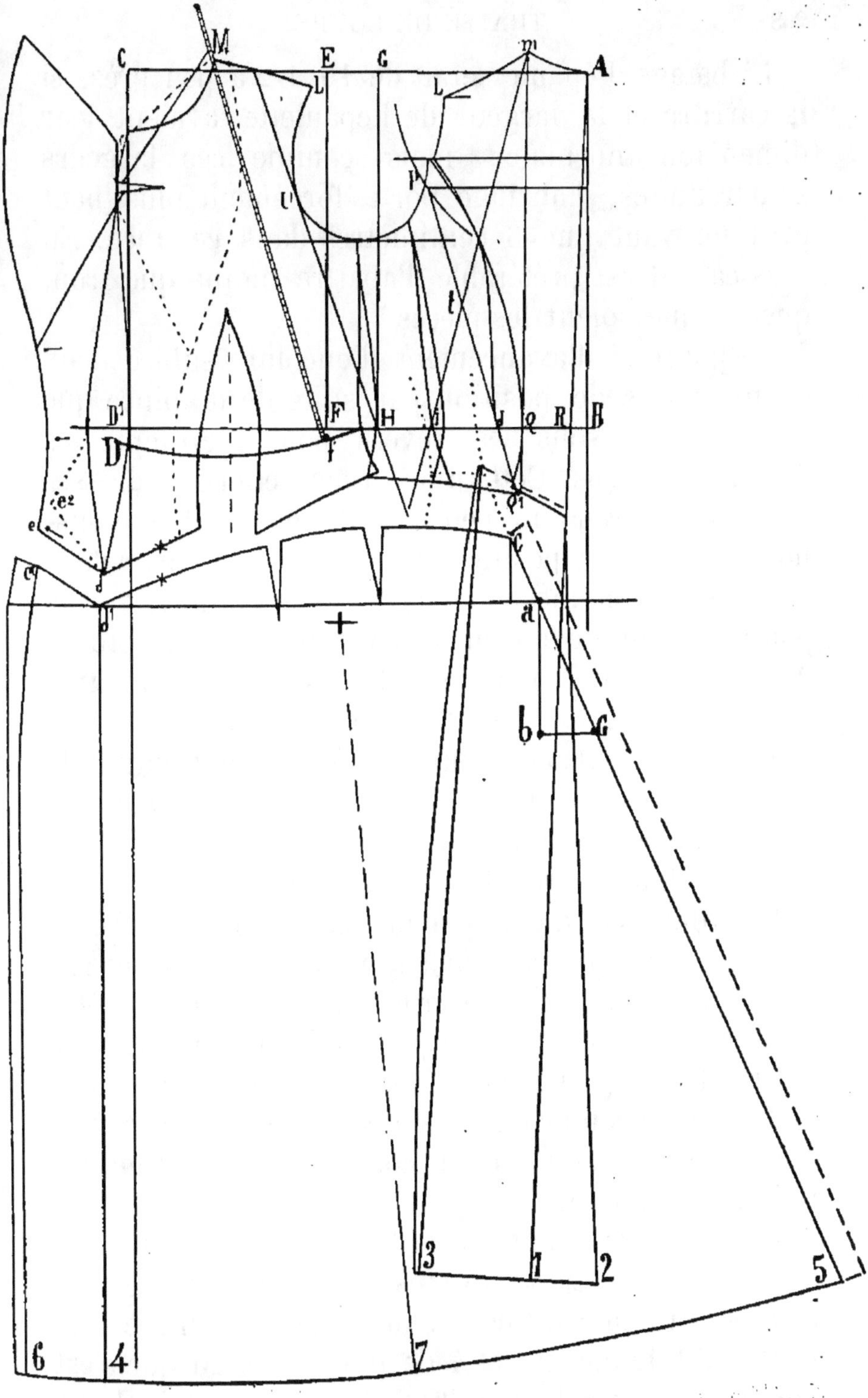

Fig. 148.

L'abatage d'épaule serait de 10 1/2 à peu près, si la carrure et la largeur de l'épaulette avaient leur dimension normale ; mais comme ces largeurs sont réduites, l'abatage porte forcément plus haut et il ne vaut que 6 centimètres dans ce tracé. En tous cas, il est préférable d'abattre moins que trop, quelles que soient les pièces.

Le point M d'avancement d'encolure subira deux changements de position par suite de la pince que nous faisons sous les revers pour maintenir les devants au corps. Cette pince a pour effet de redresser et de raccourcir un peu l'épaulette ; aussi, avons-nous indiqué la position de ce point, à partir de *f*, par la septième mesure (51) augmentée de 1/2 en le plaçant comme avancement, non pas au tiers plus 1 de la largeur C-E, mais à 9 2/3, soit 2 centimètres de plus que le tiers de 23 (distance C-E).

La profondeur d'encolure est à peu près naturelle à 15 1/3 ou 1/3 de 46. Du reste, cette hauteur, comme nous le savons, dépend absolument du revers, de la hauteur de son boutonnement.

La profondeur d'emmanchure est comptée à 18 centimètres à partir du haut (ligne A-C) et à 20 centimètres à partir du bas (ligne B-D), soit 1 centimètre de plus que la demi-taille pour hauteur du côté.

Quant aux points de ceinture, on retire 2 centimètres à la cambrure, 2 entre le dos et le côté et 1 1/2 entre chaque petit côté, soit 7 centimètres retirés en arrière.

Le rectangle ayant 52 de largeur, si l'on ôte 7, il nous reste 45. Ce chiffre est trop fort de 9 centimètres pour la ceinture à établir de la manière suivante ; 32 de mesure et 4 de plus : attendu que c'est une forme de pardessus, 32+4=36. 36 ôtés de 45 laissent pour reste 9, que l'on retire alors dans la pince du devant.

Les élargissements de la partie prolongée du corsage sont faits parallèlement aux lignes régulatrices *t-i* et U-H.

Rappelons que le point *t* est situé au milieu de la distance P-J ; que le point I et le point d'intersection de carrure P sont également distants de la ligne H-G.

Dans le présent tracé, nous avons fait passer la ligne régulatrice par le point *m* d'encolure et le point *t*.

La largeur du bas de dos est de 5 centimètres. Nous avons fait passer par le point Q et celui de l'encolure *m* une ligne en dehors de laquelle nous avons sorti de 1 centimètre au bas de dos pour cintrer cette partie et donner un peu de jeu qui ne peut être fourni par le milieu du dos, qui est une ligne droite.

La largeur de chacun des côtés est de 5 à 5 1/2 à la ceinture.

Au point limite *d* d'allongement du devant, nous avons sorti de 4 centimètres en dehors de la ligne de construction C-D.

L'anglaise (1) qui forme la croisure et le revers de ce vêtement, s'obtient par le devant lui-même.

Il faut poser sur une feuille de papier le devant avec sa pince épinglée, puis tracer le montage de cette anglaise en suivant exactement le bord et le bas du devant.

Quant à sa largeur, elle est très variable. Nous avons donné 6 centimètres au bas, 4 1/2 à la hau-

---

(1) Le tracé de cette anglaise est marqué en traits barrés sur le devant, ainsi que le rabattement de la ligne de brisure.

teur de la taille naturelle D, 7 centimètres à la hauteur du premier bouton du haut et 14 à 15 sur la partie biaisée du revers.

Ce vêtement peut se boutonner par trois ou par quatre boutons ; dans ce dernier cas, une boutonnière supplémentaire sera ajoutée à l'anglaise et placée au-dessus de la première figurée au tracé. Il est de principe, ne l'oublions pas, qu'une boutonnière doit être percée juste dans le creux D de la taille, devant. Il faut donc espacer les boutonnières de façon à ce que cette dernière condition soit observée.

Comme complément du tracé du dos, on dressera aussi celui de la basque.

Prolongez la ligne A R jusqu'au point 1 en ligne droite. Sortez au bas, en dehors du point 1 de 6 à 7 centimètres sur le point 2, prolongez la taille naturelle de 9 centimètres ; puis de ce point tirez une droite oblique jusqu'au point 2.

Du point 2 au point 3, donnez une largeur de 19 à 20 centimètres.

En haut de la basque du dos, sortez en dehors du point Q^1 3 centimètres et tirez la droite oblique de ce point au point 3.

En dehors de cette dernière ligne, sortez environ 2 centimètres de renflement vers le milieu de cette ligne.

Pour tracer le patron de la jupe, tirez la droite horizontale $a\text{-}d^1$ à 19 ou 20 centimètres au-dessous de la ligne B-D^1 du corsage et parallèlement.

Prolongez la ligne de construction C-D du devant jusqu'au bas de la jupe. Tracez en dehors et parallèlement à cette ligne la droite $d^1\text{-}4$, à 4 centimètres de distance de celle de construction.

A une distance égale à $d\text{-}e$ du bas de l'anglaise, formez d^1-e^1 de la jupe parallèlement au bas de l'anglaise. Du point e^1 donnez un peu de renflement, puis descendez en ligne droite jusqu'au point 6. Sortez en avant la valeur des remplis intérieurs des devants de jupe (soit 2 ou 3 centimètres).

Du point d^1 qui est situé au plus gros du ventre, fixez jusqu'à a la grosseur entière du bassin (soit ici, 52).

La largeur du dos fournira le développement nécessaire pour cette partie.

Vers le milieu de la distance a-d^1, descendez de 2 1/2 au-dessous de la ligne, à la place marquée d'une croix.

Tirez bien d'équerre sur l'horizontale a-d^1 la ligne a-b de 14 centimètres de longueur.

Tirez sur a-b une petite ligne horizontale b-G, à laquelle vous donnerez 4 centimètres de longueur ; vous pourrez élever ce chiffre à 5 centimètres pour une jupe demandée plus large du bas ; mais vous ne devez pas donner moins de 4 centimètres.

De ce point G, tirez une ligne oblique passant par le point a jusqu'à C du haut du pli de jupe et jusqu'au point 5 du bas du pli.

Il ne faut pas qu'une redingote pour femme moyenne, avec cette longueur qui atteint à peu près celle de la robe, ait moins de 1 mètre de largeur au bas, par moitié du vêtement (dos et devant compris, mesurés du point 5 au point 4 et du point 3 au point 2). C'est un minimum de largeur.

Pour l'emboîtage de la jupe au corsage, vous vous souvenez avoir prolongé ce dernier de 9 centimètres sur le milieu du dos ; ce qui nous laisse 7 centimètres environ au bas du petit côté Q^1, à cause de la pente donnée au bas du dos. Elevez alors de

7 centimètres *a* sur C (les 7 centimètres ajoutés au-dessus de *a* additionnés aux 7 de prolongement du corsage font les 14 centimètres).

A la hanche, le corsage est prolongé de 5 centimètres au-dessous du point H de taille naturelle ; c'est donc 9 centimètres qui manquent pour faire les 14 d'allongement. Ces 9 centimètres, vous les ajoutez au-dessus du point marqué d'une croix.

Au devant, votre allongement est de 14 centimètres, donc votre jupe restera sur le point d' qui appartient à la ligne horizontale passant aux points culminants du bassin.

Faites passer votre courbe de montage de jupe par ces trois points.

Mesurez les parties du bas du corsage, le dos non compris. Vous trouverez 45 environ, tandis que le montage de la jupe aura au moins 49, retirez alors cet excès par une ou deux pinces.

Une chose importante à retenir, c'est que, lorsque l'anglaise est jointe à son montage avec le devant, le bas de cette anglaise change de position et de $d\text{-}e$ vient se placer en $d\text{-}e^2$ (traits pointés).

Quand la jupe est réunie au devant, le point d' sur d, il subsiste un écart entre e' de jupe et e^2 du bas de l'anglaise, écart égal à 2 1/2 sur un côté d'angle $e'\text{-}d'$ de 8 centimètres.

S'il s'agissait d'une redingote pour une grosse femme, l'écart serait plus grand.

Pour arrondir le bas, il y a un moyen : la comparaison des longueurs de dos et de devant dont le rapport ou différence est de 13 centimètres à peu près pour une femme moyenne.

Puisque nous avons une longueur de dos de 134,

il nous faut mesurer 147 sur le devant (encolure du dos comprise).

Nous pouvons aussi régler la longueur de la jupe, derrière par celle de la basque du dos déjà coupée ; puis mesurer la longueur comprise entre le point a et le point 5 et reporter cette même longueur depuis la croix jusqu'au bas du côté, au point 7.

Reportez devant cette longueur augmentée de 1 centimètre du point d' au point 4 et arrondissez le bas par ces trois points.

Il faut que la pente du devant et celle de l'anglaise soient telles que la boutonnière ait son œillet tombant sur la couture de jupe, le vêtement boutonné. Il ne faudrait pas que le bouton fût cousu sur la jupe, par exemple.

La ligne de pli C-a-G-5 peut-être obtenue en transportant le petit côté près du haut de la jupe dans la position qui lui est donnée en pointillés sur ce tracé. La ligne de pli doit faire suite et en ligne droite avec le bas du côté Q'-J, la partie inférieure de ce côté en contact de partout avec le haut du montage de la jupe.

Pour cette redingote, on peut couper une manche quelconque, collante, demi-large ou ballon, selon la mode. Cependant, pour ce genre de vêtement, toujours fait en drap, la manche n'atteint pas une largeur aussi exagérée qu'on en fait en ce moment aux robes (1896).

De toute façon, le vêtement est épaulé, il est indispensable que la manche ait, à son montage à l'emmanchure, une largeur suffisante réglée par le tour de cette dernière ; une hauteur de tête et de talon correspondant à ce que l'on a retiré en largeur à la carrure et à l'épaulette.

Plan de disposition des patrons de la redingote
(fig. 149).

Les patrons sont ceux du tracé 148.

Les parties composant ce vêtement sont ainsi disposées :

A, dos sans couture au milieu.

B, les manches de forme ballon.

C, les deux grands côtés.

D, les deux petits côtés.

E, les devants.

F, les jupes qu'il faut avoir bien soin de ne pas couper toutes deux pour le même côté, comme pour tous les patrons du reste.

G, les deux basques de dos.

H, les anglaises.

I, les anglaises de revers ou contre-anglaises.

J, les garnitures des devants.

K, les pattes de poche.

L, le dessus du collet s'il est en drap.

La longueur du tissu (^{1}) employé est de 2^m,90 et si on y rapporte des baguettes, on ajoutera 20 centimètres de plus au métrage précédent. Les baguettes sont coupées en travers du tissu et d'une hauteur de 3 centimètres en coupant de façon à ce qu'elles aient 1 1/2 à 2 finies.

Le tracé est extrèmement serré. Dans la pratique, étant donné un essayage à couper au moyen d'un premier patron non essayé et auquel on laisse de fortes réserves, le métrage serait trop faible.

Le tracé est possible avec des patrons bien réglés ne nécessitant presque aucune réserve intérieure.

1. Le tissu employé a 140 de largeur (ouvert).

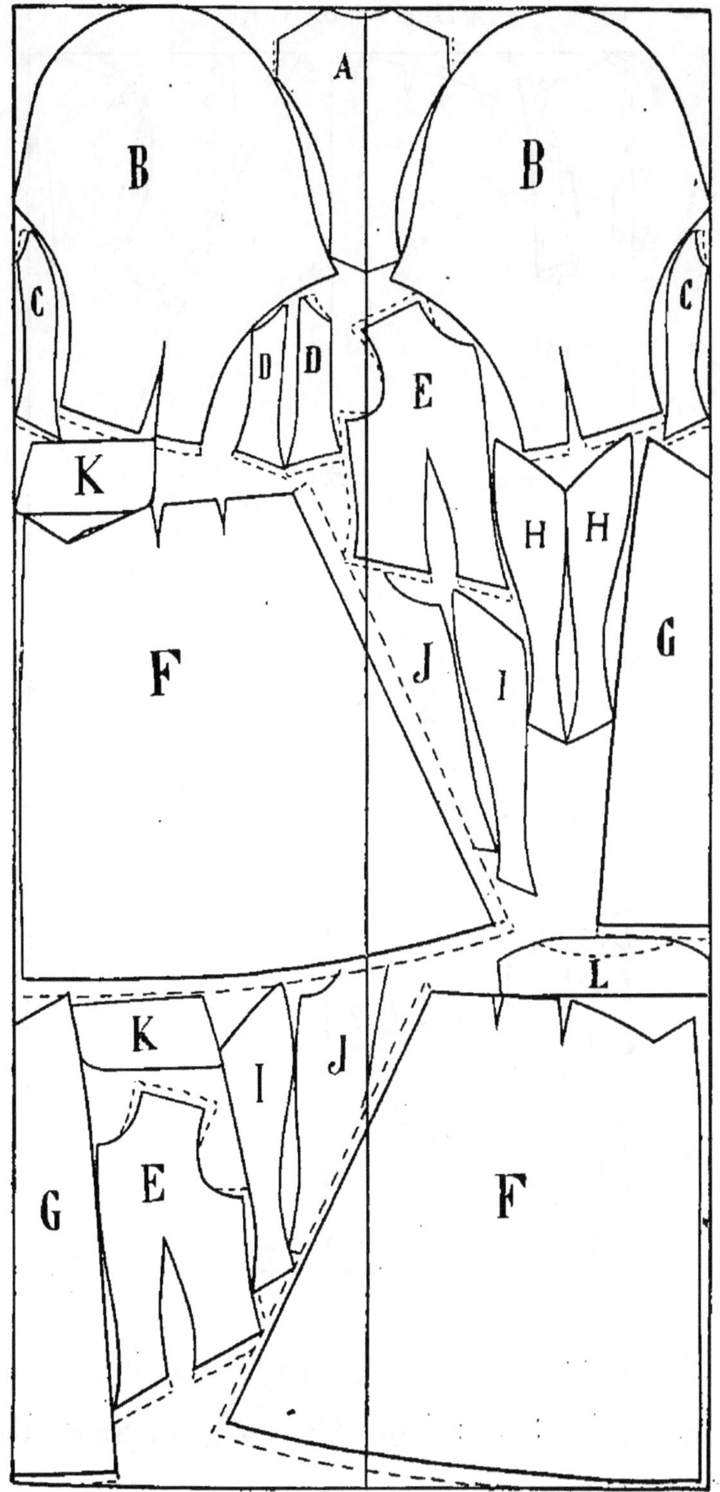

Fig. 149.

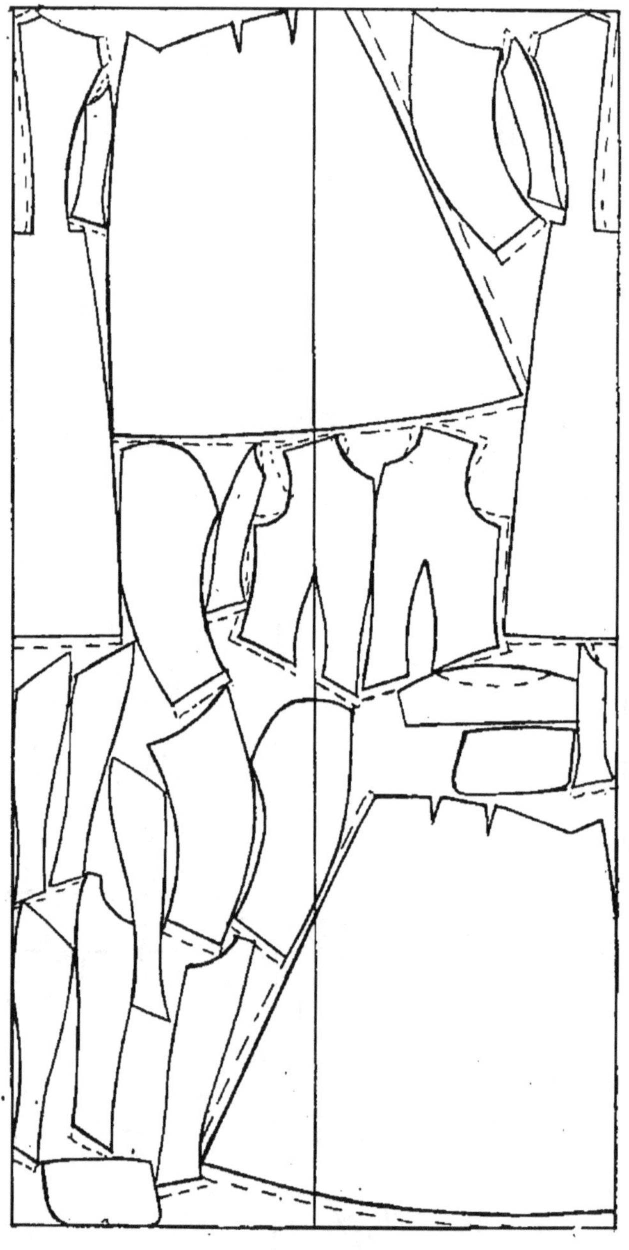

Fig. 150.

Redingote de taille moyenne (*fig.* 150)([1]).

Le tracé est pris dans 2^m70 sur du tissu de 140

1. Plutôt un peu au-dessous.

de largeur (ouvert). Le dos et ses basques ne sont pas séparés à la taille.

Les parties composant le patron sont maintenant assez connues pour ne pas en recommencer la description.

REDINGOTE CROISÉE (*fig.* 151) (¹).

La jonction de la jupe n'est pas en pointe devant comme dans l'exemple précédent, mais ronde ou presque ronde.

Les mesures principales sont :

Longueur de taille..　36
Grosseur du haut...　50
Grosseur de ceinture.　39
Grosseur de bassin..　61

Le rectangle est formé par la longueur de taille A–B (36) ; en hauteur et en largeur par la grosseur $50 + 6 = 56$ (*fig.* 152).

Une remarque :

Nous avons pour une telle personne une mesure de pente d'épaules de 21 centimètres sur une carrure de 18 centimètres.

L'application de ces deux mesures nous donne une intersection K^1 plus haute de 1 1/2 que celle obtenue par l'application du tiers de 33 sur SK.

Fig. 151.

1. Pour une femme forte, de ceinture épaisse et de taille courte avec ventre accentué.

L'abatage d'épaules normalement de 11 1/2, ne sera plus que de 11 1/2 (moins 2 fois 1 1/2 ou 3, c'est-à-dire de 8 1/2).

La conformation est plutôt voûtée avec omoplates un peu rondes.

La longueur de la nuque à la hanche est de 47 centimètres que nous appliquons de f à A' et nous retranchons la largeur de l'encolure du dos pour fixer le point M.

Ce point M est distant du point C de 9 centimètres seulement.

Prenons pour hauteur d'encolure N : 16 2/3 (dos compris). Ces 16 2/3 sont exactement le tiers de la demi-grosseur 50. Pour de semblables conformations, il faut éviter, autant que le permet la forme des revers, de hausser de trop le devant d'encolure.

Le tour d'emmanchure étant habituellement fort pour des conformations semblables, la profondeur Z' se trouve fixée à 20 1/2 à partir de l'horizontale A-C. C'est-à-dire que cette profondeur est telle que le serait celle d'une personne qui aurait 50 de demi-grosseur avec 41 ou 42 de longueur de taille normale à cette grosseur. Dans le cas de la conformation dont nous nous occupons, la taille est courte et le changement de longueur en moins porte sur la hauteur du petit côté qui n'est que de 15 1/2. Ceci semble une anomalie, étant donné que nous avons affaire à une conformation d'épaules hautes ; mais ce fait se produit souvent chez les femmes grosses et courtes de taille.

La distance entre Z normal et Z' de conformation est de 2 centimètres. Cependant l'application de la carrure et de la pente d'épaules ont assigné

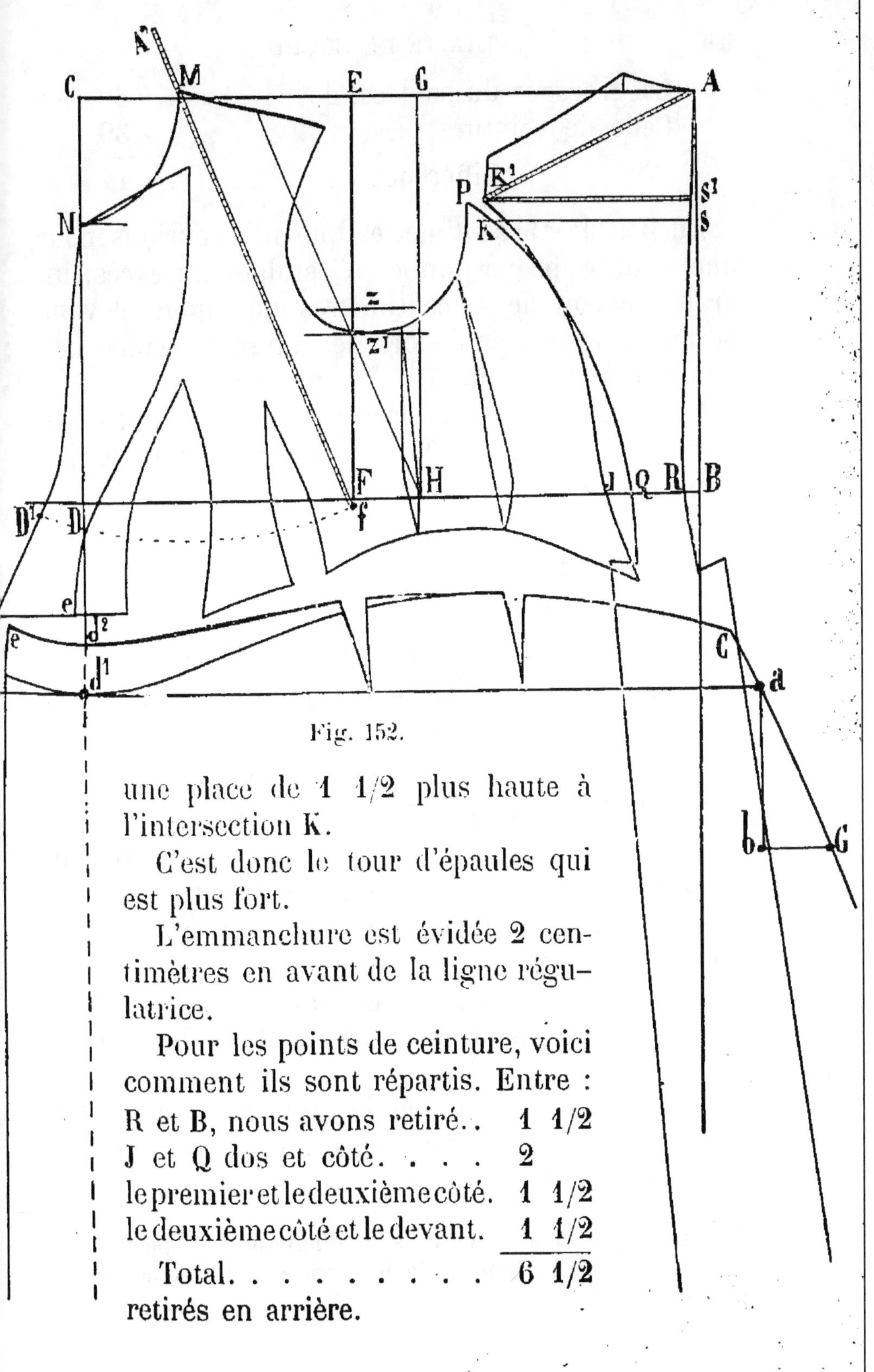

Fig. 152.

une place de 1 1/2 plus haute à
l'intersection K.

C'est donc le tour d'épaules qui
est plus fort.

L'emmanchure est évidée 2 centimètres en avant de la ligne régulatrice.

Pour les points de ceinture, voici
comment ils sont répartis. Entre :

R et B, nous avons retiré.. 1 1/2
J et Q dos et côté. . . . 2
le premier et le deuxième côté. 1 1/2
le deuxième côté et le devant. 1 1/2
                              ――――
Total. 6 1/2

retirés en arrière.

La grosseur du haut est de. 50
Celle de ceinture. 39
Différence. 11

Au lieu de 15 centimètres que nous aurions pour une ceinture proportionnée, c'est donc un excès, un grossissement de 4 centimètres que nous devons porter en avant, en dehors de la ligne de construction C-D sur le point D^1.

De cette manière, la largeur comprise entre les points B et D^1 est de 50+6 et +4 = 60. De 60 j'ai retiré en arrière. 6 5
Reste. 53 5
Soit 53 1/2.

La ceinture est de. 39
Plus . . . . 4 pour les coutures et l'aisance,
Soit. . . . 43 que la redingote doit avoir de largeur à la ceinture.

Il nous reste une largeur de. . 53 1/2
En retirant le chiffre. . . . 43
Différence. . . . . . . 10 1/2 qui sont à retirer dans les deux pinces du devant.

Soit 7 à 8 centimètres pour la première du côté du devant et le reste (2 1/2 à 3) dans la seconde pince; ou bien encore les 10 1/2 en une seule pince.

Pour le tracé de la jupe, tirez la ligne horizontale a–d^1 (^{1}).

Marquez de d^1 à a la demi-grosseur du bassin 61.

Au milieu de cette distance, descendez de 2 1/2 au-dessous de l'horizontale.

---

1. Les jupes de redingotes sont d'habitude coupées isolément, mais tous les points de leur tracé sont obtenus par la même méthode.

Tirez d'équerre sur d^1-a la ligne a-b de 14 de longueur.

D'équerre également sur a-b tracez b-G de 4 centimètres au moins de longueur ([1]).

Tirez l'oblique G-A-C et jusqu'au bas du pli en ligne droite.

La taille a été allongée de 7 au petit côté; c'est donc 7 à ajouter à la jupe au-dessus du point a.

A la hanche, la taille est prolongée de 3; c'est donc 11 à élever au-dessus du point connu.

Le devant est allongé de 10 au-dessous de la taille naturelle, de D^1 à d, c'est donc 4 centimètres à élever au-dessus du point d^1 du devant sur d^2.

Le point d^2 représente le milieu du corps et correspond au point d du corsage auquel il est fixé.

Cette forme de devant ne sera donc pas en pointe comme au tracé de la figure 148, puisque nous avons le devant en bas, et la jupe élevés de 4 centimètres au-dessus du point et de la ligne passant par d^1.

La largeur d^2-e est celle de l'anglaise d-e rabattue sur le devant.

Après avoir mesuré la longueur du montage de toutes les parties du bas du corsage, on retire à celui de la jupe ce que ce dernier a en excès.

J'ajoute, pour réparer une omission, qu'en présence d'une semblable conformation, il faut presque toujours faire un crochet en haut du petit côté, c'est-à-dire fermer le haut de l'emmanchure en donnant entre P et K un écart variable selon le relief de l'omoplate. Cet écart ou crochet est dans notre exemple de 1 1/2.

([1]) Ici nous avons même 5 1/2.

REDINGOTE DROITE OU CROISÉE
SANS COUTURE TRANSVERSALE (*fig.* 153).

Pour en faire le tracé (*fig.* 154), vous pouvez vous servir d'un patron de corsage déjà essayé, ou le construire à l'aide de mesures ([1]).

La taille naturelle est prolongée de quelques centimètres pour le dos seulement (de 4 à 5 centimètres).

Le bas de dos a 5 ou 6 centimètres de largeur ; le premier côté également ; le second côté fait partie du devant.

Le devant n'a qu'une pince, celle de 3 1/2 entre lui et le deuxième côté, à la ceinture.

Entre le premier et le deuxième côté, il y a une pince de 2 1/2 à la ceinture et, entre le côté et le dos, une autre de 2 centimètres.

Le point M de l'encolure est situé 2 centimètres plus en arrière et 1 1/2 plus haut que celui du corsage ; en prévision du redressement opéré par les pinces verticale et horizontale du revers. Un écart de 1 1/2 est laissé entre le devant et le deuxième côté, à

Fig. 153.

1. Ce patron a été établi pour une grosseur de 43 à 44 du haut du corps.

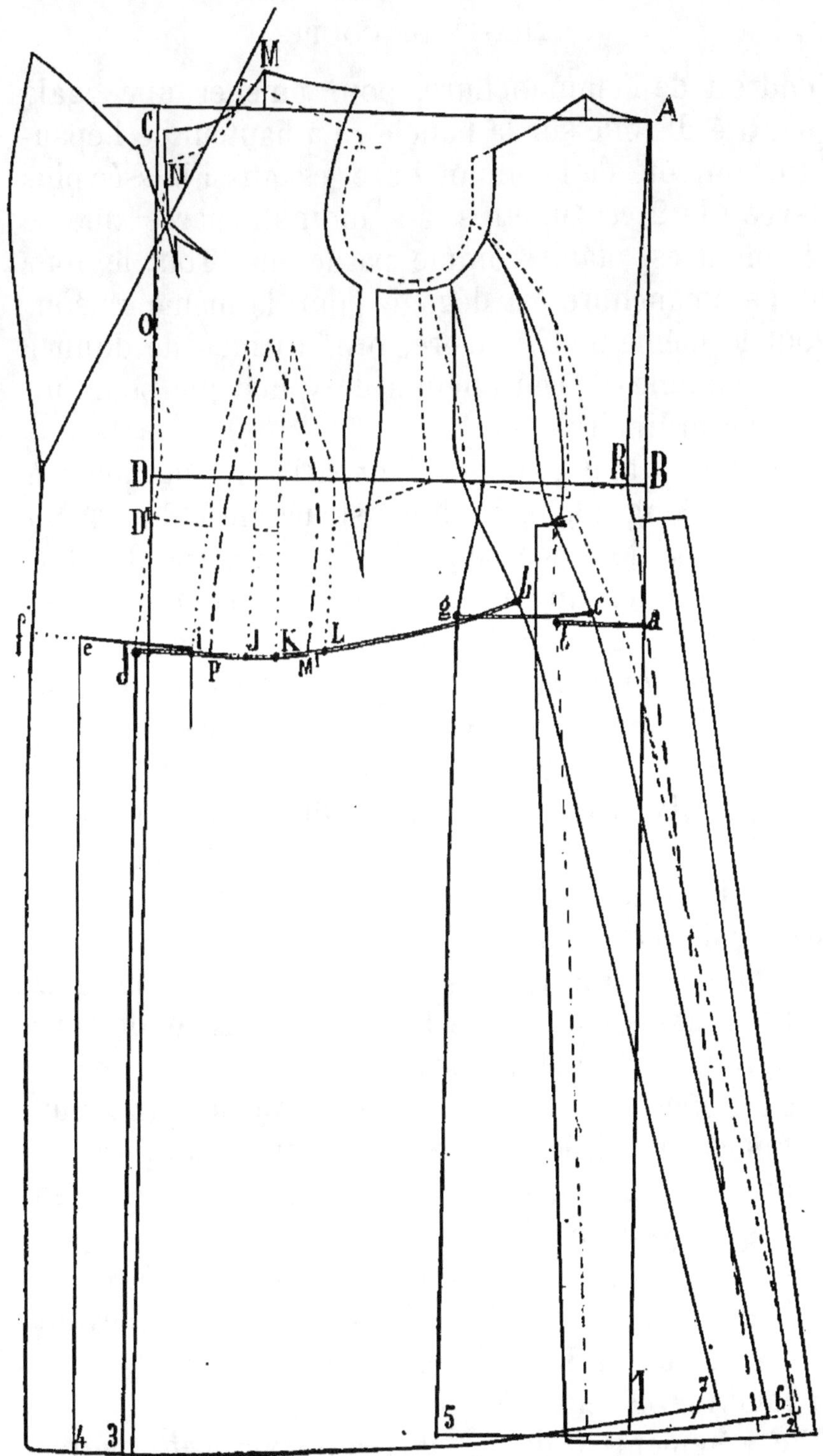

Fig. 154.

l'endroit de l'emmanchure, pour amener une égale quantité d'étoffe sur la hanche. La hauteur de l'épaulette, du côté de l'emmanchure, est aussi laissée plus élevée (de 2 centimètres au moins), parce que ce vêtement est établi comme pardessus. Tout le tour de l'emmanchure est dégagé pour la même raison. Pour le même motif encore, on fera bien de donner au rectangle 2 centimètres de plus que pour un corsage ordinaire.

Pour le prolongement allant, ici, presque jusqu'à terre, prolongez la ligne de construction A-B jusqu'au point 1. La longueur donnée de A à 1 est de 139.

Pour donner du jeu au bas de la basque du dos, tirez une ligne passant par les points R-*a* jusqu'au bas ; ligne en dehors de laquelle vous sortirez la largeur du cran de l'arrêtement (3 ou 4 centimètres) parallèlement jusqu'au bas (plus la valeur du rempli intérieur). A la limite inférieure du bas de dos, pour faire le pli du côté, donnez une largeur totale de 27 centimètres tout compris : basque, cran du dos et largeur de recroisement.

Pour obtenir le recroisement des pièces, mesurez le bassin à une hauteur de 14 centimètres au-dessous de la ligne de taille naturelle.

A cet effet, prolongez d'un petit trait les pinces du devant et la saillie du ventre ; puis marquez un point à chacune des limites *d*, à 2 centimètres en dehors de la ligne de construction du devant (sur *i*-J-K-L). Le dos de *a* à *b* a environ 9 centimètres de largeur, le côté, de C à *g*, à peu près 14 ; le devant de *d* à *i* (plus J à K et de L à H) environ 32. Soit, en totalité, 55 centimètres.

Le vêtement a donc, en réalité, 55 centimètres plus 5 centimètres (écart existant entre les pinces de *i* à J) et 5 centimètres (de K à L), soit 65 en tout, puisqu'on ne fait pas les pinces du devant qui reste droit.

La ligne du premier côté (du point *g* au point 5) est parallèle à la ligne de construction du devant C-D-3. La largeur du bas de ce côté est de 36 centimètres entre les points 5 et 6.

Le devant, entre les points 3 et 7, a une largeur de 65 qui, additionnés aux 36 du côté et aux 18 fournis par le bas de dos (tous recroisements déduits) fournit un total de 119 de largeur au bas de ce vêtement (croisure du devant non comprise).

Le devant (jupe, devant et largeur d'encolure de dos comprise) a une longueur de 153 centimètres, soit celle du dos (139 -| 14).

Quand une redingote doit être complètement ajustée de ceinture, les pinces ne peuvent être terminées, au ventre, qu'en amenant une quantité d'étoffe qui ne peut s'y employer. Ce fait se produit surtout dans les cas de poitrine bombée, de seins pointus.

On peut user de la méthode suivante :

Coupez le patron du devant de cette redingote, le long du milieu de corps N-O-D-*d* comme pour lui rapporter une anglaise.

Formez ensuite la pince du devant (une seule de préférence) à l'endroit le plus favorable ; soit, par exemple, la pince unique transformée dessinée en traits barrés et pointés à la figure 154.

Fendez horizontalement le patron de *f* à P, et jusqu'à M¹, puis faites sortir, retirez en avant la valeur de ce que vous aurez trouvé en trop à la fin de la pince, soit l'excès *f-e* que vous retirerez jusqu'en bas au point 4.

Ces divers changements faits au patron avant ou après l'essayage, reportez le patron ainsi corrigé sur les devants de tissu et recoupez, vous aurez un vêtement pincé de ceinture et qui n'aura que le ventre nécessaire (*fig.* 155). Une autre combinaison pour l'ajustage de la ceinture consiste à figurer un montage

Fig. 155.   Fig. 156.

d'anglaise, sans couper le devant dans le sens du travers, de façon à avoir une redingote dans le genre de celle représentée à la figure 156.

Prenez le patron de devant d'une redingote (*fig.* 157) ; formez la pince du devant en coupant la ligne du milieu du corps N-O-D-*d* et en rabattant cette même courbe sur l'anglaise.

Fendez le patron de **Y** à **C**, puis opérez la rota-

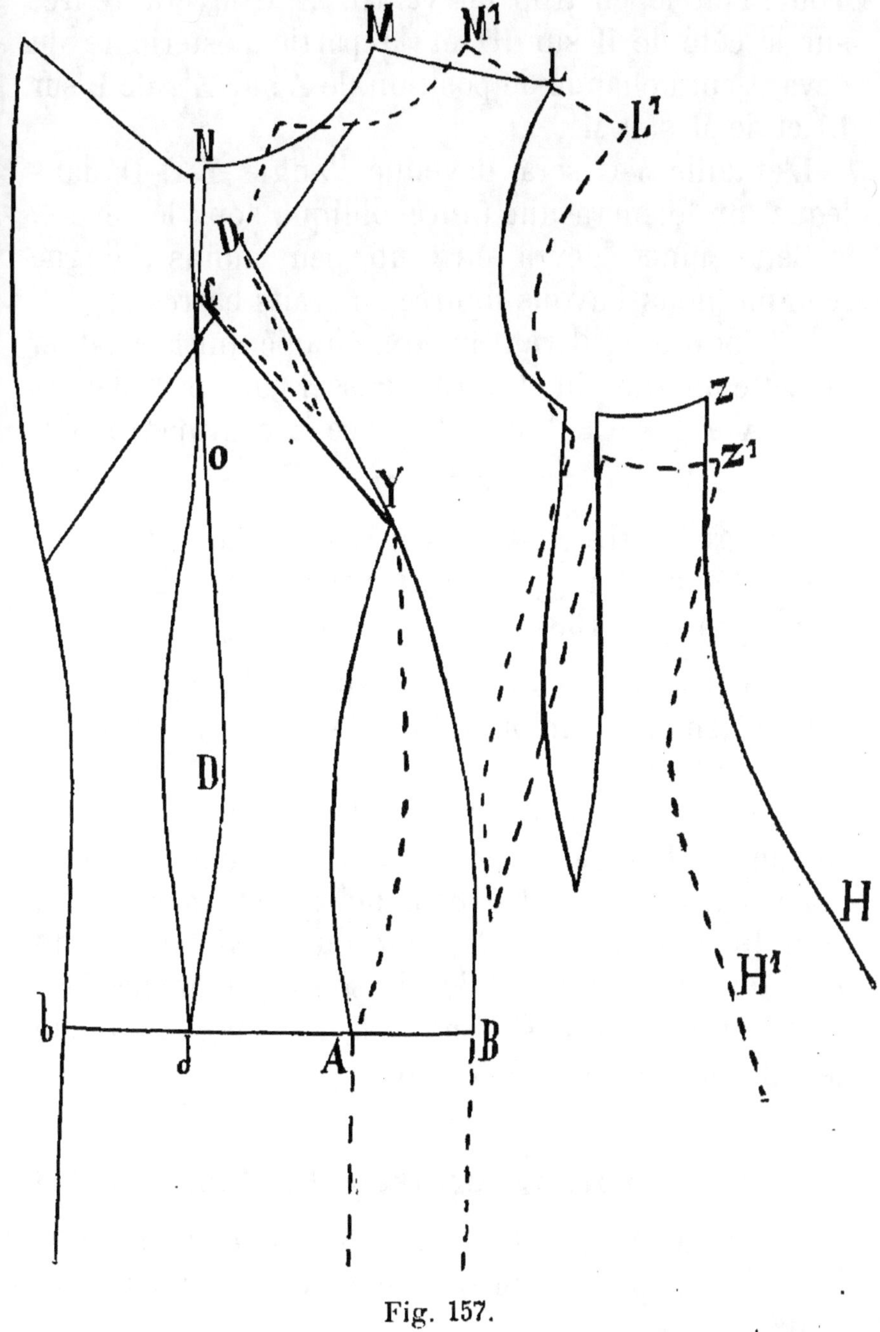

Fig. 157.

tion de la surface postérieure du devant autour du
point **Y** de façon à rapprocher le point **B** vers **A**.

Toute l'étoffe en trop au ventre se trouvera retirée sur le côté de H sur H' et la partie postérieure du devant aura changé de position de Z sur Z', de L sur L' et de M sur M'.

L'entaille Y-C sera devenue l'angle Y-C-D dans lequel on formera une pince oblique sous le revers.

Cette pince devra être un peu moins longue (comme nous l'avons figurée en traits barrés).

A la pratique, il vaut mieux, en opérant la rotation de cette moitié du devant, laisser un peu d'écart entre A et B de la limite de pince (2 centimètres)(1).

Redingote de 140 (longueur de dos) et de 43 à 44 (grosseur moyenne, haut du corps) (*fig.* 158).

Le patron est celui de la figure 154.

Ce vêtement emploie 3^m,60 de tissu en 0^m,70 de largeur (double).

La forme des manches est relativement ajustée du bas au coude et le haut, celui d'une manche aisée.

Le patron de dessus de manches est marqué A ; celui du premier côté , B; celui du deuxième, C ; du dos, D ; du devant, E ; des dessous de manches, F ; du dessus du collet, G. Enfin, la partie réservée aux garnitures est indiquée par H.

Redingote croisée (*fig.* 159).

Même patron qu'à la figure 154; mais nous avons disposé une manche en côte de melon et à six morceaux.

---

1. Autrement dit, il vaut mieux retirer 2 centimètres de moins que l'écart de pince A-B.

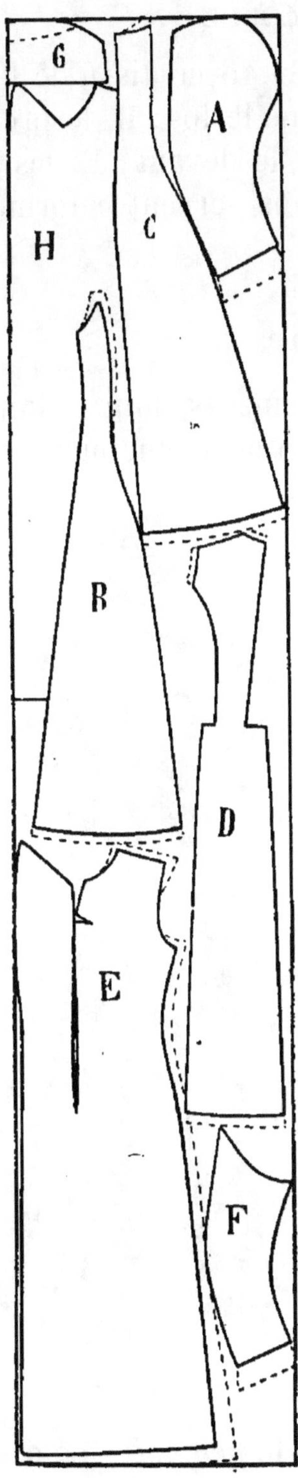

Fig. 158.

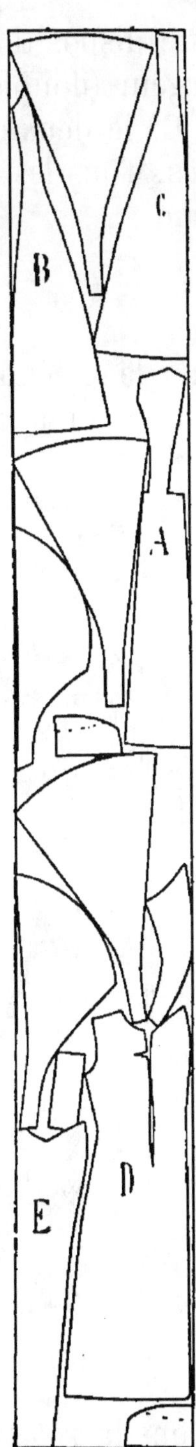

Fig. 1£9.

Cette disposition emploie 5ᵐ,45 en tissu de 0ᵐ,70 de largeur (double). A, indique le dos ; B, le premier côté ; C, le deuxième côté ; D, le devant ; E, les garnitures. Tous les autres patrons servent à former la manche.

Peignoir.

Dans la catégorie des vêtements longs dont la jupe et le corsage ne font qu'une même pièce, nous

Fig. 160.   Fig. 161.

classerons la *robe princesse* et le *peignoir*. La coupe est semblable.

Le peignoir, dessiné aux figures 160 et 161, est avec pli Watteau dans le dos.

1re coupe.

Pour en faire le patron (*fig.* 162), tirez la ligne

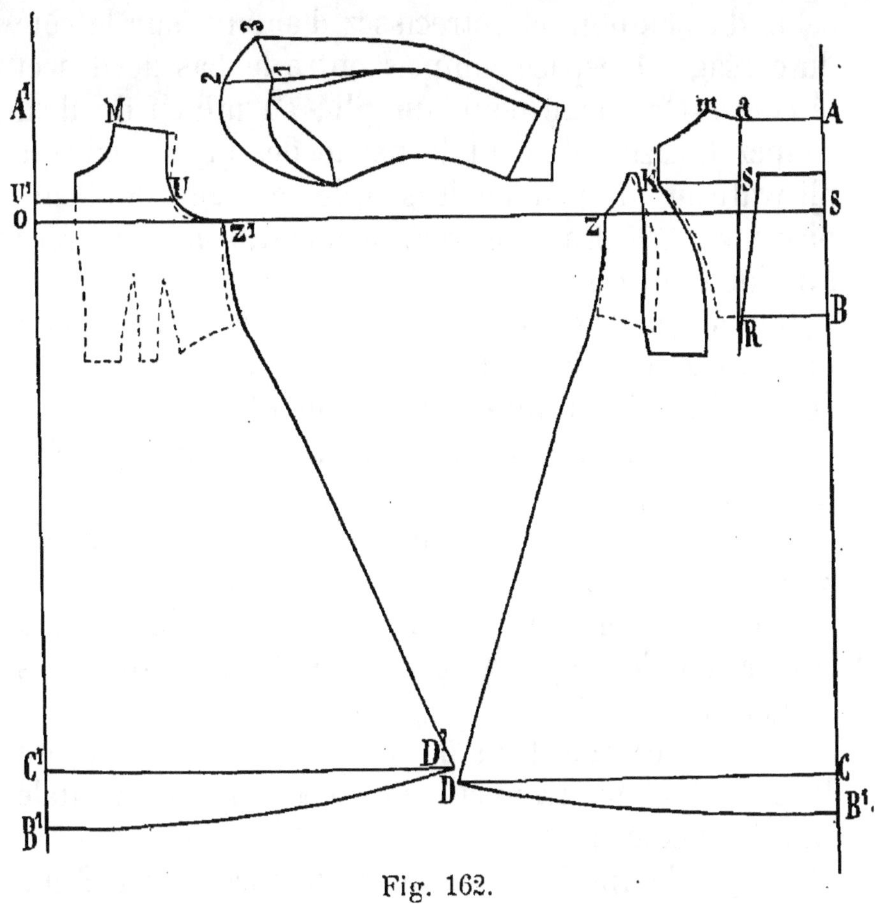

Fig. 162.

droite verticale A–B¹ d'une longueur de 145 à 150 centimètres.

Prenez un patron de corsage de la grosseur de la personne, puis posez le dos de façon à laisser un écart de 16 centimètres en haut, entre A et *a* et un autre écart de 18 centimètres à la taille entre B et R.

Du point *a* marquez à B¹ la longueur du dos (148, ici).

Placez le petit côté en face du dos, le sommet sur la ligne de hauteur de la carrure, avec un écart du dos de 4 centimètres en haut et 14 environ en bas.

Elargissez un peu le dos du corsage pour faire celui du peignoir et rétrécissez d'autant sur le côté du corsage. L'espace compris entre le bas de dos et le côté est ménagé pour un pli ; au milieu du dos, coupez horizontalement la partie destinée à faire le pli watteau un peu au-dessus de la ligne de l'em-piècement S-K. Entaillez verticalement, comme le tracé l'indique, jusqu'à la hauteur de la taille.

Donnez au bas de dos une largeur de 80 à 85 ; puis tirez l'horizontale C–D à 8 centimètres au-dessus du point limite de longueur B¹.

Tracez tout le dos comme la figure l'indique (en traits pleins).

Pour avoir le devant, tirez la ligne droite verticale A¹–B¹ d'une longueur de 150 centimètres.

Placez le bord du devant du corsage de façon à laisser tout le long un écart de 8 à 10 centimètres de la ligne A¹–B¹.

Le dos en regard du devant Z¹, le sous–bras du devant doit se trouver sur la même horizontale que Z du côté du dos.

Prenez l'empreinte du devant du corsage ainsi que l'indiquent les pointillés.

Mesurez la longueur totale du devant en plaçant le chiffre de largeur de l'encolure du dos sur le point M et en descendant jusqu'au point B¹ que vous fixerez par le chiffre 161 (soit 13 de plus que la longueur du dos).

A 12 centimètres au-dessus du point B¹ marquez

C¹ ; tirez d'équerre, sur la verticale A¹-C¹, l'horizontale C¹-D¹ de 90 centimètres de largeur.

Épaulez un peu, comme les traits pleins du patron du peignoir vous l'indiquent ; tracez ensuite la ligne du côté du devant, en ressortant un peu en dehors du côté du corsage (surtout à l'endroit de la ceinture) ; donnez un peu de renflement pour la hanche et menez une ligne droite jusqu'au bas (point D¹).

Séparez l'empiècement sur la ligne U¹-U à 4 centimètres environ au-dessus de la ligne de profondeur O-Z¹.

La manche est obtenue au moyen du patron type, auquel nous avons donné plus de largeur et plus de talon et de tête. Du point 1 de la manche type au point 2 et au point 3, nous avons donné 10 centimètres d'éloignement. Le parement de cette manche est dessiné dans la position de son montage avec le bas de la manche, comme s'il était rapporté ; mais on peut le laisser d'une seule pièce avec la manche.

Les pièces de ce peignoir sont disposées sur un tissu de 60 centimètres de largeur (double) (*fig.* 163).

Le métrage est de 4 mètres.

La partie marquée A est celle de

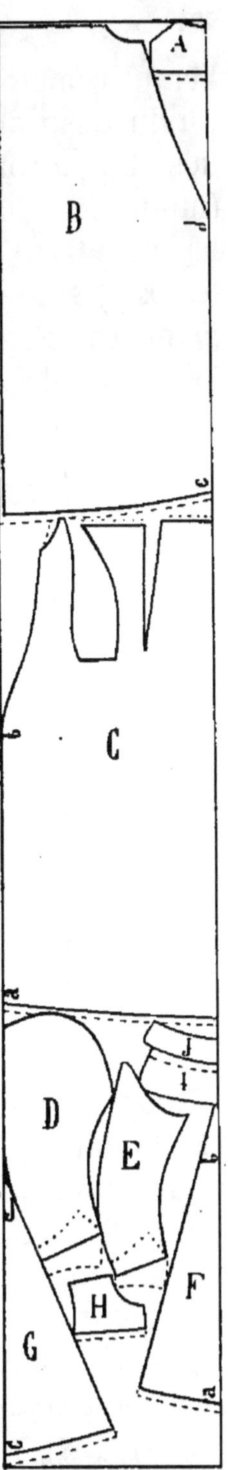

Fig. 163.

l'empiècement du dos. Il doit être placé du côté du
pli du tissu afin qu'il soit sans couture au milieu du
dos. Le patron B est la partie inférieure du devant
(moins les chanteaux des côtés qui sont marqués de
la lettre G) ; C, la partie inférieure du dos (les chanteaux (¹) sont marqués de la lettre F) ; D, dessus de
manches ; E, dessous ; H, empiècement des devants ;
I et J, col dessus et dessous.

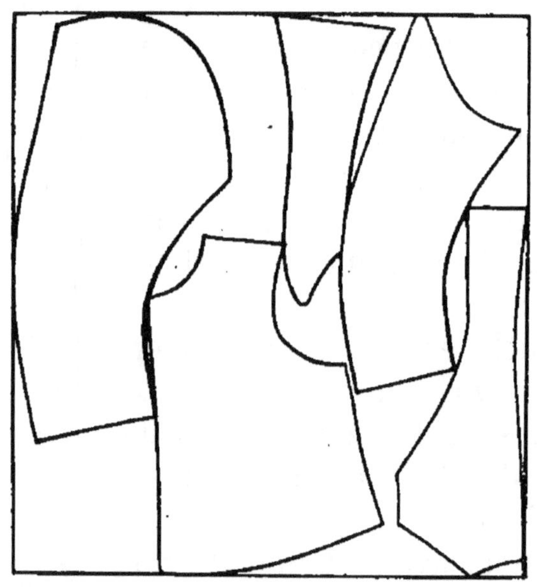

Fig. 164.

Nous donnons (*fig*. 164) le plan de disposition
des doublures de ce peignoir. Ces doublures s'ar-
rêtent à quelques centimètres au-dessous de la taille
(8 ou 10 centimètres). Le plan de disposition est fait
sur une doublure de 0ᵐ,80 de largeur (simple) dont
la hauteur est de 85 à 90 centimètres ; en réalité,
1ᵐ,75 de doublure pour couper les manches (dos,
devants et côtés).

(1) *Chanteaux* veut dire *pointe rapportée,* en terme de
tailleur.

2ᵉ *coupe.*

On coupe aussi le peignoir comme l'indique la figure 165.

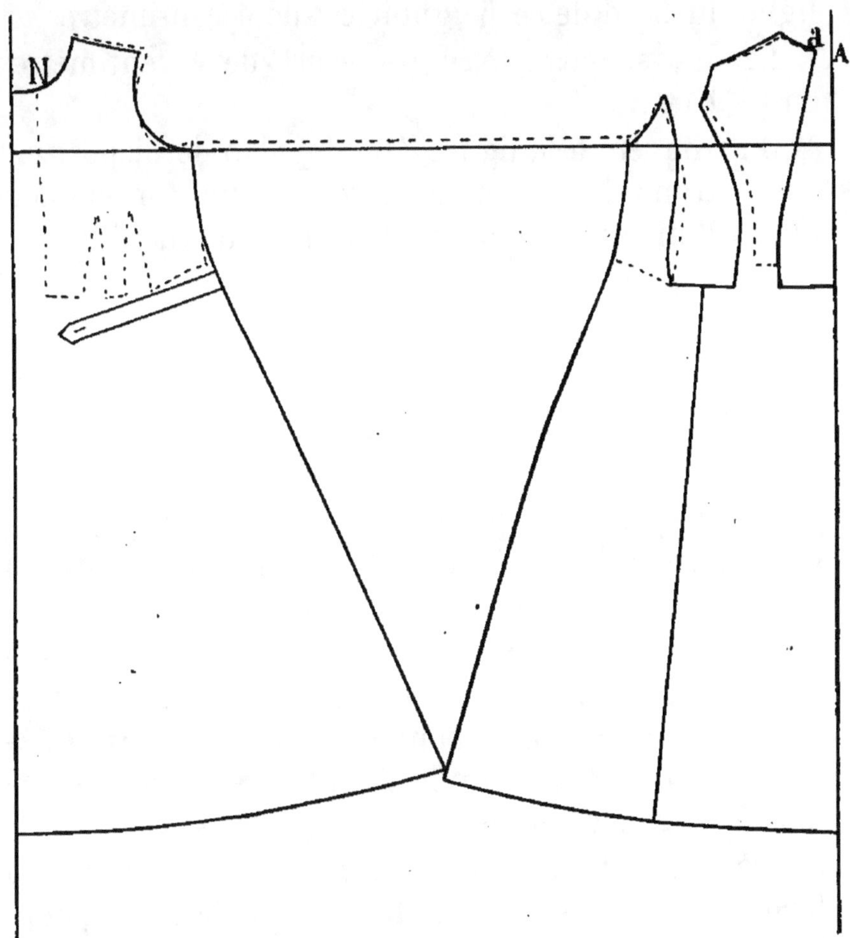

Fig. 165.

Deux plis creux sont ménagés au dos, un derrière, au milieu et un entre le dos et les côtés. Ces plis sont faits de largeur variable (12 centimètres chacun, à cet exemple).

Le devant est sans plis et sans empiècement. On le fait parfois demi ajusté par des pinces peu profondes ; on lui rapporte une ceinture fixée aux coutures des côtés et portant obliquement en bas, vers l'avant.

L'écart entre le point N d'encolure du corsage et la ligne du bord de ce peignoir est de 4 centimètres.

Le dos se pose avec un écart de 4 centimètres entre *a* et A.

On trouvera à la figure 166 le plan de disposition des patrons de ce peignoir, pour lequel on emploie 3^m,75 d'un tissu de 60 à 64 de largeur (double).

Robe princesse.

La robe princesse que nous avons dessinée (*fig.* 167) est une robe de soirée décolletée en carré ; mais on fait aussi cette robe montante pour la ville.

Sa coupe (*fig.* 168) est celle de la redingote sans jupes rapportées ou encore celle du peignoir plus ajusté. Le tracé suffit pour faire ressortir les différence s existant entre le décolletage et le corsage moyen régulier (indiqué en traits barrés).

Les robes de velours, qui ne comportent que la forme simple et sans complication de draperies, sont coupées habituellement en forme princesse. Ces robes n'admettent d'autres garnitures que la passementerie, le ruban et parfois la fourrure.

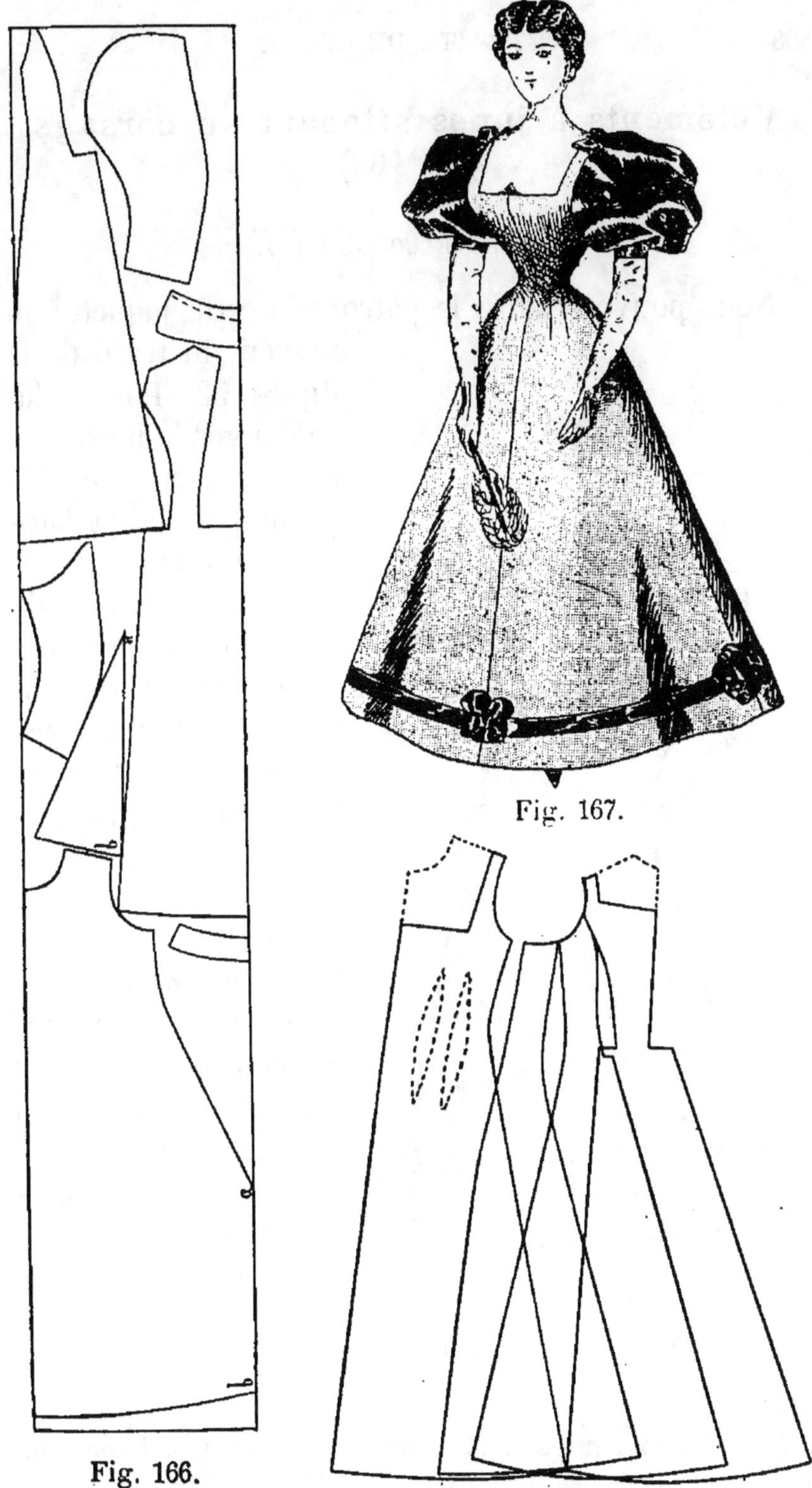

Fig. 167.

Fig. 166.

Fig. 168.

17.

Vêtements à jupes attenant au corsage
(*fig.* 169).

JAQUETTE LONGUE (¹).

Nous pouvons faire le patron de cette jaquette au moyen du tracé de la figure 93. Pour cela, prolongez le bord latéral du revers sur U-V (ligne pointée et barrée) de même que la ligne de cassure du revers de cette jaquette.

Le renversement de revers se fait un peu au-dessous de la taille au point U et, au-dessous de ce point, le devant tombe en ligne droite presque sans croisure (*fig.* 169). Ce vêtement se ferme par un bouton double ou des agrafes de métal ou vieil argent.

Les dimensions principales sont :

40 de longueur de taille.

Fig. 169.

48 de demi-grosseur du haut du corps.

<hr>

(1) Voir aux figures 92 et 93 les tracés pour ce qui concerne les déplacements des pinces de revers et de devant.

32 de demi-grosseur de ceinture.

54 de demi-grosseur de bassin.

Le rectangle a été formé par 40 en hauteur et 54 en largeur. La partie supérieure n'offre comme particularité que ce que nous en avons appris à l'étude de la transformation des pinces de devant et de revers.

Les points de ceinture sont ainsi répartis : 2 centimètres retirés à la cambrure entre la ligne de construction et le point R de cambrure ; 2 centimètres entre le bas de dos et le côté ; 2 centimètres entre le premier et le deuxième côté. Comme le devant du vêtement de la figure 169 est pincé, surtout par la couture du côté, nous retirons environ 5 centimètres entre le devant et le côté à l'endroit de la ceinture. Pour aider à l'ajustage du devant à la ceinture, on peut faire une pince à quelques centimètres derrière le bord latéral du devant. Cette pince ne figure pas au tracé 93, mais elle peut être évaluée à 3 ou 4 centimètres d'écart au plus creux.

La largeur totale du bassin mesuré à 14 centimètres au-dessous de la taille est de 68 centimètres, soit la mesure 54, plus 14 centimètres, parce que ce vêtement forme un peu de godets. Si le bassin était collant, 60 à 61 centimètres suffiraient. La longueur du dos est de 77.

COSTUME TAILLEUR (*fig.* 170-171).

Ce costume se confectionne avec jupe de moyenne ampleur de 5 à 5ᵐ,50 du bas.

La jaquette est à godets derrière et un peu aux côtés.

Le collet de forme marin festonne à son bord inférieur de devant.

Tout le costume est garni, par places, d'appliques

Fig. 170.   Fig. 171.

de drap sur velours formant le fond de ces appliques. La jaquette et les coutures de la jupe sont garnies de baguettes.

Le tracé de la figure 172 n'a qu'un seul côté; il est obtenu par l'application des mesures et d'après les principes de la coupe des corsages.

Il faut qu'à la ceinture la largeur du dos et du

côté ne soit pas trop différente, mais autant que
possible égale.

Quant au prolongement, il est fait de façon à

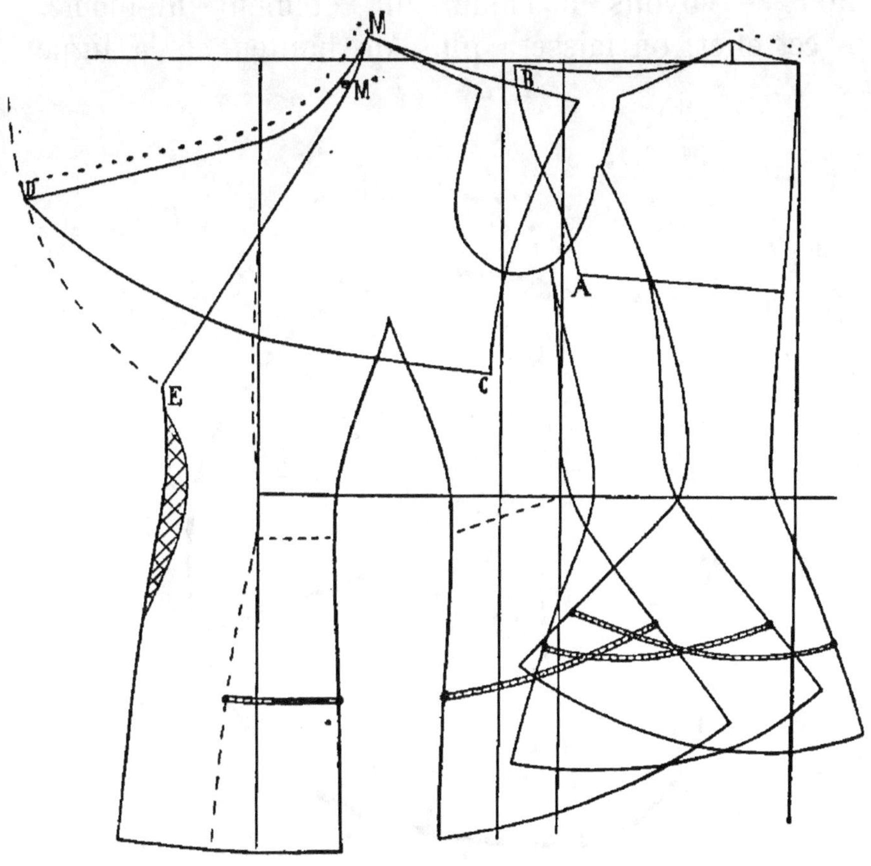

Fig. 172.

laisser le devant ajusté, mais la partie postérieure du
tracé fournit une grande largeur; largeur du reste
facultative. Ici, on trouvera que le bassin, mesuré à
14 centimètres de hauteur au-dessous de la taille, a
une largeur totale de 78. Ce patron ayant été tracé
pour une grosseur de 44 du haut du corps et de 50 de
bassin, ce dernier ne devrait avoir que 56 ou 57
s'il était collant; l'excès (21 centimètres) sert pour
les godets.

Ce vêtement a une longueur de 62 centimètres.

Le col forme godets aux épaules A-B et festonne à sa partie inférieure C-D. Il peut être coupé, comme nous le voyons, à l'aide du vêtement lui-même. A cet effet, on laissera plus de hauteur à la ligne

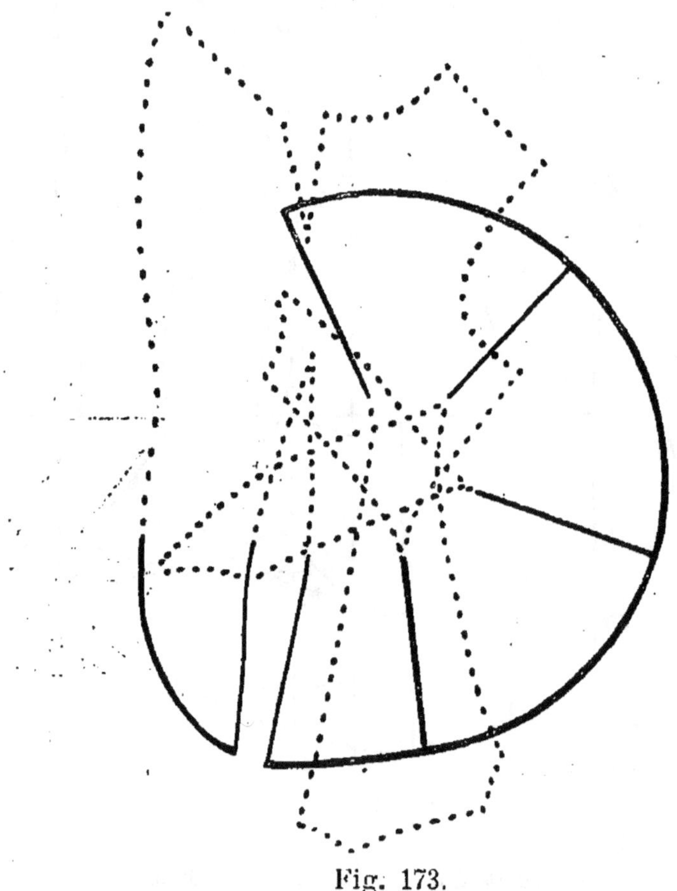

Fig. 173.

de montage d'épaulette du dos et du devant; puis, à partir d'un point M', pris à 3 ou 4 centimètres au-dessous de M, on décrira l'arc E-D; on donnera ensuite 20 à 22 centimètres du point E au point D, en ligne droite, on tracera la courbe d'encolure sur M'-E et la courbe correspondante du col-revers sur M'-D. Il faudra laisser en dehors de la ligne M'-D et au-dessus de la tête de dos, l'étoffe nécessaire au rempli intérieur du col (traits pointillés).

La pince de devant se trouvant éloignée du bord, puisque le vêtement est de forme croisée, il y a lieu de tendre fortement la partie creuse du bord de devant, à l'endroit de la ceinture (place marquée de hachures), afin que la partie recroisante se rabatte sur le devant opposé sans aucune contrainte. Sans cette précaution les devants casseraient, plisseraient horizontalement entre les deux rangs de boutons. Le défaut ressemblerait un peu à celui dessiné figure 83.

Quand une jaquette est tracée — jaquette ou tout autre vêtement — on relève chaque pièce du patron séparément en arrondissant provisoirement le bas de chacune d'elles. Ensuite, on les réunit dans la position donnée (*fig.* 173); on arrondit aussi, régulièrement, le tour du bas suivant le trait plein de cette figure.

JAQUETTE COURTE ET A GODETS TRÈS ACCENTUÉS (*fig.* 174).

Le corsage est composé d'un dos, de deux petits côtés dont la largeur est à peu près égale à l'endroit de la taille, puis d'un devant de forme plate, sans godets (excepté dans sa partie du côté). Ce devant est sans croisure et disposé pour boutonner par un bouton double ou par des agrafes de métal.

La forme du revers est assez particulière et nous en avons dessiné en traits barrés l'aspect sur le tracé. A ce genre de revers, on peut faire tenir le col de façon à supprimer la jonction N¹-M; mais ce moyen ne donne pas un aussi bon résultat que de rapporter le col ; la cassure bâille plus facilement autour du cou.

Comme la position du col, attenant au revers,

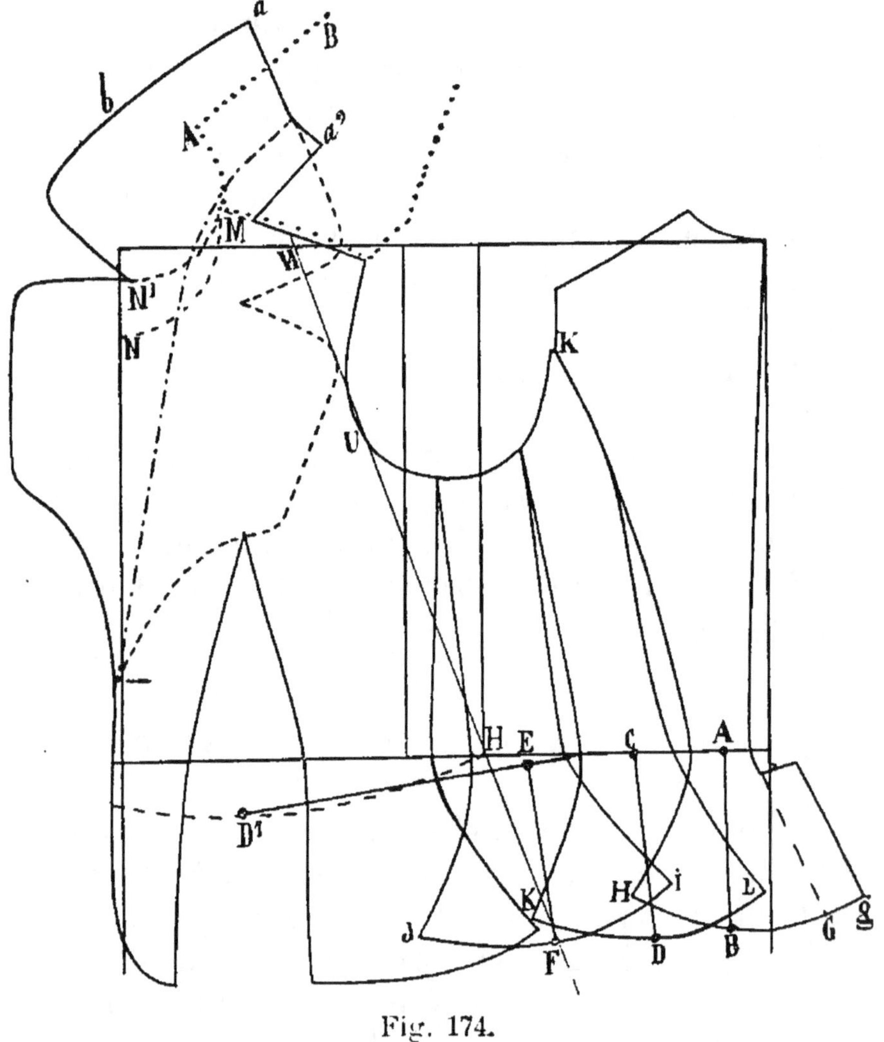

Fig. 174.

pourrait être quelconque, nous ajoutons l'indication ci-après :

Etant donné le dos de cette pièce réuni à l'épaulette du devant (voyez les traits pointés), il faut que le bord du tombant *b-a* suive à peu près parallèlement la ligne du dos A-B ; en tous cas, le tombant sera toujours d'une longueur au moins égale à celle de la partie du vêtement que ledit tombant recouvre.

Tendez très fortement la partie intérieure du col, comprise entre les points M et a'. La jonction se fait au milieu, sur $a\text{-}a'$.

La forme du bas du devant est celle d'un smocking.

La longueur du dos est de 52 centimètres.

La largeur du bas, portée presque à hauteur du plus gros du bassin, est de 82. Les mesures principales étant de 46 pour le haut du corps et 52 pour le bassin, si ce dernier était recouvert par un vêtement collant, il suffirait de donner 58 centimètres en cette partie. La différence entre 58 centimètres et 82 centimètres (soit 24 centim.) est employée par les godets. Pour que ces godets soient bien répartis en faisant le prolongement de la taille, procédez ainsi :

Au milieu de la largeur du bas de dos, marquez un point A et descendez d'équerre, sur la ligne horizontale inférieure du rectangle de corsage, la droite A-B. De chaque côté de cette ligne, vous divisez en parties égales la largeur à donner au bas de dos (de B à H et de B à G).

8 1/2 ont été inscrits de chaque côté de B ; le dos a en plus la largeur du cran d'arrètement de G à g.

Ensuite fixez l'endroit où le milieu du devant siégerait si la pince était cousue (soit le point D¹, situé lui-même sur l'arc de longueur de devant).

Du point D' menez une ligne oblique qui vienne rencontrer l'horizontale à un point situé sous le point K de carrure ou voisin de ce point.

Sous cette droite oblique, tirez d'équerre les

droites C-D au milieu du premier côté et E-F au milieu du deuxième côté.

De chaque côté du point D marquez 9 sur L et sur K ; de chaque côté du point F marquez 10 sur I et sur J.

Quant au côté du devant, la ligne d'avancement, prolongée W guide la forme à donner. Dans notre tracé, l'allongement du côté du devant ne suit pas parallèlement l'oblique WH ; il fournit plus de largeur.

Au moyen de ce patron, tracé dans toute sa partie supérieure par l'application des mesures et des principes développés auparavant pour les corsages, nous pouvons facilement obtenir le patron du vêtement dessiné à la figure 175. L'abatage, du devant au-dessous d'une boutonnière placée plus haut est seul changé ; le devant est plus abattu que celui de la figure 174.

Fig. 175.

Le revers est plus court et à angle aigu. La partie du dos et des côtés est identique. La jupe du costume esquissée à la figure 175 a une ampleur moyenne, selon la mode actuelle (1896) (5 mètres environ du bas).

La jaquette de la figure 176 peut être obtenue par le même tracé en tenant compte de la double croisure, c'est-à-dire 7 1 2 ou 8 centimètres à laisser en dehors de la ligne du milieu du corps depuis le pre-

Fig. 176.   Fig. 177.

mier bouton jusqu'au bas. Au-dessus du premier bouton, on aura soin de laisser un revers à angle aigu, forme de redingote d'homme. La largeur de ce revers mesuré sur sa partie biaisée, à partir du cran du col, est de 8 centimètres.

La jupe a une forme plate (2^m,50 d'ampleur au bas).

VESTE CROISÉE (*fig.* 177).

Nous pouvons aussi nous servir du tracé 174 pour créer le patron de ce genre de vêtement, en tenant compte naturellement de la croisure estimée 7 centimètres en dehors du milieu du corps, à partir du premier bouton du haut. Le revers est plus large que celui du précédent exemple; il faut lui donner 12 centimètres à sa partie biaisée du cran.

La jupe est de forme à grande ampleur (7 mètres du bas).

PLAN DE DISPOSITION
D'UN COSTUME AVEC VESTE SMOCKING (*fig.* 178).

60 à 61 centimètres de longueur de dos.

La jupe a une longueur de 98 centimètres devant et le tour du bas est de 5 mètres.

Ce costume emploie $4^m,15$ de drap en 140 de largeur (ouvert).

Comme il arrive fréquemment que les tissus employés ont une largeur moindre de 140, il faudra chercher la longueur équivalente ou plutôt les superficies égales à celles que nous indiquons. Ainsi, si l'on avait à couper ce costume sur un tissu qui n'aurait que 120 de largeur, on multiplierait alors la longueur $4^m,15$ par sa largeur 140 et on diviserait le produit par le chiffre 120 de la largeur du tissu plus étroit, soit $\dfrac{4^m,15 \times 140}{120}$. Résultat : $4^m,84$, en longueur équivalente au premier métrage indiqué.

Les longueurs ou les largeurs sont-elles quelconques, il faut faire ces deux mêmes opérations en changeant les chiffres et en employant ceux donnés.

Le patron **A** fournit le double lé ou tablier du devant de la jupe. Les patrons **B** sont ceux du lé de

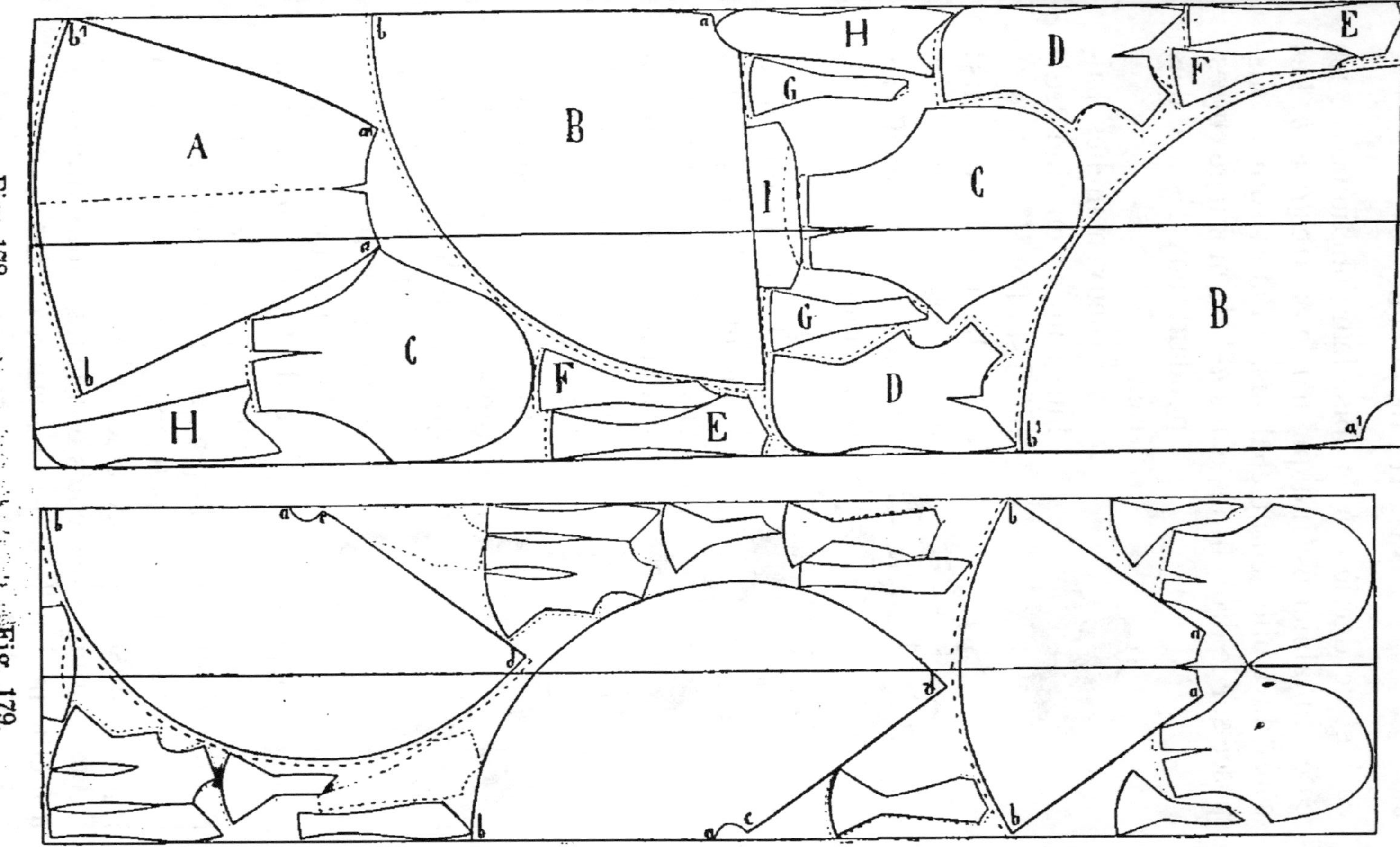

Fig. 178.

Fig. 179.

côté et de derrière à la fois, leur jonction avec les côtés du tablier est indiqué par les lettres *a* et *b*. Les côtés du tablier étant en biais, on aura soin de disposer sur le droit fil les côtés *a-b* de montage correspondant aux lés de derrière.

Fig. 180.

Les deux manches ballon coupées en une seule pièce sont en C.

En D, ceux des devants ; en E, les dos ; en F, les premiers côtés ; en G, les deuxièmes côtés ; en H, les garnitures des devants et en I le dessus du collet.

Le plan de disposition des patrons du costume smoking croisé, dessiné à la figure 180, porte le numéro 179. Avec la forme smocking croisé, les anglaises rapportées et sa jupe de grande ampleur, il emploie 5^m,40 de drap en 140 de largeur (ouvert).

La longueur de la jupe est de 98 devant, le tour du bas est de 7 mètres.

Sur des tissus moins larges, il ne serait pas possible de disposer ainsi les patrons ; il faudrait séparer la jupe en plusieurs morceaux ou lés.

Les montages des côtés ont leurs points limites en *a-b* et le milieu de la jupe derrière en C-*d*.

Les pièces de ce costume sont trop connues pour

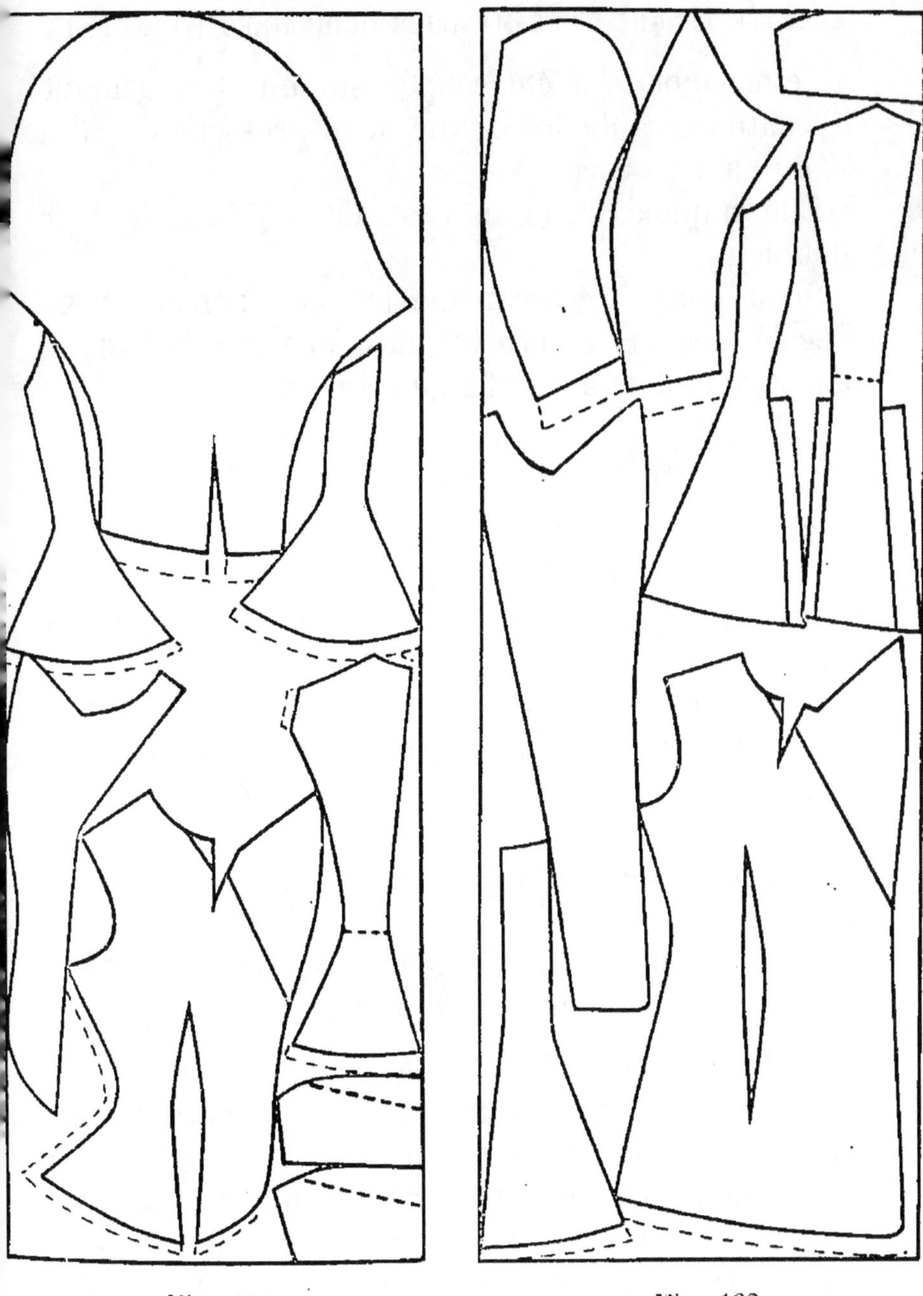

Fig. 181.   Fig. 182.

que nous décrivions leur placement. La longueur du
dos de la veste est de 60 centimètres.

JAQUETTE LONGUE AVEC MANCHES ORDINAIRES (*fig.* 181).

Cette jaquette a été coupée sur une longueur de 78 centimètres de dos et une demi-grosseur de 43 à 44 du haut du corps.

Elle emploie 1^{m},95 en tissu de 0^{m},70 de largeur (double).

Si on coupait cette même jaquette sur un tissu d'égale largeur, mais avec des manches ballon, la jaquette emploierait 2^{m},35 au minimum.

VESTE A GRANDS REVERS (*fig.* 182).

Manches ballon d'une seule pièce.

Cette veste a une longueur de dos de 57 centimètres et une demi-grosseur de 44 à 45 du haut du corps.

Elle emploie 1^{m},95 de tissu en 0^{m},70 de largeur (double), c'est-à-dire 140, drap ouvert dans toute sa largeur.

Cette veste, coupée avec des manches ordinaires et sur un tissu d'égale largeur, demanderait 1^{m},60.

JAQUETTE CROISÉE, DEMI-LONGUE, AVEC GODETS DER-RIÈRE (*fig.* 183).

Le devant est de forme vague, très peu dessinée. Les revers et le col ont une forme assez particulière. La cassure du revers commence au cran, au point de la base de l'encolure; une agrafe et un crochet tiennent le col de forme Chevalière toujours fermé (voir le tracé du col au-dessous de celui du vêtement) ([1]).

1. Indépendamment de sa construction dans un angle droit, voyez aussi ce col présenté en traits barrés contre l'encolure et le recroisement de sa pointe du devant sur celle du revers.

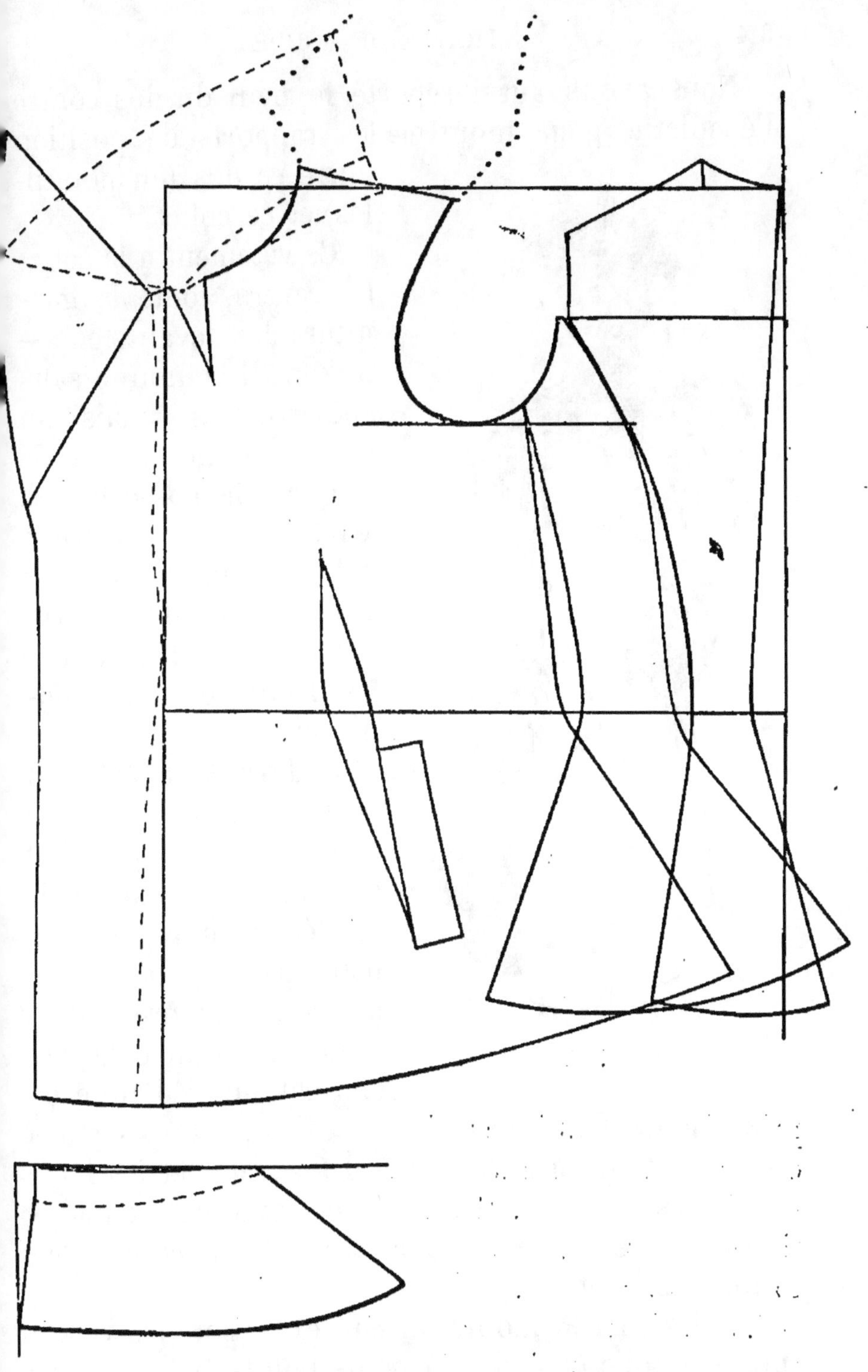

Fig. 183.

18

Nous avons aussi reporté le haut du dos contre l'épaulette pour montrer les rapports de position entre ce dos (en pointillés) et ce collet.

Ce vêtement a le col et les revers, toute la garniture des devants en astrakan. Il boutonne sans boutonnières, mais au moyen d'une ganse de soie ronde posée contre le bord et par des espaces vides ménagés entre cette ganse et le bord (*fig.* 184).

La figure 185 donne les détails de ce boutonnement.

Le devant du côté droit porte intérieurement des crochets assez gros dont on fait passer la partie coudée et libre par un petit trou pratiqué en face à la fourrure.

Fig. 184.

Le devant du côté gauche est muni d'anneaux métalliques fixés à une distance des boutons égale à celle existant entre le coude des agrafes et les boutonnières de ganse. Ces crochets et anneaux maintiennent les devants concurremment avec les boutonnières de ganse.

Le dessin 185 montre aussi l'exécution des revers mis sur toile et piqués à petits points, puis la soie destinée à être recouverte par la fourrure (devant droit).

Comme cette forme affecte plutôt celle d'un par-
dessus, nous avons desserré un peu le milieu du
corps (devant) et ajouté à partir de ce milieu (traits
barrés) une croisure qui est de 17 centimètres sur
la partie biaisée du revers, de 9 à la hauteur du

Fig. 185.

premier bouton du haut et de 8 environ au bas
(*fig*. 183).

Longueur du dos, 65 centimètres ; demi-grosseur
sous les bras, 43.

La forme de la partie antérieure du devant étant
presque droite, on a dû pratiquer une pince oblique
(de 3 centimètres au plus creux, à l'endroit de la
ceinture), pour éviter les contacts aux hanches et aux
seins.

Tout le reste du tracé est fait suivant l'application

des mesures et des principes acquis. Nous avons supprimé dans le tracé le plus possible de lignes de construction afin d'en mieux faire ressortir les formes.

A ce genre de vêtements, peu ou très peu ajustés, un seul petit côté suffit, mais, si on désirait une ceinture plus cintrée, deux petits côtés deviendraient nécessaires.

VESTE DE JEUNE FILLE

Cette veste est de forme anglaise.

Dans le pays d'outre-Manche, elle est connue sous le nom de « Eaton Jacket », sans doute du collège de même nom où elle sert d'uniforme.

La jupe de ce costume est plate et sans aucune ampleur (2 à $2^m,20$ au plus de largeur du bas).

Les mesures de la susdite veste sont :

Longueur de taille. 36
Carrure et manche. 14 1/2-70
Pente d'épaules 19
Demi-largeur de poitrine 16
Demi-grosseur du haut du corps 39
Demi-grosseur de ceinture. 31
Longueur du devant de la nuque à la
hanche. 48 1/2

Nous avons formé le rectangle par la longueur 36 en hauteur et la grosseur $39 + 6$ (soit 45 en largeur).

Après avoir retiré 3 centimètres de la longueur de taille et partagé le reste en trois parties $\left(36 - 3 = \dfrac{33}{3} = 11\right)$. Le produit 11 nous aide à trouver la hauteur de la ligne S-K, à partir du point A.

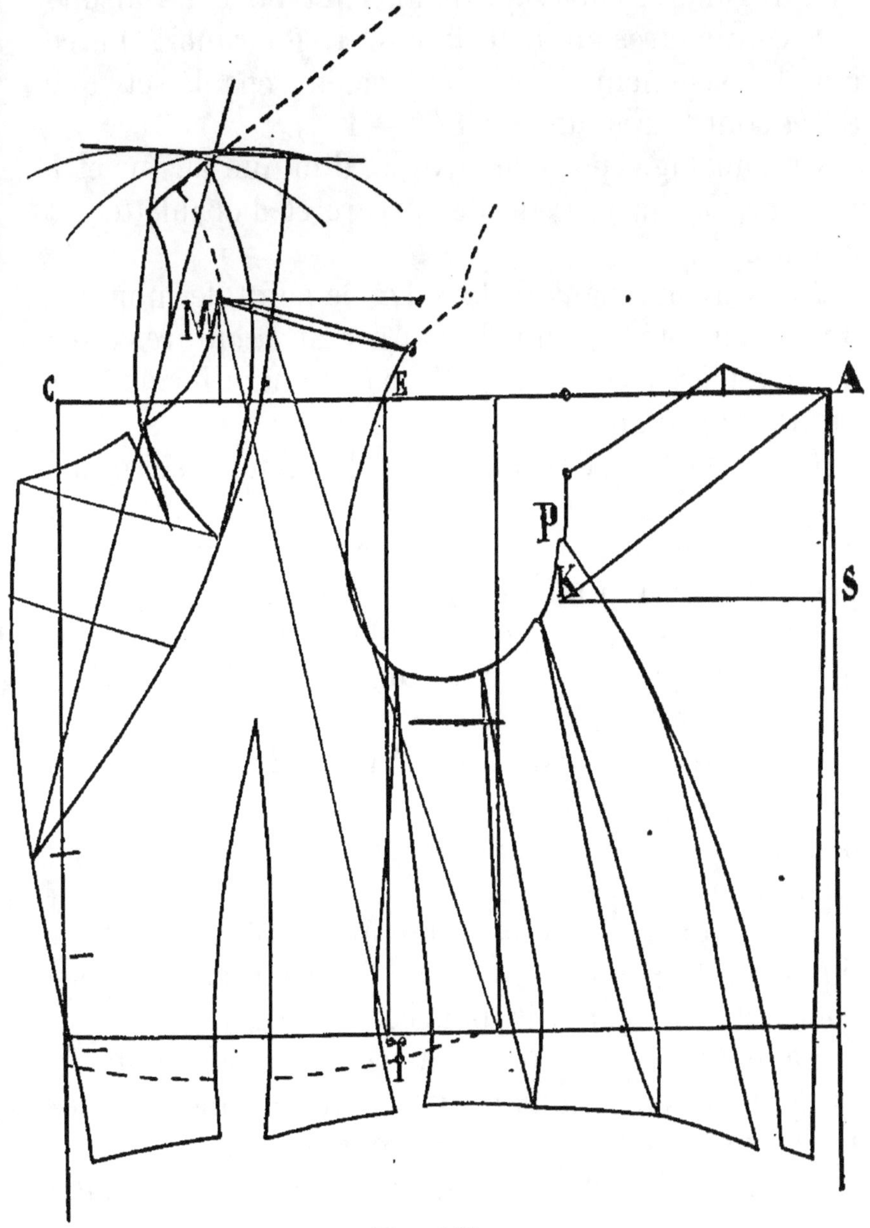

Fig. 186.

La mesure de pente d'épaules 19 et la largeur de
carrure (14 1/2) font intersection sur cette ligne ;
nous inférons alors que les épaules sont d'une hau-

teur régulière, l'abatage régulier, et nous le faisons à 8 centimètres au lieu de 8 3/4. Pourquoi? Parce que le vêtement a été légèrement épaulé et que 8 3/4 sont le résultat du 1/3 — 1 (¹).

Or l'abatage, nous le savons, diminue au fur et à mesure que la largeur de carrure et d'épaulette est réduite.

Nous avons haussé de 2 1/2 le point de montage du dos au côté P, afin de donner aux coutures ainsi qu'aux pièces composant le patron une forme plus droite, plus élancée.

Le point M d'avancement d'encolure se prend à 7 1/2 de la ligne de construction du devant parce que la tenue est renversée, d'une part, et que, d'autre part, la pince pratiquée sous le châle à l'encolure nous redressera ce point M de la différence entre 7 1/2 et 6 1/2 que nous aurions en prenant le tiers du rectangle C-E.

En hauteur ce point est fixé par l'application de la mesure 48 1/2 à partir du point *f* en défalquant les 5 centimètres de largeur fournis par l'encolure du dos.

La hauteur d'encolure comprend 13 1/2 à partir du point M (les 5 centimètres de la largeur de l'encolure du dos compris dans ce chiffre).

La hauteur des côtés (20 centimètres) donne la profondeur de l'emmanchure à 2 centimètres plus haut que la moitié de la longueur de taille.

La ligne d'évidage d'emmanchure porte à 3 centimètres en arrière de M.

Les points de ceinture se fixent de cette façon : 1, retiré à la cambrure; 1 1/2, entre le côté et le

---

1. Ce chiffre 8 3/4 ou produit du 1/3 — 1 de la demi-grosseur serait applicable aux points limites de carrure naturelle.

dos ; 1 1/2, entre le premier côté et le deuxième ; 1 1/2, entre le deuxième et le troisième ; 2 1/2, entre le troisième côté et le devant ; enfin, 3 centimètres dans la pince du devant. Total : 11 centimètres. Le rectangle a une largeur de $39 + 6 = 45$, c'est donc 34 qui nous restent à la ceinture, c'est-à-dire la mesure augmentée de 3 centimètres pour les coutures $(31 + 3 = 34)$.

Avec de pareilles mesures, la poitrine est peu formée, la pince du devant se fait habituellement peu profonde.

On abat légèrement le bas du devant, comme d'ailleurs l'exige la forme de la veste.

Le milieu du dos étant sans couture, nous le prolongeons en ligne droite jusqu'au bas.

Le corsage est prolongé au-dessous de la taille de 7 centimètres au dos, de 4 centimètres à la hanche et de 6 devant.

On forme le revers après avoir tiré la ligne de cassure et dessiné, sur le devant même, l'empreinte de ce revers-châle. On peut élever à volonté et d'un

Fig. 187.

ou plusieurs points les perpendiculaires à la cassure telles que le tracé 186 les indique ; mais on aura le soin de porter, en avant de la cassure, sur ces perpendiculaires, la distance comprise en arrière entre la cassure et le bord du col-châle esquissé. Il faut même porter un peu plus (1 centimètre) en avant, à cause du travail des bords, des remplis.

On établit ensuite le col d'après les données relatives à la coupe des cols.

Les manches sont habituellement de largeur ordinaire ; néanmoins, on peut leur substituer des manches larges comme le montre notre dessin 187.

CORSAGE A PLIS AVEC JUPE PLATE (*fig*. 191).

Disposez un corsage type et, après avoir tracé l'empreinte du dos et du côté (*fig*. 189, pointillés), changez de position la pince formée entre ces deux pièces et placez-la de la manière indiquée par les traits pleins ; puis coupez le dos en travers (*b-z*), à la hauteur de la profondeur d'emmanchure de façon à laisser dans le haut la partie lisse et unie (ou empiècement) et, en bas, la partie destinée à être plissée.

Pour cette dernière partie, tirez la ligne A-B parallèle à *a-b* (empiècement) et donnez-lui une longueur telle que le bas B-C porte à une longueur variable (12 à 20 centimètres) suivant que ce costume est destiné à une jeune fille ou à une personne plus âgée.

Le nombre de plis varie ; généralement on en fait un au milieu du dos, recroisant de 2 centimètres de chaque côté du milieu et un de 4 centimètres situé entre ce milieu et le montage du côté.

En calculant le double de tissu pour chaque pli apparent, celui du milieu réclame donc 4 centimètres et celui placé entre, 8 centimètres ; total : 12 centimètres qu'il faut laisser en dehors de *a-b* sur *b*-A.

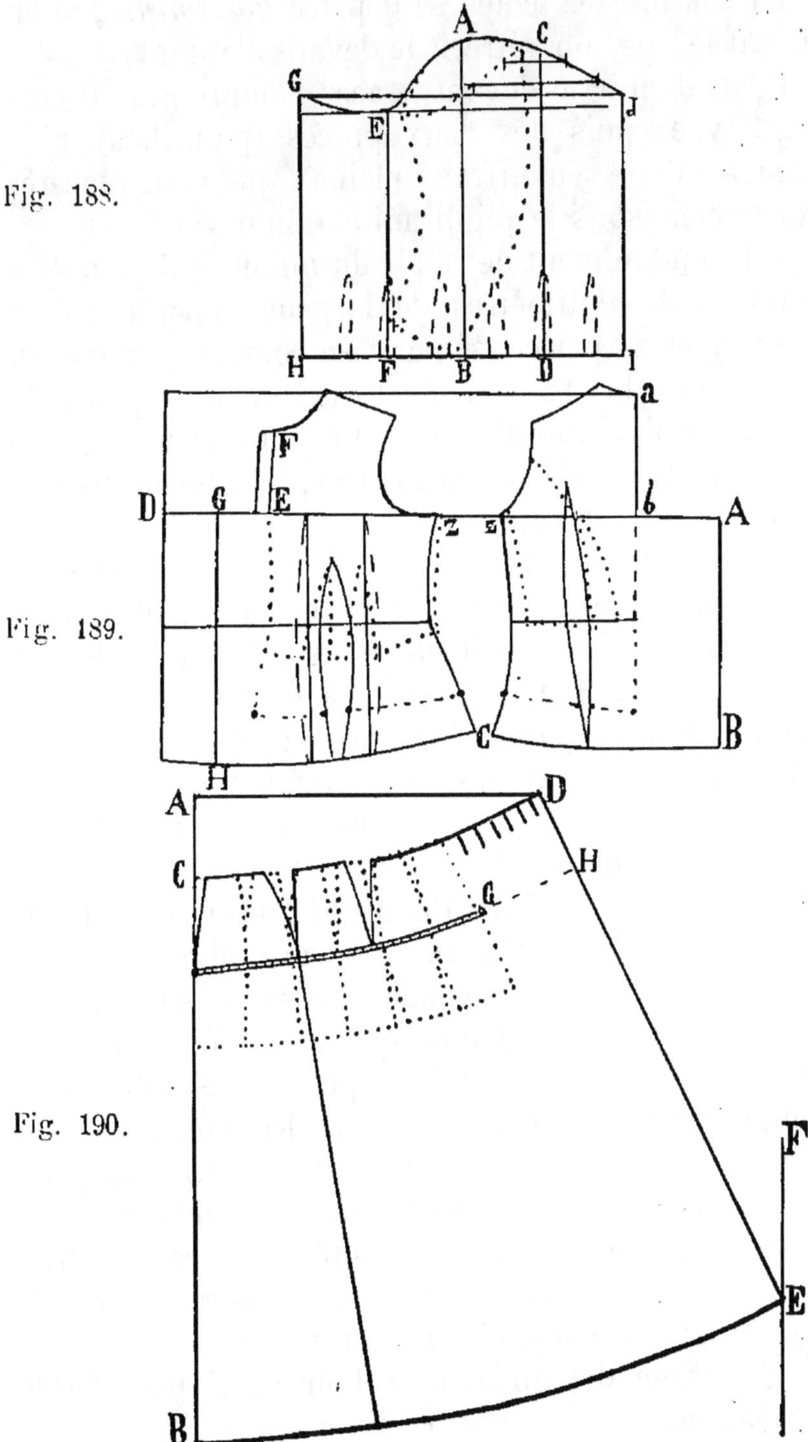

Fig. 188.

Fig. 189.

Fig. 190.

La couture des côtés se déplace *ad libitum ;* si on élargit le dos, on rétrécit le devant d'autant.

Pour obtenir le devant, tracez l'empreinte du corsage type ; puis des deux pinces (pointillés) n'en formez qu'une seule (traits pleins), que vous placerez exactement sous le pli du milieu du devant.

Indépendamment de ce pli du milieu qui peut être évalué à 4 centimètres de largeur apparente et à 8 centimètres par conséquent en coupant, on fait un autre pli au bord ; pli sous lequel on peut placer la sous-patte de boutonnement. Ce dernier a une largeur apparente de 4 centimètres, soit 8 centimètres en coupant le devant.

Une largeur de 16 centimètres doit subsister en dehors de la ligne F-E sur E-D et parallèlement à F-E pour le devant de *droite* seul. Pour celui de gauche (ligne G-H), laissez seulement la valeur double du pli apparent (soit 8 centimètres).

Le haut du devant est sectionné horizontalement, à la hauteur du dessous d'emmanchure D-G-E-Z, ou un peu plus haut, si l'on veut. Il faut laisser, en dehors de la ligne F-E du haut de l'empiècement, un recroisement de 1 1/2 pour le devant de *droite* et un peu plus pour celui de gauche. Le surplus est nécessaire au devant de gauche qui doit offrir, après le boutonnement, une surface plus résistante, afin d'empêcher tout bâillement entre les boutonnières.

Au bassin mesuré à 13 ou 14 centimètres au-dessous de la ceinture, on réservera une largeur égale à la mesure du bassin, augmentée de 6 centimètres pour les espaces compris en totalité entre les points (défalcation faite des plis et des pinces).

Ce corsage demande un col droit. Il peut aussi être fait sans empiècement.

La manche (*fig.* 189) offre un genre de coupe particulier que nous n'avons pas encore décrit.

Elle est à poignet, boutonnant par un ou deux boutons.

La forme de ce poignet est rectangulaire, c'est-à-dire que le patron est compris entre deux lignes droites parallèles éloignées de 4 à 6 centimètres selon le nombre des boutonnières (une ou deux); pour la largeur de ce boutonnement, on calcule une longueur de 15 centimètres pour une jeune fille et de 16 pour une personne un peu plus forte. On laissera en plus l'espace nécessaire pour remplir les intervalles compris entre les boutons et la limite, d'un côté, et entre les œillets de boutonnières et le bord, de l'autre côté (la longueur totale du poignet est de 20 à 21 centimètres en coupant).

Pour exécuter le tracé de la manche en un seul morceau, placez un patron-type dont le milieu coïncide avec la ligne droite A–B. Tirez ensuite deux autres lignes parallèles E–F et C–D, à 2 centimètres en dehors du même patron. Tirez encore les deux autres lignes parallèles I–J et H–G.

Les deux surfaces comprises entre les deux lignes C–D et J–I, puis entre E–F et G–II, sont celles qui doivent former dessous de manches. Pour obtenir les deux courbes du dessous (côté du talon et côté de la saignée), dessinez sur le dessus de la manche type le passage du dessous comme nous l'avons fait en pointillés, puis prenez, à volonté, deux ou trois points sur cette courbe et faites passer des horizontales, c'est-à-dire d'équerre, sur la ligne du milieu précédemment tracée. Autant de centimètres il y aura entre un point choisi sur la courbe du dessous de manche et la ligne C-D, autant il en faudra marquer sur l'horizontale passant par ce point et en dehors de la ligne C-D. Même opération pour la partie de la saignée (¹).

Au bas de cette manche, on coud 4 ou 6 pinces en donnant une profondeur suffisante pour mettre ce bas à la largeur du poignet.

La jupe se trace au moyen du patron-souche de bassin, avec les données suivantes (*fig.* 190) :

Tirez la ligne droite A-B d'une longueur de 115 ou 120 centimètres.

Sur cette ligne élevez d'équerre à partir du point A la ligne A-D (de 65 centimètres de longueur).

Parallèlement à la ligne A-B, marquez la ligne E-F à une distance de 110 centimètres.

Au-dessous de A baissez le point C (de 14 centimètres).

Si la jupe était moins large du bas, qu'elle soit réduite tout à fait au minimum (soit $1^m,90$ en totalité pour jeune fille), il faudrait baisser le point C à 10 centimètres du point A et donner, à la largeur A-D, 58 ou 60 centimètres seulement.

Faites une pince de 1 1/2 à 2, en dedans du point C, suivant la rondeur du ventre. Disposez toutes les parties du patron-souche de façon à ce qu'elles soient en contact en bas pour toute la partie du devant et des côtés. En haut, établissez deux pinces (une entre le tablier et le côté du lé de derrière) de 5 1/2 à peu près. En arrière, placez sur le 3/4 du corps une autre pince de 6 centimètres.

De C à B, portez la longueur du devant de jupe ; si la mesure n'a été prise que devant, portez-en le

---

1. Les parallèles J-I et C-D, puis G-H et E F sont éloignées du même chiffre que celui compris entre les lignes E-F et **A-B-C-D et A-B.**

même chiffre plus 1 centimètre derrière (de D à E sur la ligne E-F) et, arrondissez le bas par ces points, ce qui donne, sur le côté et derrière, un peu plus de longueur que devant (soit 1 centimètre).

Si on a les trois mesures (devant, côté et derrière) il vaut mieux évidemment les appliquer telles.

Le bassin a environ **20** centimètres de plus de largeur que le patron-souche entre les points G et H. Cette plus-value est susceptible de réduction, attendu que les plis ou fronces pratiqués à la ceinture peuvent être faits en moins grand nombre.

La figure 191 donne l'aspect de ce costume confectionné sur un tissu de 140 de largeur (ouvert). Il emploie 3^m,60 de ce tissu (voir plan de disposition, *fig.* 192).

Les diverses pièces du patron correspondant audit costume sont désignées comme ci-après :

A, partie inférieure entière du dos ;

Fig. 191.

B, empiècement entier du dos ; il doit être fait sans couture au milieu ;

C (double), manches ;

D, devant de la jupe ou tablier ;

E (double), les deux devants (partie inférieure) ;

F, parties ou lés de derrière de la jupe ;

G (double), empiècements de devant du corsage.

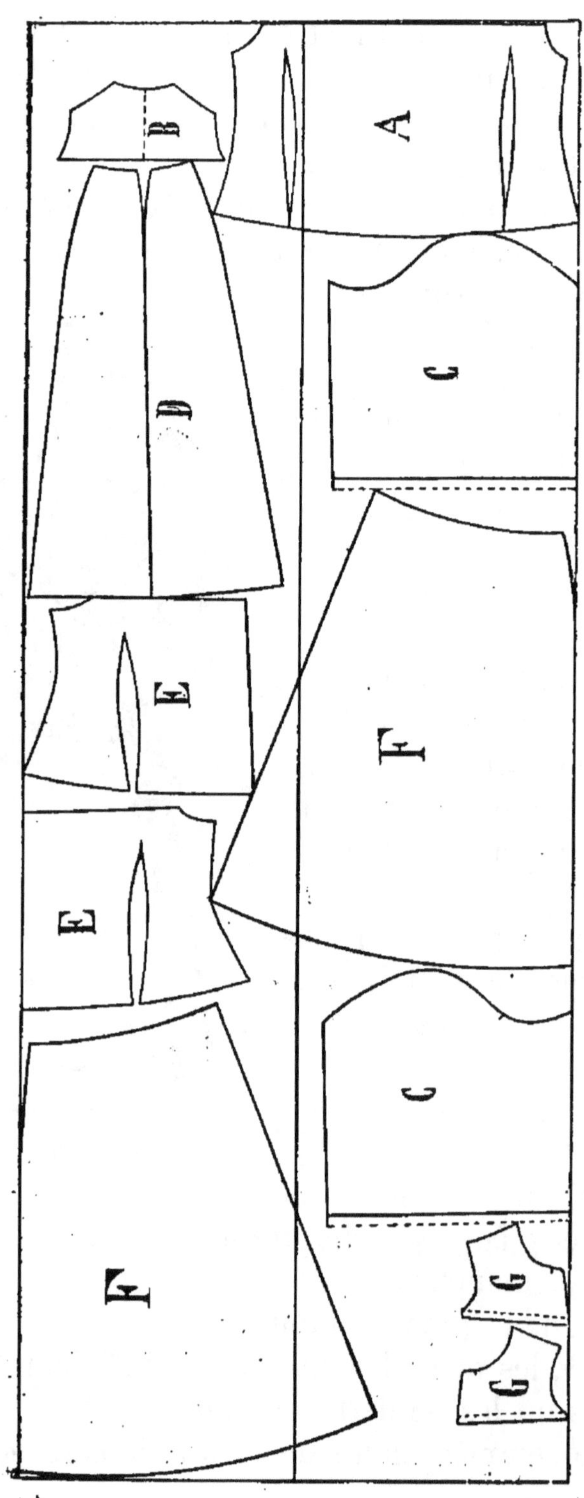

Fig. 192.

Les poignets des manches, garnitures des devants, collet, etc., s'intercaleront dans les espaces vides.

Gilet (*fig.* 193-194).

La figure 193 nous montre le dessin pris sur le corps du gilet fini. Le tracé de la figure 194 est établi d'après les mesures d'une taille et grosseur moyennes.

Rappelons-les :

Longueur de taille.	39
Carrure.	16 1/2
Demi-grosseur du haut du corps.	42
Demi-grosseur de ceinture. . .	27
Longueur du devant (de la nuque à la hanche).	51 1/2

La mesure de pente d'épaules, ainsi que celle de la demi-largeur de poitrine ne sont pas nécessaires.

Sur une feuille de papier, tirez la ligne droite A-B ; du point A (et d'équerre sur la ligne A–B), la ligne A-C ; du point C (d'équerre sur la ligne A-C), la droite C-D, parallèle, par conséquent, à A-B. L'écart entre ces deux lignes qui limitent le rectangle en largeur, égale la demi-grosseur du haut du corps plus 6 centimètres (ici 48 dans notre exemple).

Divisez ce rectangle en deux autres, de chacun 24 centimètres. Tracez ensuite G-H et E-F([1]).

Pour placer le point M d'encolure, prenez le tiers de la distance comprise entre C et E (ici 7 centimètres).

---

[1]. Quel que soit le chiffre de cette demi-grosseur, prenez-en la moitié pour former les rectangles A-G et E-C.

Fixez aussi la largeur de l'encolure du dos A–*m* en prenant le 1/3 — 1 de la largeur A-G (ici 6 centimètres). Portez ces 6 centimètres sur le point M et dirigez le centimètre obliquement vers le point *f* que vous obtiendrez par la longueur du devant 51 1/2.

Fig. 193.

À 1 centimètre environ au-dessus de ce point *f*, tirez, d'équerre sur A-B, l'horizontale B-D.

Vous aurez la profondeur ou hauteur d'encolure en portant 14 centimètres de C à N (les 6 centimètres de largeur d'encolure de dos compris dans ces 14 centimètres), 14 égale le tiers de la grosseur 42. Pour n'importe quelle grosseur, portez toujours le 1/3 de C à N (encolure du dos comprise).

Si on monte un col droit très haut à l'encolure, il faut baisser le devant de 1 1/2 ou 2 centimètres au-dessous de N (trait barré).

Du point E à L¹ abattez 2 centimètres. De A à L¹ marquez 7 centimètres et tirez, d'équerre sur A-B, l'horizontale L¹-L.

L'abatage complet pour le devant et le dos atteint

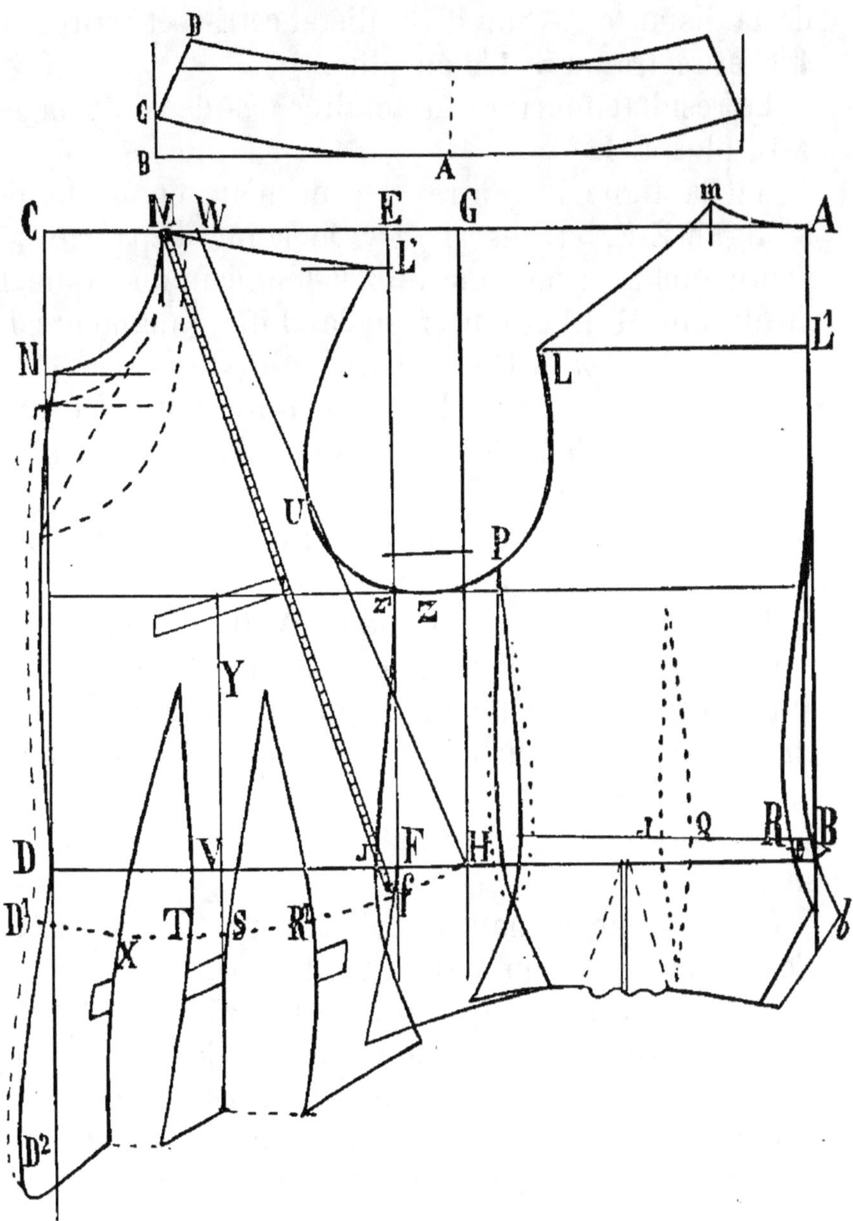

Fig. 194.

9 centimètres, soit le 1/4 de la demi-grosseur 42,
auquel quart on a retiré 1 1/2. Pour tout autre
taille opérez de même, c'est-à-dire cherchez la moitié

de la distance A-G ou de la distance E-C et retirez-en 1 centimètre ou 1 1/2 au plus.

Le résultat fournira la totalité des deux abatages A-L^1 plus E-L'.

Sur la ligne L' rentrez 1 centimètre en avant de la ligne E-F, et inscrivez-y le point d'épaulette à l'emmanchure; puis mesurez la longueur du montage du devant M-L^1 et portez-en le chiffre (augmenté de 1/2 à 3/4) de m à L du montage du dos.

Fixez la profondeur d'emmanchure Z un peu au-dessous de la demi-longueur de taille (1 ou 2 centimètres) ou même à la barre située à la moitié de cette longueur. Ce dernier détail n'a pas grande importance, le vêtement étant sans manches.

Tirez la ligne d'avancement W-H en plaçant le point W à 2 centimètres en arrière du point M; puis arrondissez le tour de l'emmanchure de L' à U en reposant la courbe sur la ligne d'avancement, puis à Z, à P et à L.

Les points de ceinture s'obtiennent par le calcul suivant :

La grosseur du haut du corps est : $42 + 6 = 48$, c'est la largeur comprise entre B et D.

La demi-grosseur de ceinture est de 27. Ajoutons-lui 4 centimètres pour la valeur des coutures et aussi pour le jeu à laisser sous les tirants. Soit 31 centimètres.

Retirons 2 centimètres au maximum entre B et R, à la cambrure, 2 centimètres entre Q et J (par une pince marquée en pointillés; pince qui équivaut à l'écart existant au corsage entre le bas de dos et le petit côté), 1 1/2 entre le dos et le petit côté et 1 1/2 entre le petit côté et le devant. En tout : $2 + 2 + 1,5 + 1,5 = 7$ de retrait à la partie postérieure de la ceinture.

De 48 je retire le produit 7 ; il reste 41 centimètres. Devant couper cette partie à 31 de largeur seulement, on retire 5 centimètres entre chacune des pinces. La ceinture se trouve alors au point.

Pour tracer l'entre-pinces, partagez le rectangle F-D en deux parties égales et tirez la ligne Y-V.

Placez le sommet des pinces à environ 11 ou 12 centimètres au-dessus de l'horizontale B-D en donnant un écart de 2 centimètres à 2 1/2, pour chaque pince, en dehors du point Y.

A l'endroit de la longueur de taille S-T, diminuez l'entre-pinces et conservez-lui une largeur de 2 centimètres à 2 1/2 au plus. On peut donner à cet entre-pinces une direction un peu oblique (voir notre tracé) ou bien diviser, également, de chaque côté de la ligne Y-V, les 2 centimètres ; soit 1 de chaque côté de V. L'essentiel est que les deux courbes S-R^1 et T-X ne se contrarient pas, ne se gênent pas au montage ; pour cela elles ne doivent pas différer (ou très peu) dans leur configuration et, lorsqu'on replie le devant à l'endroit de la fin, du sommet de chacune des pinces, leur côté sera tenu de coïncider aussi exactement que possible avec le côté correspondant de l'entre-pinces.

Le bas du gilet peut s'allonger : de 16 centimètres environ devant ; de 5 ou 6 centimètres au-dessous de la taille naturelle D^1 ; à la hanche, au-dessous du milieu du dos, de 8 centimètres.

Le milieu du corps, devant (14 centimètres au-dessous de la taille naturelle) ressortira de 2 centimètres sur D^2.

Au-dessous de la hanche, on recroisera les parties les unes sur les autres suivant la mesure du bassin que l'on pourra ajouter à cet effet à celles du gilet et en mesurant, comme d'habitude, le bassin à 14 centimètres au-dessous de la taille ([1]).

Si on ne fait pas la pince Q-J on cintrera davantage entre le dos et le petit côté (voir les pointillés) et on placera en ce cas, un soufflet de 7 ou 8 centimètres de largeur à sa partie inférieure dans la région du trois-quarts, derrière.

Les tirants seront placés de façon à ce qu'ils produisent leur effet juste au plus creux de la taille et à une hauteur de 39 (présent tracé) entre A et B, ou tout autre chiffre de longueur de la taille de dos.

Les gilets pour grosses femmes ou jeunes filles minces sont susceptibles des mêmes modifications que celles expliquées au chapitre IV, *Du Tracé des patrons pour diverses grosseurs* (page 72). En effet, si une fillette a peu de différence entre la grosseur de ceinture et celle du haut du corps, les pinces de ceinture seront peu profondes aussi bien au corsage qu'au gilet. Si, au contraire, nous coupons pour une grosse personne à ceinture épaisse et dont la mesure du haut du corps vaille, par exemple, 54 centimètres et celle de la ceinture 45 centimètres, la différence atteindra 9 centimètres.

Nous calculons la différence régulière comme valant 14 centimètres; 14 — 9 = 5 centimètres. Nous portons ces 5 centimètres en avant de D, puis nous dessinerons, s'il le faut, le milieu du dos, à l'endroit de la ceinture comme nous l'avons indiqué par un deuxième trait plein *b*.

Les gilets ne se font pas forcément à col droit; il y en a aussi à châle rond ou de fantaisie.

Pour ce genre, on coupe l'encolure suivant le trait

---

1. 5 centimètres au minimum à ajouter à la mesure du bassin.

barré de la figure 194 et on lui réunit un col que l'on a coupé d'après la forme de l'encolure du devant et suivant la forme extérieure indiquée en traits barrés. Toute autre forme peut être choisie. La hauteur du boutonnement varie pour les formes à châle.

Le tracé du col droit situé au-dessus du gilet est contenu dans un rectangle de 37 centimètres environ de longueur sur une hauteur de 5. Le devant de ce col s'abat de 2 centimètres à 2 1/2 de C à B, la partie supérieure D est élevée de même quantité au-dessus de la ligne supérieure du rectangle. Le point D est rentré de 2 centimètres en dedans de la ligne C-B. La ligne de montage est sur AC; A est au milieu du dos, à la nuque.

Amazone (corsage, jupe, pantalon ou culotte).

Nous avons dessiné aux figures 195 et 196 l'aspect de l'amazone à cheval.

Les particularités essentielles de ce costume sont :

1° Corsage bien collant. Il ne doit pas se déplacer ni remonter, tout en laissant les mouvements libres. Une chose importante à signaler : l'adaptation sera parfaite aux épaules, à l'encolure, à l'emmanchure; avoir soin que ces dernières passent bien aux articulations des bras, sans s'en éloigner. En résumé : ajustage complet pour les emmanchures comme pour le reste; que le tout, en un mot, soit d'un aplomb irréprochable;

2° Jupe absolument ajustée à l'endroit du bassin et tout autour. Le devant se présentera net et sans pli, surtout dans la région inguinale, quand la personne est assise ;

Fig. 195.

3° Siège sans pli sous la selle, que la jupe ne puisse tirer du côté gauche par suite d'un manque d'ampleur ou d'une largeur générale mal placée ;

4° Jupe suffisamment longue, du côté droit particulièrement, de manière que les jambes soient recouvertes dans la position assise.

Fig. 196.

Corsage (fig. 197).

Les mesures sont identiquement les mêmes que

pour les autres corsages cités au commencement de
ce travail.

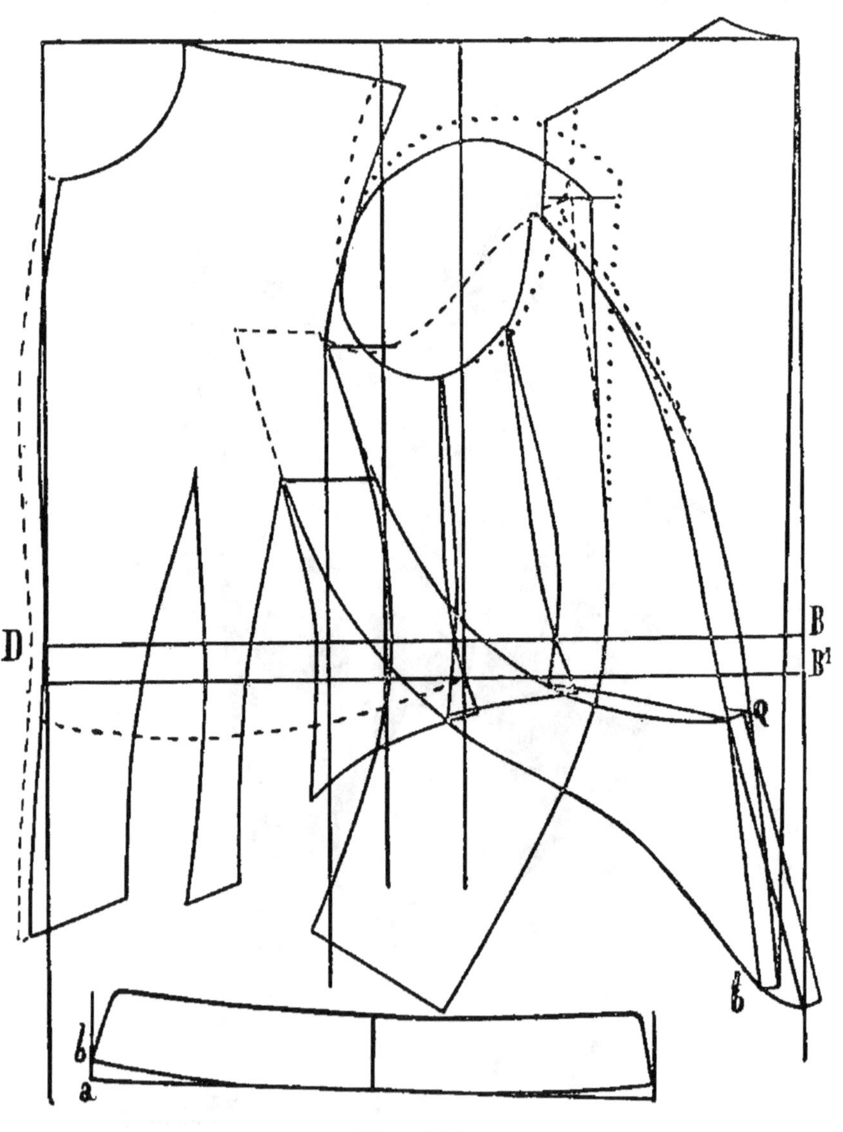

Fig. 197.

La forme varie un peu en ce sens que la taille
s'allonge de 2 centimètres de B sur B¹, plus 2 centimètres encore au-dessous (sur Q) pour la tête du

pli. Cet allongement de 4 centimètres au-dessous de la taille ne doit pas déplacer les parties creuses de la ceinture, ce qui ferait remonter tout le corsage.

Immédiatement au-dessous de la ligne de ceinture B–D, élargissez pour la hanche et le bassin.

A l'endroit du pli de basque Q-*b*, le dos allongé de 15 ou 16 centimètres est terminé en pointe, comme la figure l'indique. Aux hanches, allongement de 3 centimètres environ ; au devant, 13 ou 14 centimètres.

Une basque peut être rapportée jusqu'à la limite du devant (traits barrés du patron) ou s'arrêter au côté postérieur de l'entre-pinces (trait plein). Cette basque a une largeur de 5 centimètres à peu près devant.

On fait souvent aussi le corsage avec les pièces prolongées de façon à produire, quand il est fini, le même effet que celui auquel on ajoute une basque ; en ce cas, il faut allonger au-dessous de la taille B, par derrière, de 18 à 20 centimètres ; aux hanches, de 3 ou 4 centimètres ; au devant, de 13 ou 14 centimètres.

Pour tous les corsages d'amazone auxquels la basque est rapportée, le milieu du dos est habituellement sans couture. On fait aussi parfois des smockings et des jaquettes courtes à revers.

On ne doit pas hésiter à épauler, à dégager seulement la partie supérieure de l'emmanchure et à reporter à la manche, en largeur et en hauteur à la tête et au talon, la valeur équivalente à celle retirée au corsage (voir les pointillés).

Le corsage se déplace moins ; les mouvements sont plus libres parce que le bras reste dans la manche et que l'emmanchure ne peut pas porter dessus. La profondeur de l'emmanchure **Z** (petit côté) doit toujours être laissée aussi haute que possible.

On laisse 1 1/2 de largeur en dehors de la ligne du milieu du corps pour l'espace compris entre les œillets des boutonnières et le rempli du côté droit ; pour le gauche (celui des boutons), on laisse 3 ou 4 centimètres.

Le col droit (tracé dessous) a de 4 1/2 à 5 centimètres de hauteur. Il est rabattu de 2 centimètres, de *a* à *b* (devant).

Pour la basque rapportée, la différence de forme des courbes de la ceinture et du bassin fait souvent varier les courbes de cette basque qu'il est bon d'essayer coupée et bâtie en toile. Après l'avoir bien ajustée sur la personne même, on en réglera le patron, puis on la coupera en drap.

Jupe (*fig.* 198).

Mesures à prendre :

Longueur de côté (du creux au-dessus de la hanche à terre). Supposons-la de 102 centimètres ;

Grosseur de ceinture. Celle du corsage suffit, mais on la réduit de 1 centimètre pour la jupe. Soit : 26 centimètres ;

Demi-grosseur du bassin. Soit 48 centimètres ;

Bassin mesuré à une même hauteur. Dans la position assise, il comprend 4 à 5 centimètres de plus. Soit 52 à 53 centimètres ;

Côte gauche de la jupe. Il devra être coupé de

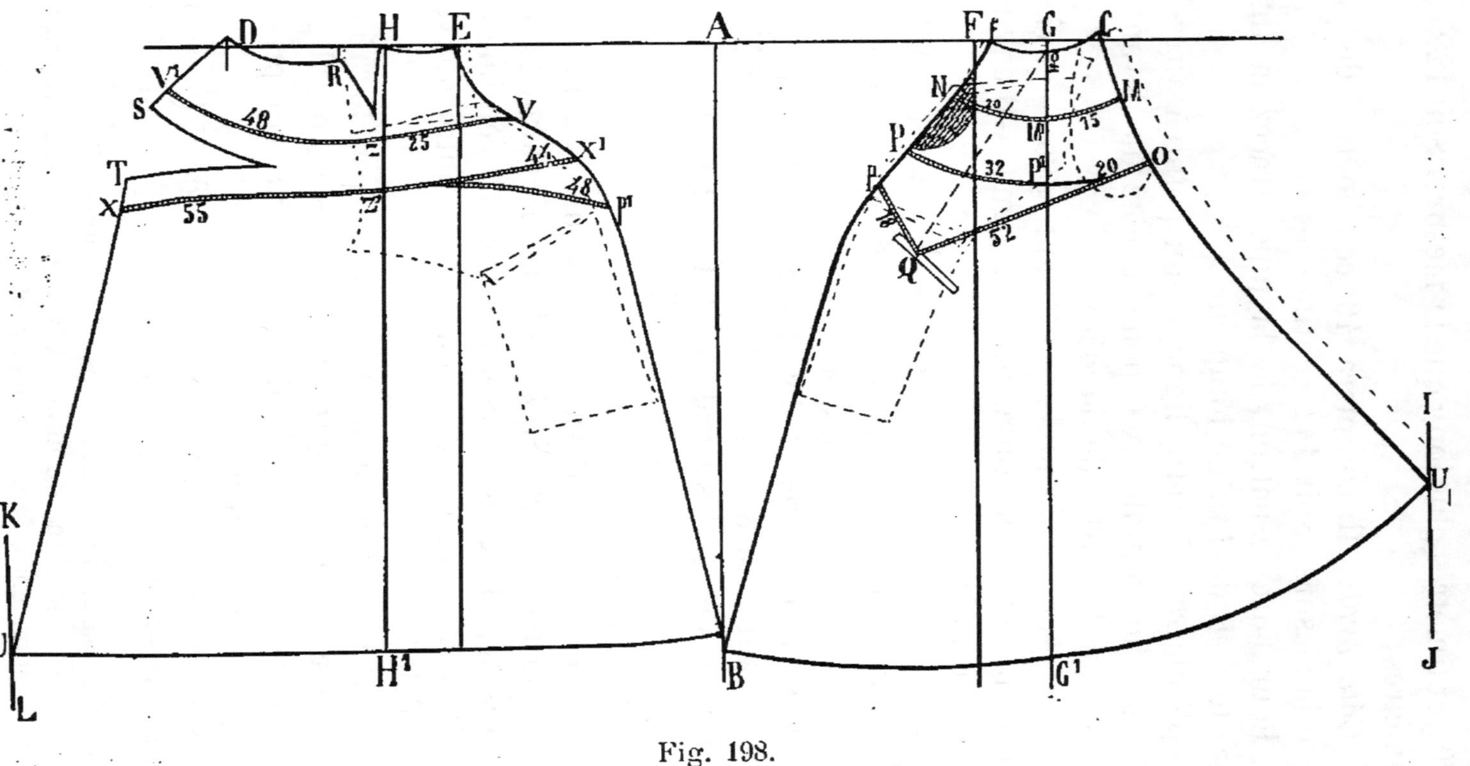

Fig. 198.

20 centimètres plus long que la mesure. Soit 122 cen
timètres ;

Côté droit. Il comptera 40 centimètres de plus
que la mesure. Soit 142 centimètres.

Pour faire le patron de la jupe, tracez la ligne
droite A–B de 140 de longueur.

D'équerre sur cette ligne et du point A tirez les
droites horizontales A-C pour le côté du devant et
A-D pour la partie de derrière.

La ligne horizontale A-C doit avoir environ
80 centimètres de longueur et la ligne A-D environ
105 centimètres.

Tracez les deux lignes H et G parallèles à A-B, à
70 centimètres d'éloignement (soit la valeur de la
moitié de la largeur du drap).

A 80 centimètres d'éloignement de la ligne G-G^1
du devant et à 80 centimètres de la ligne H-H^1 de
derrière, menez les parallèles K-L et I-J (^{1}).

Les deux lignes K-L et I-J limitent la largeur du
bas de la jupe.

De G à F du devant prenez une distance de
15 centimètres et tirez la ligne F parallèle aux
autres déjà tracées. Comptez encore 15 centimètres,
de H à E, et menez du point E une autre nouvelle
parallèle.

Ces 15 centimètres sont le 1/4 (un peu fort) de la
grosseur de ceinture entière. Entre les points H-E du
dos de la jupe et F-G du devant doit être comprise la
moitié de la ceinture.

Rentrez de 1 centimètre en dedans de E (derrière)
et de 3 centimètres en dedans de F (devant). Nous

___

(1) Ces parallèles sont, en réalité, éloignées l'une et l'autre
de 1^m,50 de la ligne du milieu **A-B,** laquelle ligne représente
la séparation entre le dos et le devant de la jupe.

avons alors 14 centimètres, plus 12 pour les deux distances E-H et G-*f*; soit, en tout, 26 ou la demi-ceinture.

De G à C comptez 9 centimètres et creusez le haut du devant, vers le milieu, de 2 centimètres au-dessous de la ligne horizontale F-C.

A 14 centimètres au-dessous de la courbe de ceinture du devant, pointez le passage de la mesure du bassin M-M^1-N et, à 28 centimètres au-dessous de cette même courbe de ceinture, même pointage pour la ligne O-P (contour du bassin à hauteur de fourche).

De M à M^1 marquez 15 centimètres et de M^1 à N, 20 centimètres; de O à P^1, 20 centimètres; de P^1 à P, 32 centimètres.

Posez un des bouts du centimètre sur le point C et faites-le suivre obliquement sur M et sur O jusqu'à une longueur de 122 centimètres que vous marquerez sur la ligne I-J au point *u*.

Dans la direction du milieu du devant G-Q calculez une distance de 50 centimètres environ (espace entre la rotule et le milieu du haut du devant *g*.) Du point Q au point O, vous aurez à peu près 52 centimètres.

Après avoir mesuré 10 centimètres, du point P au point *p*, indiquez sur le devant *p*-Q, fin du trajet de la mesure passant par le bassin et contournant le genou (1^m,55 pour une femme de grosseur moyenne).

De Q à *p*, vous aurez 18 centimètres.

Posez un des bouts du centimètre sur le point *f* et suivez les contours de N-P et *p*; puis à 142, fixez le point B sur la ligne A-B.

Voilà deux points de longueur pour le devant.

Maintenant, déterminez celui du milieu de la jupe, devant en métrant, de *g* à G^1, 132 centimètres (chiffre moyen entre les deux côtés, droit et gauche).

Par rapport à la position que la jupe occupe sur une personne, le tracé 198 vous présente cette jupe vue du côté de l'endroit du drap. Le côté droit correspondant à f-N-P-p-B est le plus long. Il représente la jambe pliée et le bassin assis.

Afin d'éviter les cassures et les boursoufflements qui se produiraient au devant de la jupe, du côté droit, dans le pli inguinal, tendez très fortement la partie marquée de hachures et de façon à produire l'effet d'un soufflet que l'on y rapporterait.

Le devant arrondi du bas sur B-G^1-U, ce devant est ainsi terminé.

De H à R par derrière la jupe, formez une pince de 10 centimètres sur une longueur de 12 centimètres de côté.

Creusez de 1 centimètre au-dessous de l'horizontale, entre les points H-E.

De R à D, prenez 19 centimètres et creusez de 3 centimètres entre ces points, au-dessous de la ligne horizontale.

Indiquez le passage de la mesure du bassin (14 centimètres au-dessous de la courbe de ceinture V-V^1.) A 28 centimètres au-dessous de cette même courbe, notez le passage de la mesure à hauteur de la fourche X-X^1.

A 10 centimètres au-dessous du point X^1, marquez p^1 et la fin du trajet de la mesure entourant bassin et genou (155, position assise).

De Z à V, comptez 25 centimètres, de Z à V^1 48;

De Z$'$ à X^1, 44; de Z$'$ à X, 55;

De Z$'$ à p^1, 48.

Elevez d'un centimètre le point D au-dessus de l'horizontale et tracez la ligne D-V^1-S.

De S à T, tracez une pince de 15 centimètres d'é-cart sur 32 centimètres de longueur de côtés.

Mesurez de D à S et de T à U la même longueur qu'au devant du côté gauche (soit 122 centimètres).

De H à H¹, 132 centimètres.

Donnez au côté droit par derrière (E-V-X¹-B) la longueur du devant augmentée de 3 centimètres (soit 145) (¹).

Tracez la courbe du bas de dos.

Le bassin mesuré à 14 centimètres de hauteur au-dessous de la courbe de la ceinture donne une largeur totale de 108 centimètres (soit 12 centimètres de plus que la mesure).

Mesurée à 28 centimètres de distance, à la hauteur de la fourche, cette jupe fournit une totalité de 151 centimètres en largeur.

A l'endroit de la rotule et du bassin, la jupe possède, sur le trajet X-Z'-p^1-p-Q-O, 173 centimètres ; autrement dit, 18 de plus que la mesure passant par ces points, sur le corps en position assise.

Un rempli de 10 à 12 centimètres doit être ajouté tout autour du bas de la jupe.

Un élastique de 2 centimètres de hauteur sur 22 à 25 de longueur est posé, sous la jupe, à l'en-droit du genou. Cet élastique entoure la jambe, sous le jarret, et empêche la jupe de tourner.

Une ouverture est ménagée en haut du côté gauche et, dans la parementure, on place une poche à la place marquée en pointillés.

Nous avons figuré en petits traits barrés le devant et le derrière d'un pantalon posés sur le devant et le derrière de la jupe dans la position d'une jambe

______

(1) A cause du devant tendu de 3 centimètres en haut.

pliée au genou et le corsage replié à la hauteur du pli inguinal (*fig.* 198). On pourra comparer les formes générales de cette jupe à celles du devant et du dos de pantalon placés dans la position assise. Le milieu du devant du pantalon est sur la ligne q-Q.

Si cette jupe devait être utilisée par une grosse personne il faudrait l'élargir parallèlement jusqu'à ce que la mesure de ceinture et de bassin puissent être trouvées avec leurs plus-values.

On fait ces costumes en drap dit « amazone », en molleton léger ou en jersey très fin et très serré, de nuances foncées ou noires.

Pantalon ou culotte (fig. 199).

La coupe du pantalon ou de la culotte exige les mesures suivantes :

Longueur du côté, depuis le creux du dessous des hanches au bas, à la naissance du talon de la chaussure.	100
Longueur de jambes ou d'entre-jambes.	72
Demi-grosseur de ceinture	26
Demi-grosseur de bassin	48
Demi-tour de cuisse	29
Largeur du bas fini	42
Pour la culotte on ajoute en plus :	
Grosseur du genou.	36
Grosseur du jarret.	33
Grosseur du mollet.	35
Le tour du bas de jambe au-dessus de la cheville	21

À la pratique, on peut se borner à mesurer la longueur du côté de laquelle on retire **28**, on a ainsi la longueur de jambe.

On peut mesurer ceinture et bassin.

Quant à la grosseur de la cuisse, on l'obtient en cherchant les 2/3 moins 3 centimètres du demi-bassin.

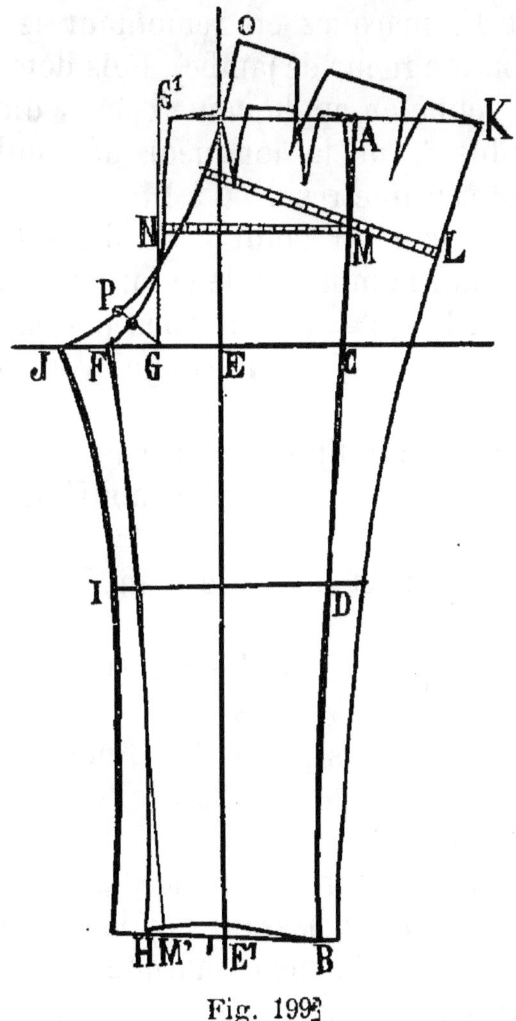

Fig. 199.

Exemple : Nous avons mesuré un bassin de 48 de demi–grosseur ; nous en cherchons le 1/3 : 16. Doublons ce chiffre, 32 ; retirons 3, nous avons 29 pour demi-tour de cuisse.

Ces mesures s'appliquent à une personne de taille

et de grosseur moyennes. S'il fallait couper pour d'autres tailles, la même méthode servirait.

Pour exécuter le patron, tirez la ligne droite A-B (100).

Du point B, marquez en remontant le point C. B-C = 72 (ou longueur de jambe). Puis déterminez la hauteur du genou en appliquant à partir du point B, la moitié plus 7 de la longueur de jambes. Soit 36 + 7 = 43 centimètres de B à D.

Au bas, à partir du point B du devant, marquez jusqu'à H la moitié moins 2 de la largeur du bas fini, soit 42 : 2 = 21 — 2 = 19 que vous portez de B à H.

Prenez-en la moitié (9 1/2) que vous portez de B à E^1.

A la hauteur de la ligne de fourche, point C, fixez le point F, à partir de C' par la moitié du tour de cuisse (ici 29).

Prenez la moitié et placez le point E à 14 1/2 du point C.

Tirez la droite E'-E prolongée (milieu du pantalon).

Au milieu entre les points E-F, marquez G, au-dessus duquel vous éleverez la droite G-G^1 parallèle à la ligne du milieu.

Tracez bien d'équerre, sur la ligne du milieu, toutes les horizontales passant par les longueurs D, C et A, points préalablement marqués.

Sur la bissectrice de l'angle G, prenez 5 centimètres pour le passage de la courbe de l'enfourchure du devant.

Rentrez légèrement en haut intérieurement à la ligne G^1 et tracez toute la courbe de l'enfourchure du devant.

Au bas, fixez un point M',. à un centimètre en

dedans du point limite de largeur de devant H et tirez en ligne droite de F à M'; puis ramenez insensiblement à cette droite le point H du bas.

Tracez le haut du devant en élevant de 1 centimètre au-dessus de la ligne horizontale G'-A.

Faites au devant deux pinces pour le ramener à une largeur égale à la moitié de la mesure de ceinture.

Formez une toute petite pince en haut du côté entre la ligne de construction A et le haut du devant (1 à 1 centimètre 1/2).

Établissez un premier entre-pinces de 4 centimètres de largeur en haut et 6 en bas, sur une longueur de 10 centimètres.

Le deuxième entre-pinces du devant (celui du milieu) a 5 centimètres de largeur en haut et 9 centimètres en bas sur une longueur de 10 centimètres de côté de pinces.

Le troisième entre-pinces (côté de la brayette) mesure 4 centimètres de largeur en haut. Tout l'excès de largeur du devant se trouve ainsi retiré par les pinces qui restent formées entre ces entre-pinces.

Pour tracer le derrière, coupez d'abord le devant et transportez-le sur une feuille de papier disposée pour ce patron ; donnez ensuite à la pointe de fourche J une largeur telle que son éloignement de F égale 5 centimètres.

Prenez sur la bissectrice de l'angle G, 7 centimètres et faites passer au point P la courbe de l'enfourchure.

En O vous obtiendrez la hausse du derrière (à 8 centimètres au-dessus de la ligne horizontale G'-A et à 1 ou 2 centimètres en arrière de la ligne du milieu E'-E).

A partir de ce point O ainsi placé, mesurez la

largeur à donner en haut du derrière ; pour y arriver, posez d'abord sur ce point O le chiffre 13, somme des largeurs fournies par les trois entre-pinces du devant. La situation du point K sera déterminée par le calcul suivant :

Le devant du pantalon fournit 13 centimètres ; le derrière doit fournir aussi 13 pour compléter le chiffre de la demi-grosseur de ceinture ; à ces 13 ajoutez la différence existant entre la ceinture 26 et le bassin 48 (soit 22) ; vous aurez le chiffre 35 (13 + 22). Ces 35, vous les porterez du point O au point K où ce dernier point sera fixé. Ensuite faites au derrière deux pinces : la première, du côté de la hanche, de 11 ou 12 centimètres de longueur ; la deuxième du côté du fond, longue de 13 à 14 centimètres.

Donnez au premier entre-pinces, du côté de la hanche, une largeur d'environ 4 centimètres en haut et 7 ou 8 centimètres en bas.

Fixez la largeur de l'entre-pinces, du côté du fond, par environ 5 centimètres de largeur en haut et 8 en bas.

La largeur de l'entre-pinces du milieu comportera 6 centimètres ; on aura alors 15, somme des trois entre-pinces (soit la demi-ceinture plus 2 centimètres pour les coutures).

A la hauteur du milieu du montant de corsage, mesurez la distance comprise entre N et M du devant ; reportez-en le chiffre trouvé sur un point du fond situé à 7 ou 8 centimètres plus haut que N et appliquez au point L la demi-grosseur du bassin (augmentée de 5 ou 6 centimètres).

Sortez le côté du derrière de 2 ou 3 centimètres en dehors du point D, à la hauteur du genou. Sortez aussi le point I de l'entre-jambes du derrière de 2 ou 3 centimètres.

Au bas, le devant fournit une largeur de 19 centimètres, le bas total est de 42 fini et 2 qu'il faut ajouter pour les coutures : 44. Il manque donc une largeur de 25 centimètres que le derrière doit apporter. Déplacez alors le centre du talon de 1 centimètre en avant de E¹, vers l'intérieur de la jambe et mesurez, à partir de ce point, 12 c. 1/2 (moitié de 25 de chaque côté). La largeur du bas du derrière se trouve ainsi portée plus à l'intérieur qu'à l'extérieur ainsi que la direction des pieds le réclame.

S'il s'agit d'une culotte (*fig.* 200), il faut raccourcir de 10 ou 12 centimètres la longueur du pantalon, au bas, puis appliquer les mesures de grosseur de genou sur la ligne D-I, de façon à ce que le devant fournisse la moitié du chiffre; le

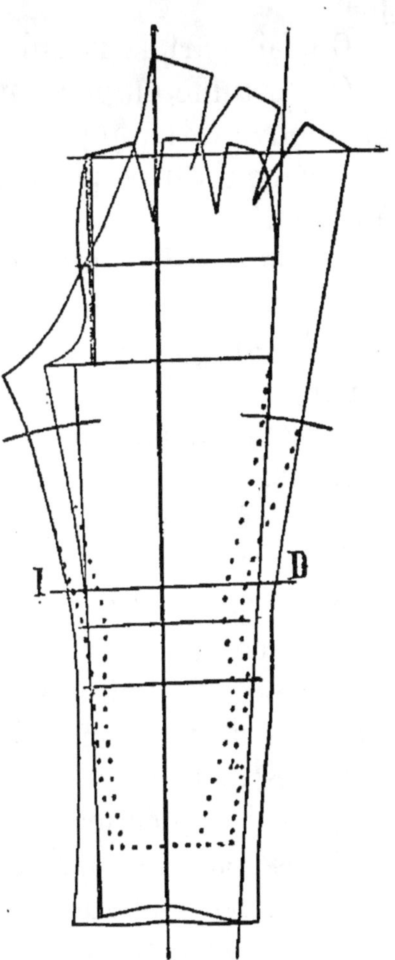

Fig. 200.

derrière fournira l'autre moitié (plus 2 centimètres pour les coutures). On mesure de même le jarret sur une ligne située à 5 centimètres au-dessous du genou et le mollet sur une autre ligne située à

13 centimètres au-dessous du genou. Le bas de jambe est mesuré à 10 ou 12 centimètres plus haut que le bas du pantalon.

Le haut est bordé d'une tresse posée à cheval. Il n'y a pas de ceinture rapportée pour que ce soit plus plat.

On fait parfois la culotte en peau de daim.

Ce costume emploie 4ᵐ,40 de tissu en 145 de largeur ouvert. La jupe seule demande 2ᵐ,70 à 2ᵐ,75 du même tissu. Jupe et corsage emploieraient 3ᵐ,50 à 3ᵐ,55.

La planche 201 montre la disposition des patrons d'un costume d'amazone avec jupe, corsage et pantalon dont ci-dessus nous venons de démontrer la coupe.

Indices des patrons :

A, dos sans couture au milieu (corsage) ;

B, derrière de la jupe ;

C, devant ;

D, les deux deuxièmes petits côtés ;

E, le col droit ;

F, les deux premiers petits côtés ;

G, les deux devants du corsage ;

H, les deux devants du pantalon ;

I, les deux derrières du pantalon ;

J, les deux dessous de manches ;

K, les deux dessus de manches.

Si ce plan était en étoffe, de la façon dont les patrons sont placés, nous verrions cette étoffe du côté de son endroit pour ce qui a rapport à la jupe.

Ce placement a une réelle importance. En effet, en ne l'observant pas, on risque de couper à l'envers.

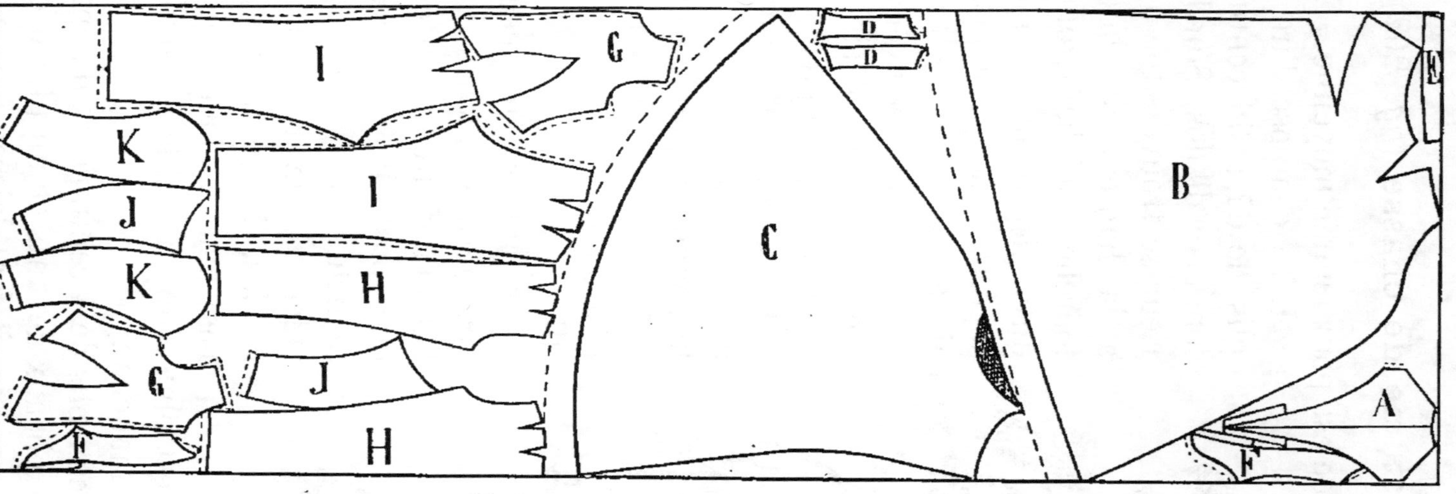

Fig. 201.

Costume de chasse (*fig*. 202).

Ce costume est pour femme moyenne.

Fig. 202.

Il se compose d'un corsage à plis de 67 à 68 centimètres de longueur de dos. Son bord inférieur se trouve situé à peu près à la hauteur de la ligne de fourche. En haut, on rapporte un empiécement afin que la partie supérieure soit plus plate et plus ajustée.

La ceinture peut être plus ou moins ajustée à l'aide de pinces placées sous les plis.

Le patron de corsage dérive d'un corsage type approprié à la personne que l'on habille.

Le dessin de ce corsage type figure au n° 203 par des pointillés.

On apporte un peu plus de largeur à la blouse de chasse; l'emmanchure se fait aussi haut que possible; les dessous de manches se creusent peu pour aider à élever les bras et les coudes. La manche s'ajuste du bas, mais le haut doit avoir de l'aisance. C'est plutôt un ensemble de coupe ajustée, de coupe de manche type.

On fait deux plis de 4 centimètres d'apparence extérieure (un pli aux devants et un pli au dos). Pour chacun de ces plis, il faut laisser à la partie inférieure de la blouse 8 centimètres de plus de largeur qu'à l'empiécement et, si on fait un pli au milieu

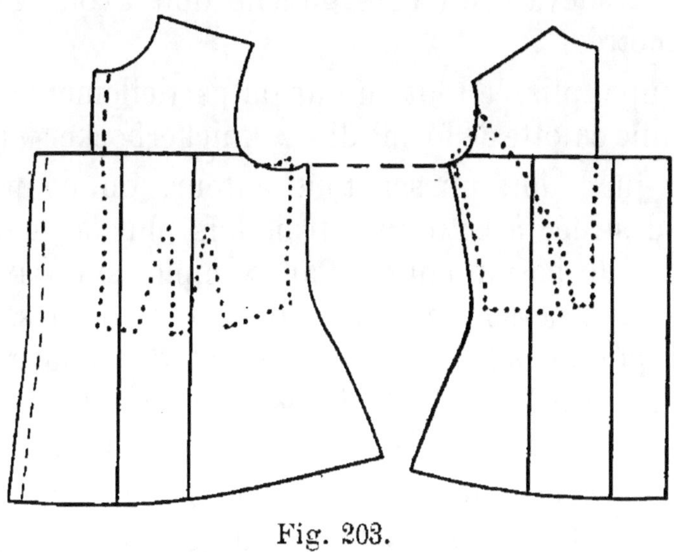

Fig. 203.

du dos, recroisant par moitié de chaque côté de ce milieu, 4 centimètres de plus pour moitié de ce pli

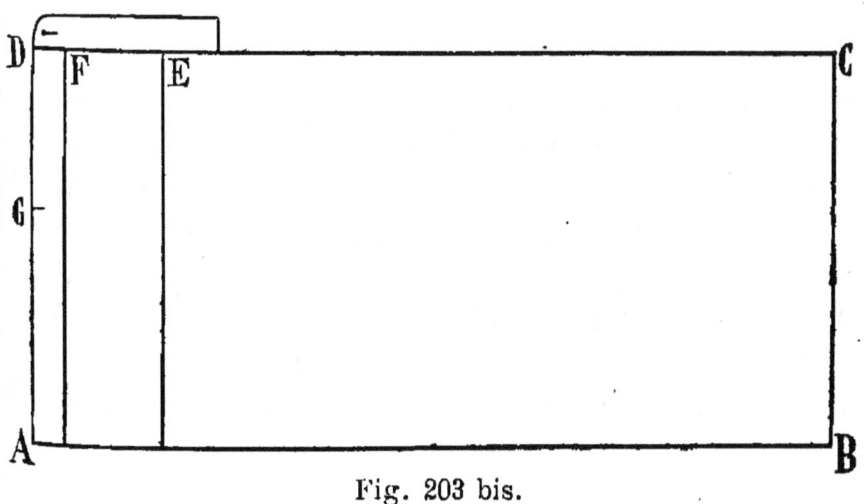

Fig. 203 bis.

sont encore nécessaires. Au total 12 pour le dos établi de cette manière.

20

Le devant de la blouse du côté *droit* a un recroisement de 2 centimètres en dehors du milieu du corps et le devant du côté gauche doit avoir 4 ou 5 centimètres.

Une jupe, plissée tout autour ou partiellement, recouvre une culotte de forme dite « knickerbocker » (¹).

Si la jupe doit plisser tout autour, on coupera l'étoffe destinée à cette jupe trois fois plus large que la mesure du bassin entier. Par exemple, si on avait affaire à une personne ayant 96 de tour de bassin, on multiplierait 96 par 3. On aura $2^m,88$ de largeur simple entre A-B et A de la pièce rectangulaire de même qu'entre D-C et D (144 par moitié de A à B).

Si la jupe ne doit être plissée que partiellement, on laissera devant une partie plate et lisse de 14 à 15 centimètres de largeur F-E.

Cette jupe recroise et ferme du côté gauche dans les deux cas; toutefois pour la jupe plissée partiellement, on ne donnera au rectangle qu'une largeur de 130 centimètres environ.

La partie D-F représente un recroisement de 3 centimètres du devant sur le derrière, une ouverture de 20 centimètres au moins sera pratiquée entre le haut D et le point G, pour permettre de mettre et ôter facilement cette jupe. Une ceinture, supérieure de 3 ou 4 centimètres comme longueur à celle de la mesure, est montée en haut de cette jupe et boutonnée juste au chiffre de la mesure en laissant un recroisement en arrière du bouton.

Des guêtres hautes forment le complément de ce costume.

(1) **Voir figure 207 le tracé de cette culotte.**

Nous donnons, à la figure 204, le tracé chiffré d'une de ces guêtres.

Nous l'avons construite sur une ligne A-B située au milieu du profil externe de la jambe. Sur ce profil

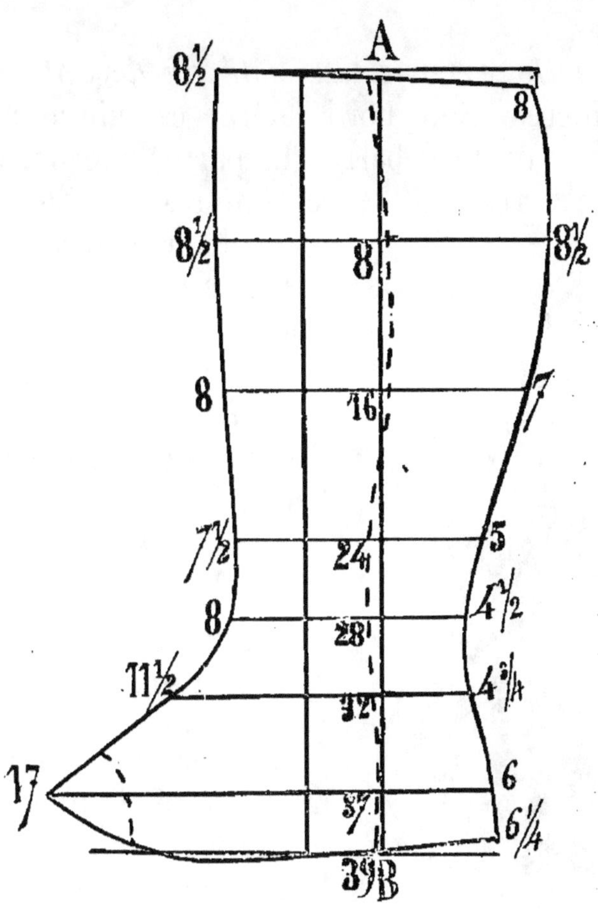

Fig. 204.

nous avons inscrit les chiffres de lignes tirées horizontalement à plusieurs hauteurs et sur ces horizontales, de chaque côté de la ligne A-B, nous avons inscrit les chiffres limitant la guêtre dans le sens de ses largeurs.

Elle se compose de trois-parties :

La *partie interne*, comprenant toute la superficie du patron ;

La *partie externe*, comportant deux morceaux fixés au milieu, devant et derrière, à celui de la partie interne et se recroisant de 4 centimètres sur le côté ;

La *partie externe du côté du devant* porte les boutonnières. Son bord latéral est sinueux et est indiqué en un trait barré. La partie externe, du côté opposé, recroise de 4 centimètres sous le premier et porte les boutons.

On fait, si l'on veut, la guêtre découverte vers le bout ; en ce cas, on l'échancre, ainsi que nous l'avons indiqué par un trait barré.

Fig. 205.

Costume pour bains de mer. *(fig. 205)*.

Ce costume comprend : un corsage allongé avec col marin ; une culotte knicker-bocker avec volant au bas, recouvrant la jarretière ; un manteau dont la coupe est celle d'une pèlerine très large ou d'un manteau dit « trois quarts », d'une longueur arrivant un peu au-dessus de la cheville du pied ; d'un béret en étoffe pareille. Les quatre pièces sont en flanelle grise, cependant le béret peut être fait d'une étoffe caoutchoutée.

La longueur du dos de ce corsage-blouse mesure 60 centimètres.

Le col marin est en toile bleue, garni d'une ganse blanche.

On peut faire un gilet en tissu pareil à celui du col et garni de la même façon ou encore d'un galon noir. Ce gilet peut être remplacé par un tricot de jersey uni ou à rayures.

Le patron du corsage-blouse est obtenu à l'aide d'un corsage type disposé comme nous l'avons fait

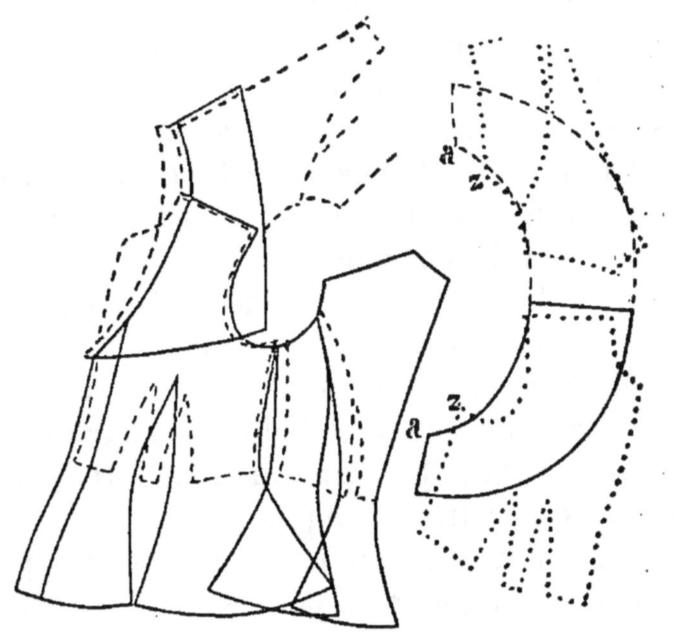

Fig. 206.

(fig. 206). Il faut élargir un peu le corsage-blouse sous les bras et lui donner 2 centimètres de plus qu'au type. Le devant, à la ceinture, peut être, à volonté, ajusté par une pince ou non ajusté. Que le devant soit flottant ou ajusté, on ajoute une ceinture extérieure en tissu pareil ou bien encore on peut porter soit une ceinture de cuir, soit une cordelière en lainage.

Le col marin est coupé au moyen du vêtement lui-même en rapprochant le dos du devant à l'épaulette, ainsi que la figure l'indique. Le col est dessiné en traits pleins et le rempli intérieur de ce col est dessiné en traits barrés. Un volant plissé de 17 à 18 centimètres de longueur est rapporté aux emmanchures en guise de manches.

On obtient ce volant en présentant en regard le dos et le devant du corsage type par l'épaulette et en les éloignant de 7 ou 8 centimètres. Les deux parties de ce volant se rejoignent sous le bras et il est coupé d'un seul morceau, sans couture sur l'épaule.

Nous en avons dessiné la moitié en traits pleins. Le point limite a d'attachement de ce volant, sous le bras, descend obliquement à 6 ou 7 centimètres au-dessous de z du corsage.

Le patron de la culotte knickerbocker *(fig.* 207) est exactement semblable au tracé du pantalon figure 199 dont nous avons donné la description détaillée. Mais il n'est semblable que pour la partie du haut, cependant. La ligne du genou D occupe la même place qu'au tracé 199 (¹).

En usant du système ci-après, on obtient approximativement la longueur de jambes qui fait toujours défaut.

Prenez la mesure de la manche, carrure comprise (²).

1. Pour mémoire, nous rappelons que la ligne du genou est située à 7 centimètres plus haut que la moitié de la longueur de jambes. Si ladite longueur valait 72, la moitié, $36 + 7 = 43$ serait appliquée à partir du bas, du point limite de la longueur du côté.

2. Nous entendons par carrure celle que nous prenons à

Au bas du knickerbocker il faut une plus grande largeur qu'à un pantalon. Le bas du devant du tracé (*fig.* 207) a une largeur de 28 centimètres, soit un centimètre de moins qu'à la cuisse. Ce chiffre, nullement absolu, peut augmenter ou diminuer suivant les préférences. Le bas du derrière a 38 centimètres de largeur.

Le haut de la culotte peut être suçonné ou froncé pour ramener la ceinture à la largeur de la mesure de la personne.

Le bas peut être froncé ou suçonné pour ramener la susdite culotte à la mesure de grosseur du jarret avant d'y monter la jarretière et le volant.

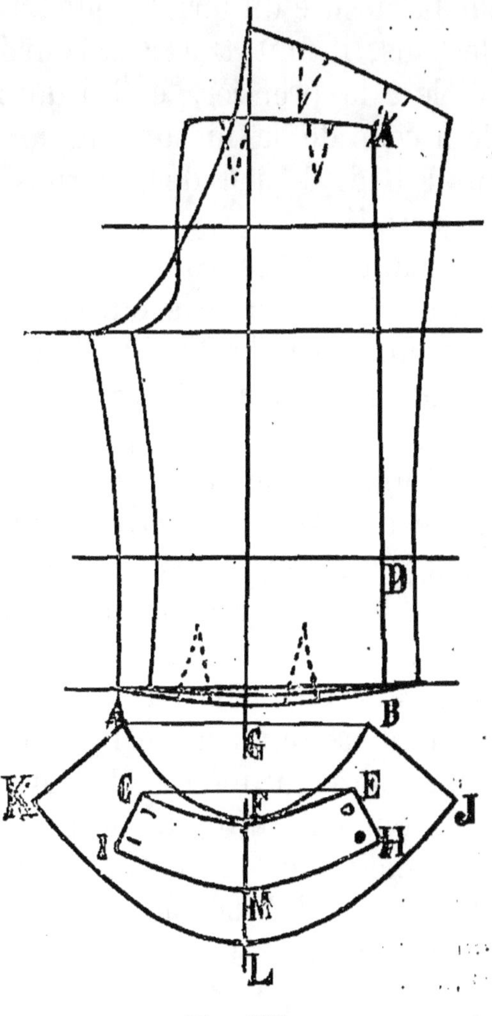

Fig. 207.

La jarretière est tracée au moyen de deux lignes C-E et F-L.

partir du milieu du dos et non pas la carrure entière. Il y a souvent une longueur égale ou presque égale entre la longueur de jambes et celle de ces deux dimensions réunies.

F–L est d'équerre sur la première. Au-dessous de l'horizontale C-E il faut creuser de 3 centimètres et tracer la courbe E-F-C à laquelle on donne pour longueur la mesure du jarret ; puis, à 7 ou 8 centimètres au-dessous, il faut tracer la courbe inférieure H-M-I parallèle à la première et lui donner une longueur égale à celle de la mesure du mollet. On rejoint les points E-H et C-I par deux lignes qui sont les côtés de la jarretière.

Le volant est beaucoup plus cintré, celui que nous avons tracé est compris entre les points A et B qui offrent un écart de 32 centimètres. La flèche entre les points F et G est de 12 centimètres, sa hauteur de 15 centimètres.

La longueur de la ligne inférieure K-L-J de ce volant est de 70 centimètres environ.

La ligne B-F-A du volant est ramenée à la longueur de la ligne E-F-C par des fronces, on monte les deux courbes réunies au bas de la culotte.

Le béret est fait en découpant un ovale de flanelle grise dont la longueur de l'arrière au front peut être évaluée à 50 centimètres. La largeur de côté à côté, ou, si l'on préfère, d'une oreille à l'autre, s'évalue à 45 centimètres environ. On fronce le tour jusqu'à ce qu'il soit réduit à la longueur de la mesure du tour de tête (soit 53 ou 54 centimètres), et on coud à l'endroit une bande de 6 centimètres de largeur que l'on replie et rabat du côté intérieur près de la couture.

Cette « barette » présente ainsi une largeur extérieure apparente de 3 centimètres.

Costume d'escrime (*fig*. 208).

Ce costume se compose :

1° D'un corsage ajusté du corps et des manches et s'arrêtant en longueur un peu au-dessous de la taille naturelle, et rentrant sous la culotte ;

2° D'un plastron d'armes (1) attaché derrière, qui recouvre le torse ;

3° D'une culotte courte avec jarretière basse de 2 centimètres de hauteur finie et s'attachant à 4 ou 5 centimètres au-dessous du genou.

La coupe de cette culotte est celle de la figure 200 ; seulement il faut la raccourcir jusqu'à une hauteur de 5 centimètres au-dessous du genou.

On la fait en tissu jersey ou autre tissu élastique et, si c'est de la peau de daim, on supprimera la couture d'entre-jambes. Pour cela, servez-vous des patrons du

Fig. 208.

devant et du dos de la culotte ; réunissez les deux parties à 5 centimètres au-dessous du genou et aux pointes de fourche de façon à ce que le patron n'offre plus qu'une surface unique ; puis, comme il

1. Ce plastron n'est pas de notre ressort, mais de celui de l'armurier.

se produira un petit vide, un écart entre les deux lignes du devant et du derrière, à l'entre-jambes, la culotte d'une seule pièce aura un peu trop de largeur au genou (¹). Cette largeur devra être supprimée en creusant un peu plus le côté au devant et au derrière.

Fig. 209.

Costumes de bicycliste.

1re *forme (culotte longue à plis. — fig. 209).*

Ce costume comprend : 1° un boléro avec grands revers et doublure de devant formant corsage de dessous ; 2° une culotte à plis, longue et venant s'arrêter au-dessus de la cheville par un élastique.

Pour faire le patron du boléro on suivra les indications données au sujet des figures 84 et 85, en ajoutant en plus le revers de la figure 209.

La doublure des devants du corsage de dessous ou de la blouse peut être en soie ou en tissu de coton

1. **Voir** aussi notre *Traité pratique de coupe pour hommes et enfants* (Garnier frères, éditeurs).

quelconque, par exemple, recouverte d'un tissu pareil au boléro ou en étoffe de fantaisie.

On coupe les devants de la même manière que ceux du boléro pour toute la partie des côtés (sous les bras) de l'emmanchure et de toute l'épaulette. La partie antérieure des devants répond à celle d'un corsage type boutonnant au milieu du corps devant. Cependant, le boutonnement ne doit pas être forcément fait au milieu et le dessin que nous en donnons (*fig.* 209) représente un boutonnement de côté, sous le devant de gauche du boléro. La place de ce boutonnement est d'ailleurs au choix.

Les devants de dessous sont retenus le long de la jonction des côtés aux devants, de l'emmanchure et de l'épaulette des deux côtés. Ils maintiennent dans une position fixe tout le boléro qui peut boutonner par un bouton double comme celui que nous avons dessiné ou par un autre recroisement si la forme est différente.

Aux devants de dessous est rapporté un col droit.

La figure 210 fournit l'exemple de deux genres de coupe de la culotte longue et à plis (¹).

Celle que l'on emploie le plus habituellement est tout simplement le rectangle A-B-C-D dont la partie de l'enfourchement du devant E-A se coud à celui du derrière, représenté par la ligne B-F. La couture de l'entre-jambe est représentée par E-C pour le devant et par F-D pour le derrière.

Comme la ligne qui remplace la fourche forme une droite sans aucun dessin ni courbe, il faut la laisser longue et lui donner pas moins de 50 centimètres

---

1. Ces deux genres sont avec enfourchement formé par une courbe ou seulement par une ligne droite devant et derrière.

de A à E et de B à F. Nous avons même marqué
55 centimètres.

La hauteur du rectangle A-C ou B-D équivaut ici
à 1 mètre.

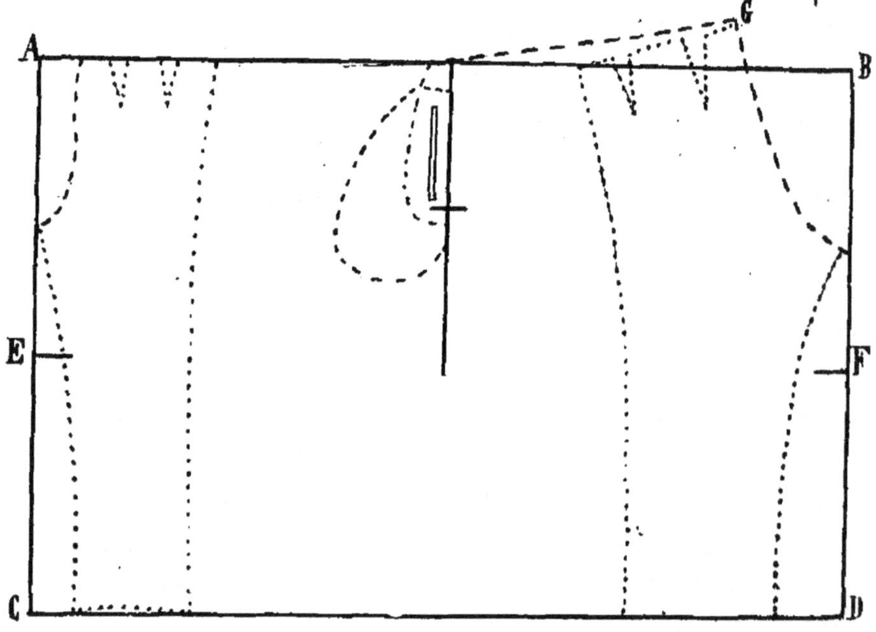

Fig. 210.

Il a une longueur égale à celle du pantalon, mais
il vaut mieux raccourcir de 5 à 6 centimètres la longueur du pantalon, cette culotte sera moins lourde
de forme. La largeur de ce rectangle est ici de 160;
mais, comme le placement sur le tissu deviendrait
impossible dans bien des cas, il vaut mieux réduire
à 140 et même à 130 et faire les plis moins profonds.

Pour les personnes qui préféreront former un
enfourchement, nous avons tracé en pointillés sur
ce patron (1) celui du patron type de pantalon de la
figure 199.

L'enfourchement est indiqué par les traits barrés

1. Ce tracé n'en représente qu'une jambe.

et aussi la hausse du derrière G. Une ouverture de 25 ou 30 centimètres de longueur est laissée du côté gauche pour pouvoir mettre et retirer cette culotte. Sous cette ouverture est placée une paramenture dans laquelle est pratiquée une poche. Un élastique maintient le bas à la jambe.

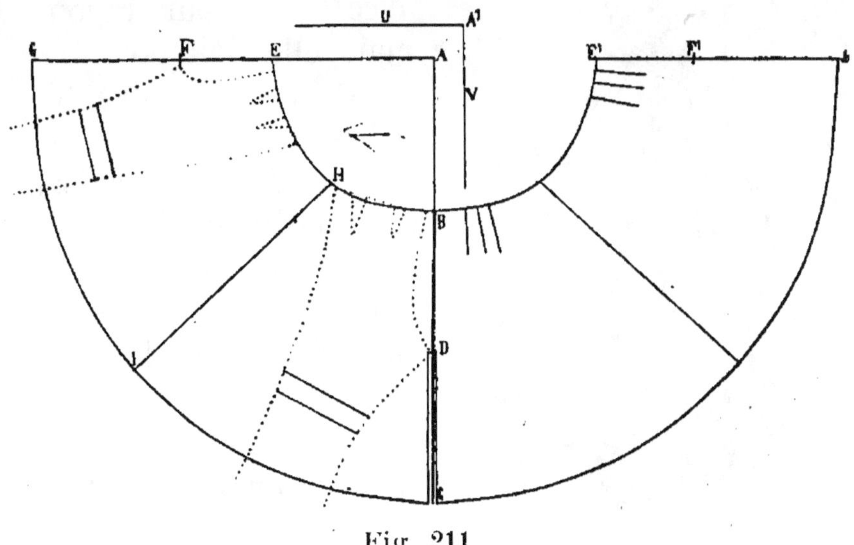

Fig. 211.

Jupe-pantalon (fig. 211).

Pendant que nous composons et illustrons cet ouvrage, une forme nouvelle de jupe paraît : la jupe-pantalon.

Nous en exécutons le tracé (¹) figure 211 et un dessin qui en donne l'aspect figure 212 ; il doit être vu comme étant transparent.

Pour faire ce patron, tirez la droite verticale A-B-C. De A à B marquez 50 centimètres et de B à C marquez 95 centimètres.

1. Cette culotte emploie 2ᵐ,90 d'un tissu de 1ᵐ,45 à 1ᵐ50 de largeur ouverte. Si le tissu avait moins de largeur, il faudrait rapprocher la ligne A-G du point B, ce qui réduirait un peu l'ampleur de la jupe-pantalon.

D'équerre sur A-B, tirez la ligne horizontale A-G.

De A à E, métrez 55 centimètres ; de E à G, 85.

Partagez l'angle A à peu près en deux parties (55 centimètres de A à H et 90 centimètres de H à I).

La courbe du haut de E à H peut être faite au compas, de A pour centre avec A-E pour rayon ; mais elle doit être raccordée à main levée de H à B.

Arrondissez le bas par une courbe régulière passant par C-I-G.

La distance comprise entre B et D est la ligne du fond sans couture (1). Cette distance est de 45 centimètres de longueur.

De D à C on fend le milieu de cette jupe afin de pouvoir coudre D-C pour chaque jambe à F-G du devant.

Fig. 212.

La ligne F-E a 35 centimètres de longueur ; elle représente la fourche du devant. Les deux côtés F-E et F^1-E^1 sont cousus à demeure ensemble ; de même F^1-J avec D-C et F-G avec l'autre côté de l'ouverture D-C.

Le tour du bas de chaque jambe a une largeur de 2^m,25 de G à I et à C.

1. Nous disons « fond sans couture » parce que, habituellement on coupe cette culotte dans le sens du travers du drap. En d'autres termes, le travers est dans la direction **A-B-D-C** du patron.

En haut, à la ceinture, on confectionne deux plis plats de 6 centimètres pour chacun d'eux. On fait ces deux plis au devant et aussi au derrière, couchés, près de la fourche et près du fond. Ces deux plis sont superposés l'un sur l'autre et non pas à côté l'un de l'autre. Ils amènent un grand excès de tissu devant la fourche des deux côtés, devant et derrière, et masquent ainsi, par le flottant du tissu, la solution de continuité qui existe entre les deux jambes.

Une poche est aménagée dans le pli supérieur du côté gauche.

Si cette jupe était pour une grosse femme, il faudrait l'élargir parallèlement aux deux lignes A^1-U-V dont nous avons esquissé la trace.

Si on voulait former un enfourchement, il faudrait placer le derrière du pantalon dans la position qui lui est donnée à la figure 211 (en pointillés), avec un écart de 30 centimètres entre l'entre-jambes de derrière et le point C, et, au devant, avec un écart de 20 centimètres entre l'entre-jambes et le point G. On ferait ensuite l'enfourchement donné en pointillés au moyen du patron type de pantalon, un peu décreusé de préférence.

La jupe-pantalon est doublée intérieurement, mais on aura soin de couper la doublure de même configuration que l'étoffe de dessus et 14 à 16 centimètres plus longue par le bas et tout autour.

Cette doublure est piquée à une hauteur de 25 centimètres autour et au-dessus du bord inférieur de la jupe-pantalon, lequel bord inférieur restera flottant sur cette hauteur de 25 centimètres et tombera droit.

Le bord inférieur de la doublure de la jupe est froncé régulièrement et pris entre le dessus et le dessous d'une bande de doublure pareille ayant une hauteur de 5 centimètres, pliée en deux, ajustée au jarret et faisant office de jarretière.

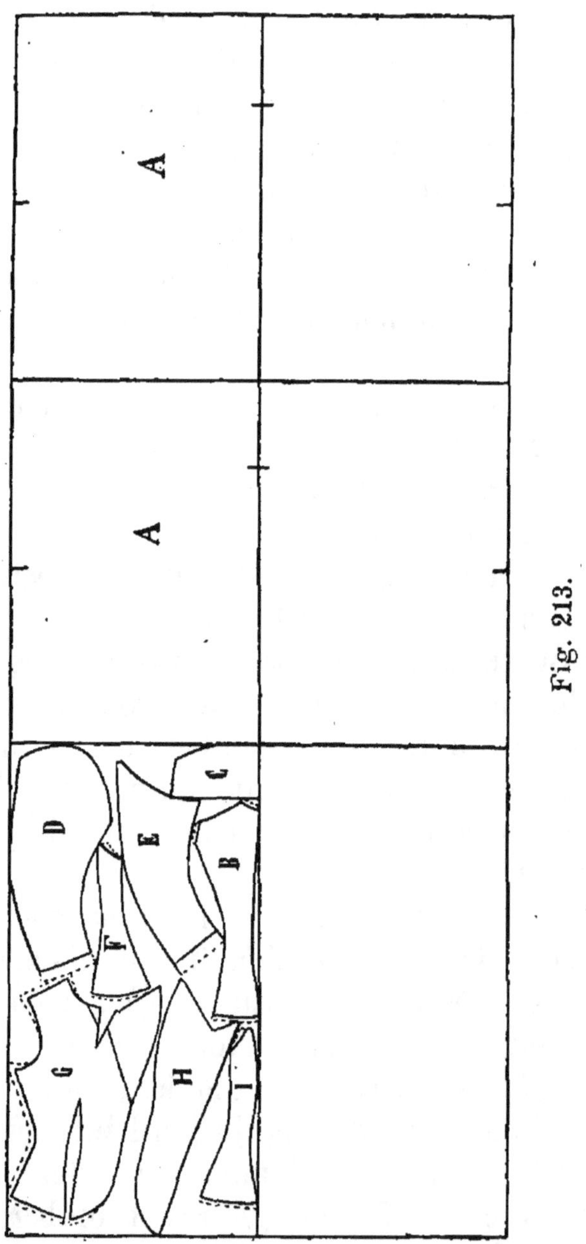

Fig. 213.

Le bord supérieur de la jupe-pantalon est terminé par un liséré ou une petite ceinture de 2 centimètres de hauteur en étoffe pareille à la jupe. Un plan de disposition des patrons se trouve à la figure 213, il contient la culotte rectangulaire la plus simple, plus un smocking d'une longueur de 58 centimètres de dos. Les deux pièces pour une femme de moyenne grosseur.

Ce costume emploie 3^m,55 d'un tissu de 148 centimètres de largeur (ouvert).

Les divers patrons sont désignés ainsi :

A-A, les deux jambes de la culotte ;

B, dos du smocking ;

C, le dessus du collet ;

D, les dessus de manches ;

E, les dessous de manches ;

F, les deuxièmes petits côtés ;

G, les devant ;

H, les garnitures des devants ;

I, les premiers petits côtés.

Les parties B, C, D, E, F, G, H, I se coupent en double. Le tracé est fait d'un seul côté du tissu.

Après avoir détaché du tissu les deux jambes de la culotte, il faut replier en double la partie restante du drap et couper selon le tracé tel que nous le présentons.

La veste smocking a des manches aisées, mais plutôt de la forme type que bouffantes.

La culotte seule emploierait 2^m,10.

Plan de disposition d'un boléro avec culotte à enfourchement (fig. 214.)

La figure 214 montre la disposition d'un autre costume de bicycliste.

Il est composé du boléro à grands revers dessiné figure 209 et d'une culotte à enfourchement. Il em-

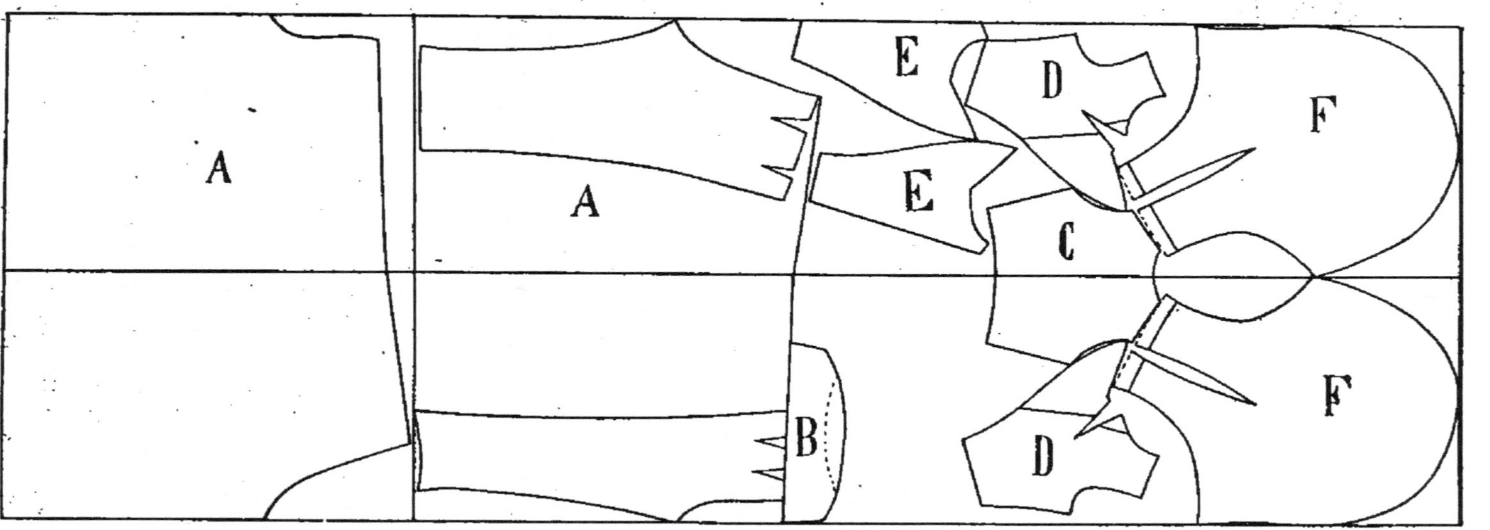

Fig. 214.

ploie 4ᵐ,20 à 4ᵐ,25 d'un tissu de 150 de largeur ouverte.

Les manches forme ballon sont d'un seul morceau et portent la lettre F. Voici l'explication des autres lettres :

D, les devants ; C, le dos ; E, les garnitures des devants ; B, le dessus du collet ; A, les deux jambes de culotte.

Sur l'une de ces dernières nous avons indiqué pour mémoire le tracé du patron type de pantalon.

Cette culotte seule emploierait 2ᵐ,30.

―――

Costume de gymnastique (*fig*. 215).

Ce costume est composé d'une longue blouse à empiècement.

La blouse arrive au jarret et a une longueur de 96 à 98 centimètres de dos pour une personne de taille moyenne. La partie supérieure de l'empiècement, dos et devant, est presque aussi ajustée que le serait un corsage ordinaire. La jonction de cet empiècement, dos et devant, est faite soit en face de la profondeur d'emmanchure, soit un peu au-dessus.

Le col a la forme Chevalière. La manche est d'un

Fig. 215.

seul morceau avec couture sous le bras. Elle se coupe un peu ample (26 à 28 centimètres par moitié de largeur du haut en bas).

Un poignet, à un ou deux boutons, lui est rapporté.

La partie inférieure de la blouse, dos et devant, est tenue plus large de 7 ou 8 centimètres que le corsage ordinaire. On fronce ces parties au montage avec l'empiècement. Cette blouse se maintient à la taille par une ceinture de gymnastique.

La culotte est de forme knickerbocker, avec jarretière ajustée, recouverte d'un volant.

Costumes de ville.

TOILETTE SIMPLE (*fig.* 216).

Jupe forme cloche. On peut, à volonté, l'exécuter en lainage uni ou en taffetas.

Corsage drapé. On peut l'exécuter en taffetas ou en surah uni.

Un corsage parfaitement ajusté et fait en doublure sert de moule à celui du dessus, dont le dos est complètement tendu sur les doublures et les devants froncés assez amplement à l'encolure et à la ceinture.

Le bas du corsage est retenu sous une ceinture drapée de même étoffe que le corsage de dessus.

La fermeture de ce corsage peut être faite sur l'épaule en contournant l'emmanchure et en suivant la couture du petit côté au devant. On peut aussi la faire au milieu du devant en dissimulant cette fermeture sous les fronces.

Le col droit peut être recouvert d'une draperie de même étoffe que le corsage et s'agrafer derrière sous un chou ou un nœud de même tissu.

Les manches sont bouffantes à l'emmanchure et très ajustées depuis le coude jusqu'aux poignets. On peut aussi faire les manches complètement ajustées et les recouvrir depuis le coude jusqu'à l'emmanchure, d'un ballon de même tissu.

Fig. 216.   Fig. 217.

TOILETTE DE VILLE TRÈS HABILLÉE (*fig.* 217).

La figure 217 représente une toilette de ville très habillée : jupe cloche très ample et ronde, avec corsage très ajusté. Le tout en tissu de soie uni ou de satin.

Cette toilette s'exécute aussi avec n'importe quel tissu élégant et riche.

L'empiècement est découpé en rond sur la poitrine. On le fait en broderie ou guipure ; on peut aussi et selon le tissu choisi le recouvrir de perles noires ou de passementeries mates.

L'empiècement du dos est aussi découpé en forme ronde rappelant exactement la forme donnée à celui du devant. La fermeture du corsage se fait bord à bord et au milieu du devant au moyen d'agrafes intérieures.

Le corsage est garni, au milieu de la poitrine, d'un nœud de velours noir. Deux barettes du même velours partent de ce nœud, descendent obliquement sous la poitrine et viennent finir à la ceinture, dans la couture du petit côté.

Une ceinture de velours noir, fermant sous un nœud de même tissu et agrafée sur le côté gauche, se termine par un long pan qui descend jusqu'au bord inférieur de la robe.

Suivant la nuance du tissu choisi pour cette toilette, on assortira la nuance du velours.

Les manches sont de forme courte, à ballon, et sont terminées, à leur partie inférieure, par un volant de même tissu. Ajoutons que l'empiècement de ce corsage peut être fait pour fermer devant, au milieu ou sur l'épaule et le devant d'emmanchure.

Derrière, à l'encolure, on place un nœud de velours.

On peut aussi faire le corsage de cette robe d'une seule pièce et rapporter par-dessus l'empiècement ou la garniture y suppléant.

TOILETTE ÉLÉGANTE EN DRAP UNI ET TISSU DE SOIE QUADRILLÉ (*fig.* 218).

La jupe de forme cloche se compose d'un tablier formant un pli de chaque côté du devant ; les lés de côté formant aussi un pli sont séparés du tablier par une bande de tissu quadrillé sur lequel le tablier et les lés de côté s'ouvrent en s'évasant dans le bas de façon à laisser bien voir la bande quadrillée.

Les plis, en haut de la jupe, sont maintenus bord à bord par trois boutons posés sur chaque côté, comme l'indique notre dessin.

La jupe est montée derrière à gros plis ronds.

Fig. 218.

Le corsage est à revers et de forme croisée sur le côté. Il s'ouvre sur un bouffant en tissu quadrillé. Deux boutons pareils à ceux de la jupe sont posés sur les revers et deux autres ferment le corsage, du côté gauche. Une patte en tissu quadrillé garnit le corsage sous la poitrine et une ceinture de même étoffe complète la toilette. Un col en tissu quadrillé s'attache devant au bouffant et se ferme derrière sous un large nœud pareil.

Les manches sont très bouffantes et de forme dite « en côte de melon » et en six parties. Elles sont très ajustées du coude et jusqu'au bas.

Formes amples.

CORSAGE RUSSE (*fig.* 219).

Les tissus de lainage unis ou fantaisie servent pour l'exécuter.

La doublure peut être coupée semblable au dessus si on veut plus d'aisance et de flottant, ou bien coupée comme un corsage prolongé ordinaire et ajusté.

Quelle que soit la coupe de la doublure, il faut froncer les devants du dessus à l'encolure et à la ceinture pour les ramener à la longueur de ces deux mesures. A l'encolure, les fronces sont naturellement maintenues par le col; à la ceinture, il faut fixer ces fronces sur une tresse ou bien une bande de doublure, si le corsage en doublure n'est pas lui-même ajusté.

Fig. 219.

Le col droit et le tour du bas, comme aussi le devant droit, sont garnis d'une bande de velours noir ou de nuance assortie de 4 à 4 1/2 de largeur. On peut aussi substituer un large galon au velours.

Les bas de manches sont garnis de la même façon.

Les manches dont la forme est un peu bouffante ont
une largeur de 30 centimètres par moitié jusqu'au
coude, et du coude au bas elles sont très collantes.

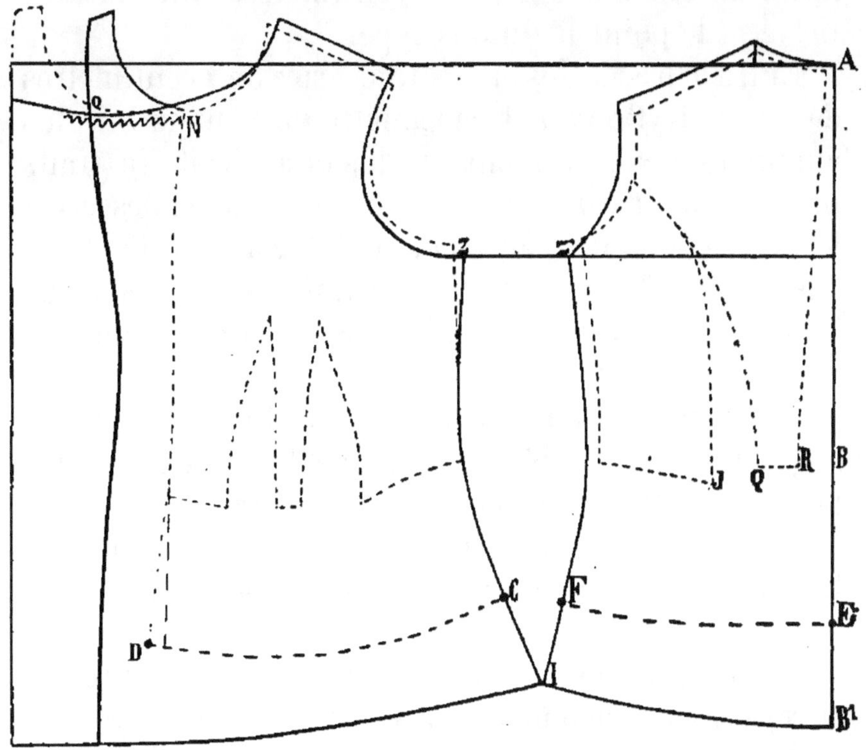

Fig. 220.

On a la faculté de les couper d'après la forme de
la manche ballon, en un seul morceau avec pince au-
dessous (du côté du coude), ou bien en deux morceaux, en leur donnant la largeur de 30 centimètres
par moitié au minimum.

Le patron de ce corsage (*fig.* 220) est fait à l'aide
d'un corsage type d'une grosseur égale à celle de la
personne à habiller.

Tirez d'abord la ligne verticale A-B¹ de 65 centimètres de longueur. C'est la longueur du dos du
corsage russe.

Placez en regard le dos du type, en lui faisant faire un écart de 1 centimètre en dedans du point A et de 1 centimètre au-dessous. A la hauteur de la taille, faites un écart de 3 1/2 à 4 centimètres entre la verticale et le point R du dos type.

Entre le bas de dos et le côté, écartez de 4 centimètres de Q à J. Donnez 1 centimètre de hauteur en plus autour de l'encadrement du dos et à la carrure (traits pleins), soit 1 centimètre de plus de largeur. Desserrez le montage du dos, au côté, de 1 1/2 à 2 centimètres; laissez, à la hauteur de 14 centimètres au-dessous de la taille, une largeur de 27 à 28 centimètres au dos, entre E et F.

Au point 1, au bas du côté du dos, donnez une longueur de 2 1/2 plus courte que la distance comprise entre B et B' et arrondissez le bas.

Le coin du montage, en haut du côté du dos, est baissé de 1 centimètre au-dessous du point Z' du dos type.

Au devant, allongez l'épaulette de 1 centimètre 1/2 et renversez l'encolure de 1 centimètre. Les fronces la ramèneront dans sa position normale.

Dégagez un peu l'épaulette, le devant de l'emmanchure (d'un demi-centimètre) et baissez le haut du montage du côté de 1 centimètre au-dessous de Z; puis élargissez légèrement (traits pleins).

La largeur du bassin D-C, mesurée à 14 centimètres au-dessous de la taille, est de 37 centimètres qui, ajoutés aux 28 centimètres fournis à la même hauteur par le dos, forment un total de 65 centimètres.

Comme ce corsage est coupé pour une personne dont nous avons estimé le bassin à 48 de grosseur et que 54 centimètres suffisent en cette partie, l'excès (11 centimètres entre 54 et 65) provient des pinces du devant qui ne sont pas supprimées à l'endroit du ventre. La direction des lignes de côté est donc bonne pour le devant et pour le dos.

Au devant, nous avons dessiné deux formes; l'une, marquée N-O, est celle de la figure 219. Le haut du boutonnement se fait à la hauteur de la couture de l'épaulette; sa largeur entre O et N forme la croisure à cet endroit et vaut 9 centimètres. A l'endroit de la taille, cette même croisure n'est que de 5 centimètres et de 6 centimètres au-dessous.

L'autre forme a une croisure de 16 centimètres et une fermeture horizontale à l'encolure.

Le boutonnement sera effectué au moyen d'une sous-patte placée au devant droit et boutons au devant gauche; ou bien encore par des crochets fixés sous le devant droit et des anneaux fixés au devant gauche. Dans ce dernier cas, les anneaux doivent être fixés sur presque la moitié de leur circonférence (par un point de boutonnière) au vêtement même, et la partie restant libre de l'anneau doit être bordée du même point de boutonnière fait en cordonnet.

PALETOT SAC (*fig.* **221**).

Ce paletot se fait en molleton mastic ou beige, ou

Fig. 221.

toute autre nuance claire. Le col est en velours avec encadrement de drap, ainsi que le parement des manches.

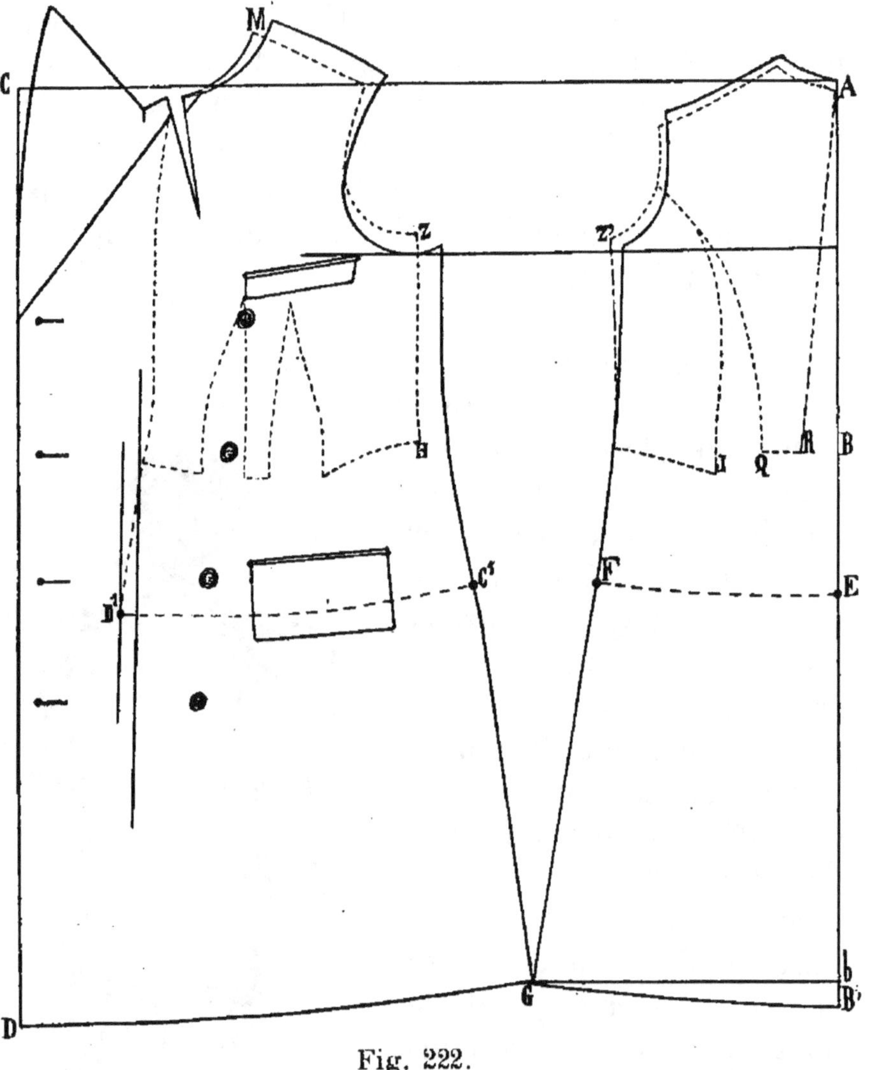

Fig. 222.

Les devants sont à grands revers aigus et boutonnent par deux rangs de quatre gros boutons de nacre.

Le tracé de ce vêtement (*fig.* 222) est fait à l'aide du corsage type, d'une grosseur semblable à celle de la personne à habiller.

Tirez la droite verticale A-B' de longueur égale à celle du dos de ce vêtement (ici 98 centimètres).

A partir de A, tirez d'équerre sur A-B l'horizontale A-C de 90 centimètres de longueur environ.

Placez le dos type en regard de la verticale A-B, de façon à ce qu'il soit presque en contact en haut au point A, mais à 1 centimètre au-dessous dans le sens de la hauteur. A la taille, faites un écart de 4 centimètres entre la verticale au point B et le point R de cambrure.

Entre le bas de dos et celui du côté Q-J, laissez un écart de 6 centimètres (au moins) à 7 centimètres.

Tracez tout l'encadrement du dos 1 centimètre plus haut que celui du dos type et réduisez la largeur de carrure de 1 centimètre du côté de l'emmanchure. Donnez entre les points E et F une largeur de 27 centimètres.

Au bas de dos, tracez d'équerre sur la verticale A-B' la ligne *b*-G de 34 centimètres de longueur (le point *b* à 2 1/2 au-dessus de B'). Reliez par une droite F à G et venez retrouver le haut du montage de côté du dos par une ligne très légèrement creusée. Le haut de ce montage est à 1 centimètre en arrière et au-dessous de Z.

Après avoir placé le devant en regard de la ligne verticale C-D à 14 centimètres d'éloignement et de façon à ce que le point Z soit situé sur une même ligne horizontale que le point Z' du dos, tracez l'empreinte de ce devant.

Allongez l'épaulette du devant sac de 1 1/2, renversez l'encolure de 1 centimètre et baissez l'emmanchure de 1 centimètre au-dessous du point Z du devant type. Elargissez ensuite le haut du côté du devant sac de 3 centimètres, ce qui laissera en réalité 2 centimètres de plus de largeur au sac qu'au corsage type, puisque le dos a été rétréci de 1 centimètre. A la ceinture; élargissez aussi le devant du sac de 5 centimètres en dehors de H du devant type.

Au bassin, mesuré à 14 centimètres de hauteur au-dessous de la taille, le devant fournit une largeur de 39 du point D^1 du ventre au point C^1 du côté du devant; total, avec les 27 centimètres fournis par le dos : 66 centimètres.

Si nous supposons la mesure du bassin à 48, ajoutons-y 6 pour l'aisance et les coutures, soit 54 ; la différence en excès est de 12 centimètres, c'est-à-dire un peu plus que la plus-value fournie par les pinces non soustraites au ventre ni à la ceinture, attendu que le devant est tout droit.

Le bas du devant a une largeur de 56 centimètres environ.

Pour arrondir le bas et fixer la longueur du devant, nous rappelons qu'il faut appliquer depuis le point M d'encolure au bas du devant la longueur du dos augmentée de 13 centimètres environ pour une femme moyenne. Ce chiffre comprend la largeur de l'encolure du dos.

Le revers, sur sa ligne biaisée, a environ 13 centimètres.

Faites une pince d'encolure (de 1 1/2) qui donnera un peu de poitrine, en soutenant le bord du devant, et ramènera aussi le point d'encolure à sa place normale.

Placez, à 31 centimètres à peu près de la profondeur d'emmanchure, les poches de main avec une ouverture de 15 à 16 centimètres.

Placez aussi une poche de poitrine à peu près à la

hauteur de la profondeur de l'emmanchure. Sa largeur d'ouverture a 12 centimètres environ.

Les manches de ce vêtement sont de forme ballon à une couture et de moyenne largeur; mais on peut y placer des manches quelconques, selon la mode.

MANTEAU EMPIRE (*fig.* 223).

Sa longueur atteint le genou ou l'effleure [1].

L'empiècement est de velours; les manches de forme ballon, en velours également. La partie inférieure de ce vêtement est en soie. On la coupe de forme rectangulaire, avec la largeur suffisante pour les plis. Il y a trois plis doubles devant; on laisse 12 centimètres pour chacun d'eux, soit 36 centimètres, et autant pour la partie du dos. Le col est de forme plateau. Le milieu devant ferme sous le pli par une sous-patte et boutons invisibles (3 ou 4 boutons).

La jupe est en velours, de forme droite, un peu fourreau et sans draperie.

Le manteau a une forme classique.

Fig. 223.

1. Actuellement on en fait même qui n'atteignent que la hauteur située entre la taille et la ligne de fourche, vers les points culminants du bassin.

XIII

GRANDS MANTEAUX

———

Rotondes.

ROTONDE CLASSIQUE (*fig. 224*).

Sous le numéro (224), nous donnons la rotonde ronde d'épaules, avec col Chevalière large.

On fait le plus habituellement ce vêtement en cachemire ou en lainage noir. On le double en flanelle ou en soie ouatée ou même très souvent en fourrure. Le petit gris est très employé pour cela.

Ce vêtement est coupé très ample et très long. Il vient presque à la longueur de la robe, à 2 ou 3 centimètres près.

A la figure 225, nous avons dessiné la rotonde avec pinces d'épaules formant haut de manches. Cette dernière est cintrée de taille et au porter on les fait appliquer à la ceinture derrière au moyen d'un ruban de taille fixé intérieurement à l'une et à l'autre forme.

Sur une longueur de 135 centimètres de dos, la largeur du bas de ces vêtements est d'environ de $2^m,95$ à 3 mètres en totalité.

La rotonde est, de tous les manteaux, la forme la plus simple à couper.

Fig. 224.   Fig. 225.

Pour couper ce patron, tirez la ligne droite A-B; portez de A à B la longueur du vêtement; 135 centimètres, par exemple (*fig.* 226).

Prenez un corsage type de la grosseur de la personne et placez le dos dans la position que nous lui avons donnée, en l'éloignant de 4 centimètres à la taille (point R), de la ligne verticale A-B. Tracez l'empreinte de ce dos.

D'équerre sur la ligne A–B au point S, tirez la ligne S–P.

Placez le petit côté en l'éloignant de 3 centimètres du point K du dos et de 17 à 18 centimètres entre

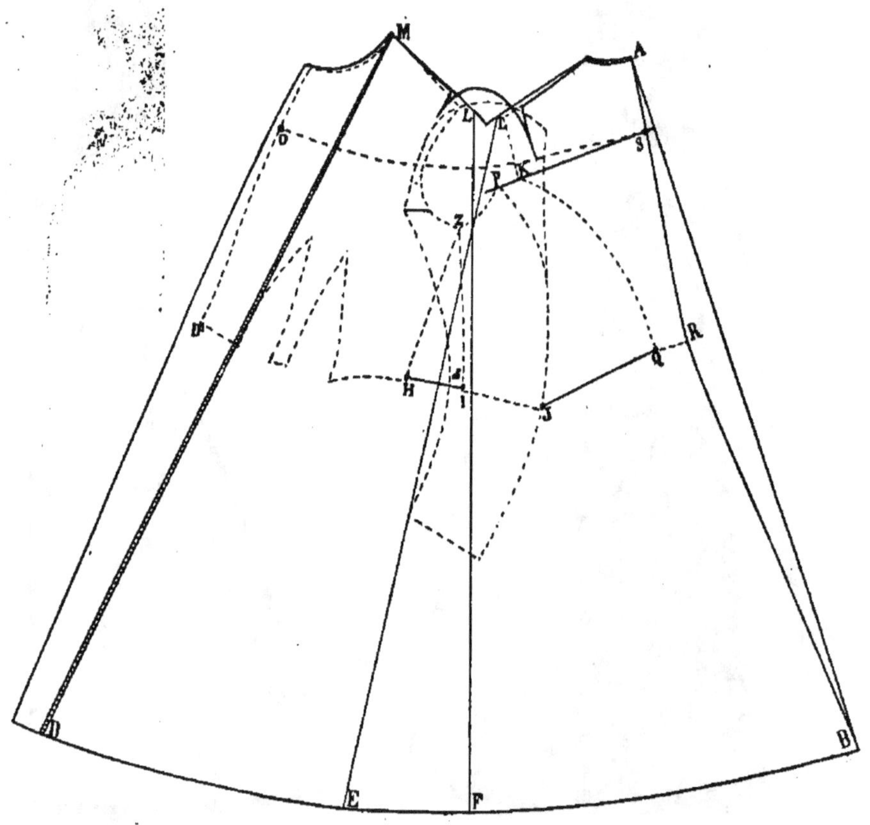

Fig. 226.

les points J et Q. Tracez l'empreinte de ce petit côté.

Placez le devant de façon à ce qu'il soit en contact au point Z avec le petit côté et en lui laissant former un écart de 7 centimètres au moins à 8 centimètres entre H et I. Prenez l'empreinte du devant.

Mesurez la distance comprise entre les points S-K et O du milieu du corps devant et derrière.

Cette largeur, qui doit être mesurée à la hauteur du centre de l'emmanchure ou à peu près, doit avoir

4 centimètres de plus que la mesure prise autour des bras (3 centimètres au moins).

Si on n'a pas pris cette mesure, on peut, au besoin, la composer en ajoutant 6 centimètres à la demi-grosseur du haut du corps (¹). Dans le tracé de la figure 226, la demi-grosseur est de 42 prise sous les bras, celle du haut du corps mesurée autour des bras vaut à peu près 6 centimètres de plus, soit 48 centimètres. Notre patron a 52 centimètres ou 51 centimètres au moins mesuré à la hauteur de la ligne S–K–O.

Si, après le placement des trois parties du patron type, on trouvait trop de largeur ou pas assez pour cette partie essentielle du vêtement, il faudrait réduire ou augmenter l'écart entre les points P et K. Et si on augmentait P-K d'un centimètre, par exemple, il faudrait augmenter Q-J d'autant. On agirait inversement, s'il fallait diminuer.

Sortez 1 1/2 en haut en dehors du milieu du corps devant, et 2 centimètres à l'endroit du bas du devant de corsage. Tirez ensuite une ligne droite passant par ces deux points et du haut en bas du devant.

Décreusez légèrement l'encolure, ainsi que l'indiquent les traits pleins et, s'il s'agit d'une rotonde de forme à épaules rondes, faites la pince d'épaules en prolongeant, jusqu'entre les points L–L, les deux montages d'épaulette du dos et du devant, de façon à ce que le côté de la pince du dos soit un peu plus long que le côté de la pince du devant.

Si les côtés de cette pince d'épaules étaient jugés à l'essayage ou à la coupe comme étant trop longs,

1. Pour des personnes de forte corpulence, le chiffre 6 serait faible. En ce cas, il vaut mieux appliquer une mesure prise ou élever ce chiffre à 7 et même 8 centimètres.

il faudrait : 1° fendre du haut en bas le patron de papier suivant une des lignes L-F ou L-E; 2° laisser recroiser la partie supérieure du patron jusqu'à ce que L soit sur l'autre point L; 3° ouvrir le patron de la valeur de l'angle E-Z-F. Cet angle variera d'ouverture suivant que l'on fermera plus ou moins celui du haut L-L.

Le sommet de ces angles doit être situé un peu au-dessus du point Z et de telle façon que, tout en lui raccourcissant ses lignes de pinces ou de longueur de côtés d'épaulettes, ce patron conserve toujours, autour des bras et à la hauteur du centre de l'emmanchure, une largeur égale à la mesure prise, augmentée de 3 centimètres au minimum.

Nous dirons, à propos de cela, que les pinces d'épaules ne doivent pas être coupées avant essayage. Il faut les bâtir extérieurement pour que l'on puisse facilement les débâtir, les épingler pour les changer de direction ou de longueur, suivant la structure plus ou moins variable des épaules mêmes.

Quand on n'est pas très sûr d'un patron, il faut laisser par en bas et au milieu du devant, tout le long, de très grands remplis, afin que l'on puisse utiliser la superficie du tissu coupé après les divers changements de largeur du haut et du bas ou du haut seul, et suivant les contours modifiés au patron en papier.

Ce genre de vêtements exige une largeur suffisante autour des bras et pourtant juste afin que la pince d'épaule n'ait pas trop de longueur. Il est indispensable surtout qu'à la hauteur des coudes, la largeur soit plutôt exagérée que restreinte, parce qu'un vêtement de ce genre trop serré à cet endroit **remonterait et gênerait les mouvements.**

Une personne de grosseur et de taille moyennes, mesurée autour des bras et à la hauteur des coudes, dans la position dessinée figure 227, emploie un chiffre de 72 centimètres environ pour moitié de cette mesure. Si les coudes étaient élevés presque horizontalement, on trouverait même 160 pour le tour entier; mais ce chiffre et cette position des bras sont exagérés pour fixer la largeur du vêtement. Aussi le tracé que nous en donnons n'a qu'une largeur de 74 centimètres, mesuré à la hauteur

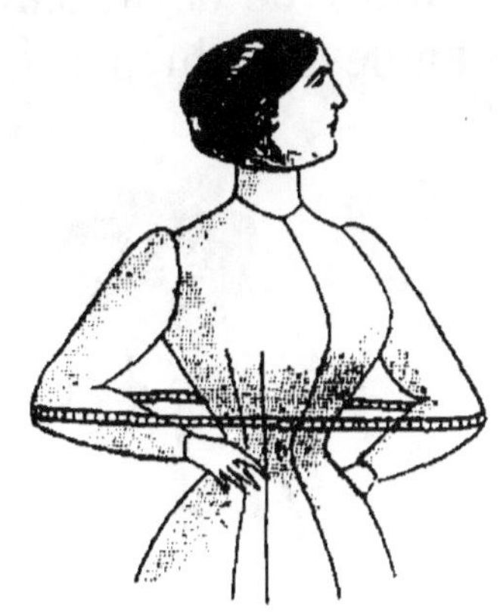

Fig. 227.

de la taille et des points D¹-H-I-J et R. La rotonde la plus large, celle non cambrée à la taille, a une largeur de 77 mesurée à la même hauteur (*fig.* **226**).

Si la rotonde forme haut de manche, comme celle de la figure 225, il faut former deux pinces d'épaules, une au dos, l'autre au devant, et les placer à 2 centimètres ou 2 centimètres 1/2 en arrière de la carrure et de l'épaulette du corsage type. Après avoir placé un patron type de manche avec ses points de montage de saignée et de talon sur les points correspondants de l'emmanchure (ou plutôt en face de ces points), on élèvera d'autant de centimètres au-dessus de la tête de manche du type que l'on a retiré de la largeur de carrure et d'épaulette. (Voyez les traits pleins.)

La pince du dos est plus longue que celle du devant. Celle du dos a 6 ou 7 centimètres; celle du devant, 3 ou 4.

Pour arrondir le bas de ce vêtement, on portera,

depuis le côté M de l'encolure du devant au bas D, la longueur du dos (135 centimètres) augmentée de 13, soit 148 centimètres. Il reste bien entendu que le chiffre de la largeur d'encolure du dos doit être posé **au-dessus** du point M de côté d'encolure et compris dans cette longueur.

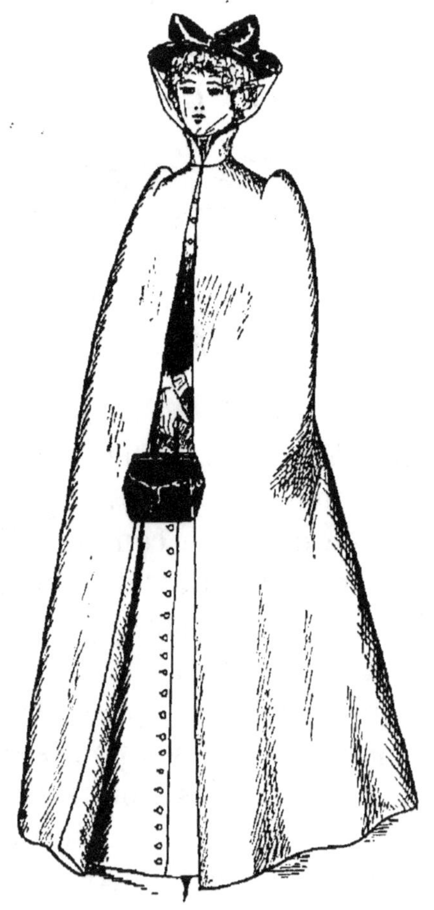

Fig. 228.

ROTONDE FORME « THÉO »
(*fig*. 228).

Ce manteau, dont la coupe se rapproche de la précédente, est formé d'un dos, d'un devant extérieur et d'un dessus de manche attenants, puis d'un devant intérieur.

Le patron (*fig*. 229) s'obtient en tirant la droite verticale **A-B**; puis en plaçant le dos du patron type du corsage de façon à laisser un écart de 2 centimètres, à la hauteur de la taille entre le point R de la cambrure et la ligne verticale **A–C–B**.

Faites un écart de 5 centimètres environ entre le point **P** du haut du petit côté et le point **K** correspondant de carrure, et laissez entre le bas du côté et celui du dos **Q-J** un écart de 20 centimètres environ.

Mettez en contact au point Z, le devant et le côté

comme au vêtement précédent et faites un écart de 7 (au moins) à 8 centimètres entre le bas du devant H et le bas du côté I.

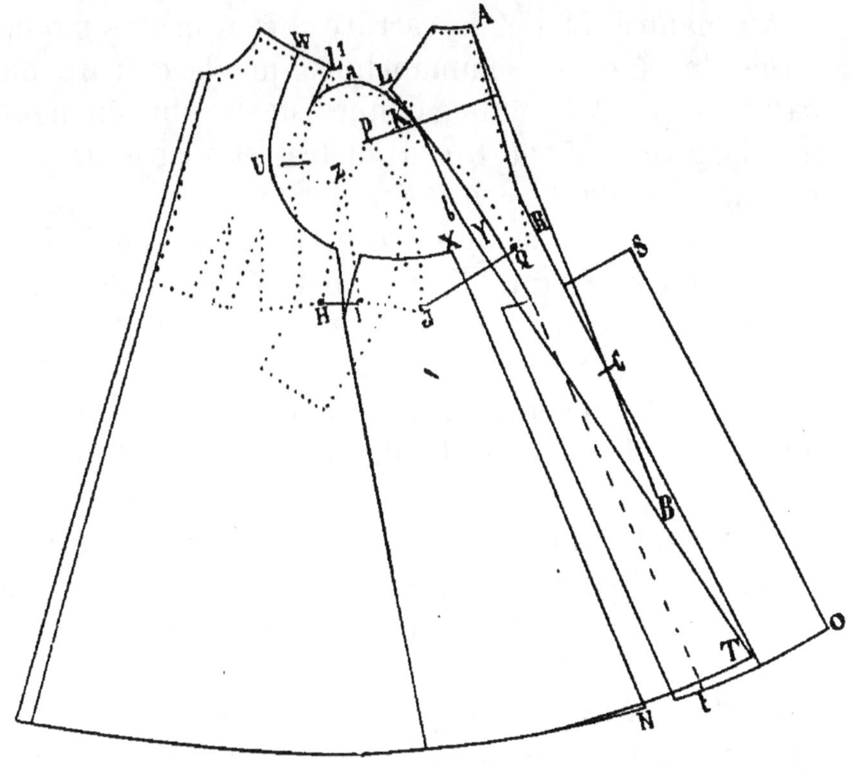

Fig. 229.

Contrôlez la largeur que ce vêtement vous donne entre le milieu du devant et celui du dos mesuré à la hauteur du centre de l'emmanchure. Si vous avez trop de largeur (supposons-le de 1 centimètre), retranchez 1 centimètre du chiffre d'écart entre P et K ; de même pour l'écart entre Q et J. Si vous ne trouvez pas assez de largeur et que la mesure de la personne dépasse le chiffre trouvé, élargissez les écarts P-K et Q-J de la quantité manquante.

Marquez au-dessous du point R de cambrure 27 ou

28 centimètres au point C et tirez une droite oblique de R à C et jusqu'au bas. Tirez, parallèlement à cette droite, S-O à une distance variable suivant la profondeur du pli creux ou du cran d'arrêt pratiqué au dos.

Au manteau, faites la carrure 2 centimètres moins large du côté de l'emmanchure que la carrure du patron type. A la taille, donnez au dos du vêtement une largeur de 7 ou 8 centimètres et au bas de dos une largeur de 12 centimètres.

Tracez ensuite la ligne de montage du dos L-Y-*t*.

Descendez le cran d'arrêt ou le sommet des plis creux de 8 ou 9 centimètres au-dessous de la cambrure R (ligne S) et laissez en dehors de la ligne Y-*t* la valeur d'étoffe nécessaire en cet endroit au recroisement sous les dessus de manches (2 ou 3 centimètres).

Le devant et le dessus de manche L^1-*a*-*b*-T complètent ce vêtement pour ses parties extérieures. Un deuxième devant intérieur W-U-X-N forme paletot de dessous. Ce devant est réuni tout le long de sa ligne de côté X-N à la partie correspondante de la ligne Y-T du dessus de manche et l'ensemble se rattache au dos Q-*t*. Le paletot du dessous doit être moins large que celui du dessus (de 8 ou 10 centimètres) tout le long du côté et parallèlement entre N-T et X-Y.

Le dessus de manche, par la courbe un peu creuse qui lui est assignée à partir du dessous de la ligne de carrure, laisse un écart de 4 centimètres à peu près entre son montage et celui du dos. Au bas, nous avons fait recroiser de 10 centimètres le dessus de manche et le dos aux points *t* et T; mais le vêtement ne manquerait pas de sa largeur nécessaire si on se bornait à laisser *t* du dos et T du dessus de

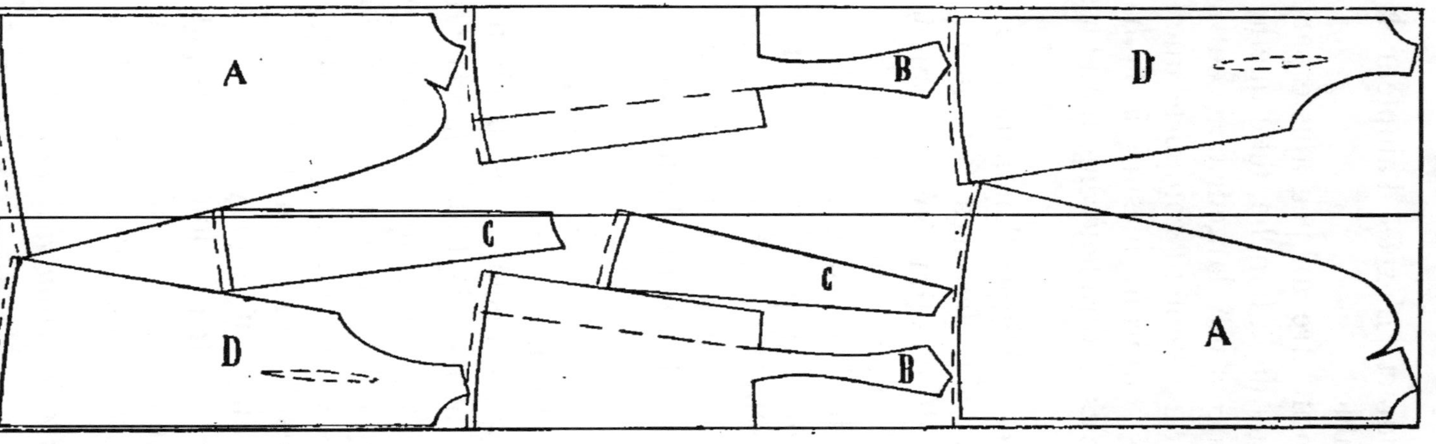

Fig. 230.

manche en contact. L'excès d'ampleur laissé n'est pas indispensable.

Le devant peut être un peu ajusté par une pince située au-dessus de la hanche, telle que le tracé l'indique; cette pince a une largeur de 4 centimètres.

L'ensemble du vêtement comporte une largeur de 78 centimètres environ, mesuré à la hauteur des coudes iés, c'est-à-dire légèrement au-dessous de la taille

Le pa: age de la ligne d'emmanchure du devant se fait suivant les préférences. Cependant, il est bon que le coin X, du haut du côté, avoisine la taille sur laquelle le poids du vêtement agit en faisant un peu fonction de ruban de taille. Placée plus bas que la taille ou plus haut, la cambrure ne serait pas aussi bien indiquée. Plus bas, le vêtement semblerait, dans les mouvements du corps et des bras, avoir trop de montant de dos; plus haut, l'effet contraire se produirait.

La longueur de ce vêtement, d'après le présent tracé, est de 130 pour le dos.

Nous en avons disposé les différents patrons (*fig.* 230) sur un tissu de 130 de largeur (ouvert).

En raison de la largeur du tissu nous avons réduit un peu l'étendue au bas du vêtement, mais nous lui avons donné une longueur de 140 de dos et 4 centimètres de remplis en plus.

La quantité du tissu employé s'élève à 4^m,30.

Pour faciliter la disposition de ces patrons, nous avons divisé le devant du paletot en deux parties : le devant proprement dit et un petit côté.

Désignation des patrons.

A (double), devants et manche de dessus ;

B (double), dos ;
C (double), petit côté ;
D (double), devant.

Mac-farlane à épaules rondes ou à épaules carrées.

Le croquis du mac-farlane à épaules rondes se

Fig. 231.   Fig. 232.

trouve aux figures 231 (vu de dos) et 232 (devant),
Nous avons esquissé le même vêtement, mais

avec épaules carrées, sous les numéros 233 (vu de dos) et 234 (devant).

Fig. 233.   Fig. 234.

Le tracé de la figure 235 est le même, sauf pour la partie des épaulettes et de la manche.

Pour entreprendre son exécution sur papier, tirez la ligne droite A–B.

Placez le dos du corsage-type en regard de cette ligne (1 centimètre en dedans) ; laissez aussi 1 centimètre de hauteur au-dessus du point A et de l'encadrement du dos.

Faites un écart de 5 centimètres entre P et K et

un écart de 24 centimètres entre J et Q. Mettez le devant en contact avec le côté, à l'emmanchure, et faites un écart de 8 centimètres entre H et I. Pour finir le tracé du milieu du dos, placez la règle au

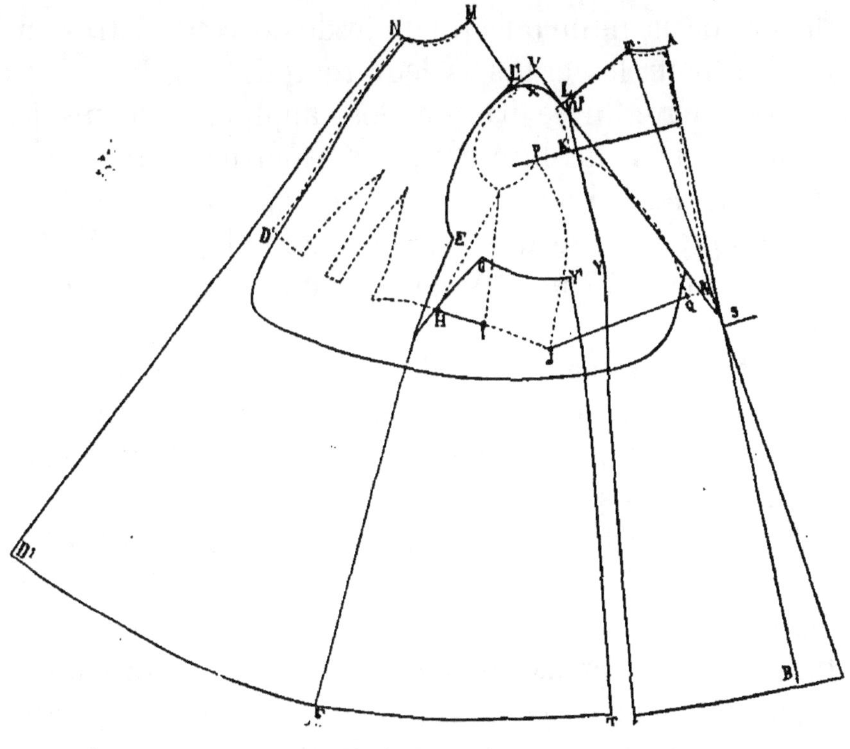

Fig. 235.

point *m* d'encolure du dos et au point R de cambrure ; puis menez au-dessous de R une ligne droite jusqu'au bas.

A la hauteur des épaules, donnez au dos du macfarlane une largeur un peu moindre que celle du dos-type (du côté de l'emmanchure, 1 centimètre de moins) ; aux environs de la taille, apportez-lui une largeur de 16 à 17 centimètres.

Au bas, mettez une largeur de 44 centimètres. Dans cette largeur ne sont pas compris les plis creux à laisser en dehors de la ligne du milieu ou les crans d'arrêt si le vêtement n'a pas de plis creux (¹).

La hauteur de ce cran S ou de ces plis creux est située à 5 ou 6 centimètres au-dessous de la taille. Si on ne fait qu'un cran d'arrêt, il faut laisser en dehors de la ligne du milieu du dos 6 centimètres en totalité pour les crans et leur rempli.

Pour arrondir le bas de dos, appliquez depuis le point m de l'encolure à L, à Y et au bas t une longueur de 7 centimètres de plus qu'au milieu du dos. Si la longueur du dos est, par exemple, de 140, il faut donner 147 à la ligne d'épaulette et de côté de dos.

La forme à épaules rondes se construit en traçant le coin de l'épaulette du dos arrondi sur L^2 ; pour les épaules carrées, on crayonne le coin de l'épaulette de forme anguleuse sur L.

Passons au devant (indiqué M-N-D¹-F-T-Y¹-G-E-L¹).

Sortez en dehors du milieu du corps 1 1/2 en haut, au point N, et 2 1/2 en dehors du point D. De N à D, suivez parallèlement la ligne du milieu du corps du corsage type, légèrement renflée et à partir du point D, menez une ligne droite jusqu'en bas au point D¹.

Décreusez légèrement l'encolure et épaulez de 1 centimètre le haut de l'épaulette du corsage-type. Descendez au point E situé vers le milieu de la hauteur du côté et faites une pince de hanche de 4 ou 5 centimètres de E à G ; puis continuez la courbe jusqu'à Y¹.

---

1 Les plis, exagérés à dessein à la figure 231, réclament de 45 à 50 centimètres d'étoffe en dehors de la ligne du milieu du dos et à la hauteur de la ligne S jusqu'au bas.

De Y¹ au bas T, tirez une ligne un peu arrondie du haut, ensuite droite ; faites un écart de 4 ou 5 centimètres entre la ligne du côté du devant et celle du dos. Cet écart pourrait être plus grand, selon l'ampleur de la manche-pèlerine (¹) dont il dépend.

Pour bien nous faire comprendre, prenons, par exemple, une mesure de bassin de 48 centimètres, le paletot de dessous pourrait recouvrir le costume avec une largeur (²) de bassin de 67 centimètres.

Mais l'ampleur de la manche-pèlerine devrait aussi être réduite, elle serait gênée pour se bien placer sur le corps.

Dans notre patron, la largeur du dos et de la manche-pèlerine, c'est-à-dire la partie extérieure du vêtement, comprend 92 centimètres de D (milieu du corps devant) à R (milieu du dos), y compris le recroisement de la manche. La largeur du paletot de dessous réclame 72 centimètres pour le devant et le dos mesurés à la même hauteur. Autrement dit, c'est une différence de 20 centimètres entre la largeur du paletot intérieur et celle du vêtement extérieur.

Pour tracer la manche-pèlerine du devant, dont les traits indiquent suffisamment les contours, élevez l'angle V de 4 centimètres au-dessus de L¹ (coin de l'épaulette) ; puis tracez le côté de la pèlerine, en ligne droite, à partir de ce point jusqu'à 3 ou 4 centimètres au-dessous du point R de cambrure.

Si le mac-farlane est à épaules rondes, il faut

1 Il faut qu'il y ait accord entre l'ampleur du paletot de dessous et la pèlerine.

2. Largeur composée de 48 + 8 centimètres, parce que c'est un pardessus, plus 11 centimètres environ à cause de la valeur des pinces, non retirée au devant.

prendre la pèlerine tracée à l'angle V ; si, au contraire, il s'agit d'épaules carrées, la ligne de pèlerine ira s'arrondissant sur X.

Au mac-farlane à épaules rondes, on aura soin d'emboire la partie L^1-V formant pince avec le devant de la pèlerine, jusqu'à 5 ou 6 centimètres au-dessous du point L^1.

Quant au mac-farlane à épaules carrées, on procédera de même pour le sommet arrondi de la pèlerine, de façon à produire l'effet d'une tête de manche.

La partie inférieure de la pèlerine sera arrondie parallèlement au sol. Pour cela, après avoir fixé la longueur du devant (largeur de l'encolure du dos comprise), il faudra diminuer 6 de cette longueur si les épaules sont hautes, et 7 si elles sont basses, puis appliquer le chiffre obtenu sur le parcours du côté ou montage M-L^1-X et S. On arrondira le bas depuis le point S au point du devant préalablement fixé.

La pèlerine reçoit un allongement d'environ 10 centimètres au-dessous de la taille.

Les coins de la pèlerine, partie d'arrière comme partie d'avant, sont arrondis à volonté. Plus l'arrondi d'arrière est prononcé, plus les mouvements deviennent libres, surtout celui de lever les coudes.

Ce vêtement est de forme classique ; on le coupe dans un métrage de 3^m,60 en moyenne (tissu de 140 de largeur).

On peut faire le collet d'une forme quelconque : droit, Saxe, Médicis ou à revers ; la forme Chevalière s'adopte aussi.

Manteau à manches manchon, dit « manteau ambulance » (*fig.* 236).

Peu usité de nos jours, on le portait il y a une dizaine d'années environ. Seulement, sa coupe étant typique, nous avons cru bon d'exposer la manière de l'exécuter (*fig.* 237).

Pour faire le patron, disposez le corsage-type de façon à laisser un écart de 5 centimètres entre le haut du côté et la carrure P-K et 18 à 19 au bas, entre le bas du côté et le dos Q-J ; entre I et II, 7 centimètres.

Tracez le dos comme nous l'avons indiqué au patron précédent pour sa partie du milieu et en laissant, à quelques centimètres (4 ou 5) au-dessous de la taille, un pli creux de 10, 15 centimètres ou plus. Ce pli creux sera ou

Fig. 236.

froncé ou plissé en haut sous le vêtement.

Donnez au dos, à la taille, une largeur de 6 ou 7 centimètres et, dessous, un peu plus. Généralement ce dos atteint la longueur de la robe ; mais, dans notre tracé, nous l'avons raccourci.

On trace le devant comme celui du manteau Théo, sauf qu'il est plus réduit du bas entre son côté et celui du dos. L'écart entre les points Y'-Y et entre T et *t* vaut 13 à 14 centimètres.

Le dessus de manche, qui fait pèlerine avec la partie
du devant, forme pince avec le devant comme avec
le dos ; le sommet de cette manche — la « tête de
manche » — est élevé au-dessus de la manche du
patron-type de la quantité enlevée à la largeur de

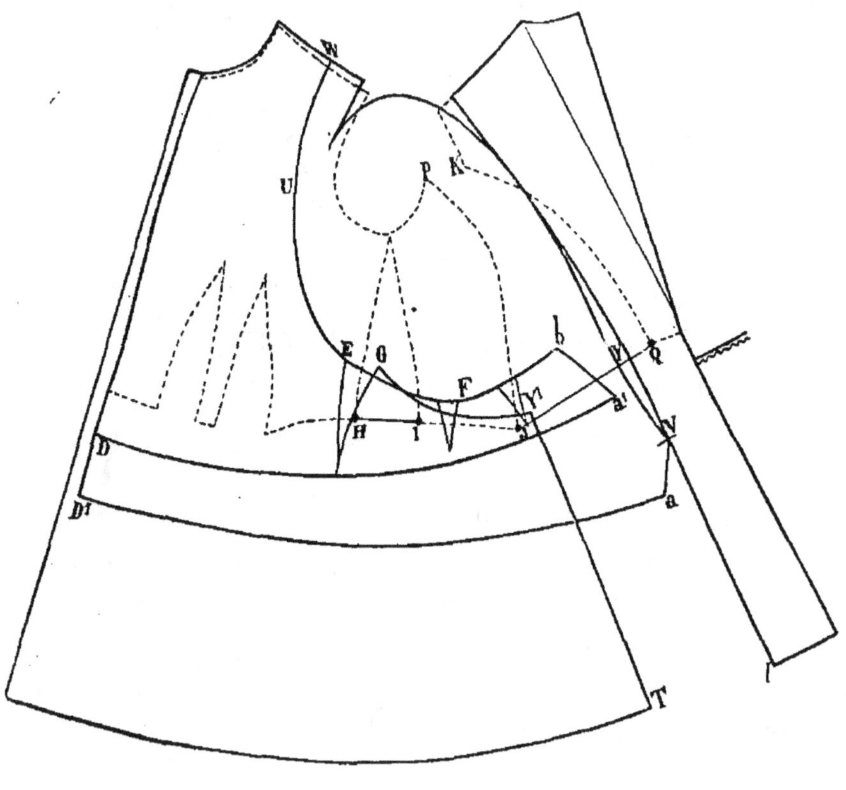

Fig. 237.

carrure et en haut de l'épaulette (environ 2 centimètres).

La partie attachée au dos est cintrée depuis le dessous de l'omoplate jusqu'à V ; à l'endroit de la taille,
cet écart entre le côté de la manche et le dos est de 2
ou 3 centimètres. Le point V, où la pèlerine se replie,
est situé à 7 ou 8 centimètres au-dessous de la taille.

Au point *a*, à 14 centimètres environ au-dessous de

la taille, le coin V-*a* est abattu de façon à former un angle de 3 centimètres d'ouverture entre le point *a* et la ligne du côté du dos.

Le point a^1 du dessous de la manche-pèlerine, correspondant à *a* du dessus de manche, s'éloigne de 8 centimètres du point V et de 3 centimètres du côté de dos.

Le point *b* est situé à 6 centimètres du côté de dos. La ligne a^1-*b* a 9 centimètres de long.

Le dessus de la manche–pèlerine s'allonge de 10 centimètres environ (devant) au point D^1, au-dessous de la taille du corsage-type. Le dessous de cette manche est allongé de 3 centimètres en D, au-dessous de la taille.

A la hanche, le dessus de manche s'arrête à 12 centimètres au–dessous du corsage; le dessous, à 3 centimètres seulement.

Le devant a un suçon (E-G) de hanche. Il a 4 centimètres de largeur. Le dessous est aussi suçonné à deux ou trois places, afin de ramener son montage d'emmanchure (E-F-*b*) à la longueur de celui de l'emmanchure du devant (E-G-Y^1); *b* vient se fixer au dos à la hauteur de la taille; de même Y et le devant Y^1.

Toute la courbe du bas *a*–D^1 est cousue à la courbe a^1–D intérieurement. La courbe d'emmanchure (W-U-E), dont l'emplacement est facultatif, appartient à l'emmanchure du devant et à celle de la pèlerine intérieure.

Nous donnons, figure 238, le plan de disposition des patrons de ce manteau, calculé pour un tissu de 67 centimètres de largeur (double). Il emploie $2^m,95$ (1) :

---

1. Pour faciliter le placement, nous avons détaché un peti côté du devant et nous avons fait se former le suçon de hanche en haut de la jonction de ces deux parties du devant.

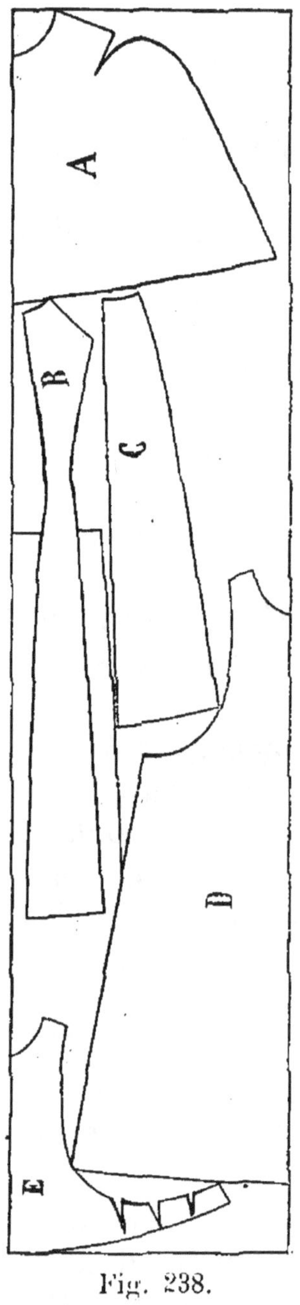

Fig. 238.

A, manche pèlerine (double);

B, dos (de 140 de longueur);

C, petits côtés;

D, devants;

E, dessous de la manche pèlerine.

Visite.

On a fait un très grand

Fig. 239.

nombre de formes de ce genre de vêtements et nous mettons sous les yeux (*fig.* 239) le dessin qui nous paraît le mieux répondre au type visite.

1ʳᵉ *forme (fig.* 240).

Un corsage type sert, comme pour les exemples précédents. Voici sa disposition (*fig.* 240) :

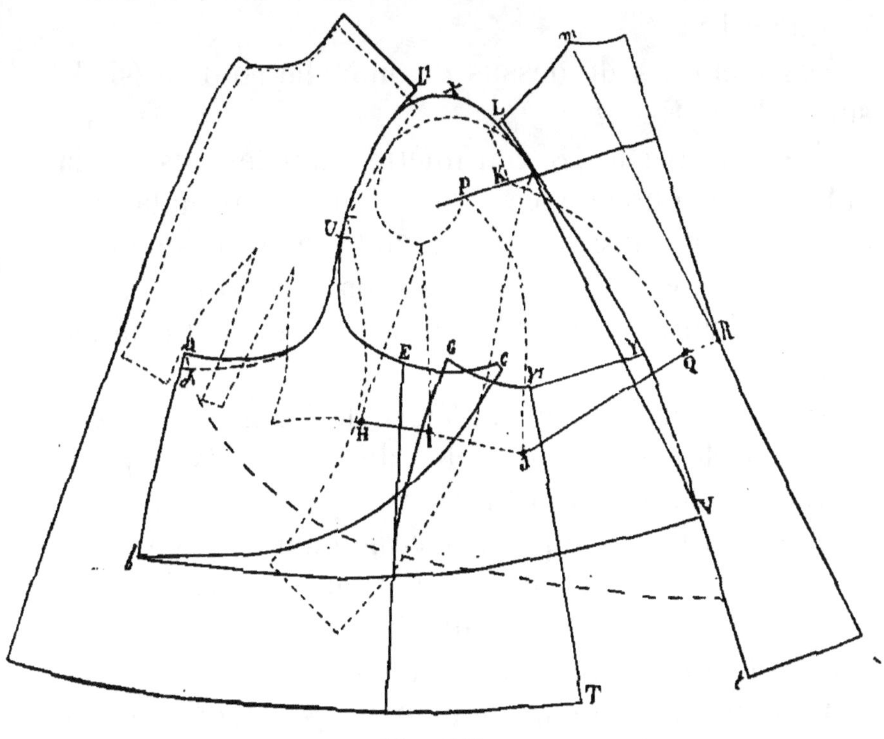

Fig: 240.

Le sommet du petit côté **P** est éloigné de 5 centimètres du point de carrure **K**.

Entre **Q** et **J**, il y a un éloignement de **22** centimètres.

Entre **I** et **H**, il y a **7** centimètres.

Le dos a **76** centimètres de long; néanmoins, on en a fait de toutes longueurs; en ce qui concerne la taille et le bas, aucune règle ne préside à leur largeur.

Notre patron se compose d'un dos, du devant. d'un dessus et d'un dessous de manche.

Les contours du dos sont figurés par *m-L-Y-V-t*. Il est épaulé de 2 centimètres sur la largeur de dos du patron type. On obtient le prolongement de la ligne du milieu en plaçant la règle au coin *m* de l'encolure et au point R de cambrure, en tirant une droite jusqu'au bas.

Les contours du dessus de manche sont dessinés sur V-L-X-U-*a-b*.

V se trouve à 18 centimètres au-dessous de la taille et en contact avec le dos en ce point; à la hauteur de la ceinture, le dessus de la manche se cintre et fait une courbe éloignée de 3 ou 4 centimètres du dos. En haut, au point L, il forme une petite pince avec le dos.

Au sommet, le point X s'élève de 3 centimètres au-dessus de la tête de manche du patron type pour compenser le retrait fait à la largeur de carrure et de l'épaulette; il forme pince avec le haut de l'épaulette du devant et le suit en restant en contact jusqu'à U (situé à 2 centimètres plus bas que le montage de la manche ordinaire, à la saignée).

Du point U, le dessus de manche est coudé insensiblement jusqu'à *a*, placé à 5 centimètres environ plus haut que le bas de devant du corsage.

En avancement, le point *a* effleure le premier côté de la première pince. On conçoit très bien que, si le bras est plus long ou plus court, ce point doit avancer ou reculer. Nous lui avons donné la position d'une longueur moyenne de bras ([1]).

De *a* à *b*, on peut suivre presque parallèlement le

---

1. La manche du patron type figurée dans le tracé, après son mesurage sur la longueur de coude et sa mise au point, déterminera cette longueur, et la position du point *a*, une fois qu'elle aura été coudée par un repli à la saignée.

devant si la visite est à manche carrée, ou bien l'arrondir si cette manche doit avoir la forme esquissée à la figure 239. La largeur entre les points *a* et *b* est de 24 centimètres. Le bas de manche de *b* à **V** termine les contours de ce patron.

Le dessous de manche (U-*d*–*b*-C) est tracé comme le dessus pour le devant *d*–*b*. On le baisse un peu au montage de saignée sur *d'* de 1 centimètre au-dessous de *a*, pour faire tourner en dessous la couture de la saignée. Un peu plus loin, il se confond avec la ligne du dessus jusqu'à U. De U à E, il suit exactement le trajet de l'emmanchure du devant; mais de E à C, on lui donne une forme en rapport avec la ligne G–Y¹ rapprochée et surélevée par la pince G-E fermée dans ce but. Quant à la forme de la ligne inférieure *b*-C, on la fait à volonté.

Le devant doit être allongé d'un fort centimètre à l'épaulette, et il faut décreuser et hausser un peu l'encolure. La croisure à laisser en avant du milieu du corps du corsage type est de 2 centimètres pour boutonner droit (c'est-à-dire à un rang de boutons).

L'emmanchure est épaulée de 2 centimètres environ en dedans de l'épaulette du corsage L¹, la ligne continue en passant à 2 centimètres en avant de la ligne d'avancement d'emmanchure du devant type pour arriver à U situé à 3 centimètres de l'évidure du type. La courbe de l'emmanchure doit être dirigée de façon à ce qu'elle se termine à la hauteur de la taille (ou très peu au-dessus).

L'écart entre le devant et le dos du paletot dépend du degré d'ajustage que l'on se propose de donner au bassin et à la partie inférieure.

Dans ce tracé, nous avons fait entre Y¹ et Y un écart de 13 centimètres.

Dans tous les cas, le bassin, pour une visite absolument juste (mode peu habituelle), peut se calculer de la sorte :

Soit 48, ajoutons 8 centimètres de développement (la robe tenant de la place), plus 11 retirés dans la région du ventre au cas où on ferait les pinces du devant. Donc, 48 + 8 et + 11 = 67, mesure que le paletot d'une visite doit avoir, au moins, à l'endroit du bassin pris à une hauteur de 14 centimètres au-dessous de la taille.

A la hauteur de la taille et des coudes, cette visite a une largeur de 76 centimètres, tandis que le paletot en possède une de 63 centimètres seulement, mesuré à la même hauteur.

2ᵉ *forme (fig. 241).*

On a eu recours à toutes les combinaisons possibles

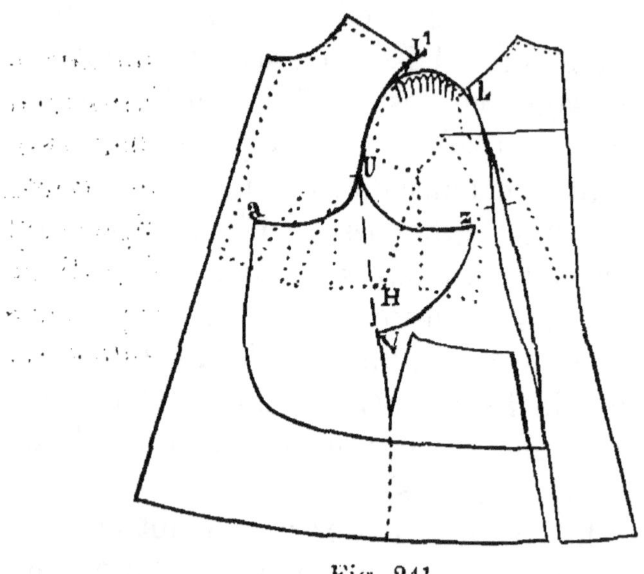

Fig. 241.

pour façonner ce genre de vêtements. Nous donnons (*fig.* 241) une de ces combinaisons.

Son tracé ne diffère sensiblement du précédent que par les particularités ci-après, relatives à la manche.

Le devant fournit le dessous de manche. Après avoir tracé le dessus, il faut tirer une ligne U-V et replier le devant de manche de façon à ce que la courbe U-*a* vienne nous donner celle du dessous U-Z; quant à la partie inférieure Z-V, on l'arrange à volonté ([1]).

On peut prolonger la ligne U-V jusqu'au bas du vêtement et rapporter le petit côté qui doit former pince de hanche avec le devant, à leur jonction.

Une visite ordinaire comme celle dont nous nous occupons, coupée à 80 centimètres de longueur de dos, emploie à peu près 1^m,55 de tissu en 70 centimètres de largeur (double).

Coches de montages, fausse position des parties du vêtement et défauts qui en résultent.

Pour les visites, manteaux, etc., il est indispensable de marquer une coche au dos et au-dessus de manche dans la région de l'omoplate et aussi une autre coche au devant, à sa jonction U avec le dessus et le dessous de manches.

Ces coches sont d'une très grande importance, car, étant donné l'espace qui, au tracé, sépare L et L[1] des limites de l'épaulette à l'emmanchure, et tout l'embu qu'il faut froncer à la tête de la manche, il arriverait presque toujours qu'avec le vêtement coupé bien d'aplomb dans toutes ses parties, le dessus de manche serait monté ou trop haut ou trop bas (soit sur le dos, soit sur le devant); il en résulterait un désordre général.

1. Le point V est situé à 6 centimètres du point H et directement au-dessous.

Si on coupait visites, manteaux, etc., à l'aide d'un
corsage ayant trop de hauteur de dos, il est évident
que ladite visite ou ledit manteau (*fig.* 243) aura
aussi le dos trop haut de la quantité comprise entre
les point A et A^1 de nuque ; et ce, sur toute l'étendue
m-L^1 de son encadrement.

En pareil cas, malgré un repérage parfait des coches et un montage soigné, toute la surface du dos

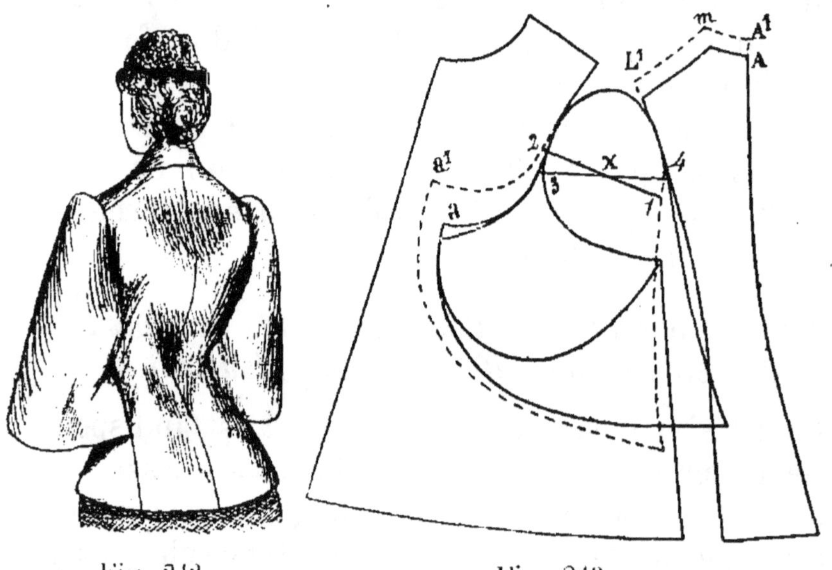

Fig. 242.   Fig. 243.

boursoufflera en même temps que le dessus de manche (voir *fig.* 242).

Ne confondons pas le défaut dessiné figure **244**
avec celui qui est causé par un excès de hauteur
dans la partie supérieure du dos. Ce dernier provient
d'un dessus de manche dont la coche du devant serait montée trop haut ou bien la coche d'omoplate
montée trop bas sur le dos, chose identique par
rapport à l'aplomb général.

Si nous montons une manche bien coupée (*fig.* 243)
sur une visite également bien coupée, mais que nous

donnions à cette manche la position a^1 (traits barrés) et à ses coches la position 1-2, en imaginant une ligne diamétrale 1-2 qui relie les coches de cette manche et une autre qui relie les coches 3-4 de la visite, il est certain que la manche fixée sur 2 et sur 1, au lieu de l'être sur 3 et sur 4, produira sur le corps un mouvement de rotation autour d'un pivot fictif X, et cette manche, en reprenant sa position forcée par l'épaule et le bras, fera remonter toute la surface du dos (avec laquelle elle se trouve attachée) de la valeur 2-3 plus 1-4, soit la partie supérieure du dos amenée dans la fausse position A^1-m-L^1.

La manche tire obliquement de l'épaule vers la cambrure (*fig.* 244). La partie inférieure du dos se

Fig. 244.   Fig. 245.

trouve raccourcie par le bas et tout le vêtement remonte vers la nuque.

Si une manche est, au contraire, montée dans une position trop en arrière, elle tire depuis l'épaule obliquement vers la saignée (*fig.* 245).

En effet, si cette manche, quoique bien coupée, est montée dans une position 1-2 (traits barrés, *fig.* 246), la ligne diamétrale imaginaire qui relie les coches 1-2 viendra prendre sur le corps la position 3-4, ramenée par l'épaule et le bras, en pivotant autour du point de concours X et obligera la partie supérieure du dos à descendre (voir les traits barrés).

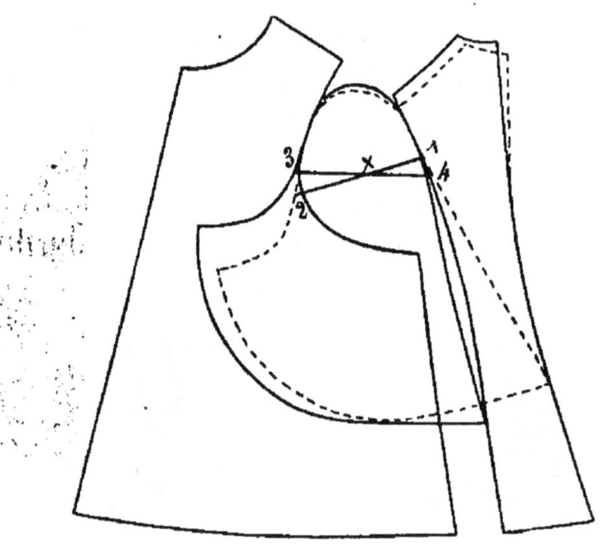

Fig. 246.

Ce dos sera sollicité, par cette fausse position de la manche, à descendre d'une quantité égale à la distance qui séparerait deux droites parallèles passant par les points 1-3 et 2-4.

Un choix scrupuleux du patron d'un corsage approprié à la conformation est, comme on le voit, de toute nécessité. De même, on ne doit pas oublier de marquer les coches absolument indispensables pour conserver aux patrons leur équilibre respectif.

Carrick (*fig.* 247).

Ce vêtement comporte un paletot de dessous dont le dos n'existe pas. Une pèlerine à deux ou trois pinces d'épaules qui recouvre le devant du paletot de dessous, remplace le dos.

Le bas de cette pèlerine est parallèle à celui du vêtement de dessous, sur trois points limites (un devant, un vers le milieu de sa largeur et le troisième au milieu du dos). Les intervalles sont échancrés d'une courbe sujette à variations.

La partie postérieure du paletot est plissée sur une largeur variable. La largeur donnée au tracé (*fig.* 248) a 65 centimètres à plisser entre les points C et C'.

La longueur de la pèlerine compte 6 ou 7 centimètres; de plus que celle du dos A-R.

Fig. 247.

On fait le tracé à l'aide d'un patron de corsage.

Placez le dos du patron-type à 1 centimètre en dedans de la droite A-B et à 1 centimètre au-dessous de A.

Ménagez entre P et K un écart de 5 centimètres; entre J et Q, un autre de 30 centimètres et, entre I et H, un troisième de 7 centimètres.

Si on veut moins d'ampleur à la pèlerine, on

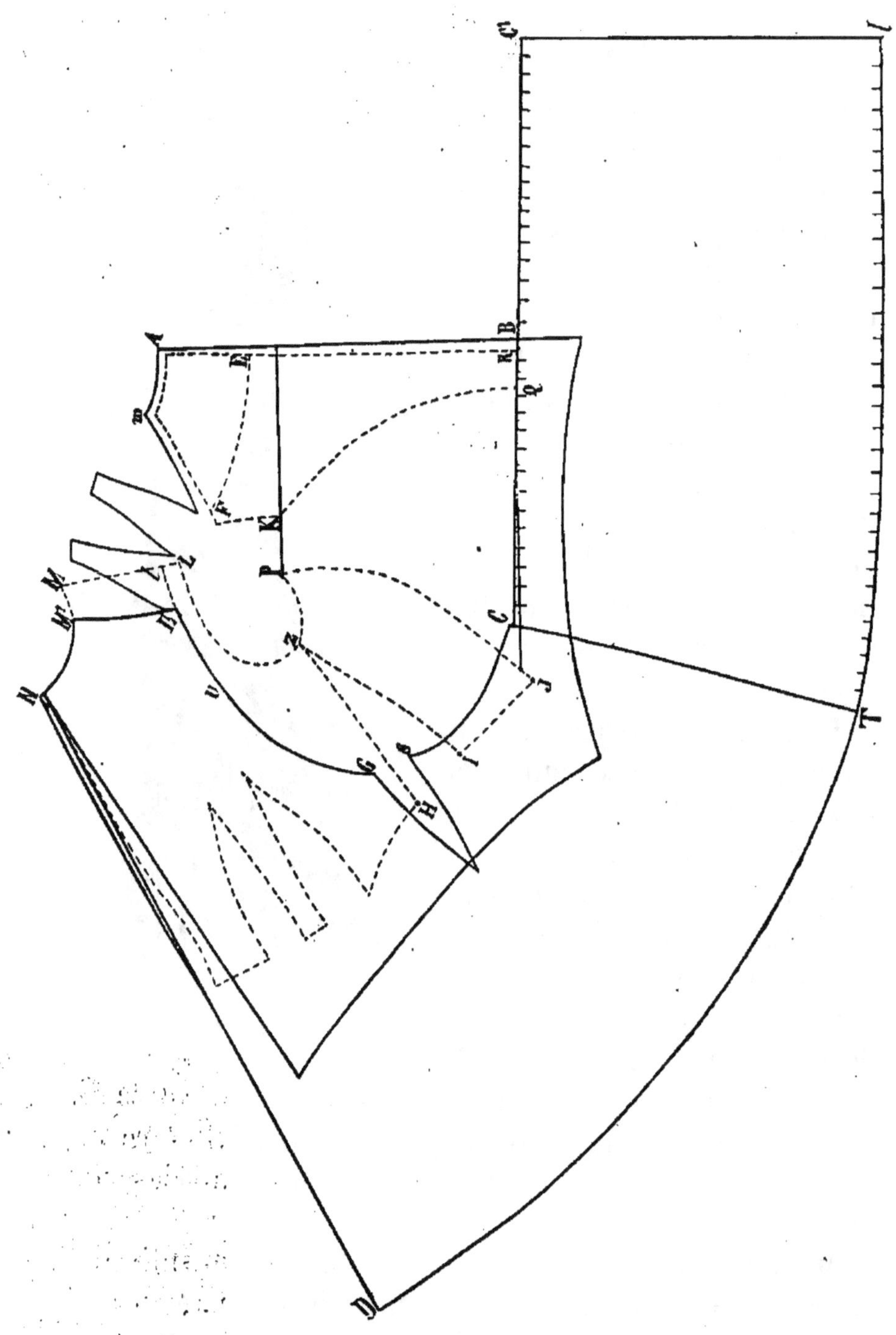

Fig. 248

réduira de 4 ou 5 centimètres les 30 centimètres d'écart Q-J.

Pour tracer le haut de la pèlerine, fixons le premier côté de la pince d'épaules M¹-L¹, à 3 ou 4 centimètres au-dessous du corsage M-L (ligne barrée).

Ensuite, mesurons la distance comprise entre les points M¹ et *m* (ici 24 centimètres); puis formons deux entre-pinces d'une largeur égale, en donnant à leur partie située à l'encolure 2 1/4 de largeur pour chaque. Les intervalles entre les côtés de pinces devront, autant que possible, être égaux. La longueur des côtés de pinces sera réglée en donnant d'abord au deuxième côté de la première pince du devant une mesure d'un demi-centimètre plus longue que celle du premier côté M¹-L¹. Le deuxième côté de la première pince du dos aura la même longueur que celle du premier côté *m*-F. La pince du milieu s'obtiendra en rapprochant les côtés des trois pinces et en arrondissant l'encolure (¹).

On pourra rentrer un peu le devant de la pèlerine en dedans de la ligne du milieu du corps du corsage-type. Le devant (M-*l*-L¹-U-G-S-C-T-D et N) a un recroisement de 1 1/2 laissé en dehors du milieu du corps du type. Il est épaulé de 2 centimètres entre les points L et *l*; le devant d'emmanchure avance sur U de 2 ou 3 centimètres en dedans de l'emmanchure du devant (type) puis redescend sur G à 5 ou 6 centimètres au-dessus de H. Après avoir formé la pince

---

1. Pour ce vêtement comme pour n'importe quel autre, ne coupez jamais les pinces, mais bâtissez-les en dehors et épinglez sur le corps à l'essayage. La vraie direction sera ainsi obtenue, car il n'existe pas de moyen ni de mesures pour fixer *sûrement* cette direction. L'expérience et l'essayage y suppléent.

G-S, l'emmanchure se continue jusqu'à C élevé à la hauteur de taille du dos (R) sur la ligne C-R tirée d'équerre sur A-B.

Le bassin se trouve limité en largeur par la ligne C-T, qui limite aussi la partie plissée. Entre cette ligne et le milieu du devant, au point culminant du ventre et à 14 centimètres au-dessous de la taille, la largeur devra comprendre 24 à 25 centimètres de plus que la mesure du bassin.

Une petite garniture de soie ou de toute autre doublure, est placée sous le haut de dos comme empiècement intérieur. Cet empiècement, dont la base est indiquée par E-F (traits barrés), a sa couture d'épaulette fixée à la ligne M-L du devant, et maintient le vêtement sous les pinces. La ligne C'-t de la partie plissée continue la partie A-B du dos de la pèlerine.

La plus-value d'étoffe C-C' est plissée sur une largeur de 15 à 20 centimètres et vient augmenter de cette quantité la largeur déjà laissée à la partie inférieure du paletot.

Fig. 249.

Visite avec pinces d'épaules (*fig.* 249).

L'ensemble de ce vêtement est plus ajusté que le précédent.

Quatre parties le composent : le dos, le dessus de manche, le dessous de manche et le devant.

Pour faire ce patron (*fig.* 250), disposez le corsage-type en faisant un écart de 4 centimètres entre P et K, de 20 entre Q et J et de 7 entre I et H.

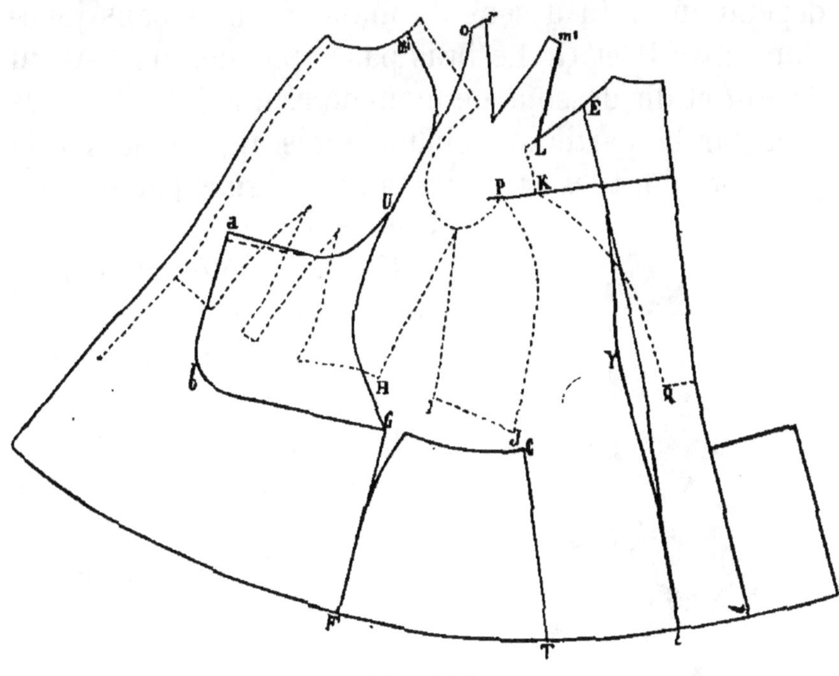

Fig. 250.

Le dos fait jonction avec la manche vers le milieu du montage de l'épaulette. Entre cette manche et le dos, au plus cambré de la taille, la manche a un écart de 3 centimètres avec le dos.

Le paletot du dessous est réduit de 18 ou 20 centimètres *entre les lignes C-T et le dos t.*

Deux pinces d'épaules existent comme au carrick. Le devant de la manche fait contact avec le devant U, à 2 centimètres en avant de l'emmanchure du devant (type).

Toute la ligne de saignée de là manche *U-a* est obtenue comme au tracé de la visite (*fig.* 240).

Le dessous de manche est compris entre U-*a*-*b*-G.

La courbe U-G appartient au dessous de manche et à l'emmanchure du devant ; les deux pièces sont cousues ensemble. La partie comprise entre U-*a*-*b*-G dépend aussi du dessus de manche, mais sans jonction entre U et G. Le bras passe par dessus U-G du devant et du dessous de manche réunis ; il est recouvert par la partie semblable, mais appartenant à la pèlerine, dont les contours sont désignés par *t*–Y–E–L-*m*[1]-*r*-*o*-*u*-*a*-*b*-G et F.

Fig. 251.

Un petit côté est détaché sur G–F du devant du paletot et forme pince de 4 centimètres en haut.

Le point G est situé à 6 centimètres au-dessous de H.

Le bas de manche *a*-*b* a une largeur de 20 centimètres.

A la hauteur des coudes et de la taille, le vêtement extérieur a une largeur de 75 centimètres environ.

Manteau forme « visite » à pince d'épaules (*fig.* 251).

La coupe de ce grand vêtement offre beaucoup d'analogie avec les précédentes. Le dessus de manche est séparé du devant tandis que le manteau tracé à la figure 252 n'a pas de séparation entre les points L et U ([1]).

Pour l'exécuter, on pratique simplement une incision depuis U jusqu'à G et on rapporte, dans cette

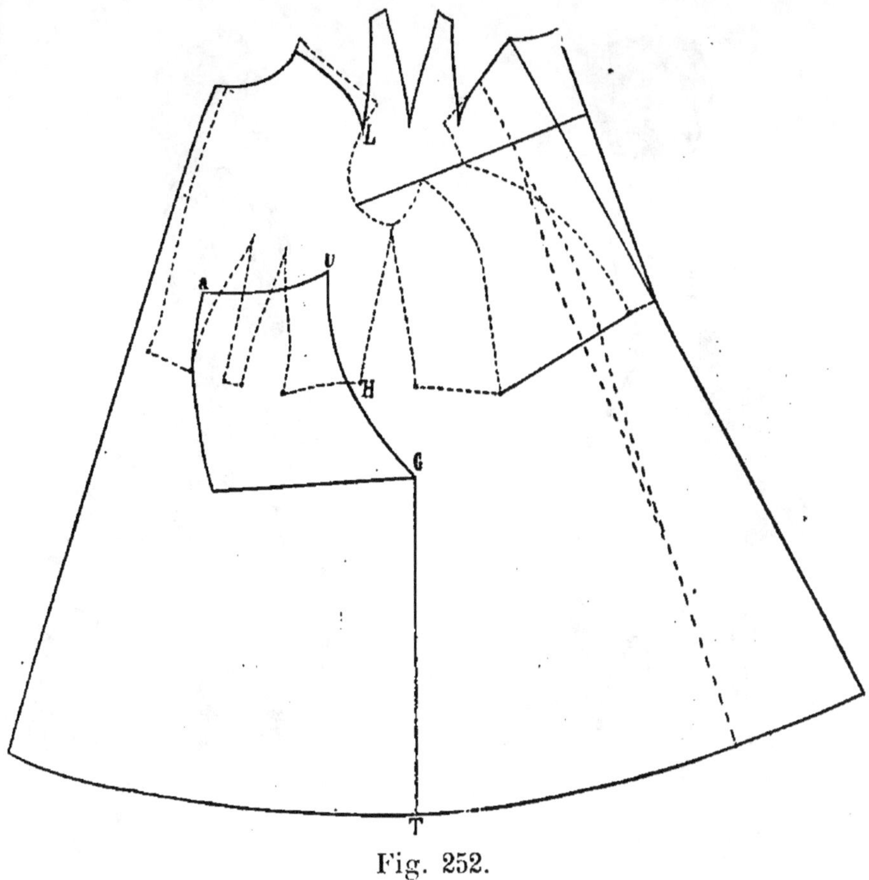

Fig. 252.

incision, un bas de manche en tissu pareil ou en velours.

Les écarts laissés entre les points du corsage sont les mêmes que ceux faits au tracé de la figure 250. Le point G est situé à 13 centimètres au-dessous de H.

1. Le dessin vu de profil et de forme plus courte est donné figure 253.

Si à ce manteau, la surface entière est d'un seul morceau, il ne faut pas faire la couture indiquée de G à T (*fig.* 253). Si, au contraire, on sépare la partie de la manche-pèlerine, on fait cette couture.

Fig. 253.

Fig. 254.

Le dos est cintré dans sa partie du milieu ; mais, pour mieux l'ajuster, on peut aussi le séparer de la manche et faire entre les deux un cintre de 4 ou 5 centimètres au plus creux, vers la hauteur de la taille (voir les traits barrés).

Mantelet (*fig.* 254).

Le mantelet est coupé d'après un patron de visite proprement dite (*fig.* 240) ou bien par un des précédents tracés avec pinces d'épaules (*fig.* 250 ou 252).

Ce vêtement consiste en : 1° un dos, de forme extrêmement variable pour la largeur et la disposition des coutures; 2° un dessus de manche rond comme celui d'une visite, ou avec pinces d'épaules; 3° un dessous de manches et un devant.

La partie du dos est habituellement courte et celle du devant part des côtés pour venir finir en pointe au bas du devant (*fig.* 254). On y place un ruban de taille fixé à hauteur de ceinture derrière et devant,

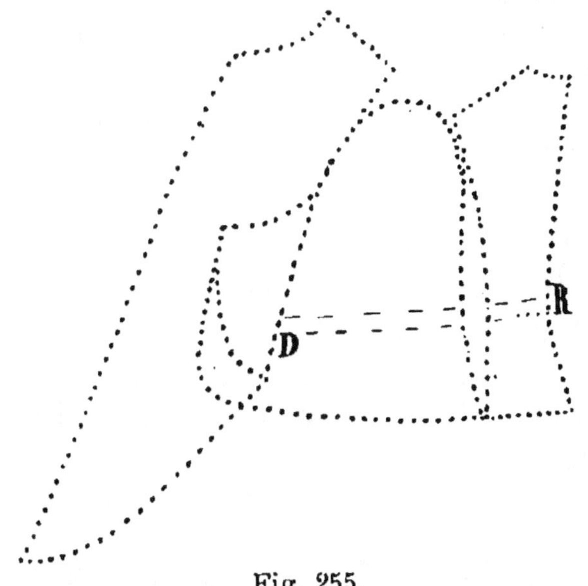

Fig. 255.

aux points R–D. Ci-contre (*fig.* 255) une petite esquisse, débarrassée de toutes constructions, afin d'en mieux faire ressortir la forme générale.

Cette forme remonte à une quinzaine d'années.

Manteau de voiture (*fig.* 256).

On fait ce manteau en tissu de soie légère ou en Tussor.

Les devants, de forme très ample, sont froncés à l'encolure, ajustés sur l'épaule et ont la partie du dessous de bras dessinée.

La coupe générale est celle de la robe princesse ou de la redingote droite sans couture transversale de jupe.

Le dos est sans couture au milieu.

Si on se sert d'un patron de robe princesse, il faudra supprimer les crans des plis creux du dos et ne pas séparer les côtés.

Il faut couper le dos très large (environ 12 centimètres d'excédent) sur un patron de redingote, par moitié tout le long du milieu du dos. C'est-à-dire que sur les deux côtés du dos (ou dos entier) il faut ajouter 24 à 25 centimètres que l'on froncera à l'encolure.

Une pèlerine tuyautante dont on trouvera le plan plus loin (*fig.* 281) est fixée sous un col de velours de forme droite et haute.

Les manches sont très bouffantes du haut.

Le col peut être fait d'un ruban ou en tissu pareil au vêtement.

Quelques formes diverses.

MANTE (*fig.* 257).

Ce vêtement a été exécuté d'après les combinaisons les plus variées et les plus nombreuses. Généralement, il admet une vaste surface plissée et montée sur un empiècement intérieur fait en soie doublée d'une toile fine.

Cet empiècement a 8 à 9 centimètres de large. On

Fig. 256.   Fig. 257.

peut le faire aussi en doublure autre que de la soie et pareille à celle du vêtement.

Une pèlerine courte et tuyautante à sa partie inférieure recouvre cet empiècement et un peu la mante.

Un col droit, forme Médicis ou autre, complète l'ensemble.

Les tissus de laine unie ou de fantaisie, les châles anglais, plaids écossais de diverses nuances, se prêtent également à sa confection.

Voici la manière de construire la mante :

Tirez A–B et C-D à une distance de 70 à 75 centimètres.

Laissez en dehors de ces deux lignes (en avant et en arrière) de 40 à 45 centimètres pour faire les plis (*fig.* 258).

Présentez le dos du corsage type de façon à laisser un écart de 2 centimètres à l'endroit de la taille entre ce dos et la ligne verticale A-B. Éloignez le bas du petit côté de 3 centimètres du bas de dos.

Sur A-B tirez d'équerre Z–Z' passant par le haut du petit côté Z'. Placez le devant du corsage de façon à ce que son bord soit parallèle à C-D et que le point du haut du sous-bras Z se trouve situé sur l'horizontale Z-Z'.

L'écart existant entre Z et Z' est de 18 centimètres; mais les deux plis passant par ces points viennent réduire la surface principale de ce manteau à la largeur de l'empiècement.

Prenez l'empreinte de cet empiècement sur le dos du manteau (SL^3) à 8 ou 9 centimètres de l'encolure.

Réunissez par l'épaulette le dos et le devant et tracez aussi sur ce dernier l'empiècement L^2 à O ; puis relevez cet empiècement à la roulette sur une feuille de papier séparée.

Esquissez la ligne supérieure de la mante en lui donnant, au-dessus de la manche type, autant de hauteur que vous en aurez retiré entre L^1 et L^2 et entre L et L^3. En d'autres termes, la partie principale du manteau doit fournir aux épaules ce que l'empiècement ne leur donne pas.

Au-dessus du point O du bord inférieur de l'empiècement du devant élevez le point X de la mante

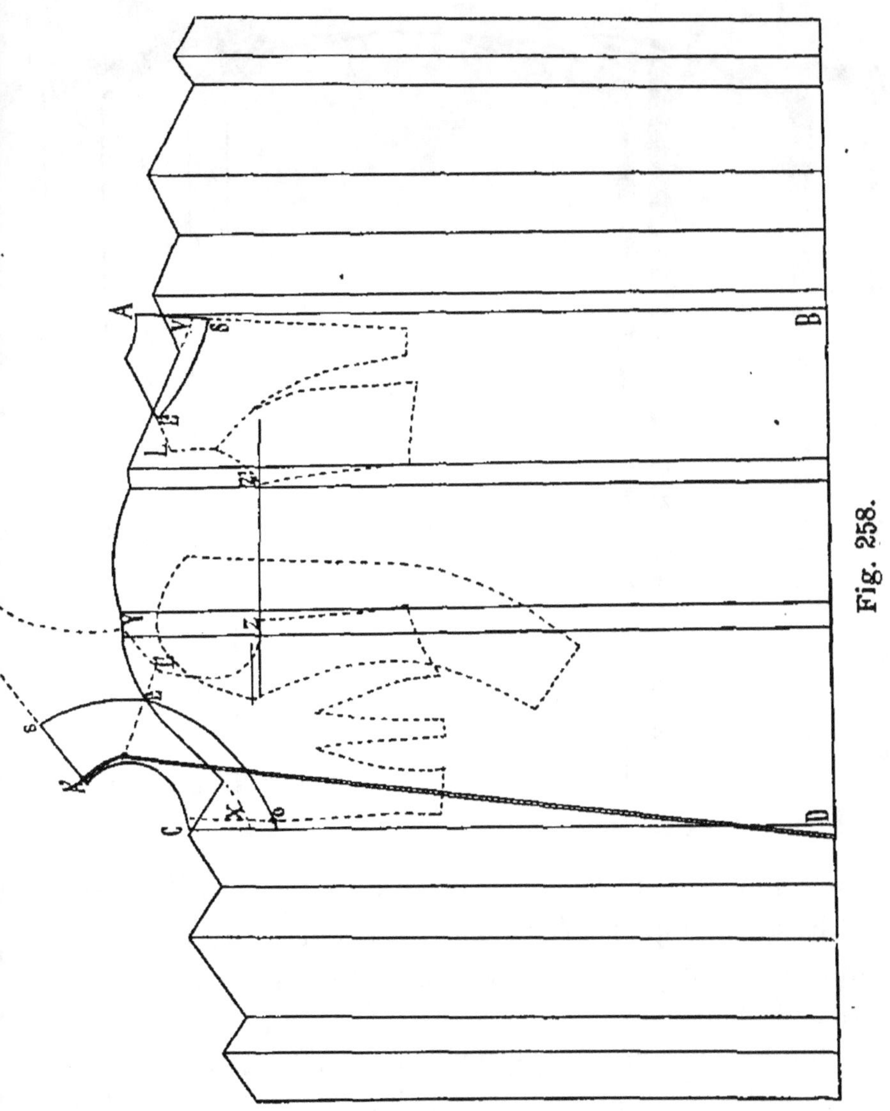

de 2 centimètres pour le recroisement. Au-dessus du point S de l'empiècement du dos, élevez de 2 centimètres également le point V de la mante.

Mesurez la longueur du dos (A-B) et reportez cette

mesure (avec 13 centimètres ou plus, suivant la conformation) depuis A' jusqu'au bas D. Arrondissez le bas.

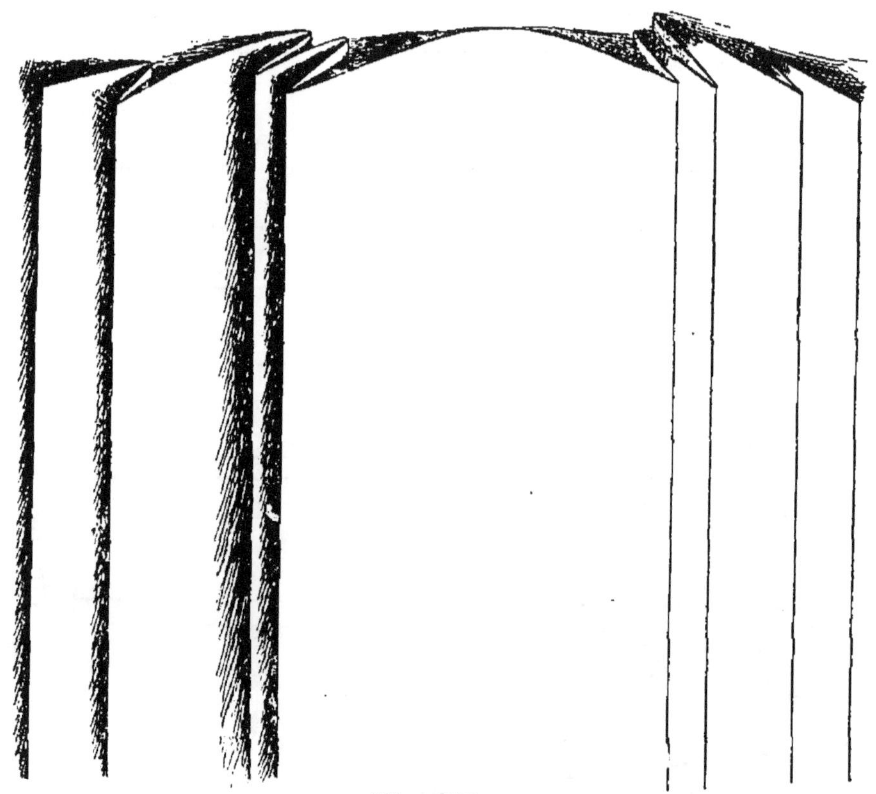

Fig. 259.

Formez vos plis comme ceux de ce tracé et tels qu'ils sont disposés (*fig.* 259) ou bien de toute autre manière. Ces plis se présentent recouchés sur le devant et sur le dos.

Quand vous aurez préparé vos plis, tenez, entre vos doigts, la mante et l'empiècement; épinglez les lignes d'assemblage, afin de régler en premier lieu et bien exactement, sur votre mannequin, le montage de ces parties du vêtement.

Avec ce procédé, vous pourrez couper sans tâtonnement sur le drap même; autrement, si l'habitude vous manque, vous pourrez assembler et ajuster le patron en papier sur un mannequin [1].

MANTEAU AVEC MANCHES A LA JUIVE (*fig.* 260).

On coupera ce manteau en forme de redingote longue et sans couture transversale de jupe. Des manches ordinaires y sont adaptées. Par-dessus ces manches, on place les manches dites à la juive (celles qui font surtout l'objet de cette étude). Le col est de forme Médicis.

Un volant plissé est rapporté autour des épaules et recouvre la jonction de la manche à la juive au vêtement.

Cette jonction peut être faite un peu plus haut que celle de la manche ordinaire, à 1 centimètre plus en arrière ou, chose préférable, en même temps et avec le montage de la manche ordinaire.

La coupe de cette manche dépend surtout des points limites de son montage à l'emmanchure.

On pourrait même supprimer la manche de des-

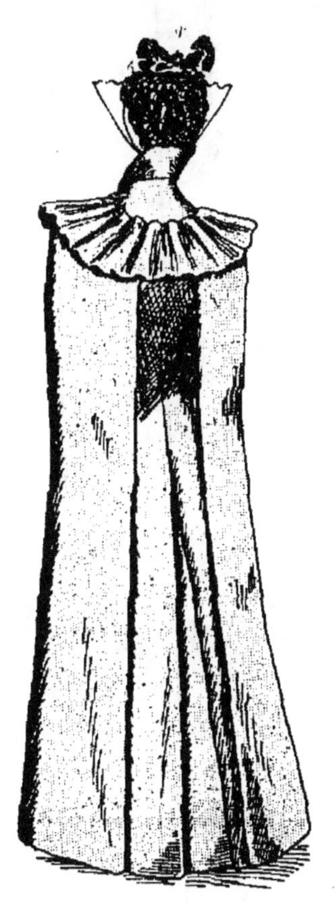

Fig. 260.

<hr>

1. Pour la coupe de la pèlerine, voir et choisir celle qui conviendra le mieux parmi les modèles décrits au chapitre *Collets-pèlerines* (page 442).

sous et la remplacer par celle à la juive, mais il fau

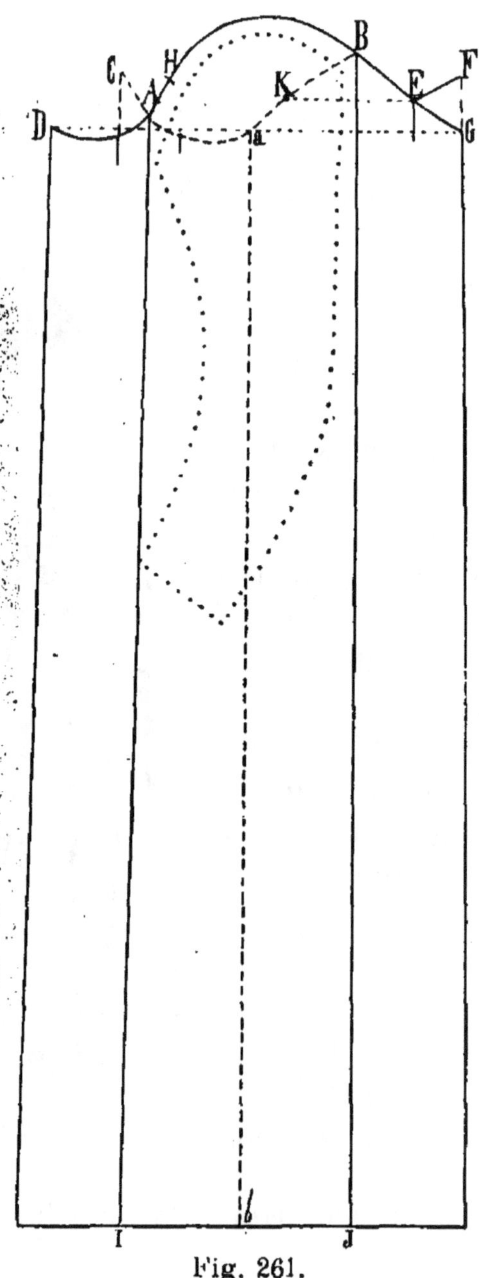

Fig. 261.

drait la faire fermée par une couture placée dessous,
sur la ligne *a-b* (*fig.* 261).

Le point d'arrêt du devant A situé au montage régulier de la saignée est celui qu'il faut choisir pour pouvoir permettre les mouvements du bras. La manche arrêtée trop bas plisserait et remonterait.

Le point E peut être choisi comme arrêt *du côté* du talon de manche (à 6 ou 7 centimètres au-dessous de B).

La ligne E du patron représente un repli de la manche, repli fait parallèlement à la ligne *a-b*.

E-F est fixé avec E-B et devient le rabattement par E.

A représente le repli du devant de la manche, *repli* parallèle à la ligne *a-b*.

A-C se fixe avec la ligne A-H et en devient le rabattement par A.

Le patron forme un rectangle (A-B-I-J) de 3 ou 4 centimètres plus large que la manche type.

Si cette manche se ferme dessous, les points G et D viennent se fixer sur *a*, puisqu'ils sont situés sur une perpendiculaire à *a-b* passant par *a*. Il en est de même pour chacun des points pris sur la courbe B-E-G. E correspond à K appartenant à la courbe du dessous de manche ; K-B est d'une longueur égale à B-E, puisque B partage en deux parties égales K-E.

G doit être situé à une distance de B égale à B-*a*.

Si cette manche doit se monter réunie à celle du dessous, *inutile de hausser sa ligne de coupe sur* B-H-A ; il n'y aura qu'à suivre la ligne pointillée du dessus.

La longueur de cette manche égale celle du manteau ; le manteau lui-même a, à peu de chose près, autant de longueur que la robe.

La largeur reste facultative, à condition que son

ampleur ne descende pas au-dessous de 50 centimètres.

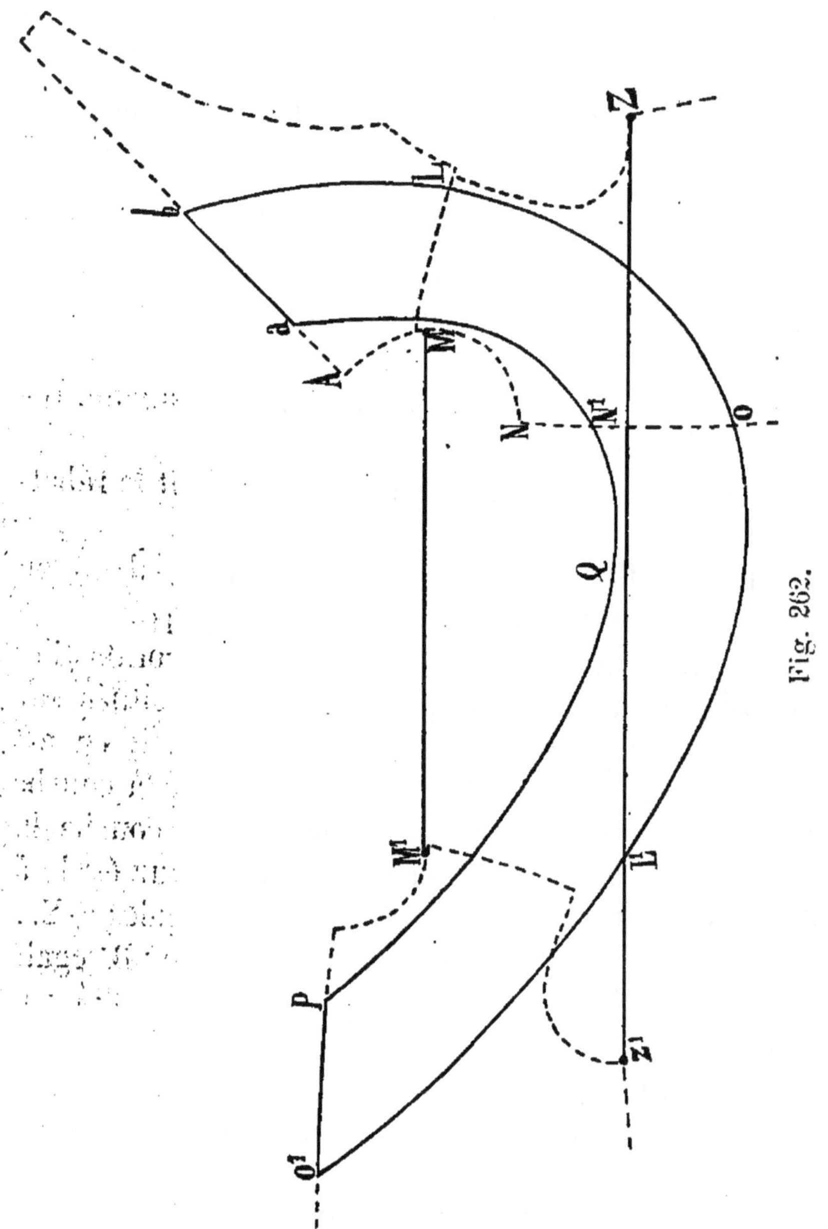

Le volant a été obtenu en disposant le devant et
le dos type réunis par l'épaulette (*fig.* 262), puis
en replaçant le devant seul à une distance et dans

une position telles que l'écart entre M et M^1 soit de 44 à 45 centimètres et celui entre Z et Z^1 de 80 à 81 centimètres.

Après avoir tiré les droites M-M^1 et Z-Z^1, il n'y a plus qu'à dessiner les contours du volant sur les points a-b-L-o-L^1-O^1-P-Q-N^1-a.

La distance entre a et A compte 5 centimètres, celle entre N et N^1, 6 centimètres. Le point Q passe à 1 centimètre de distance de la ligne Z-Z^1. Z-Z^1 et M-M^1 sont perpendiculaires au milieu du corps N-O.

La largeur du volant mesure 11 centimètres.

On comprend bien que la forme et les dimensions du volant dépendent des plis ou des fronces que l'on se propose de faire ; il pourra se couder plus ou moins et occuper une place différente aux épaules.

Le type que nous donnons servira de base pour d'autres formes de volants

MANTEAU A PÈLERINE FORMANT MANCHE DERRIÈRE
(fig. 263, 264).

Ce manteau n'est plus en usage depuis quinze ans au moins. Il peut être long ou court, d'une coupe quelconque. L'objet de sa description est l'étude de la coupe de sa manche pèlerine.

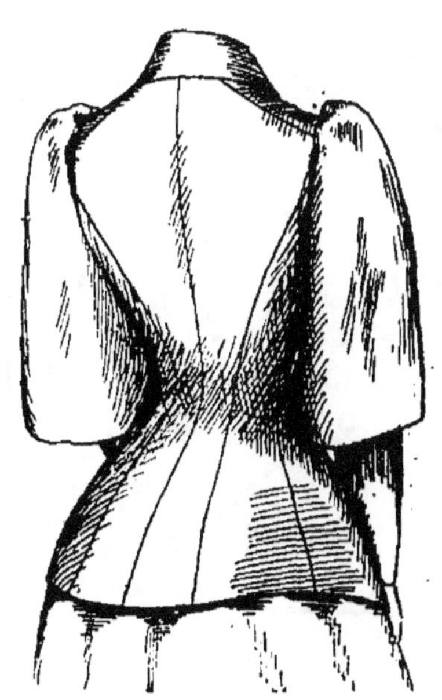

Fig. 263.

Pour le confectionner, on trace un corsage ou bien on en réunit les pièces dans la position donnée au tracé.

Après avoir placé le dessus de manche du patron type dans sa position normale, suivant les traits

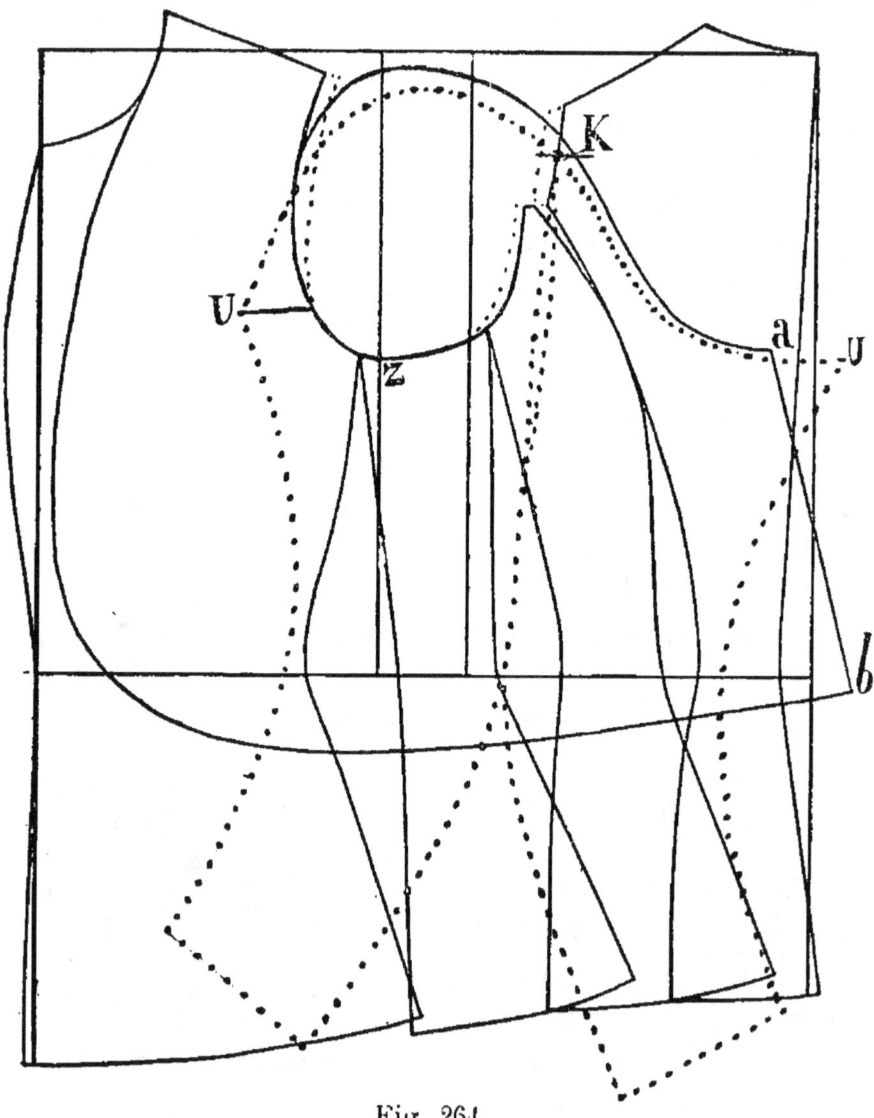

Fig. 264.

pointés, replacez cette manche dans sa position inverse en mettant en contact le haut depuis le talon jusqu'au coude; puis marquez le passage du dessous de manche K-*a*-U.

Retranchez de *a* à U quelques centimètres pour que le point *a* du dessous de manche n'atteigne l'emmanchure que vers Z (à 5 ou 6 centimètres plus bas que U, point de montage habituel).

Donnez à la ligne du devant de manche (dessous) la direction *a-b* (*b* est sorti du rectangle de 2 ou 3 centimètres). Cette partie se trouve située sous la pèlerine après l'assemblage ou montage de la ligne K-*a* du dessous de manche avec l'emanchure.

La tête de cette manche devra être haussée de la même valeur que celle retirée à la carrure et à l'épaulette (traits pleins). Elle se termine en formant pince avec le haut de l'épaulette de la pèlerine.

Cette épaulette a absolument la même forme que celle du devant du paletot de dessous et, quant au devant de la pèlerine, sa ligne est indiquée au tracé 264 (traits pleins).

PÈLERINE-VISITE, GENRE « SOUVA-ROFF » (*fig.* 265).

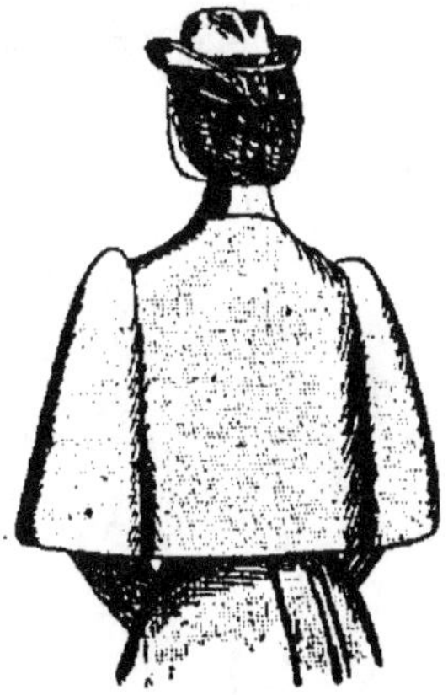

Le patron de cette pèlerine (*fig.* 266) est fait, comme celui d'une visite, au moyen du corsage type disposé comme suit :

Entre P et K, écart de 3 centimètres; entre J et Q, autre écart de 20 centimètres; entre I et H encore un autre de 7 centimètres.

Fig. 265.

Le devant et le petit côté doivent se rencontrer au point Z.

Épaulette un peu allongée (3/4 à 1 centimètre).

Encolure un peu décreusée.

Le sommet de la manche devra être haussé, au dessus de la manche type, de la quantité retirée en haut de la carrure et de l'épaulette type. La manche peut se séparer de la pèlerine, suivant les pointillés **Y** et **V**.

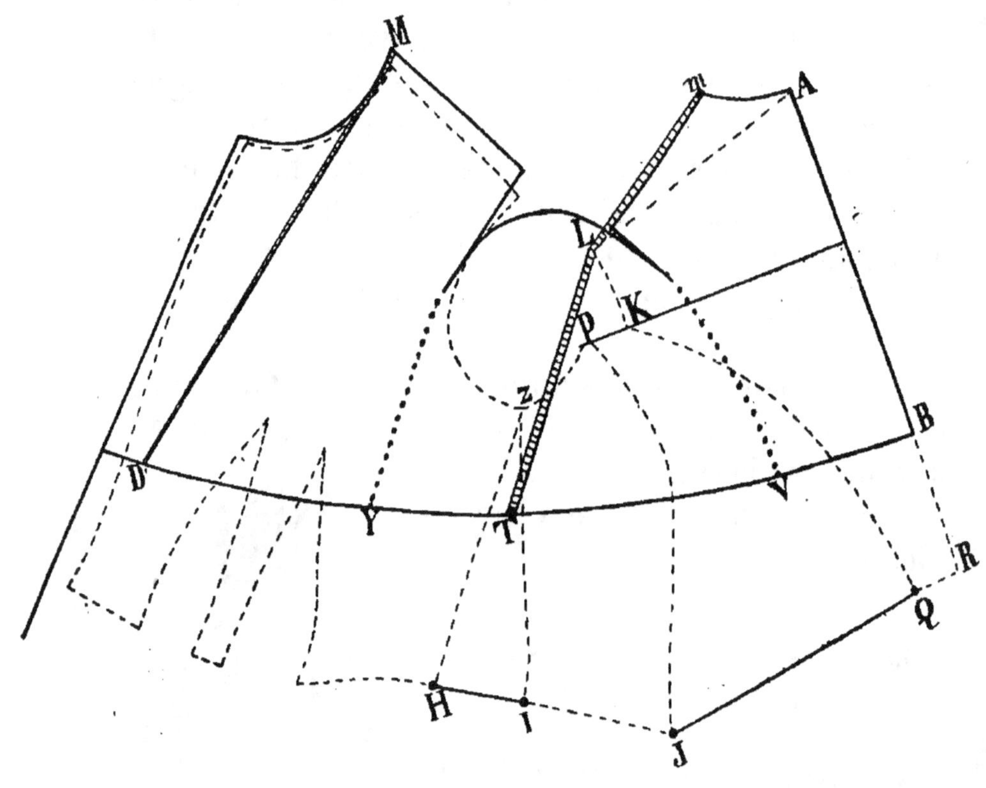

Fig. 266.

La pèlerine est de même longueur que la taille A-R ou plus courte, sur la ligne B-D par exemple.

La longueur du devant, de **M** à **D**, aura avec la largeur de l'encolure réunie, 13 centimètres de plus que celle du dos.

Le côté *m*-L-T se fera de 7 centimètres plus long que le dos **A-B**. Ces 7 centimètres sont utilisés par l'angle formé par A-L (épaules).

PÈLERINE COURTE ET TRIPLE (*fig.* 267).

On peut employer le même tracé qu'au précédent (*fig.* 266) ou prendre le 268 disposé avec pinces d'épaules (traits pleins) ou former le haut de la manche (traits pointillés).

Le devant fera brisure de revers sur *a-b* ou bien s'adaptera sous les revers d'une redingote, suivant *a-C*.

Les pèlerines s'échelonnent sur F-E-D¹, avec intervalles de 4 centimètres à peu près.

Fig. 267.

Afin d'éviter l'épaisseur trop grande produite par les trois pèlerines, on coupe celle de dessus (la plus

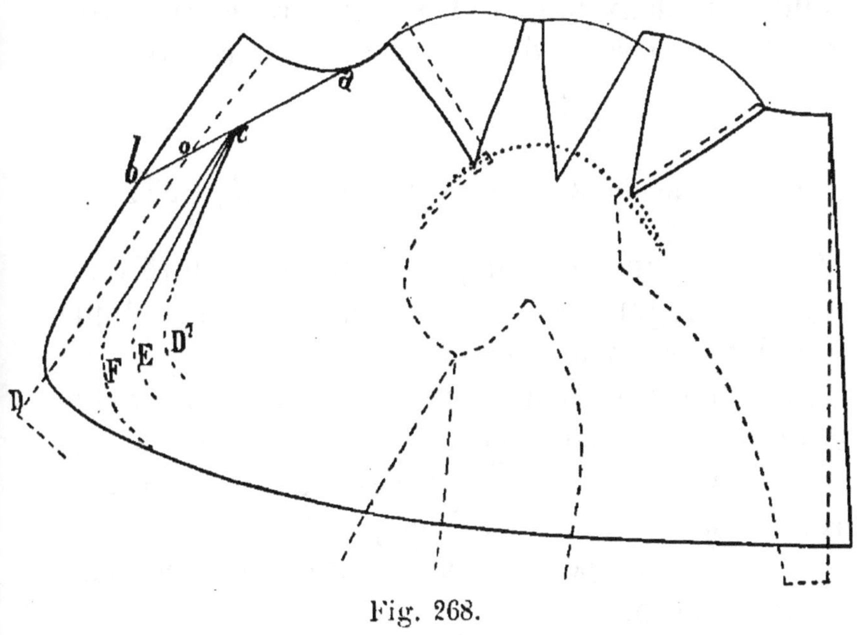

Fig. 268.

courte) seule et complète. Elle recouvrira les épaules. Les deux autres sont cousues après une toile fine intérieure, à une distance suffisante pour masquer

Fig. 269.

extérieurement leur jointure. Le dessous de la pèlerine est doublé d'une soierie.

PÈLERINE FORME « DIRECTOIRE »
(*fig.* 269).

Nous donnons ce spécimen comme variété, car sa mode surannée remonte à vingt ans environ.

L'ampleur de la pèlerine est surtout portée sur le bras. Le corsage a un écart de 16 à 18 centimètres entre les points I et H, de 4 à cinq entre Q et J et de 3 entre Z et Z¹ (*fig.* 270).

Le haut est froncé ou ramené à la forme des épaules par deux pinces. Les contours de cette pèlerine et le passage de la brisure du revers sont marqués en traits pleins.

TRIPLE PÈLERINE FORME « COCHER » (*fig.* 271).

Cette pèlerine est adaptée sous l'encolure d'une longue redingote croisée; mais elle peut s'appliquer aussi aux redingotes de forme droite.

On la fixe à demeure dans le montage du collet, ou on la rend mobile en l'attachant simplement à volonté par des boutons posés sur la redingote, près de la couture du col et par des boutonnières pratiquées à la pèlerine aux points correspondants aux dits boutons.

Le moyen qui nous semble le meilleur pour pratiquer ces boutonnières à la pèlerine est de placer au bord du rempli de l'encolure une ganse ronde ou carrée (en soie ou en laine) et de l'épaisseur du tissu remplié. Cette ganse est surjetée avec le drap et la doublure. Aux places des boutonnières, on laisse un

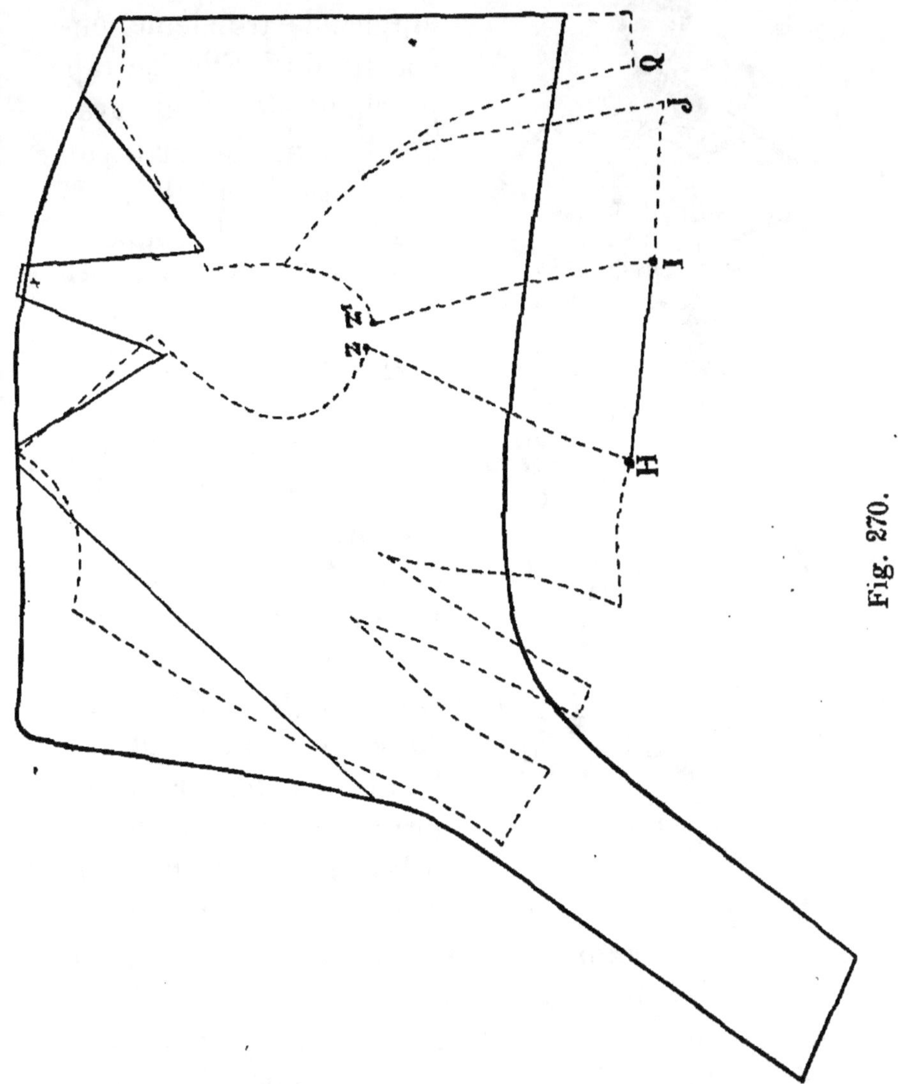

Fig. 270.

vide le long duquel on surjette seuls le drap et la doublure, laissant ainsi la ganse libre. A chaque coin, on fait un solide point d'arrêt.

La pèlerine forme cocher a trois parties d'inégale

configuration (*fig.* 273) : la première partie absolument semblable à l'empiècement (*fig.* 272) ; la deuxième (pèlerine du milieu) un peu moins ample ; la troisième, encore moins. Elles se rapprochent des bras graduellement à partir du sommet des épaules.

Fig. 271.

La base de la coupe de cette triple pèlerine repose sur l'empiècement et le moyen le plus simple d'en exécuter le patron est de choisir un corsage type ayant la grosseur et les dimensions de la personne à habiller, puis de réunir le dos et le devant par la couture d'épaulette (*fig.* 272); ensuite, de prendre sur une feuille de papier l'empreinte de ce patron sur A-B-C-D-E-F, en lui donnant une largeur de 14 centimètres de l'encolure à la base et tout autour (c'est-à-dire 14 centimètres de A à B, de E à D et de F à C).

A 11 centimètres de l'encolure marquez la ligne G-H-I, ligne sur laquelle sera fixé le bord de la troisième pèlerine); puis pointez à 5 centimètres de l'encolure (bord de la deuxième pèlerine) la ligne J-K-L.

Si vous voulez tracer cet empiècement sans l'aide

du corsage, tirez la droite *a*-B et, d'équerre sur cette ligne, du point *a* tirez l'autre côté d'angle droit *a*-E.

Du point *a* au point A mesurez 13 centimètres et, du point *a* au point E, 9 centimètres.

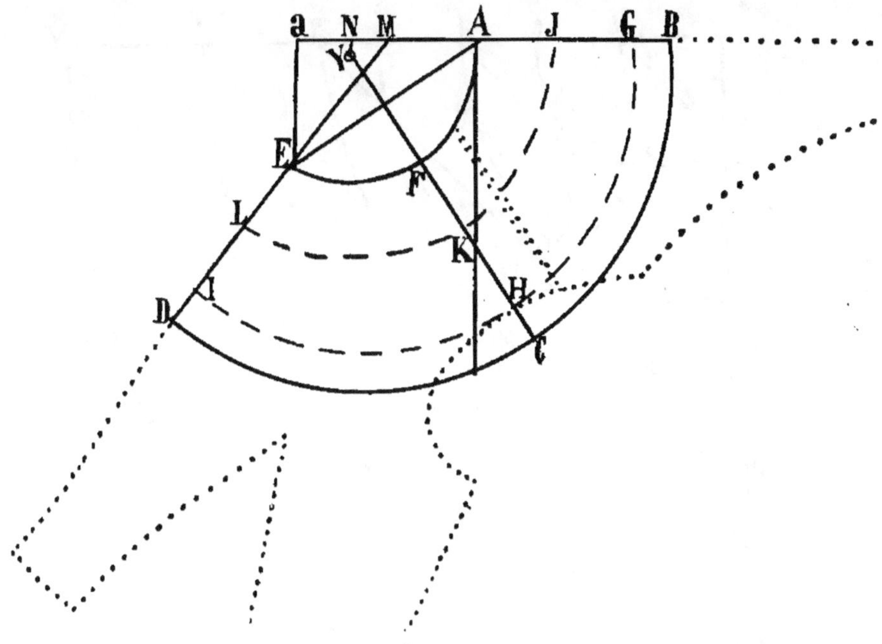

Fig. 272.

Entre *a* et N, 4 centimètres; entre *a* et M, 6.

Tirez la droite oblique prolongée M-E, la ligne E-D (14 de longueur) sera le devant de l'empiècement.

Réunissez E-A par une droite au milieu de laquelle vous élèverez de chaque côté la perpendiculaire C-F-Y. Le centre Y se trouve à l'intersection de cette ligne avec N-Y.

Avec une ouverture de compas égale à Y-G (soit 24) et du point Y pour centre, décrivez l'arc B-C-D; avec une ouverture de compas égale à Y-F (9), décrivez l'arc A-F-E qui est la moitié de l'encolure.

La ligne Y-F-C partage cette surface en deux parties inégales, mais se trouve située au milieu de l'épaule, quoique la courbe du devant C-D soit un peu plus longue que la courbe C-B.

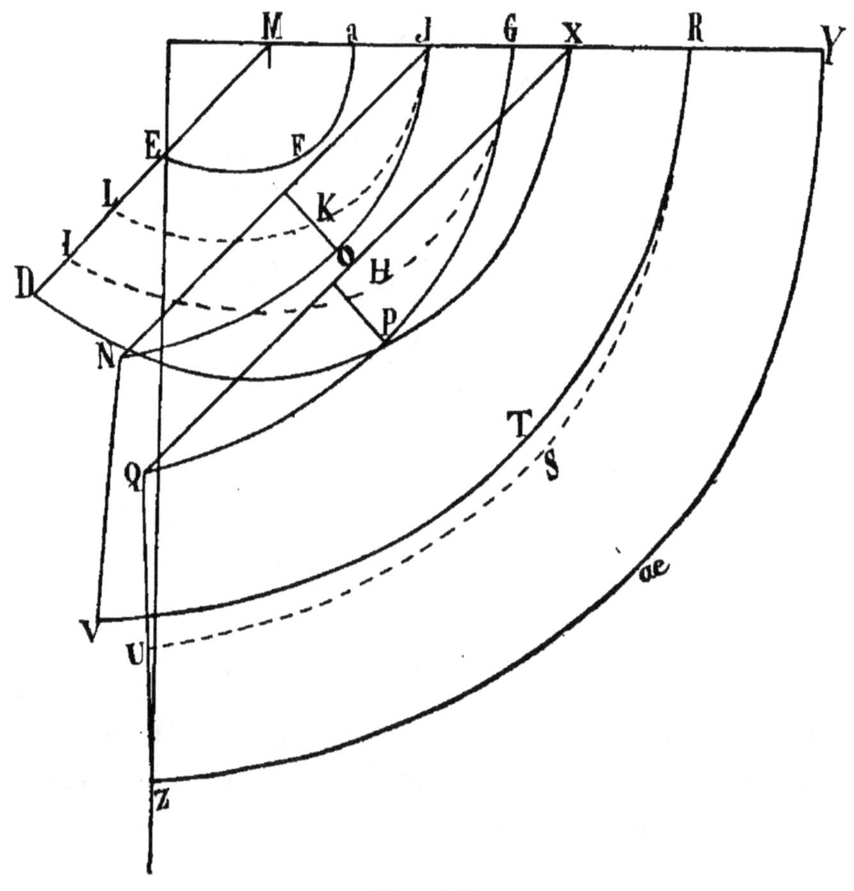

Fig. 273.

La longueur de la courbe entière B-C-D, *mesurée à une distance de 12 centimètres au-dessous* de l'encolure, vaut 47 centimètres environ (soit la grosseur de poitrine 42 plus 5 centimètres nécessaires au corsage à la hauteur du sous-bras. La longueur de base de l'empièecement mesurée à 12 centimètres au-dessous de la nuque A, correspond à la largeur du corsage dans sa partie la plus large (¹).

Cet empiècement coupé, disposez-le comme à la figure 273, entre deux lignes perpendiculaires l'une sur l'autre.

Tirez une oblique J-N de 32 centimètres de longueur, parallèle à M-D et à une distance de 8 centimètres de cette ligne. Au-dessous de J-N, et vers le milieu, abaissez 5 centimètres au point O, puis tracez la courbe J-O-N. Celle-ci viendra *sous* la première pèlerine rejoindre J-K-L.

Le devant N-V de la deuxième pèlerine est à peu près parallèle à la ligne de construction E-Z. Pour la troisième pèlerine, tracez Q-X parallèle à J-N et à 7 centimètres de distance. Donnez à Q-X une longueur de 45 centimètres. Au milieu de cette ligne, abaissez de 5 centimètres au point P ; puis tracez la courbe G-P-Q ; cette ligne sera montée sur G-H-I.

Quand ces courbes de montage sont réunies, il faut que les lignes inférieures des pèlerines soient toutes parallèles à la ligne Y-*æ*-Z, R-S-U sur R-T-V, etc.

Pour varier la forme ou les dimensions de largeur de ces pèlerines, l'épinglage sur un mannequin d'un premier patron d'étude en mousseline ou même en papier sera toujours extrêmement utile et offrira un résultat beaucoup plus rapide et décisif.

Leur aspect, leur équilibre et leur adaptation deviendront plus faciles pour les commençants.

---

1. Il est évident qu'avec le dos et le devant du corsage, réunis par l'épaulette, on obtient en quelques instants ce patron (d'une façon même plus avantageuse, car ici il est permis de se servir d'un corsage déjà coupé) et que les particularités afférentes à n'importe quelle conformation se trouveront reproduites dans l'empiècement.

XIV

COLLETS-PÈLERINES

Collet demi-manteau.

Nous avons dessiné (*fig.* 274), l'aspect d'un collet ou pèlerine de forme ordinaire. C'est la coupe dite « demi-manteau » que l'on fait pour dames et pour enfants des deux sexes ([1]). Le col n'a pas de modèle spécial. Dans notre croquis, il est de forme élevée et coquillée ; il se rapproche du col plateau. La figure 275 nous montre l'aspect d'une pèlerine de même coupe mais double. Son col, forme saxe, est recouvert de velours assorti avec encadrement de drap, des poches ornent les coins de la pèlerine du dessus.

Ces collets avaient la vogue en 1895 et on en fait encore. Il y a tant de variétés dans ce genre que nous avons dû nous borner à ne citer que quelques exemples.

On les fabrique en drap ou tissus de toutes nuances, mais plus particulièrement en draps mastic ou de nuances claires, en meltons et cuirs.

1. Pour hommes, on fait aussi le demi-manteau,

Pour tracer le patron (*fig.* 276), tirez la droite
A-B ; d'équerre sur celle-ci, la droite A-C. De A à *a*
et de A à D prenez moitié (moins 3) du demi-tour

Fig. 274.   Fig. 275.

d'encolure ajustée. L'encolure ajustée correspondant
à la grosseur du haut du corps pour laquelle nous
coupons (42), valant à peu près 38, prenez-en la moitié, 19, et retirez 3 ; vous obtenez 16 que vous placez
de A à *a*.

Décrivez l'arc *a-m*-E-D.

Du point *a* mesurez la longueur jusqu'au bas B (ici 47).

Partagez l'angle A en deux parties égales. Avec une ouverture de compas égale à A-D, A-*a* et du point D, décrivez l'arc 3-4 qui, prolongé, passerait

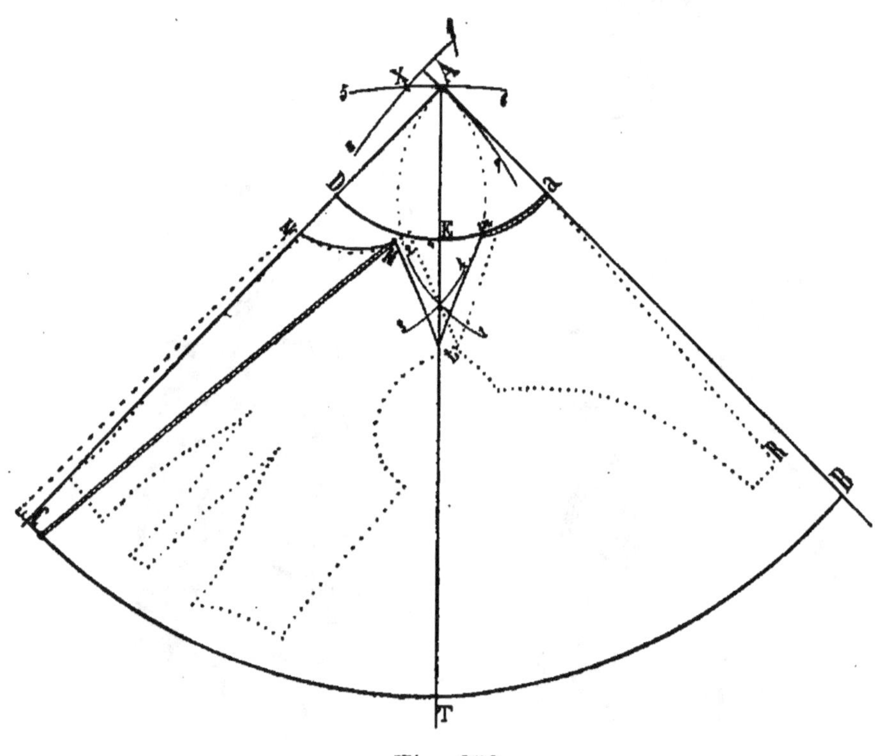

Fig. 276.

en A (sommet de l'angle); avec le même rayon, et du point *a* pour centre, décrivez l'arc 1-2 qui, prolongé, passerait aussi par le sommet A. Par l'intersection de ces deux arcs, faites passer la droite T-E qui a pour deuxième point le sommet A.

Placez ensuite le dos et le devant du corsage type, comme ils le sont à la figure 276, avec un écart de 3 ou 4 centimètres pour le dos entre le point R de cambrure et la ligne *a*-B (le devant en contact sur la ligne A-C). Le dos et le devant sont réunis aux points L et L de l'épaulette.

Déplacez la pince de façon à ce qu'elle se termine sur la ligne bissectrice de l'angle A. Ce que vous ajouterez au-dessus du dos, vous le retirerez au-dessous de l'épaulette du devant.

Arrondissez l'encolure sur M-N en décreusant un peu. Le point N est situé à 5 centimètres, environ au-dessous de D. Du point *m* sur L et au bas T marquez la longueur du côté de la pèlerine. Ici nous avons donné 52 (soit la longueur du dos augmentée de 5), mais si la pèlerine doit être absolument parallèle au sol, il faut calculer la longueur du côté avec 7 centimètres de plus que le dos, en cas d'épaules hautes et 6 centimètres si elles sont de hauteur ordinaire. Pour arrondir le bas de ce collet-pèlerine, décrivez du point T pour centre, avec la longueur T-A pour rayon, l'arc 5-6.

Avec le même rayon T-A et du point B pour centre, décrivez l'arc 7-8. L'intersection X sera le centre de la courbe du bas, partie du dos T-B.

Pour arrondir le bas du devant, il faut commencer par chercher de *a* à *m* et de M au bas C une mesure de 13 centimètres plus longue que celle du dos *a*-B.

Du point C de l'angle et avec un rayon égal à T-A, décrivez l'arc A-9. Son intersection avec l'arc 5-6 au point A sera le centre de la courbe du bas (C-T).

Laissez en dehors de la ligne N-C du devant la croisure nécessaire (¹).

La pèlerine, dont le patron ne représente que la

---

1. Pour les collets des deux dessins précédents, le repli est juste au milieu du corps et la croisure que nous avons laissée peut servir pour les remplis intérieurs.

moitié, demande 70 centimètres de tissu en 68 de largeur (double).

Collet d'astrakan

Coupe du manteau trois quarts.

Ce collet s'exécute en astrakan véritable, doublé

Fig. 277

d'hermine. Il recouvre une robe de velours (*fig.* 277). La coupe de ce vêtement a un peu plus d'ampleur que le collet-pèlerine précédent. Cependant on pourrait aussi le couper avec le patron du demi-manteau (*fig.* 276).

Le patron de ce collet ([1]), manteau trois quarts (*fig.* 278), exige la manipulation suivante :

Tirez la ligne A-B d'une longueur égale à deux fois la longueur du dos, 110, mesure d'une très longue pèlerine ou sorte de rotonde sans pince d'épaules. Pour la forme dessinée figure 277, il faut prendre 65 à 70 centimètres de *a* jusqu'à C. La courbe C, parallèle, d'ailleurs, à la courbe B-T-D du bas du manteau, est décrite, par conséquent, à partir des mêmes centres.

1. Pour hommes, on fait aussi ce manteau, de même que celui tracé figure 281.

Cherchons d'abord le rayon de l'encolure ajustée.
Cette encolure est à peu près de 38 centimètres pour

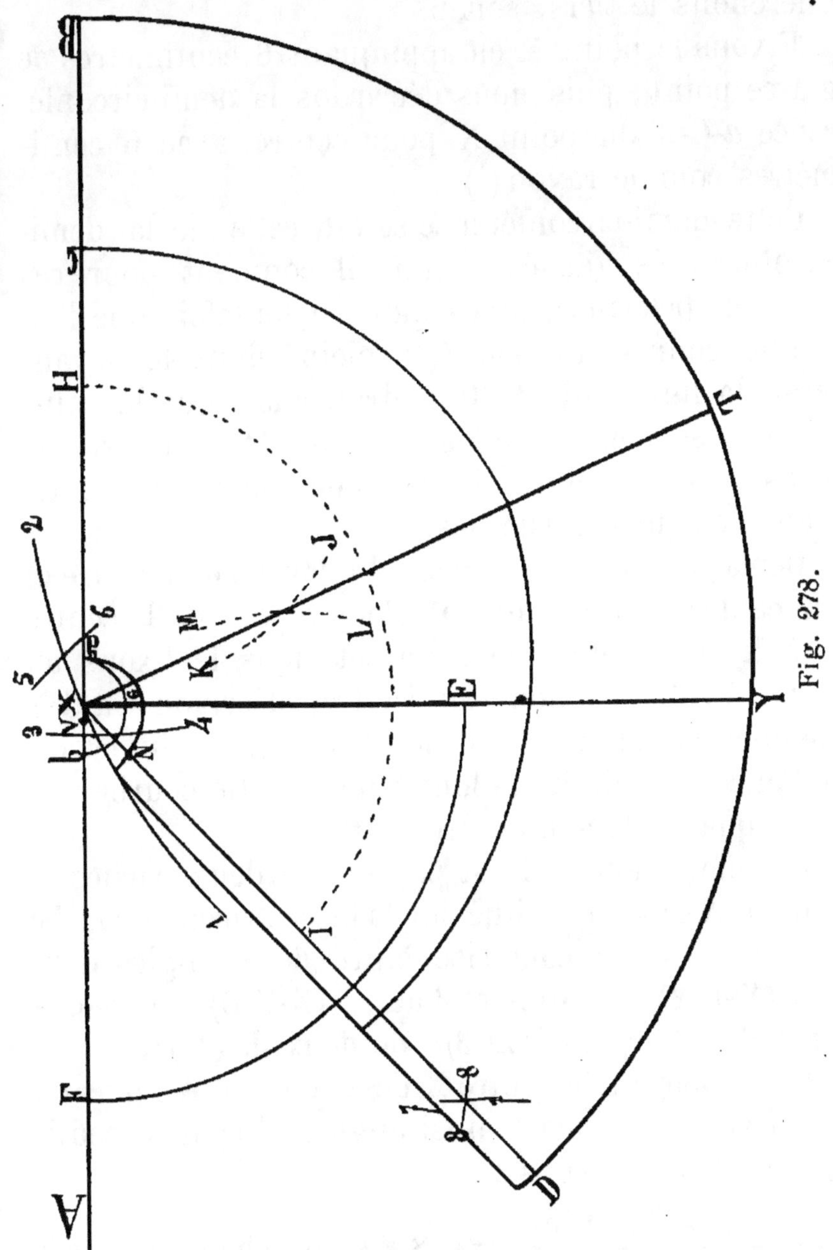

Fig. 278.

le tour entier, à la grosseur 42 à 44 de demi-grosseur sous les bras (femme moyenne).

Comme le manteau est tracé par moitié, nous prenons le chiffre 19 ; nous en retirons 1, reste 18. Cherchons le tiers, soit 6.

Fixons le point X en appliquant 6 centimètres de *a* à ce point ; puis nous décrirons la demi-circonférence *a-G-b* du point X pour centre, avec 6 centimètres comme rayon ([1]).

Cette demi-circonférence serait celle de la demi-encolure très ajustée comme il convient pour ces sortes de pèlerines, à la condition toutefois que l'on veuille couper un manteau plein, dont le devant serait la ligne *b-F-A*. Il faudrait aussi que le point de la base d'encolure du devant fût situé, sur le corps, sur une même horizontale que le point *a* de nuque, ce qui n'existe pas.

Déplaçons alors la courbe du devant d'encolure et son centre conséquemment. Nous reportons le centre X à 2 centimètres en avant et nous le fixons au point V. De ce nouveau centre, décrivons *a-G-N* (demi-circonférence), dont le point N (base du devant de l'encolure) limite la longueur de cette courbe aux trois quarts de son chiffre.

En effet, l'angle X est partagé en deux parties et le point N se trouve situé sur la bissectrice. La courbe *a-G-N* est donc comprise entre deux angles dont l'un (X-B-Y) est droit et l'autre (X-Y-D) est seulement de 45 degrés (soit 3/4 de deux droits).

En déplaçant le centre X de 2 centimètres plus en avant sur V, le rayon ainsi augmenté égale 8 centimètres et nous avons :

$$\frac{8 \times 3,14 \times 135°}{180} = 18,84, \text{ ou bien encore :}$$

1. Il vaut mieux diminuer un peu le chiffre ainsi obtenu que de l'augmenter.

$$\frac{8 \times 3,14 \times 3}{4} = 18,84.$$ C'est-à-dire que le rayon 8 doit être multiplié par 3,14 (rapport de la circonférence au diamètre) ou par $\frac{22}{7}$ puis ce produit multiplié par 135 degrés ou les 3/4 de la demi-circonférence (180) exprimée en degrés. Ce qui revient à dire qu'il faut multiplier le rayon par 314, puis le produit par 3 et diviser par 4.

L'encolure porte donc un peu moins que 19 de demi-tour, mais cette *moins-value est nécessaire.* Pour que la pèlerine tuyaute mieux, on tend un peu au fer sur cette encolure qui regagne ainsi sa longueur.

Pour fixer N-D (milieu du corps devant), on partage l'angle X-A-Y(¹) en deux parties.

Avec un rayon pris à volonté du centre **X** on décrit ensuite l'arc F-E; *du point* E, *avec même rayon, l'arc* 7-7; du point F encore, avec même rayon, l'arc 8-8. Puis on fait passer la ligne D-N par cette intersection et le sommet **X** de l'angle.

Divisez en deux parties égales l'angle du manteau X–D-B.

Avec un rayon pris à volonté (soit **X-H**) décrivez l'arc **I-H**; avec le *même rayon et du point* I, l'arc L–M, puis du point **H**, toujours avec le même rayon l'arc J-K. Faites passer **T** par l'intersection de ces deux arcs et par le centre **X**. Cette ligne est celle du milieu du manteau (*milieu sur l'épaule*).

Pour arrondir le bas, décrivez l'arc 1-2 du point **T** pour centre et avec T-X pour rayon.

Avec cette même longueur T-X et du centre **B**

____

1. **X-Y** est d'équerre sur **A-B**.

pris à la limite de longueur du dos, décrivez l'arc 3-4. Son intersection avec le premier arc sera le centre duquel vous partirez pour arrondir le bas de dos (B à T) avec le même rayon X–T.

On arrondira le bas de devant en portant depuis le point *a*, après avoir contourné l'encolure G, jusqu'au bas D, la longueur du dos augmentée de 13 centimètres (pour une personne d'une tenue régulière).

De ce point D et avec un rayon égal à T-X décrivez l'arc 5-6. Le point où il coupera le premier arc 1-2 vous donnera le centre duquel vous partirez pour arrondir du point T au point D avec le rayon T-X.

Laissez en avant de N-D la croisure nécessaire à la forme.

Un collet-pèlerine de 65 de longueur de dos et de cette coupe nécessite 1^m35 de tissu de 72 de largeur (double).

Le manteau sur 110 de longueur de dos emploierait 2^m05 de tissu. Une largeur de 120 (tissu ouvert) suffirait mais, aux manteaux de ce genre, la largeur du tissu force à pratiquer une couture au milieu du dos.

Collet-pèlerine à grande ampleur (*fig.* 279).

La coupe de ce collet est celle du manteau plein ». Un double collet de même ampleur lui est ajouté.

La figure 280 nous montre un collet du même genre, mais avec un double collet plus court et de moindre ampleur.

La coupe du collet principal de ces deux figures

nous est fournie par le tracé 281. Quant au volant
ou double collet de la figure 280, la coupe peut en
être obtenue au moyen du tracé 282.

Fig. 279.

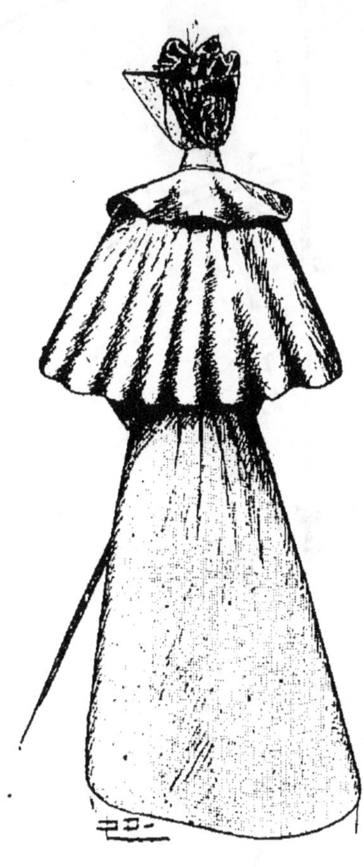

Fig. 280.

Ce tracé, fait à l'aide du corsage est en traits
pleins pour les volants qui sont présentés sous deux
ampleurs différentes.

L'ampleur est augmentée ou réduite en éloignant
ou en rapprochant les pointes d'épaulette du côté de
l'emmanchure, ainsi que le tracé le démontre bien
clairement (voyez les corsages en pointillés).

Comme cette ampleur varie indéfiniment, il n'y a
pas lieu de donner de chiffres pour les écarts à

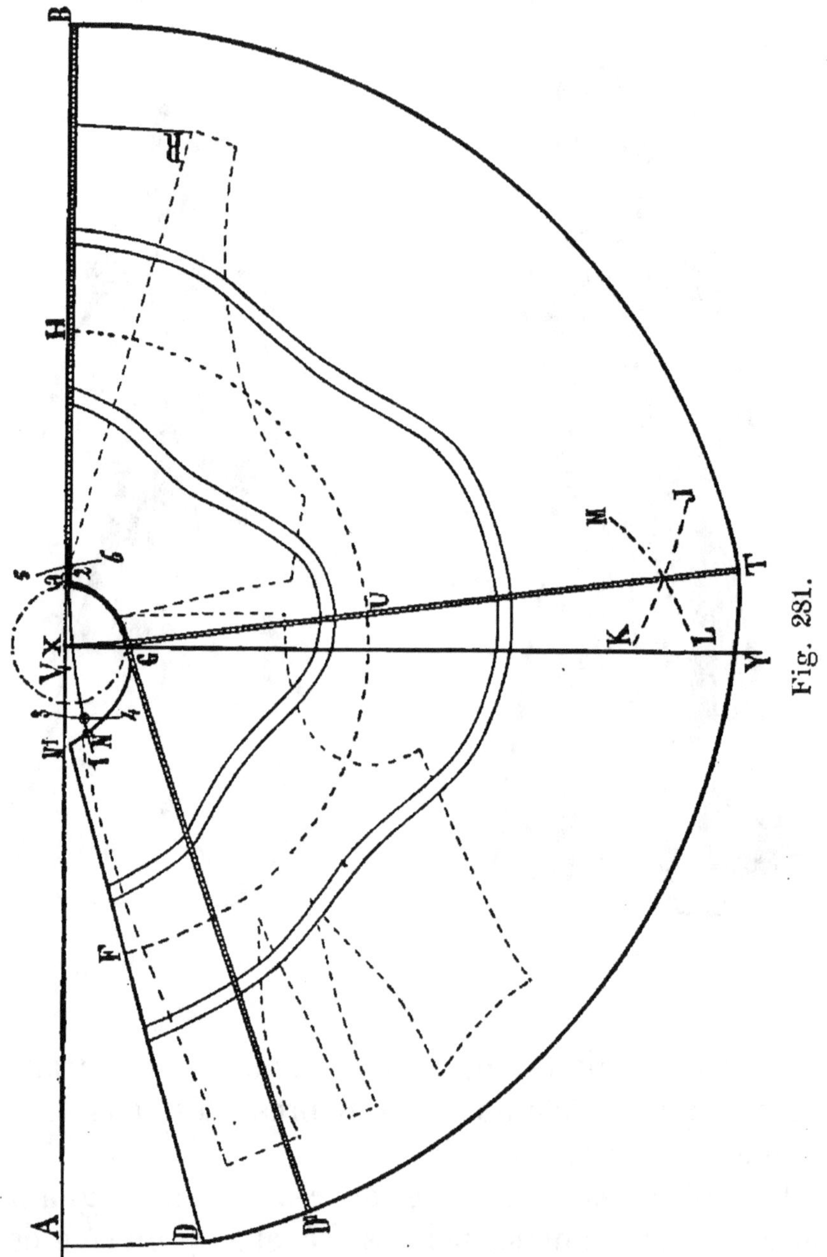

ménager entre les patrons (dos et devant) du corsage
modèle. Nous dirons seulement que, le volant doit-il

plisser à l'encolure, il faut éloigner les points m et **M**. Si au contraire la partie près de l'encolure est lisse

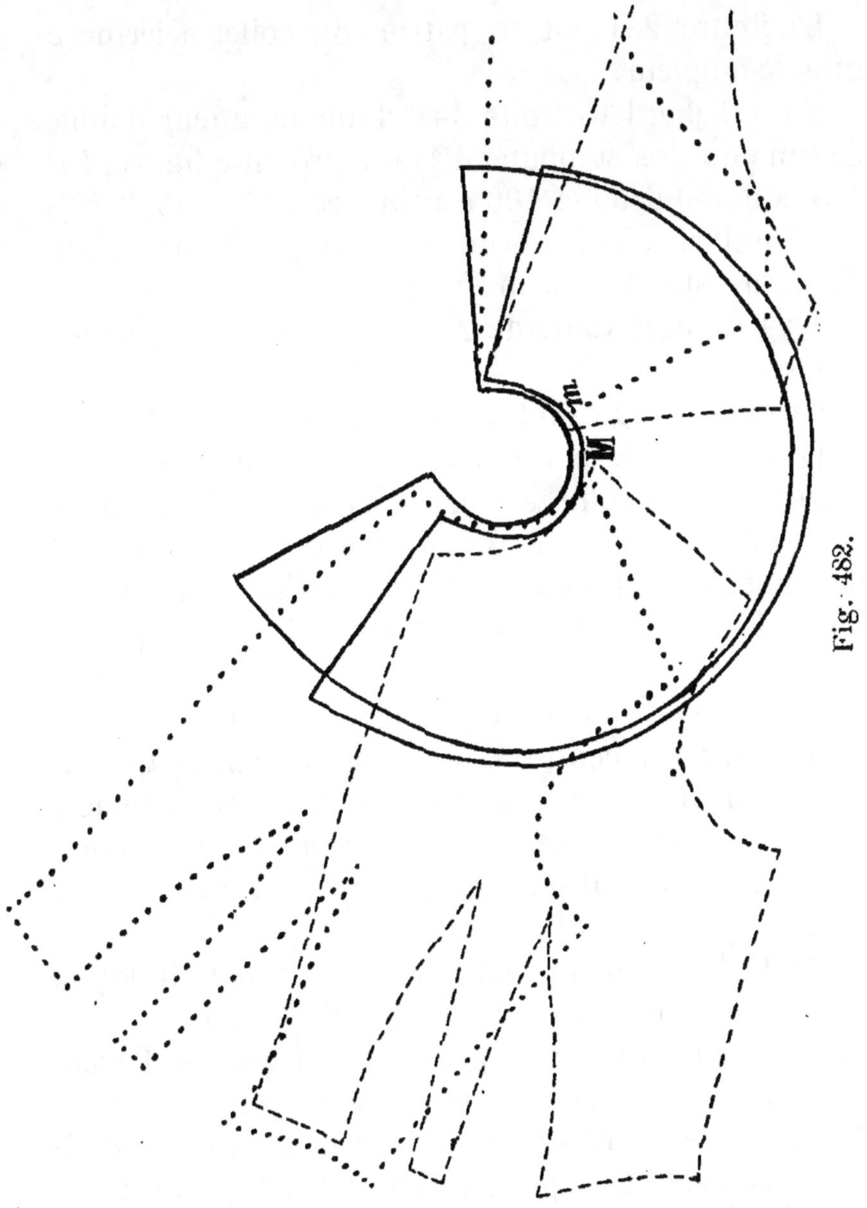

Fig. 482.

il est urgent de rapprocher et même de faire recroiser les points m et **M**, de façon à réduire un peu l'encolure. Il y a toujours lieu de redresser les brisures produites à l'endroit où se rencontrent les points *m* et M.

La figure 281 est le patron du collet-pèlerine à grande ampleur.

Tirez d'abord la droite A–B d'une longueur double de celle du dos et ajoutez 12 (à la présente figure, 47) A-B comprend donc 106 centimètres (47+47+12).

Au milieu, placez le centre X, duquel vous tirerez d'équerre sur A-B la droite X-Y.

Au bas du devant, de A à D abattez 10 à 12 centimètres.

Partagez l'angle X-B-D en deux parties égales.

Pour cela, du point X comme centre et avec un rayon choisi à volonté décrivez l'arc F-U-H. A partir du point H et avec un rayon plus grand que X-H et de longueur quelconque, décrivez l'arc J-K et, du point F avec même rayon, l'arc L-M. Faites passer la droite T-X par l'intersection de ces arcs et par le centre. Cette droite devient le milieu du patron.

A partir du centre X et avec 5 centimètres de rayon, tracez la circonférence d'encolure. Déplacez le centre X de 2 centimètres en avant, sur le point V, et avec 5 centimètres de rayon décrivez l'arc G-N.

Ce déplacement de centre élève la valeur du rayon à 6 centimètres au lieu de 5, ce qui nous donne près de 19 centimètres pour la demi-courbe d'encolure; réduisez 2 centimètres environ en dedans de la ligne A-B et fixez N sur la courbe d'encolure *a*-G-N; puis tracez la ligne du devant D-N[1] (il n'y a pas lieu d'ajouter de croisure).

Pour arrondir le bas, marquez d'abord trois points de longueur au dos, au côté et au devant.

Dans notre tracé nous avons : 47 centimètres de a à B, longueur du dos ; $47+7 = 54$ de G à T ou longueur du côté et 60 de a à G et à D', longueur du devant.

A partir du point T avec la longueur T-a pour rayon, formez l'arc 2-a-N-1.

Le même rayon, à partir du point B, servira pour décrire l'arc 3-4. Son intersection avec l'arc 1-2 détermine le centre de l'arc B-T, avec le rayon X-T. Avec un rayon de valeur identique et du point D décrivez l'arc 5-6. Le point où il coupera l'arc 1-2 sera le centre duquel vous partirez pour arrondir le bas du devant T-D. En résumé tous ces arcs sont décrits avec un même rayon et raccordés à partir de centres différents.

Nous avons tracé en pointillés le dos et le devant d'un corsage type pour montrer ses relations et ses rapports avec le collet à grande ampleur. Il y a 10 centimètres d'écart entre le point R et la ligne a-B et 3 centimètres entre les sommets d'épaulette à l'emmanchure et aussi 3 centimètres entre le bas du devant type et la ligne du devant de la pèlerine.

Le passage de deux appliques faites d'un même drap et festonnées capricieusement est indiqué par deux courbes parallèles (modèle de 1895).

Ce vêtement emploie $1^m,05$ à $1^m,06$ de tissu.

Une largeur de 120 (ouverte) suffirait pour le faire sans couture au milieu du dos.

Double collet de velours faisant grands revers (*fig.* 283).

Sa coupe est celle de la figure 281, mais nous la

reproduisons figure 284 pour donner le genre du revers.

La longueur du premier collet est de 30 centimètres et celle du second 50.

Fig. 283.

La robe est de soie, de forme plate et sans draperies.

Le collet se fait aussi en peluche de soie (¹).

1. *Avis essentiel.* — Lorsqu'on coupe sur une peluche, il faut toujours que les patrons soient posés de façon à ce que le poil descendant du tissu aille vers la tête de la personne; en d'autres termes, il faut couper à contre-poil tous les tissus qui sont

La coupe de ce patron (*fig.* 284) ne permet pas

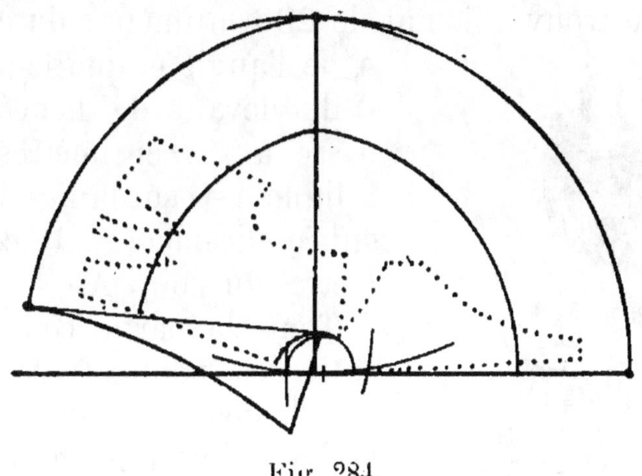

Fig. 284.

une semblable disposition sans faire une couture à l'épaule, tout le long du côté du vêtement.

Collet en deux parties rejointes horizontalement (*fig.* 285).

Ce collet a, comme coupe, quelque ressemblance avec celui de la figure 273. Comme ce dernier il est rejoint horizontalement; sa partie inférieure est fixée sur un empiècement de doublure.

Celui que nous avons tracé figure 286 est composé d'une sorte de trapèze circulaire a-B–N^1-D et d'un volant d'une ampleur plus grande que celle du dessin de la figure 285 ([1]).

Les deux pièces sont obtenues au moyen du cor-

susceptibles de paraître blanchâtres quand on les brosse dans le sens.

[1]. Nous l'avons exagérée pour le mieux détacher du collet principal.

sage type placé de telle sorte que le point X de nuque se trouve distant de 25 centimètres du point A de l'angle et que le point O du devant de l'encolure passe à 4 centimètres de la ligne A-D sur la ligne O-N située elle-même à 18 centimètres du point A.

Fig. 285.

Toute la partie comprise entre les points Y–X–V–*m* pour le dos et M-L-O-U pour le devant est remplacée par une surface égale fournie par la doublure ou carcasse intérieure. La courbe *a*–E–N¹ est fixée sur cette toile intérieure aux points correspondants à la ligne *a*-E¹-N¹ du volant et placée sous ce dernier.

Le point R de cambrure est posé à 10 centimètres de *a*-B. Si la partie inférieure devait être faite plus étroite, il faudrait rapprocher le point R de la ligne, puis tourner le devant du corsage de façon à éloigner les points N-N¹ de l'angle A et à reculer vers l'intérieur de la ligne A-C le point D et tout le devant.

Une chose plus simple encore serait de pratiquer deux plis au patron (S-T et J-K) et s'il fallait donner plus d'ampleur, pratiquer au contraire une entaille dans ces parages de façon à augmenter l'ampleur à volonté. Plus on fera d'entailles et plus la courbe de

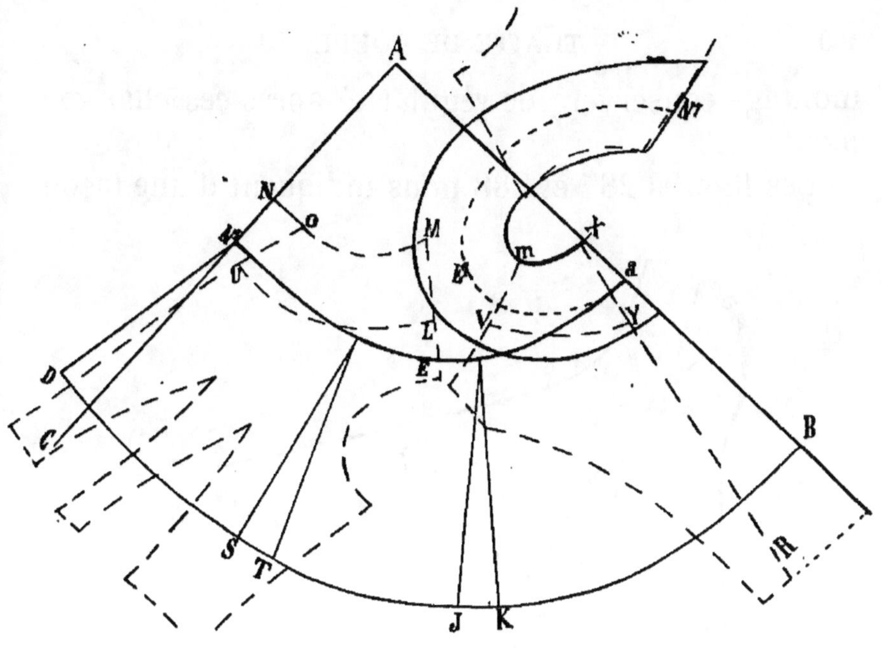

Fig. 286.

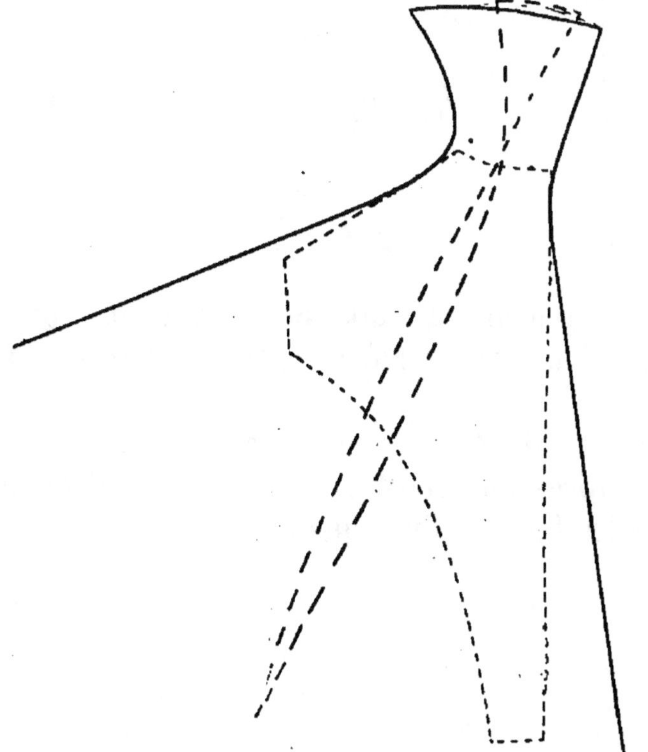

Fig. 287.

montage conservera de régularité après ces changements.

Les figures 287 et 288 nous indiquent d'une façon

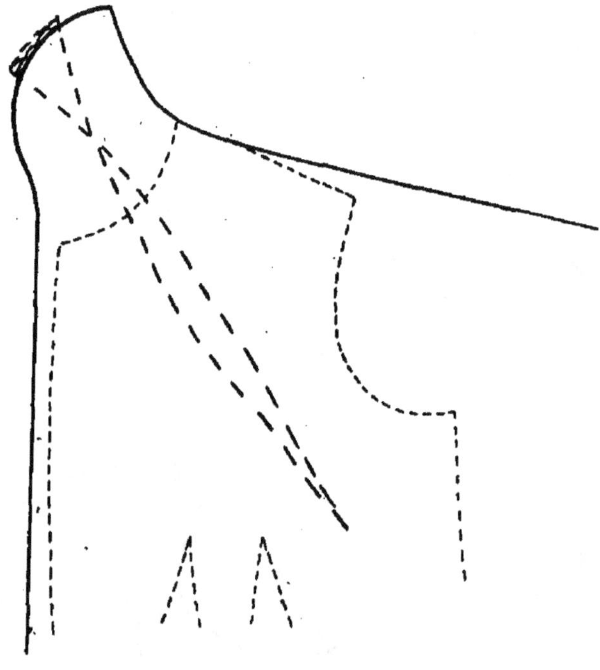

Fig. 288.

générale la forme du dos et du devant d'un collet
avec col haut genre Médicis, sans séparation à l'encolure.

Ce genre de col est aussi fait en plusieurs surfaces coupées en creux et évasées à l'endroit du col
comme les figures l'indiquent.

XV

VÊTEMENTS D'ENFANTS DES DEUX SEXES

Nous avons précédemment traité des corsages pour diverses grosseurs et, parmi les patrons donnés, se trouvent ceux de fillettes. Maintenant nous allons parler de corsages de petits garçons dont nous exposons deux spécimens : l'un pour l'âge de 4 ans, l'autre pour 8 ans.

Corsage pour garçons.

GARÇONS DE 4 ANS (*fig.* 289).

Les mesures sont :

1° Longueur de la taille (face au creux des hanches et sans allongement) 22

2° Demi-largeur de carrure et longueur de manche 11-44

3° Pente d'épaules (ou montant d'épaules). 12 1/2

4° Demi-largeur de poitrine 12

5° Demi-grosseur du haut du corps (sous les bras 26

6° Demi-grosseur de ceinture 26

7° Longueur du devant (mesurée de la
nuque à la hanche). 31

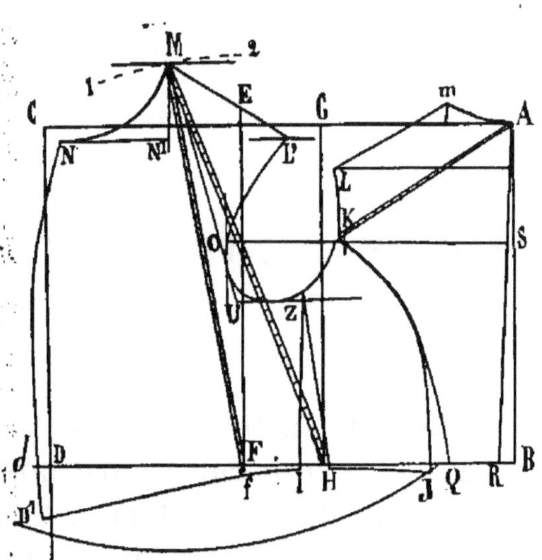

Fig. 289.

Afin d'aider à faire les patrons de garçons pour
tous les âges, nous donnons page 463, un tableau de
mesures correspondant aux âges de 4 à 14 ans inclus.

Les corsages dont nous allons expliquer le tracé
ne sont utiles que pour faire des tuniques de collège ;
toutefois ils servent à composer les autres vêtements
où ils y sont contenus.

Construisez le rectangle A-B-C-D en appliquant de
A à B la longueur de la taille 22 et de A à C comme
de B à D la demi-grosseur, 26 augmentés de 6 1/2
à 7 centimètres, soit 33.

Divisez-le en deux autres rectangles de chacun
13 centimètres, soit A-G-B-H et E-C-F-D.

Du point A au point *m*, marquez le 1/3 de la largeur A-G, soit 4 1/3. Élevez de 1 centimètre au-

Tableau des mesures par âge, pour vestes, blouses, pardessus et ulsters de petits garçons.

AGES	Longueur de la taille. (2)	Longueur totale du dos des vestons. (3)	Longueur totale du dos des blouses. (4)	Longueur du dos des pardessus. (5)	Longueur du dos des ulsters. (6)	Longueur du dos des pèlerines de ulsters. (7)	Carrure et manche. (8)	Pente ou abatage d'épaules. (9)	Demi-largeur de poitrine. (10)	Demi-grosseur du haut du corps. (11)	Demi-grosseur de ceinture. (12)	Longueur de la nuque à la hanche. (13)	Demi-grosseur du bassin. (14)	Demi-tour d'encolure. (15)	Tour d'emmanchure. (16)
4 ans......	22	36	45	61	65	41	11-44	12 ½	12	26	26	31	28	14	27
5 ans......	24	38	47	63	68	43	12-48	13	12 ½	27	27	33	29	14 ½	27 ½
6 ans......	26	41	50	66	72	45	12 ½-51	13 ½	13	28	28	36	30	15	28
7 ans......	28	43	53	70	76	46	13-53	14	13 ¼	29	28	37 ½	31	15 ½	28 ½
8 ans......	29	45	56	74	80	47	13 ½-56	15	14	30	29	38 ½	32	16	29
9 ans......	30	48	58	76	84	49	14-58	15 ½	14 ½	31	30	39	33	16 ¼	30
10 ans......	32	52	60	78	88	51	14 ½-60	16	15	32	31	41	34	16 ½	31
11 ans......	34	55		80	93	53	14 ¾-61	16 ½	15 ½	33	32	43	35	17	32
12 ans......	35 ½	57		82	98	55	15-63	17	16	34	32	44 ½	36	17	33
13 ans......	36	59		85	103	57	15 ½-66	17 ½	16 ½	35	32	45	37	17 ½	33 ½
14 ans......	37	61		89	108	59	15 ¾-69	18	16 ¾	36	33	46 ½	38	18	34

dessus de la ligne horizontale A-G et arrondissez l'encolure du dos de A à *m*.

Du point B au point R, rentrez 1 centimètre et tirez la droite oblique A-R.

Pour fixer la position de la ligne de carrure S-K, retranchez 3 centimètres de la longueur de taille 22, il reste 19. Cherchez alors le 1/3 de 19 ; soit 6 1/3 que vous appliquez de A à S. Tirez d'équerre sur A-B l'horizontale S-K et à partir de la ligne oblique A-R ; appliquez la mesure de largeur de carrure au point K.

Augmentez cette mesure de 1/2 centimètre en dehors de K.

Partagez la distance S-A en deux parties égales ou inégales à volonté suivant que vous ferez la petite carrure K-L plus ou moins large.

Au bas de dos, marquez 3 ou 4 centimètres de largeur entre les points R et Q, puis dessinez tout le dos comme au tracé 289.

Pour trouver le devant et le côté, cherchons d'abord la position exacte du point d'encolure M.

Descendez le point *f* à 3/4 de centimètre au-dessous de F et placez sur *f* le chiffre 4 1/3 fourni par l'encolure du dos ; puis, avec la craie placée sur le centimètre au chiffre 31 de la longueur du devant, décrivez l'arc 1-M-2.

Mesurez ensuite la distance existant entre les points S et K ; doublez-en le chiffre et portez-le depuis A jusqu'à N¹ sur l'horizontale A-C.

La distance S-K doit être mesurée avec le point S pris sur la ligne A-B.

Élevez perpendiculairement, au-dessus et au dessous de l'horizontale A-C, la petite ligne N¹-M. Sa rencontre avec l'arc 1-2 au point M sera le point d'avancement d'encolure.

Au-dessous de ce point, nous ferons l'abatage d'épaule ([1]) et fixerons la profondeur d'encolure, puis celle de l'emmanchure.

Au-dessous de A nous mesurons la distance qui existe entre ce point et la ligne L d'abatage de dos; puis nous portons le chiffre trouvé sur le point M et, quand nous sommes au point (6 1/2), nous traçons la ligne L' d'abatage du devant.

Si le dos est plus abattu, le devant l'est moins; le tour d'emmanchure reste le même.

Mesurez la longueur comprise entre m et L du dos et portez cette longueur diminuée de 3/4 de centimètre du point M au point L' du devant.

Portez 4 1/3 de la largeur de l'encolure du dos sur le point M et descendez à 1/3 de la grosseur, soit 8 2/3 où vous fixerez au-dessous le point et la ligne N-N[1] (profondeur ou hauteur d'encolure).

Pour plus de simplicité, portez au-dessous du point M la même distance que de m à A de l'encolure du dos; le résultat sera le même.

Le point d'avancement N (devant d'encolure) sera fixé en portant depuis le point N[1] le chiffre 6 1/2, quart de la demi-grosseur ou moitié du rectangle E-C.

Pour fixer la profondeur d'emmanchure, mesurez la ligne oblique A-K du dos et reportez son chiffre augmenté de 1 1/2 de M à U ou, — opération plus simple — fixez la ligne Z-U en partageant la longueur de taille en deux parties égales.

Arrondissez l'encolure et l'emmanchure en faisant passer la ligne d'évidage O du devant de cette der-

---

1. L'abatage d'épaules vaut le 1/4 de la demi-grosseur.

nière à 19 1/2 de distance du point S du milieu du dos (le point S pris sur la ligne de coupe A-R), soit les 2/3 plus 2 centimètres environ de la demi-grosseur).

On peut aussi trouver le point O en tendant le centimètre ou la règle du point M au point H et en creusant de 1 centimètre en avant de cette ligne.

Pour les points de ceinture, retirez 1 centimètre entre Q et J, 1 1/2 entre I et H; puis sortez 1 centimètre en avant de la ligne de construction du devant sur le point *d*.

Le rectangle a une largeur de 33 centimètres + 1 sorti en avant = 34 centimètres.

Moins 1 entre R-B; 1 entre J-Q; 1 1/2 entre I-H; soit : $1 + 1 + 1,5 = 3,5$ centimètres. Retirons 3,5 ou 3 1/2 de 34, il nous reste 30 1/2 pour la ceinture (26 + 4 1/2), chiffre nécessaire aux coutures et à l'aisance.

La longueur du devant s'obtiendra en mesurant en ligne droite la distance comprise entre le point M et le bas du petit côté J, puis en reportant cette longueur sur le devant. Le point limite D' du bas du devant est situé à 2 centimètres au-dessus de l'arc en ce point.

GARÇONS DE 8 ANS (fig. 290).

Le tracé pour 8 ans est exécuté de la même manière; les mesures seules sont changées.

Nous ajouterons que la ligne S-K peut être obtenue par l'application de la mesure de pente d'épaules A-K-G et par celle de la carrure posée sur cet arc à partir de la ligne de coupe A-R.

Dans le but de savoir si les épaules sont basses ou hautes et de combien on devra faire varier le chiffre de l'abatage en plus ou en moins, il faut chercher la hauteur de la ligne S-K, en retirant 3 centimètres de la longueur de taille, et partager le reste en trois parties; puis on marquera une partie ou 1/3 de A à S.

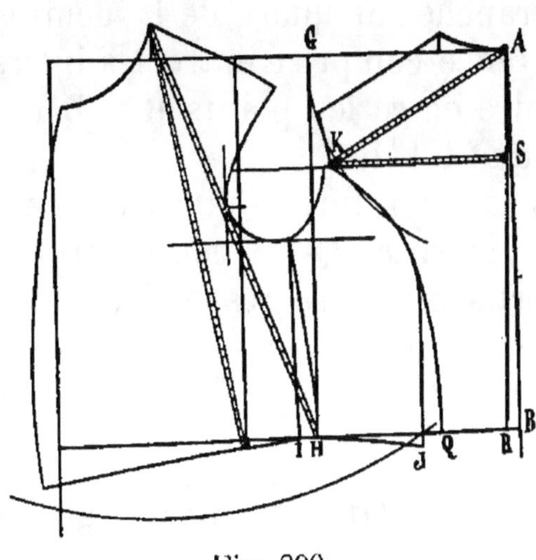

Fig. 290.

Si par l'application sur cette ligne de la mesure de carrure, on trouve l'intersection K au point de concours des deux mesures précédemment expliquées, l'abatage d'épaules devra être fait par le quart de la grosseur pour les deux pentes du dos et du devant additionnées. Dans notre plan, la grosseur principale, inscrite par moitié (comme toujours), chiffre 30. L'abatage sera de 7 1/2 et, si on ne veut pas calculer par quart, on aura seulement à prendre la moitié de la largeur A-G, ce qui revient au même.

Si l'intersection obtenue par l'application des deux mesures de pente et de carrure se faisait plus bas, par exemple de 1 centimètre, il faudrait baisser l'abatage du dos de 1 centimètre et celui du devant de 1 également ou bien baisser l'un des deux de 2 centimètres.

Si l'intersection se faisait plus haut, elle nécessiterait les changements opposés. La ligne Z de profondeur descend ou monte de pair avec l'intersection K. L'abatage d'épaules est plus fort si les épaules sont basses et inversement si elles sont hautes. On ajoute ou retranche au quart de la demi-grosseur, 2 fois la différence comprise entre les intersections.

L'écart à faire entre les points R et B ne doit pas être plus fort que 1 1/4.

Les points de ceinture sont les mêmes qu'au tracé 289. Il y a entre Q-J 1 centimètre, entre I-H 1 1/2 et 1 fort centimètre ressorti en avant de la ligne de construction du devant.

Blouse droite ordinaire pour garçons de 4 ans.

Tracé de la blouse (fig. 291).

Pour faire le patron de cette blouse sans l'aide du corsage, il faut tirer la droite A-B et d'équerre sur cette ligne, à partir du point A l'autre ligne A-C.

De A à B inscrivez la longueur de taille (22, et de A à T la longueur totale de la blouse (45, ou plus ou moins selon la forme).

De A à C portez 41 centimètres, soit la demi-grosseur (26 plus 7, comme nous avons ajouté pour le corsage du tracé 289); 26 + 7 = 33 auxquels 8 centimètres sont encore ajoutés afin que le dos et le devant de la blouse puissent être tracés sans recroisement dans leur partie inférieure.

Quand il s'agit du tracé d'un vêtement plus long ou de forme plus ample, on augmente ce supplément à volonté et, au lieu d'ajouter 8, on peut ajouter 10, 12, etc.

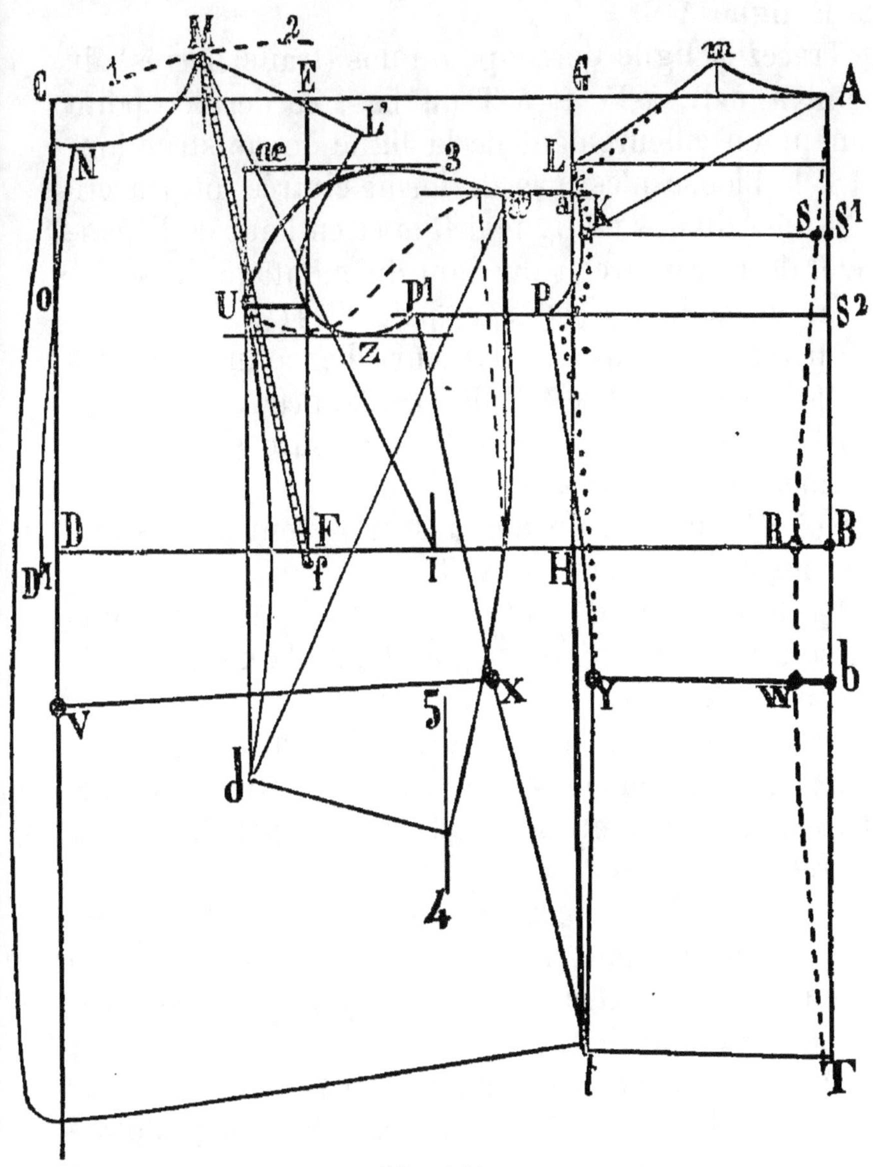

Fig. 291.

La largeur D-B est égale à A-C (41).

Séparez par deux autres rectangles A-G et E-F le premier rectangle tracé. Ces deux derniers ont chacun 13 centimètres de largeur (moitié de 26). Rentrez de 1 centimètre le point R de cambrure en dedans de la ligne A-B.

Tracez la ligne de coupe du dos (traits barrés) du point A à R, à W et à T du bas, ce dernier point venant en effleurement de la ligne de construction.

Si la blouse n'est pas de forme cintrée, on tracera le milieu du dos en ligne droite et en haut de l'épaulette, de la carrure et du haut du montage du sous-bras, on modifiera selon les pointillés (¹).

Cherchez ensuite la largeur d'encolure du dos (A-M), en prenant le 1/3 de la distance A-G.

Appliquez du point S à K la mesure de carrure, augmentée de 3/4 de centimètre.

Fixez la ligne L du dos à 3 ou 4 centimètres au-dessous de l'horizontale A-G.

La ligne P-S² du haut du montage du sous-bras passera à 1 centimètre *au-dessus* de la moitié de la longueur de taille.

Donnez au dos, à la hauteur de la taille (ligne B-H), une largeur de 11 centimètres entre les points R et H, soit 2 centimètres de moins que la largeur du rectangle A-G.

Au bas de T à *t*, mesurez 13 de largeur et dessinez tout le dos en portant le point P du montage du côté (en haut), à 1 centimètre plus avant de la ligne de construction G-H.

Pour le devant, préoccupez-vous d'abord de la situation du point M. Pour cela, descendez de 3/4 de centimètre le point *f* au-dessous de F. Portez sur ce point *f* le chiffre de largeur de l'encolure du dos

---

1. Il y aura lieu de baisser de 1 centimètre le point supérieur de montage du côté de dos et de réduire d'autant la hauteur de l'épaulette et la partie inférieure de la largeur de carrure.

A-*m* et venez, avec la craie posée sur le chiffre de la longueur du devant, décrire l'arc 1-M-2.

Mesurez la distance comprise entre les points S[1] et K ([1]), doublez ce chiffre et ajoutez 8 centimètres ; puis portez le total du point A au point M (ou plutôt au-dessous de M sur la ligne horizontale). Là où la perpendiculaire élevée sur la ligne C-E rencontre l'arc, vous aurez le point M, au-dessous duquel vous ferez l'abatage d'épaules, la profondeur d'emman-chure et d'encolure, comme il est indiqué à la figure 289 (corsage pour 4 ans).

Le point P[1] du haut du montage de côté du devant s'obtient en prolongeant la ligne du dos P-S[2] et en retirant entre P (montage du dos) et P[1] (montage du devant), les 8 centimètres que nous avons ajoutés en premier lieu au rectangle, pour les utiliser aux parties inférieures de cette blouse.

A cet endroit, sa largeur restera de 33 centimètres (soit la mesure, plus 7 centimètres) ; mais, si on la voulait plus ajustée, il faudrait retirer 9 centimètres au lieu de 8, entre P et P[1].

Au bassin, mesurez à 7 centimètres au-dessous de la taille la largeur Y-W fournie par le dos ; puis reportez cette mesure sur le point V de la ligne de construction, et non pas sous le point plus avancé situé au-dessous de D[1] du ventre ; venez fixer le point X du côté de devant par le chiffre de la mesure de bassin, augmenté de 6 centimètres (au moins), à 7 centimètres. Si on fait la blouse plus ajustée du haut, 6 centimètres suffiront très bien à l'endroit du bassin (ici, 34 pour la totalité de largeur entre les points W-Y et X à V).

1. La largeur entière depuis la ligne de construction S[1] jus-qu'à la limite de carrure ; coutures (3/4) comprises.

Pour arrondir le bas, portez depuis le point M jusqu'au bas du devant la longueur du dos augmentée de 10 ou 11 centimètres, même plus s'il est nécessaire pour la tenue de l'enfant.

En dehors du milieu du corps N-O-D[1], laissez la croisure appropriée à la forme de la blouse.

Si la blouse est de forme droite, sans couture au milieu du dos, la distance W-*b* sera réservée en plus au bassin.

Tracé de la manche pour vêtements de petits garçons.

Ce tracé diffère un peu de celui de la manche féminine; d'abord elle est moins coudée.

Nous le figurons au cliché 291. Quoique cette manche soit construite sur la blouse elle-même, il n'est pas difficile de la tracer sur une feuille de papier à part, au moyen des principes que nous allons démontrer ou de la relever à la roulette sur le patron de la blouse.

Commencez par marquer sur l'emmanchure le point de montage de saignée U, à 1 1/2 au-dessus de la ligne de profondeur Z ; puis mesurez le tour entier de l'emmanchure du devant et du dos.

Ce chiffre connu, prenez-en la moitié et contournez autour de l'emmanchure (partie du dessous et à partir du point de saignée U) ; venez fixer le point *a* du talon par la moitié de ce chiffre.

Mesurez de *a* à L et de L' à U comme contrôle. Si l'autre moitié s'y trouve, c'est que le point *a* partage bien en deux parties égales le tour de l'emmanchure.

Tracez la ligne droite *ae*-U-*d* parallèlement aux lignes du rectangle et à une distance de l'emmanchure prise à volonté.

Du point de saignée U, élevez un quart un peu fort

de la grosseur principale pour laquelle vous coupez.

A ce tracé il y a 7 de U à *ae*. Du point *ae*, et d'équerre sur U–*d*, tirez la ligne de tête de manche *ae*-3.

Et du point de talon *a*, tirez d'équerre sur n'importe quelle verticale du rectangle la ligne *a-a'*.

Donnez en haut de la manche une largeur égale à la moitié du tour de l'emmanchure (ici 13 centimètres), et ainsi jusqu'au coude.

Au bas, conduisez une petite ligne 4-5, parallèle à la ligne U-*d* et distante de 10 centimètres de cette dernière.

Tracez la courbe du dessus de manche et celle du dessous comme la figure 291 l'indique. Le haut du dessous de manche rentre de 1 1/2 en dedans de la ligne du dessus.

Posez le chiffre de largeur de carrure au point *a'* et suivez le long du coude jusqu'au point de longueur où vous rencontrerez la ligne 4-5. Arrêtez le centimètre sur le point *a'* et faites tourner obliquement la longueur sur *d*.

Creusez la couture de saignée de 1 1/2 environ et renflez un peu au-dessus du coude, en haut vers le talon.

La hauteur du coude ne bouge que très rarement du milieu de la distance U-*d*.

Voici maintenant la nomenclature des mesures de largeur pour les bas de manches :

4 ans : 10 1/2, en coupant le patron (ce qui donne un peu moins de 10, la manche finie) ;

6 ans : 11 centimètres ;   8 ans : 11 1/2 ;

10 ans : 12   »   12 ans : 13 cent.

14 ans : 13 1/2.

Ulster pour garçon de 8 ans
(*fig.* 292 et 293) (¹).

Cet ulster est coupé exactement d'après les principes et la méthode détaillés précédemment pour le tracé de la blouse (*fig.* 291).

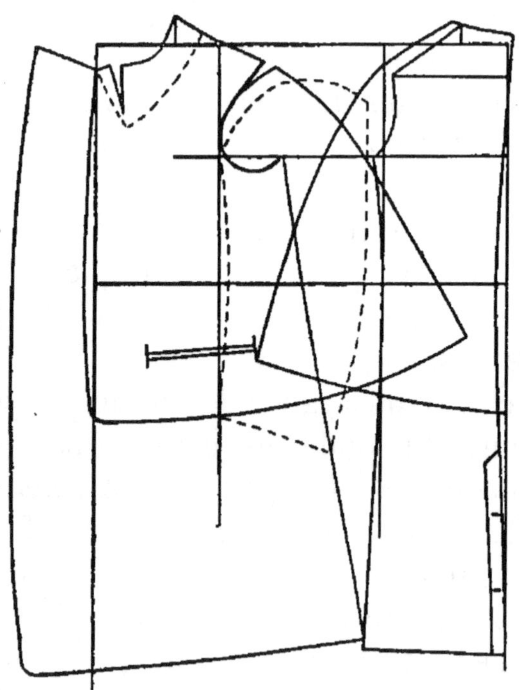

Fig. 292.

Cependant, il faut laisser : 1° 1 centimètre de plus de largeur au dos, tout le long de sa couture du milieu ; 2° plus de tête de dos (1 centimètre de plus) ; 3° 1 centimètre de plus de longueur à l'épaulette du devant (*fig.* 292).

1. Voir aussi notre *Traité pratique de coupe pour hommes et enfants.* Il contient plusieurs formes de vêtements d'enfants et leur disposition sur le tissu (Garnier frères, éditeurs).

En largeur, au devant, on desserrera de 2 centi-

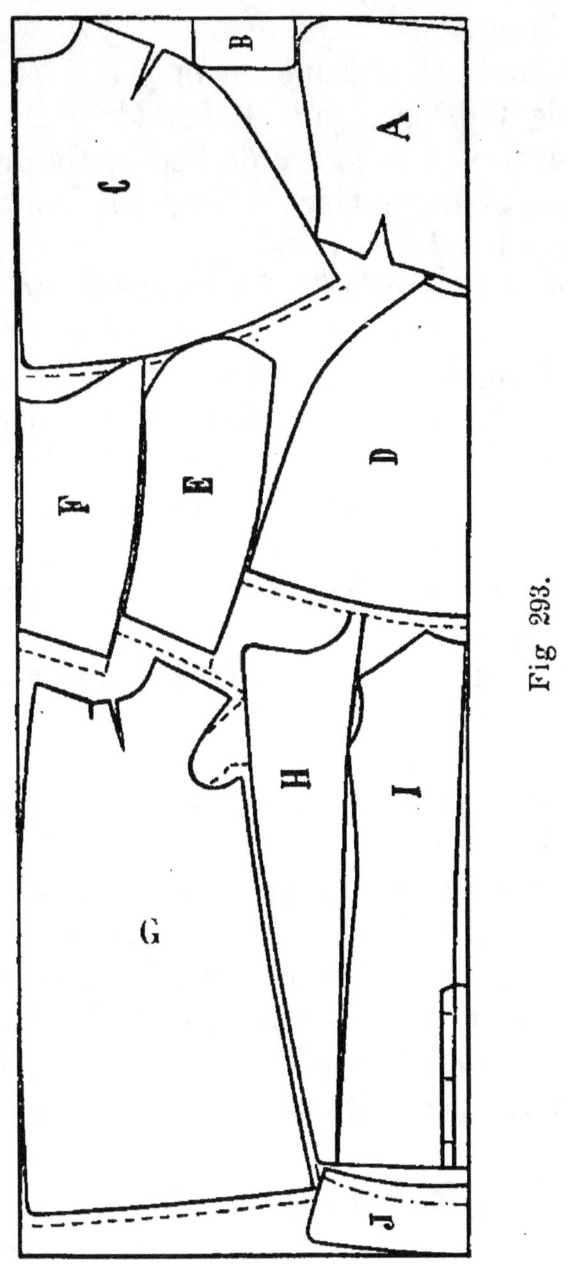

mètres tout le long de la couture des côtés ; le bassin,
mesuré à une hauteur de 7 centimètres au-dessous de

la taille, a une largeur de 43 centimètres (soit de 10 à 11 centimètres de plus que la mesure du bassin prise sur la culotte).

La pèlerine est obtenue au moyen du dos et du devant, de l'ulster même. Il faut donner un peu plus d'élévation à la partie de l'épaulette du dos de préférence et faire emboire un peu au montage pour mieux emboîter les épaules.

Le devant de la pèlerine forme une petite pince de 1 centimètre d'écart sur 6 ou 7 centimètres de longueur à l'endroit de la couture de la manche, au sommet du devant. Le côté de la pince qui tient à la pèlerine est de 1 ou 2 centimètres plus long que le côté qui tient au devant de l'épaulette ; on fera aussi emboire au montage.

La longueur de l'ulster est de 80 centimètres sur le milieu du dos.

La longueur du dos de la pèlerine a de 47 à 48 centimètres.

La largeur du bas de dos de la pèlerine s'étend de 32 à 33 centimètres ; celle du bas du devant, de 49 à 50 centimètres.

Le devant est de forme croisée, c'est-à-dire à deux rangs de boutons ; la croisure laissée en dehors du milieu du corps mesure 8 centimètres.

Ce vêtement, tracé sur un tissu de 70 centimètres de largeur (double), emploie de 1^m,85 à 1^m,90 avec le capuchon compris (*fig.* 293).

Désignation des patrons.

A est celui du capuchon ;
B, les pattes de poches ;
C, devants de la pèlerine ;

D, dos de la pèlerine ([1]) ;

E et F, dessus et dessous de manches ;

G, devants ;

H, garnitures des devants ;

I, dos de l'ulster ([2]) ;

J, dessus du collet (sans couture au milieu).

Si l'on supprimait la pèlerine, le paletot seul emploierait 1^m,30 de tissu (en 140), ou un autre de largeur à peu près égale.

La pèlerine seule, avec col et capuchon, réclame 85 à 90 centimètres d'un tissu de même largeur.

L'ulster complet, coupé pour un enfant de 4 ans, exige 1^m,30, en 70 centimètres de largeur *double*.

Gilets pour enfants.

GARÇONS DE 4 ANS (*fig.* 294).

La figure 294 nous aidera à couper ce patron. Les mesures pour garçon de 4 ans sont les suivantes :

Longueur totale du gilet (de la nuque au bas du devant)	41
Longueur du devant (de la nuque au creux de la hanche)	31 1/2
Demi-grosseur du haut du corps . .	26
Demi-grosseur de ceinture	26
Longueur de la taille de dos . .	22

1. Ce patron doit être placé, son milieu contre le pli du drap. Pas de couture au milieu de la pèlerine.

2. Le dos doit avoir une couture au milieu pour n'être pas forcé de rapporter la sous-patte au bas.

Tirez la droite A-B d'une longueur de 35 à 40 centimètres.

D'équerre sur A-B menez l'horizontale A-C (de
31 1/2 de largeur, c'est-à-dire la grosseur inscrite 26
plus 5 1/2).

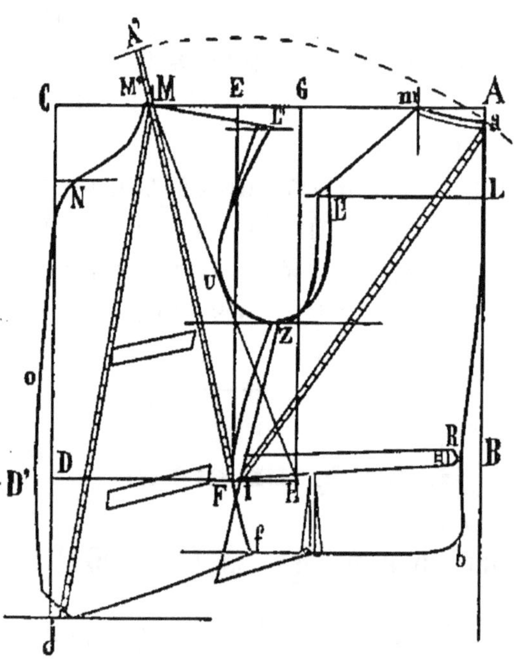

Fig. 294.

Divisez la distance comprise entre ces deux lignes
par deux parallèles, l'une H-G tirée à 13 centimètres
de distance de A-B, l'autre E-F tirée à 13 centimètres
de distance de A-C ; les 5 1/2 d'aisance (ou plus-
value ajoutée à la mesure) se trouvent entre ces parallèles.

Partagez en deux parties égales C-E et marquez en
cet endroit le point M.

Partagez A–G en trois parties ; soit 4 1/3 pour
l'une, que vous placerez sur *m* à partir du point A.
C'est la largeur d'encolure du dos (4 1/3).

Portez 4 1/3 sur le point M et obliquez en descendant vers F-E. Vous fixerez sur cette ligne le point F par le chiffre 31 1/2 (longueur du devant à la hanche).

Tirez d'équerre sur E-F ou sur C-D l'horizontale F-D.

Sortez 1 centimètre en avant de D, au point D'.

Du point M avec les 4 1/3 d'encolure du dos placés au-dessus, jusqu'au point A', fixez la longueur du devant sur *d* par la mesure 41 augmentée de 1 1/2 (soit 42 1/2).

Déterminez l'allongement du gilet, au-dessous de la hanche, en appliquant, de F à *f*, la moitié de la distance comprise entre D et *d*.

A partir du point G, mesurez 15 ou 16 centimètres pour la profondeur d'emmanchure Z.

Pour avoir la hauteur d'encolure, portez du point C au point N la même distance que de A à *m* de l'encolure du dos (soit 4 1/3).

L'abatage d'épaules vaut en totalité le quart de la grosseur inscrite (soit 6 1/2 pour le devant et le dos additionnés).

Abattez le devant au point L' (à 1 centimètre ou 1 1/2 au-dessous de l'horizontale E-G). Il nous reste donc 5 centimètres d'abatage à faire au dos, en abattant 1 1/2 au devant. Le point L' est placé au milieu entre les lignes E et G.

Retirez 1/2 centimètre entre F et I ; puis du point I au point *a*, portez la longueur du devant (31 — 1 = 30). Vous pourrez aussi décrire, du point F pour centre, l'arc A'-A, le point *a* sera situé à 1 fort centimètre au-dessous de l'arc en ce point.

Du point *a* au point L abaissez les 5 centimètres qui restent pour parfaire l'abatage d'épaules et tirez de ce point (d'équerre sur A-B) la ligne horizontale L-L¹.

Mesurez la longueur du montage du devant M-L′ et portez-en le chiffre (augmenté de 3/4 de centimètre) depuis le point *m* du dos, en obliquant sur la ligne L-L¹ où vous fixerez le point L¹.

Tableau des mesures, par âges et par tailles, pour gilets d'enfants.

AGES	Longueur totale du devant.	Longueur de la nuque à la hanche.	Demi-grosseur du haut du corps.	Demi-grosseur de ceinture.	Longueur de la taille du dos.
4 ans...........	41	31 ¹/₂	26	26	22
5 ans...........	42	33 ¹/₂	27	27	24
6 ans...........	44	36 ¹/₂	28	28	26
7 ans...........	46	37 ¹/₂	29	28	28
8 ans...........	48	38 ¹/₂	30	29	29
9 ans...........	49	39	31	30	30
10 ans......... .	50	41	32	31	32
11 ans...........	51	43	33	32	34
12 ans...........	52	44 ¹/₂	34	32	35 ¹/₂
13 ans...........	53	45	35	32	36
14 ans...........	55	46 ¹/₂	36	33	37

Tirez de H à M la ligne d'avancement d'emmanchure.

Rentrez 2 centimètres au point R de cambrure à partir du point B et allongez le dos à la hanche d'un peu plus que le devant E-*f*.

De *a* à B marquez le milieu des tirants et, du côté de la hanche, placez-les avec toute leur largeur audessus de la taille (au-dessus du point I). Au milieu du dos les tirants sont placés avec la moitié de leur largeur de chaque côté du point R de taille.

Comme les gilets d'enfants sont habituellement
sans col, il est bon d'ajouter de quoi remplacer à l'encolure ce qu'un pied de col fournirait. Ressortez
1 centimètre en avant de M sur M', et autant au-dessus de *a* autour de l'encolure du dos.

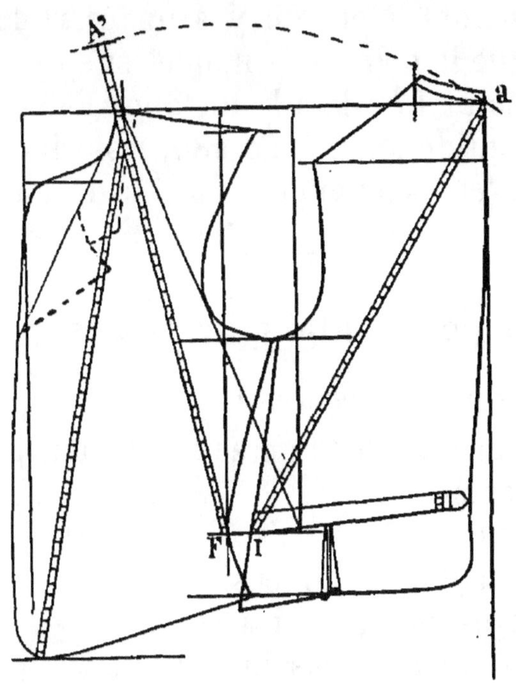

Fig. 295.

Retirez 1/2 centimètre entre le devant et le dos au
point Z, puis tracez tous les contours comme la
figure l'indique.

Disposez au dos, à 4 ou 5 centimètres en arrière
de la hanche un soufflet de 2 ou 3 centimètres au
bas, soufflet qui finira à zéro sous les tirants.

Le haut des pattes des poches est placé à 7 centimètres de distance du bas du gilet et l'entrée a 7
ou 8 centimètres d'ouverture.

GARÇONS DE 8 ANS (*fig*. 295).

Le gilet d'un enfant de 8 ans ne subit que fort peu de modifications avec le précédent. Somme toute, on se sert des mesures de 8 ans appliquées avec les mêmes principes. La différence consiste en ce que, entre les points F et I, il y a un écart de 2 centimètres et que le point *a* de nuque est situé à une distance du point I égale à la distance F-A'.

Nous mentionnons, page 480, les principales mesures de gilets pour enfants de 4 à 14 ans (inclus).

Culotte pour enfant de 4 ans (*fig*. 296).

Description des mesures :

Longueur du côté (du creux de la hanche au genou).	31
Longueur totale au bas de la culotte. .	38
Longueur d'entre-jambes.	22
Demi-grosseur de ceinture.	26
Demi-grosseur de bassin.	28
Demi-grosseur de cuisse (mesurée du côté faible et au plus haut) au ras de la fourche.	18
Mesure du bas fini (chiffre variable suivant la forme).	28

A la page 483, on trouvera un tableau des mesures pour culottes ou pantalons d'enfants de 4 à 14 ans (inclus).

Pour la forme de culotte que nous allons étudier, le patron peut être coupé à 30 centimètres du bas pour l'âge de 4 ans et graduellement jusqu'à l'âge

Tableau des mesures, par âge et par taille, pour pantalons et culottes de petits garçons.

AGES	Longueur au genou (1).	Longueur du côté. Pantalons longs.	Longueur d'entre-jambes. Pantalons longs.	Demi-grosseur de ceinture.	Demi-grosseur de bassin.	Demi-tour de cuisse. Côté faible.	Oblique du côté faible.	Genou collant (2).	Jarret collant.	Bas finis (pantalons longs).	Montant du corsage anatomique (3).	Longueur du côté (culottes).	Longueur d'entre-jambes (culottes).	Longueur de côté des culottes forme knickerbocker.	Largeur des bas de jambes pour culottes longues.	Grosseurs de poitrine correspondant à ces mesures.
	(2)	(3)	(4)	(5)	(6)	(7)	(8)	(9)	(10)	(11)	(12)	(13)	(14)	(15)	(16)	(17)
4 ans......	31	55	40	26	28	18	50	23	22	31	15	38	22	47	17	26
5 ans......	33	58	42	27	29	18 ½	52	23 ½	22 ½	32	15 ½	40	24	49	17 ½	27
6 ans......	35	62	45	28	30	19	54	24 ½	23	33	16	43	26	51	18 ¼	28
7 ans......	37	66	48	28	31	19 ½	56	25 ½	24	34	16 ½	46	28	53	18 ½	29
8 ans......	39	70	52	29	32	20	58	26 ½	25	35	17	49	30	55	18 ½	30
9 ans......	40	74	55	30	33	21	60	27	25 ½	36	17 ½	52	33	57	19	31
10 ans......	42	77	58	32	34	22	62	28	26	36	18	55	36	60	19 ¼	32
11 ans......	44	80	61	32	35	23	63	29	27	37	18			63	19 ½	33
12 ans......	46	84	63	32	36	23 ½	64	30	28	37	18 ½			65	19 ¾	34
13 ans......	49	87	66	32	37	24	66	31	29	38	19			68	20	35
14 ans......	51	90	69	33	38	25	68	32	29 ½	39	19			71	20 ¼	36

1. Nous désignons par « longueur au genou » la distance comprise entre le creux de la hanche et un point situé sur la couture du côté, juste à la hauteur du centre de la rotule au genou.

2. Les chiffres de largeurs de genou, de jarret et de bas finis sont marqués en totalité.
Les longueurs sont aussi marquées en totalité.
Les mesures de grosseur de ceinture, de bassin et de cuisse sont marquées par moitié.

3. Le montant ou corsage se compose de la différence existant entre la longueur du côté et celle de l'entre-jambe. Chez tous les enfants, il faut toujours couper le corsage plus haut de 3 centimètres au moins que le montant anatomique. La mesure oblique est difficilement applicable pour ce motif. Toutefois nous la donnons pour toutes les tailles, mais à titre de renseignement.

de 10 ans où la largeur égalera approximativement 33 en coupant le patron ; soit un bas fini de 28 pour 4 ans et de 31 pour dix ans.

DEVANT DE CULOTTE.

Commençons l'opération par le patron du devant (A, *fig.* 296).

Tirez d'abord la droite A-B qui représente le bord de l'étoffe à couper.

De A à B marquez la longueur du côté (ici 38).

De A à C arrêtez la hauteur du genou (du centre de la rotule, 31).

De B à D, en remontant, mesurez la longueur d'entre-jambes (22).

Toutes les longueurs ou hauteurs trouvées, cherchez la position de la ligne E-F-G (du milieu de la culotte).

Prenez 18 de demi-tour de la cuisse (mesurée juste) et augmentez de 2 centimètres, de 3 centimètres même, pour donner l'aisance ; puis, marquez-en la moitié à la hauteur de la ligne de fourche.

De D à K marquez le chiffre entier de la demi-cuisse augmenté de 2 centimètres. La mesure est de 18 centimètres. Au tracé, vous avez alors 20 centimètres de D à K ; de D à F appliquez 10 centimètres (moitié de DK). De B à E, il faut 6 centimètres et de B à I, 12 centimètres.

Par le point E et le point F, tirez la droite E-H-F-G.

Si on n'avait pas la mesure du tour de cuisse, on calculerait ainsi :

Aux 2/3 de la demi-grosseur du bassin, il faut ajouter 1 centimètre et couper la largeur de cuisse avec ce chiffre pour les culottes et pantalons d'en-

fants. Ainsi, dans le présent exemple, la demi-grosseur du bassin a 28 centimètres à peu près ; prenons
le 1/3 (soit 9 1/3), les 2/3 (soit 18 2/3) et ajoutons

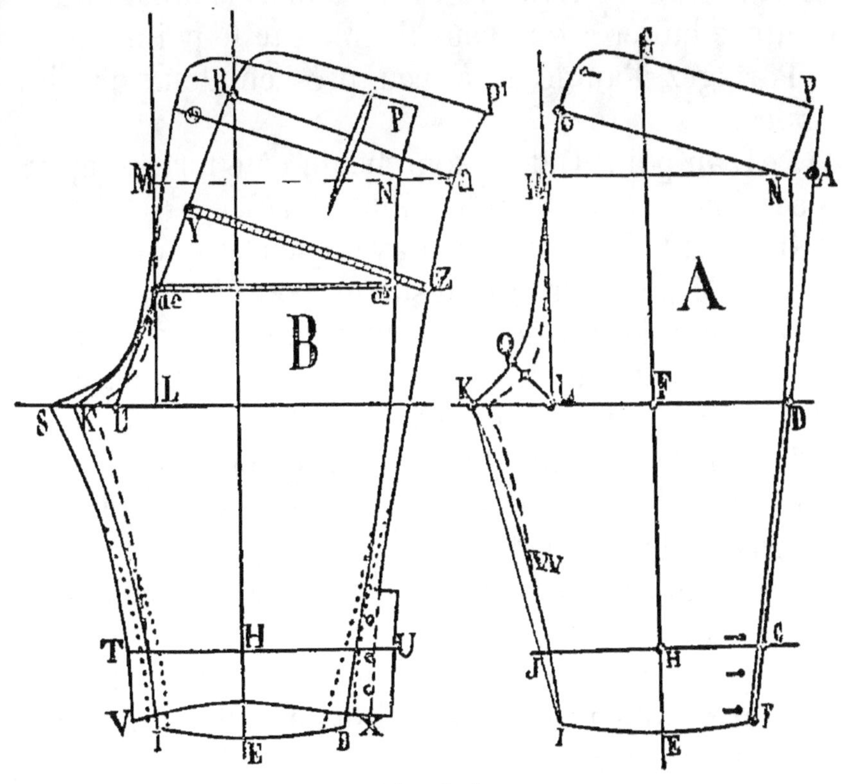

Fig. 296.

1 centimètre. Nous obtenons 19 2/3 ou 20 centimètres
(distance entre les points D et K).

Partagez F-K en deux parties et posez au milieu le
point L, au-dessus duquel vous éleverez une droite
L-M parallèle à la ligne du milieu F-G.

Tirez d'équerre sur la ligne du milieu E-F-G les
horizontales de hauteur passant par les points C-D et
A (précédemment marqués au bord du drap ou première ligne de construction).

Haussez de 3 centimètres au-dessus de M le point O

(à 1 centimètre en dedans de la ligne L-M d'élévation de brayette).

Du point O dirigez obliquement sur M-A la mesure de la moitié de ceinture inscrite (soit le quart de la ceinture entière) que vous fixerez sur le point N.

Partagez l'angle L à peu près en deux parties égales.

De L au point Q de la fourche du côté fort, comptez 4 centimètres et, du côté faible, 2 1/2.

Du point O, tracez la brayette en venant passer près de M puis sur Q et jusqu'au point K.

Du point K au bas, tirez une droite K-I, vous cintrerez légèrement en dedans (de 3/4 centimètre au plus creux) pour déterminer l'entre-jambes K-W-I.

Tracez le devant du côté droit en passant la fourche à 1 1/2 au-dessous du point Q et en retirant en arrière de K 1 1/2.

Arrondissez le côté de hanche de N à D et le bas du devant de la culotte sur B-E-I.

Ajoutez au-dessus de N-O une ceinture très haute, mais attenante au devant. Il faut bien 6 centimètres de hauteur.

Nous savions qu'il faut donner plus de montant aux pantalons et culottes d'enfants; il est nécessaire aussi de donner plus d'aisance à la cuisse et au bassin.

Pour les adultes, on pourra couper au moyen des mêmes principes et application des mesures; mais pour les enfants, il vaut mieux augmenter la hauteur du montant de corsage et la mesure de cuisse, de 3 centimètres pour le montant et de 2 centimètres au moins pour la cuisse.

Nous avons fait notre tracé avec le montant de corsage produit par la différence existant entre les deux longueurs de côté et d'entre-jambes, et c'est pour cela que nous avons donné une hauteur de 6 centimètres à la ceinture; mais, en coupant le corsage de 3 centimètres plus haut, la ceinture, rapportée ou non, sera assez haute avec 3 ou 4 centimètres.

DERRIÈRE DE CULOTTE

Le devant coupé, placez-en le patron en papier sur une autre feuille destinée au patron du derrière. Si les devants ont été coupés sur le drap, placez ces devants sur la partie d'étoffe réservée pour les derrières (*fig.* 296-B).

Fixez le point R de la hausse du derrière à 6 centimètres au-dessus de la ligne horizontale M-N et sur la ligne du milieu de la culotte.

Mesurez du point R au point a la moitié de la ceinture inscrite (soit le quart de la ceinture entière), en lui ajoutant 4 centimètres, dont 2 centimètres seront employés par les coutures et 2 centimètres par la pince. De cette façon, la ceinture de la culotte finie sera juste comme la mesure prise. Si on veut laisser plus de largeur, il faudra, du point R au point a, donner 5 ou 6 centimètres de plus que la moitié de la ceinture inscrite.

Placez le point L^1, au milieu, entre L et K, puis tirez l'oblique R-Y-α-L^1. A partir du point α, faites la courbe de l'enfourchement du fond en suivant le devant du côté fort (le gauche habituellement) et en venant retrouver le point S à 3 centimètres en dehors du point K.

Mesurez la largeur ae-α et portez-en le chiffre sur le point Y; puis venez fixer le point Z du côté du derrière par la grosseur du bassin augmentée de 5 ou 6 centimètres.

Au-dessus de *a* et de R, donnez une hauteur de 6 centimètres pour la partie faisant ceinture, en lui laissant un peu d'évasement (*a*-P^1) comme au devant N-P.

Au bas, sortez de I à V 3 centimètres et de B à X autant, et faites le bas du derrière plus creux.

Sortez en dehors de X du côté 2 ou 3 centimètres pour faire parementure en dessous et porter les boutons au nombre de trois. Ce nombre est variable. On peut même n'en pas mettre du tout.

Si la culotte doit coller au bas, on appliquera au genou (ligne T-U) la mesure collante dont on place la moitié au devant, de chaque côté, du point H (centre du genou).

L'autre moitié du tour du genou, par derrière, s'étendra de chaque côté du point H, augmentée de 2 centimètres pour les coutures (traits pointillés).

Culotte « knickerbocker » pour enfants de 9 ans (*fig.* 297).

Cette culotte, pour toute sa partie supérieure, est tracée comme celle de la figure précédente, sauf l'application des mesures de 9 ans.

Pour la partie inférieure, la largeur diffère, car cette culotte, froncée ou suçonnée au-dessus d'une jarretière collante, offre une apparence bouffante (*fig.* 313).

Au-dessous de la ligne U-H-T du genou, allongement de 17 centimètres.

A cet endroit, le devant a 20 centimètres de large entre les points B et I. Entre I et V du bas du derrière, il y a 4 centimètres et entre B et X 3.

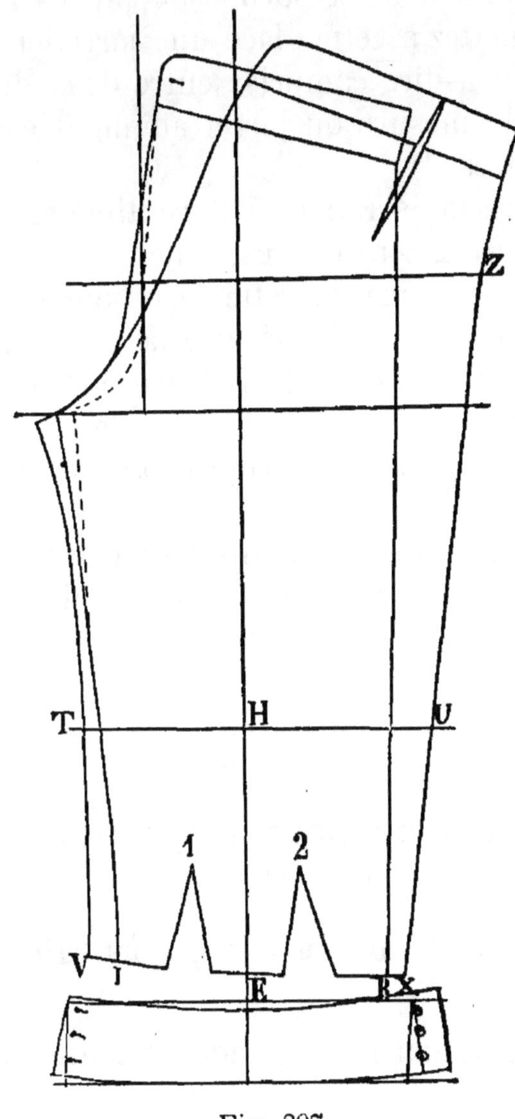

Fig. 297.

Du point Z du côté du derrière au bassin jusqu'au point X du bas, le côté va en ligne droite.

A 6 ou 7 centimètres au-dessus du bas, placez

les points 1-2 de façon à laisser, entre eux et entre les côtés du devant (à l'entre-jambes et au côté), des intervalles égaux.

Retirez par les deux suçons ou pinces l'excès de largeur et mettez à cette place une jarretière rectangulaire, c'est-à-dire comprise entre deux droites limitées par la mesure du jarret augmentée de 3 1/2 à 4 centimètres ([1]).

On coupera la jarretière à 3 centimètres de hauteur ; elle aura 2 centimètres, finie.

Prenez le montage de cette jarretière à la courbe supérieure et le bas, c'est-à-dire la partie qui porte sur le mollet, tient la courbe inférieure. Avoir soin de creuser de 1 centimètre au-dessous de la ligne horizontale et d'évaser de 1 centimètre au bas et de chaque côté.

La meilleure manière de faire les suçons du bas est de les coudre sans couper et faire un pli creux bien aplati au fer. On peut aussi froncer au lieu de suçonner.

Pantalon long pour enfant de 9 ans
(*fig*. 298).

Ce pantalon fini figure au croquis 317. Il porte, comme mesures :

Longueur de la hanche au genou (le centimètre placé

----

1. Jarretière basse, à un bouton.

Si l'on préfère une jarretière haute, on trace cette jarretière dans un rectangle de 6 à 7 centimètres de haut en lui donnant la forme courbe dessinée à la figure (courbée sur 1 centimètre de flèche).

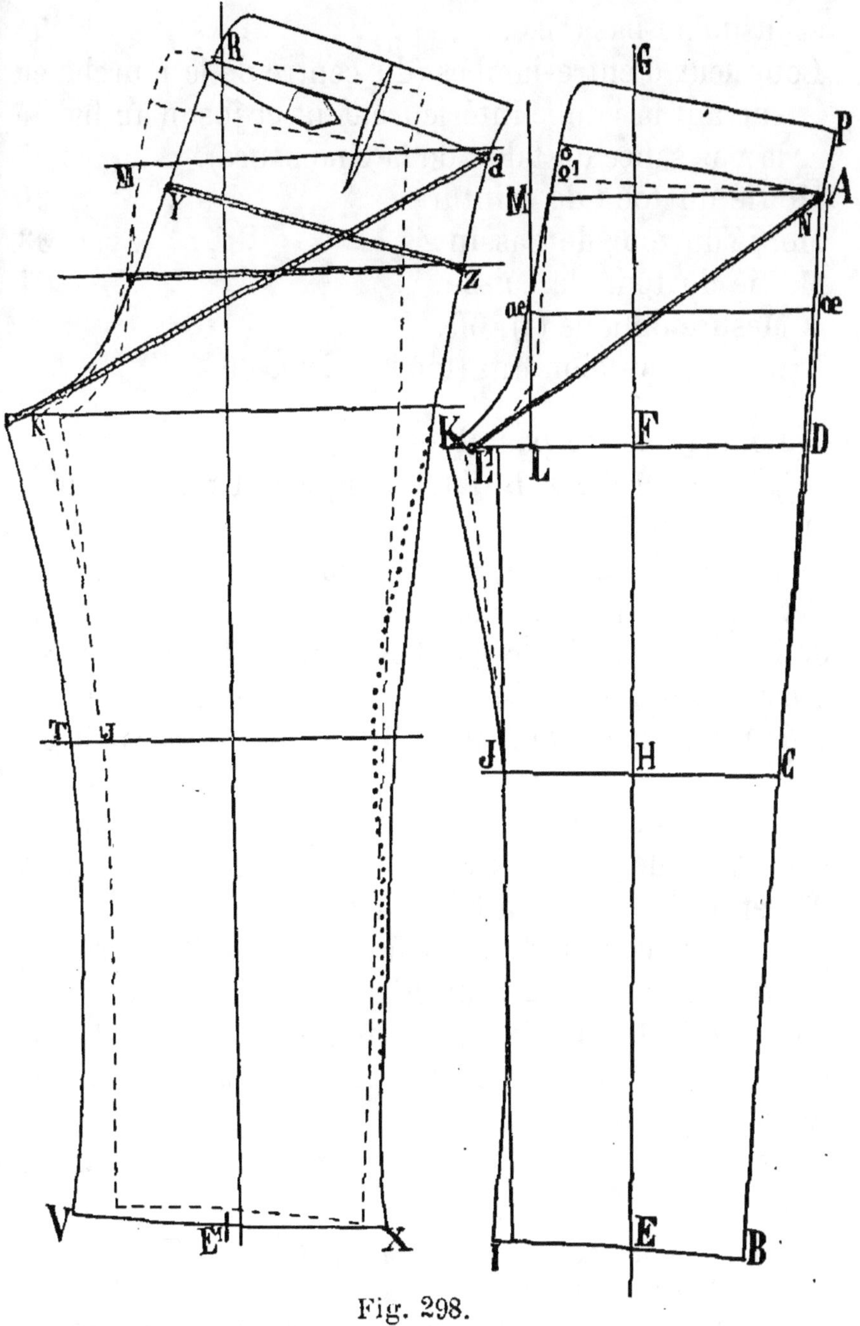

Fig. 298.

au plus creux, au-dessus de la hanche et au milieu
de la courbe de ceinture.   40

et jusqu'au bas (¹).   74

Longueur d'entre-jambes (du centre de la fourche en
  suivant la jambe intérieurement et jusqu'au bas, à
  la naissance du talon de la chaussure). . . .   55

Moitié du tour de ceinture.   30

Moitié du tour de bassin.   33

Moitié du tour de cuisse.   21

  Mesure oblique (²), 60.

  Bas du pantalon fini (tour entier), 36.

  Pour tracer ce pantalon :

  Tirez la droite A-B d'une longueur égale à la mesure du côté 74 ;

  Marquez au point C la longueur au genou, 40 ;

  Si cette longueur vous manque, prenez la moitié
de la longueur d'entre-jambes (soit 27 1/2) ; ajoutez-y
7 centimètres (soit 34 1/2) et posez-les entre B et C ;
puis marquez le point D à 55 centimètres à partir du
bas B ;

  A la hauteur du point D appliquez, de D à K, le
demi-tour de cuisse augmenté de 2 centimètres (soit
23 centimètres de D à K et 11 1/2 de D à F.

  Au bas, comptez moitié du tour (soit 18 centimètres) et retirez 2 centimètres (soit 16, que vous
porterez de B à I). Portez la moitié de B-I de B à E
(soit 8 centimètres) et tracez la ligne du milieu
(E-H-F-G) ;

  Partagez F-K en deux au point L ; puis élevez la

---

1. La mesure doit être arrêtée au point où commence le
talon de la chaussure (à peu près à 2 centimètres du sol).

2. Prise du creux de la hanche au même point, en passant
obliquement devant, dans le pli inguinal et derrière revenant
de la fourche au point de hanche en passant obliquement sur
la fesse.

ligne M-L d'équerre sur KD, par conséquent parallèle à F-G ;

Pour le haut et la fourche, observez les principes expliqués au tracé 296 ; agissez de même pour la ceinture ;

Partagez la distance L-K en deux parties égales par le point L¹ ;

A 3/4 de centimètre en dedans du point I, tirez la droite L¹-J, jusqu'au bas I. Du point I, venez rejoindre par une courbe insensible la droite J-L¹, retirez 1 1/2 de largeur au devant droit et autant dans la courbe de fourche, d'après les traits barrés.

On pourra élever moins, si l'on veut, et placer le point O sur O¹, à 1 centimètre seulement au-dessus de l'horizontale M-A.

La hauteur du devant est nécessaire par suite de la tenue ventrue des enfants au-dessous de 9 ou 10 ans. A partir de cet âge, la ceinture tend à diminuer par rapport au bassin. La tenue devenant de moins en moins ventrue, le devant demande moins de hauteur.

On fait le tracé du derrière à l'aide du devant et de la même manière qu'au tracé 296.

Au bas de ce pantalon (*fig.* 298), on déplacera le centre du talon de 1 centimètre vers l'entre-jambes E¹ ; de chaque côté de ce point E¹, sur X et sur V, on comptera 11 centimètres. Le bas du derrière fournit 22 qui, ajoutés aux 16 du devant, donnent 38 centimètres (mesure du bas 36, augmentée de 2 centimètres pour les coutures.)

La pointe de fourche du derrière S ressort de 3 1/2 en avant de la pointe du devant K ; le point T, de 2 1/2 en avant de J.

La mesure oblique s'applique de L¹ à N et de S à *a*

avec 2 centimètres d'excédent pour les coutures quand le pantalon est très ajusté. Ordinairement, les pantalons d'enfants ont plutôt besoin d'aisance ; aussi mettez de préférence 4 centimètres d'excédent.

Du reste, en plaçant le point de cambrure sur la ligne du milieu, au point R, et en marquant la ceinture comme nous l'avons expliqué, au tracé 296, le point *a* du côté sera dé-terminé sans le secours de l'oblique.

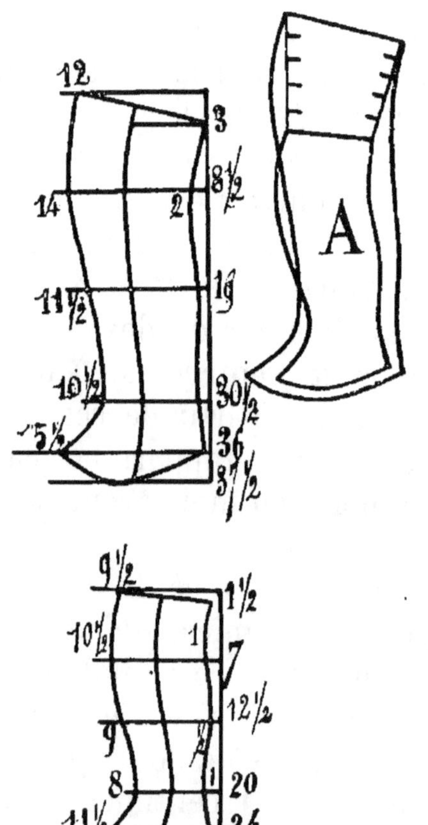

Si le pantalon doit être de forme plus cin-trée, suivez la ligne pointillée du côté du derrière.

La ceinture peut être attenante ou rapportée ; on évalue sa hauteur à 4 centimètres (panta-lon fini) (¹).

Guêtre genouillère pour enfants de 3 et 8 ans (*fig.* 299).

Pour relever les pa-trons, il faudra tirer les mêmes lignes et poser les chiffres inscrits.

Fig. 299.

Les deux patrons coupés, on les placera l'un dans

1. Voir, pour les détails de confection et d'assemblage du pantalon, notre *Traité pratique de coupe des vêtements pour hommes et enfants* (Garnier frères, éditeurs, 1895).

l'autre, et, après avoir réuni les sommets par des droites, on divisera ces dernières par autant de crans que d'âges intermédiaires.

De même pour tous les intervalles compris entre les deux tailles; puis on fera passer par ces crans les courbes du patron approprié à chaque âge.

Veston croisé, forme marin, pour enfants des deux sexes (*fig*. 300-301).

Ce veston est porté par les garçons de 2 ans et demi à 5 ans et par les fillettes au-dessous de 10 ans

En voici les mesures :

Longueur de taille. 21
Longueur totale du veston. . 33
Demi-largeur de carrure. . . 10 1/2
Longueur de manche. . . . 37
Pentes d'épaules. 12 1/2
Demi-largeur de poitrine. . 11 1/2
Demi-grosseur du haut du corps. 25
Demi-grosseur de ceinture. . 25
Longueur du devant (de la nuque à la hanche). . . . 30

Fig. 300.

Le rectangle est formé en largeur par 39 centimètres, soit trois moitiés de la demi-grosseur (3 fois 13) (¹).

Le rectangle a ainsi 8 centimètres de plus qu'un corsage ordinaire.

1. 13 en chiffres ronds, afin d'éviter des fractions négligeables pour un vêtement dont la forme générale réclame de l'ampleur.

Les lignes A-C et B-D ont donc 39 centimètres de long.

En hauteur, le rectangle mesure 21 centimètres de A à B et 33 centimètres de A à T.

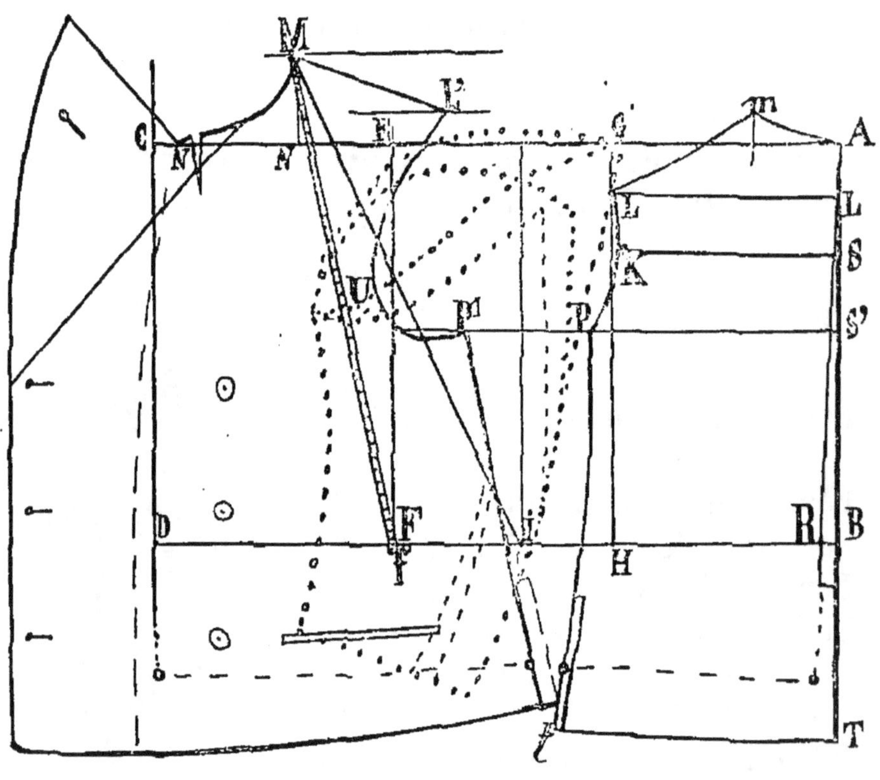

Fig. 301.

L'encolure du dos A-*m* a 4 centimètres de largeur.

L'abatage d'épaules du dos est de 2 1/2 entre la ligne L-L et l'horizontale A-G.

La ligne S'-P de montage du haut des côtés du dos est située à 10 centimètres de l'horizontale A-G.

La largeur de carrure prend 1 centimètre de moins que la largeur A-G et le point P est situé à 1 centimètre en dehors de la ligne G-H.

A la hauteur de la taille le dos ressort de 2 centimètres en dehors de H et au bas le dos a une largeur de 16 centimètres de T à *t*.

De B à R, rentrée de 1 centimètre en dedans de la verticale A-B.

A 2 ou 3 centimètres au-dessous de la cambrure R, on pratique un cran pour l'ouverture du dos.

En bas du montage des côtés, on laisse aussi un cran.

M du devant s'obtient en appliquant depuis A une double largeur S-K avec 8 centimètres en plus [1].

En hauteur, on détermine le point M en portant 30 centimètres de longueur au devant, à partir du point *f* (encolure du dos comprise).

Nous avons abattu les épaules de 3 centimètres au devant; ce qui nous fait 5 1/2 en totalité pour le dos et le devant.

Comme généralement les jeunes enfants ont une tournure engoncée, de préférence on abattra moins que trop, — selon notre exemple, puisque l'abatage calculé sur le quart de la demi-grosseur serait de 6 1/2.

Le point I tombe à 6 centimètres en arrière de F et l'évidure de l'emmanchure passe à 1 centimètre en avant de la ligne d'avancement menée de I à M (point U).

Entre P et P', on retire 7 centimètres, au lieu de 8 ajoutés en excès, parce que le petit vêtement est porté sur une robe.

Le bassin mesuré, à 7 centimètres au-dessous de

1. Ici nous avons 32, puisque $S-K = 12 \times 2 = 24$ et $+ 8 = 32$ centimètres.

Le rectangle d'un corsage, réglé à 25 de demi-grosseur aurait à peu près 31 centimètres ($25 + 6$), mesure suffisante pour une petite taille. Or, nous avons 39, c'est donc 8 centimètres à ajouter à S-K compté en double.

la ligne de taille, a une largeur de 36 centimètres. Comme sa grosseur ne comporte que 25 ou 26, il y a donc 10 centimètres environ de plus-value à cet endroit ([1]).

Le devant croise de 7 centimètres en dehors du milieu du corps (traits barrés). Le revers se fait large de 8 centimètres en haut, sur sa ligne biaisée.

Ce petit vêtement reçoit deux ou trois boutons. Manches très larges du haut ([2]); col à revers.

Ce veston utilise de $0^m,75$ à $0^m,80$ de tissu en 68 à 70 de largeur (double).

Manteau pour garçonnets de 2 à 3 ans
(*fig.* 302).

Ce manteau est plissé et à empiècement.

Les manches, larges, élevées de tête et de talon, avec poignets, se coupent d'un seul morceau.

Son dos est long de 54 centimètres.

L'empiècement occupe, à son attachement avec la partie inférieure, la ligne K-S située au milieu entre le sommet de l'épaulette L et la profondeur d'emmanchure Z (*fig.* 303).

Un espace S-T de 12 centimètres est laissé pour les plis ; 8 de ces centimètres sont absorbés par le pli formé à la partie moyenne de la largeur du dos et de chaque côté, puis 4 centimètres par la moitié du pli du milieu du dos.

1. Excédent nécessaire pour recouvrir la robe de dessous.
2. Notre croquis 301 contient deux tracés de manches. L'une de ces manches forme un peu ballon comme au dessin 300. On l'adopte plutôt pour les fillettes. Une pince faite au bas du dessous de manche réduit sa largeur. Le dessous de manche, en haut, est moins creusé.
L'autre tracé est pour **garçonnet**.

Ce milieu T¹-T, de même que A-S (milieu de dos de l'empiècement), se façonnent sans couture ; il faut donc les prendre contre le pli du tissu.

L'empiècement du devant occupe la partie moyenne entre le sommet de l'épaulette et la profondeur de l'emmanchure, à sa ligne d'attachement à la pièce plissée du bas.

Entre O et O¹, une largeur de 8 centimètres subsiste pour un autre pli de 4 centimètres de largeur apparente le vêtement terminé. En avant de la ligne O¹, on dispose encore

Fig. 302.

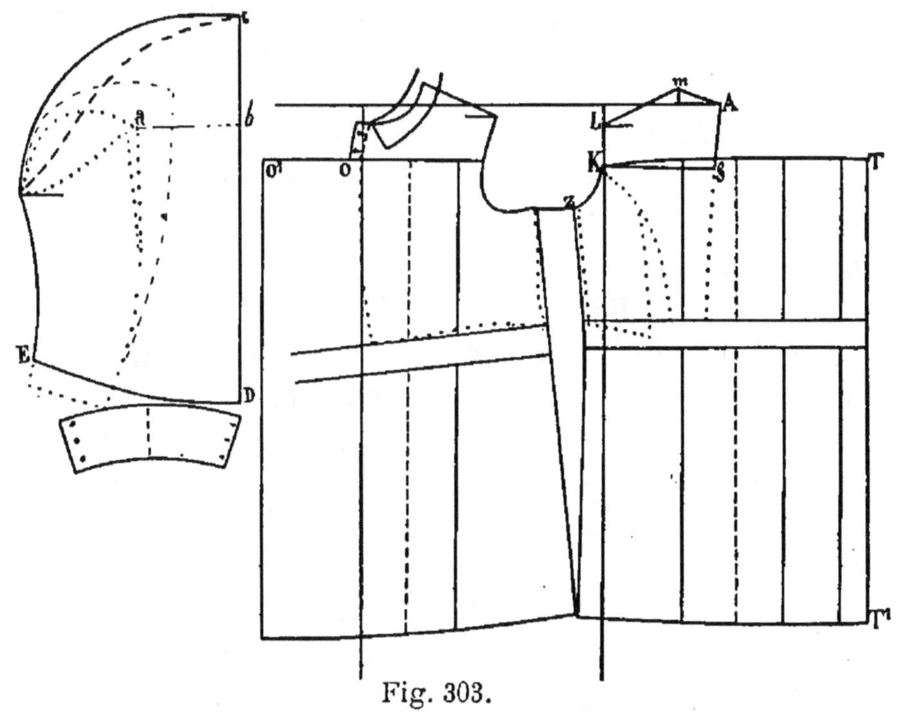

Fig. 303.

un pli de 4 centimètres de largeur, le pli fini (¹).

1. C'est donc 8 centimètres de largeur à donner à ce pli.

Ce pli peut être ou attenant au devant, ou rapporté. Cependant, il vaut mieux couper d'un seul morceau la partie inférieure du devant et donner de O à O¹ une largeur de 16 centimètres.

Le col a la forme Chevalière; la largeur du tombant, compris entre la ligne de cassure et le bord inférieur, est de 4 centimètres. La hauteur du pied varie entre 1 et 2 1/2, suivant que l'enfant a le cou long ou court.

On coupe la manche à l'aide d'une manche type de la grosseur. La ligne C-D est sans couture.

De a à b, sortez 10 centimètres et, de b à C, autant. La largeur s'égalise en haut et en bas.

Raccourcissez de 2 ou 3 centimètres la manche type et rapportez un poignet pouvant boutonner sur 17 centimètres de largeur et ayant une hauteur de 5 centimètres en coupant le patron (soit 4 à 4 1/2 fini). Le poignet se fait à 1 ou à 2 ou 3 boutons. Si on n'y met qu'un seul bouton, il devient inutile de le couper cintré; une bande droite de 3 centimètres de hauteur suffit.

La doublure de la manche doit aussi être coupée large. Toutefois, il vaut mieux lui donner moins de largeur qu'au dessus, dont le bouffant se trouvera ainsi retenu et nullement exposé à retomber de trop par le bas (on pourra couper la doublure d'après le modèle type, mais un peu plus large du haut, traits barrés).

Une ceinture de 5 centimètres de hauteur apparente et 6 centimètres à la coupe est rattachée au manteau par des passants placés au milieu du dos et sur les côtés au-dessous de la taille.

Ce vêtement emploie 1ᵐ,10 de tissu d'une largeur de 70 centimètres (double).

Veste-robe pour enfants des deux sexes
(*fig*. 304).

Cette veste-robe a été tracée pour une fillette de

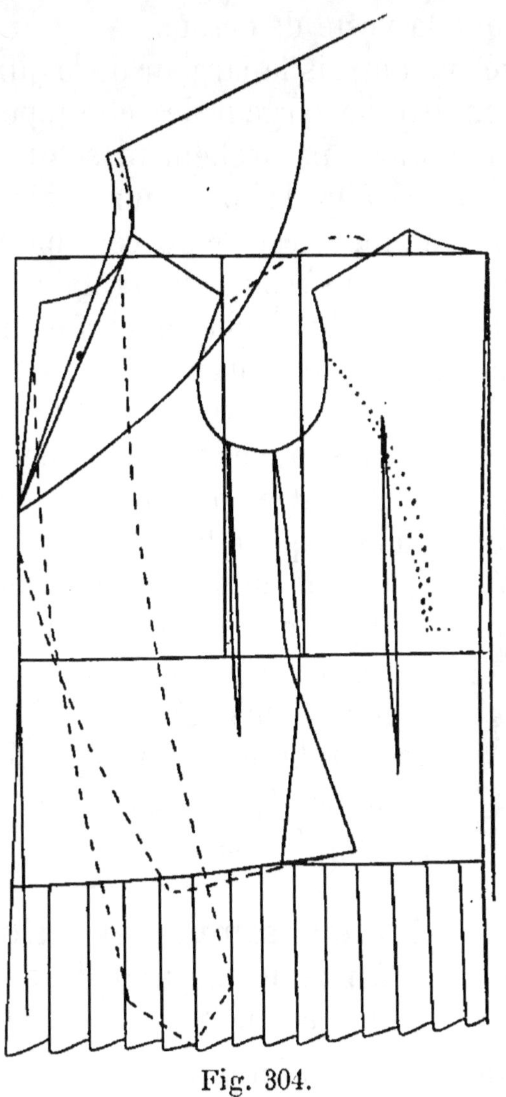

Fig. 304.

6 ans, à l'aide du corsage type correspondant à cet âge (grosseur 28 du haut).

Un déplacement de la pince existant entre le dos et le côté, un allongement de 15 à 16 centimètres au-dessous de la taille : telles sont les seules modifications à apporter.

Une jupe plissée est rattachée au bord d'un gilet de dessous en doublure, long de 5 ou 6 centimètres de moins que la veste de dessus.

Le plissé, y compris la largeur de la jupe, emploie trois fois environ la largeur de cette jupe (¹).

La hauteur varie naturellement selon la taille de l'enfant (au tracé 304, la longueur totale de la veste et de la jupe montées est de 55 centimètres).

La jupe est un morceau rectangulaire coupé 7 ou 8 centimètres plus haut que la partie apparente et trois fois au moins plus large que le tour du bassin, ce dernier augmenté de 10 centimètres au moins pour son contour complet.

On fait les plis un peu plus profonds en haut qu'en bas.

Le col est de forme à châle rond.

Pour les garçonnets, on fait souvent la veste avec bande formant faux gilet (genre Louis XV, traits barrés). Cette veste-robe est portée par les garçonnets de 3 à 4 ans, par les fillettes jusqu'à 9 ans.

305. Fig.

Blouse simple et culotte bouffante pour garçonnets de 5 ans (*fig*. 305).

Ce costume est fait d'un petit drap ou lainage uni;

1. C'est-à-dire que, connaissant les dimensions de largeur d'une jupe, il faut, pour le plissé, donner au tissu une largeur de trois fois celle de la jupe. Exemple : Un bassin a, supposons-le, 64 de circonférence. Il faut multiplier 64 par 3 ou bien ajouter 128 à ces mêmes 64.

il emploie 1ᵐ,20 de tissu de 70 centimètres de largeur (double).

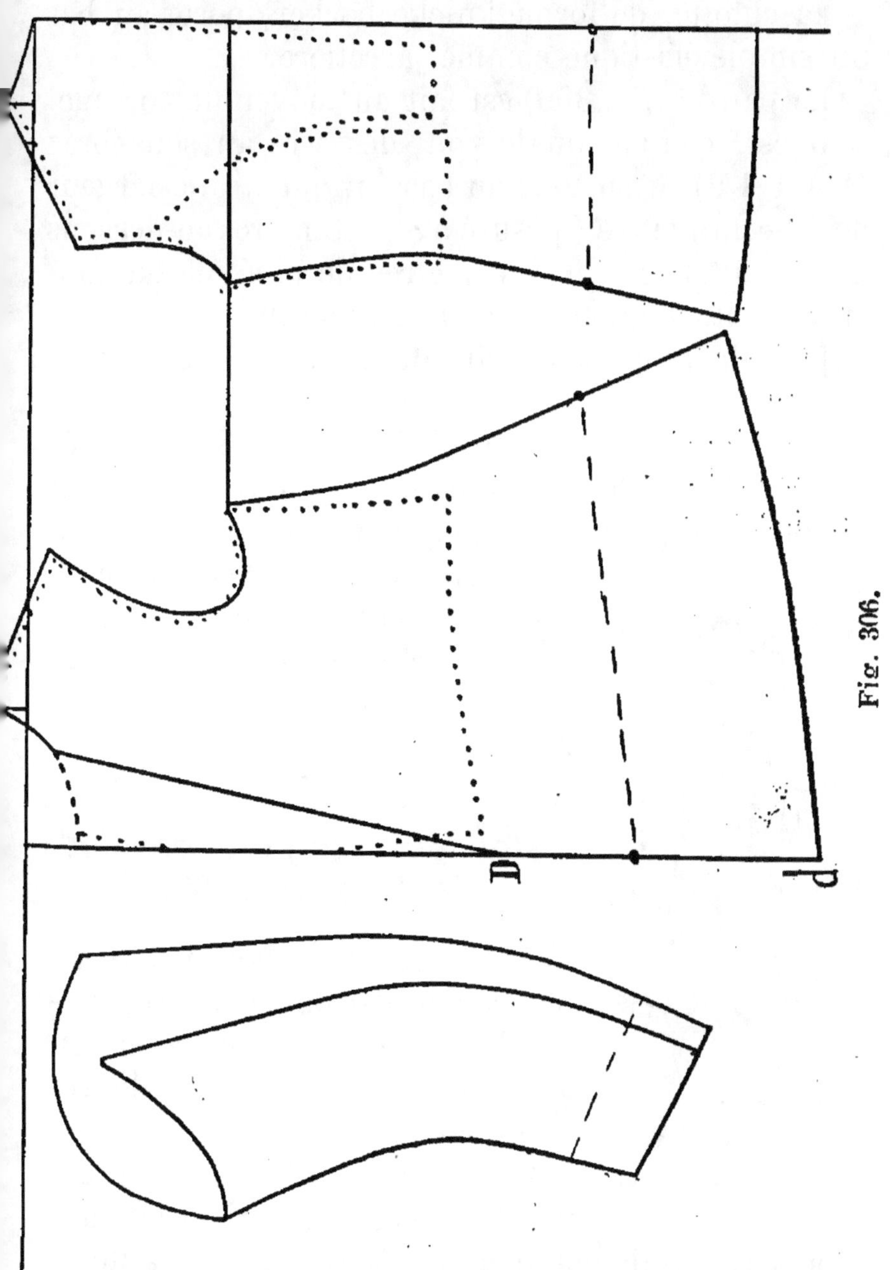

Fig. 306.

La blouse est longue (41 au dos), ouverte en cœur
devant presque jusqu'à la ceinture; l'ouverture se

fait sur une chemisette. Pas de col à l'encolure.

Une ceinture de cuir noir serre la taille.

La culotte, de forme knickerbocker, porte au bas un simple élastique comme jarretière.

Le patron (*fig.* 306) est fait au moyen du corsage.

Il est, comme on le voit, desserré au sous-bras (1 à 1 1/2) et surtout au bassin, qui a une largeur de 38 centimètres (mesuré à 8 centimètres au-dessous de la taille), soit 9 centimètres de plus que la mesure habituelle pour l'âge de 5 ans (29).

Le milieu du dos et celui du devant D-*d* sont sans couture.

La manche est de coupe ordinaire, mais dédoublée du côté du coude. On pourra, si l'on veut, adopter la forme de manches à poignets, coupée d'un seul morceau avec couture sous le bras.

Fig. 307.

On coupera la culotte avec les mesures pour 5 ans et d'après les principes développés pour le tracé 297.

Blouse russe pour garçon de 4 ans (*fig.* 307).

Cette blouse se fait en flanelle blanche ou de couleur claire, garnie de bandes de velours noir (ou de couleur) avec ceinture de velours pareil.

Le dos de cette blouse a 29 centimètres non comprise la jupe rapportée, en flanelle pareille, de 23 à 24 de hauteur.

Elle emploie 1ᵐ,80 de flanelle en 80 de largeur (simple).

Les manches ont la forme à une couture sous le bras avec poignets ; ces derniers sont en velours.

Le col droit est en velours comme toute la garniture extérieure, y compris l'ouverture du côté droit.

L'encolure se fronce jusqu'à ce que sa largeur devienne égale à la grosseur du cou. Le bord inférieur de la blouse est aussi froncé et réduit à une largeur de 65 centimètres environ ; on y rattache la jupe de forme rectangulaire, coupée sur une hauteur de 24 centimètres environ, avec 1ᵐ,40 de largeur de tour. La jonction est recouverte par la ceinture.

La coupe de ce patron est facile :

Placez le patron type de corsage (de la grosseur de l'enfant) comme à la figure 308.

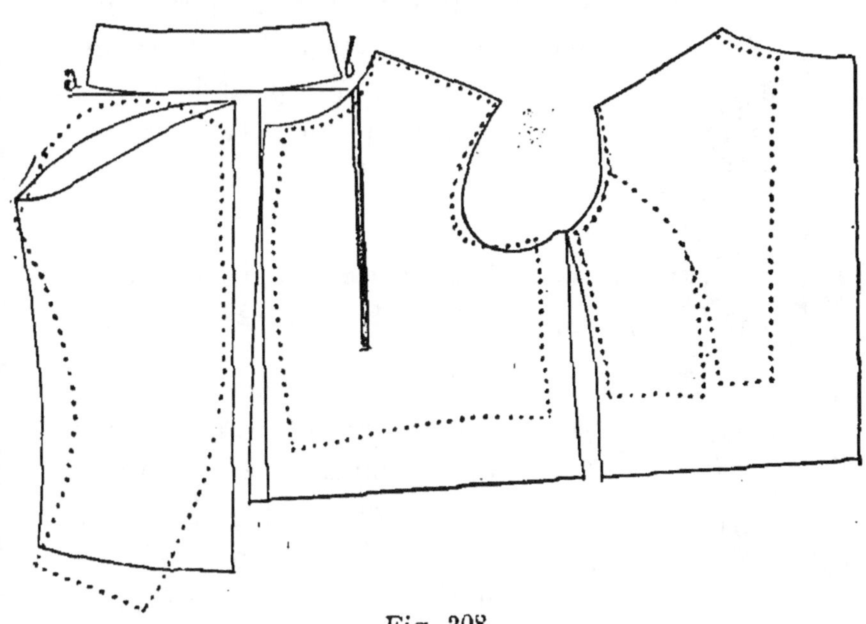

Fig. 308.

Élargissez le milieu du dos tout le long et parallèlement, de 5 ou 6 centimètres et le devant de 3, en dehors du milieu du corps. La taille s'allonge de 5 centimètres tout autour.

L'épaulette est aussi un peu allongée (de 3/4 centimètre) et la tête de dos haussée de la même quantité.

Le sous-bras s'élargit de 2 1/2 en haut près de l'emmanchure, de 3 centimètres à la ceinture, et le bassin a une largeur totale de 43 centimètres, tout compris avec les espaces laissés au dos et au devant pour froncer.

La manche a moins de tête parce que l'épaulette de la blouse est laissée large par le côté de l'emmanchure et à cause de l'encolure qui a été décreusée en même temps qu'élargie. La longueur du bas a été un peu diminuée; les poignets y suppléent.

Le col droit est coupé à 4 centimètres de hauteur pour avoir 3 centimètres fini. Il est abattu de 1 centimètre au-dessus de la ligne inférieure de construction et sa longueur au montage *a-b* est de 28 centimètres (totalité du col).

Fig. 309.

Manteau croisé en biais pour garçon de 4 à 5 ans (*fig*. 309).

Ce petit vêtement est flottant et son ampleur s'atténue un peu à la taille par un cintre de la couture des côtés (dos et devant). Une ceinture de cuir, placée sous des passants posés au milieu du dos et aux côtés, indique la taille sans la serrer.

Le col, de forme à châle rond, a sa cassure qui vient se terminer à la hauteur de la ceinture. Il fait un peu godet.

Ce vêtement est fait en drap mastic ou de couleur claire et la ceinture de cuir est aussi de couleur claire et naturelle.

Le patron se trace au moyen du patron-type (*fig.* 310).

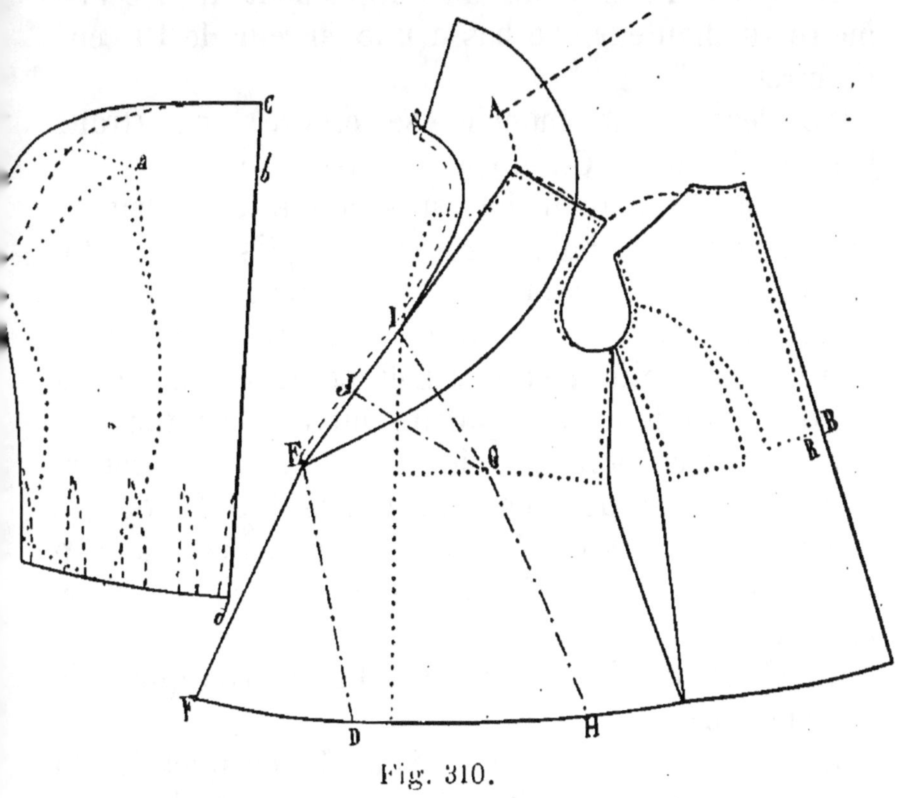

Fig. 310.

A la hauteur de la taille le dos B est éloigné de 1 centimètre du point R de cambrure. Entre le bas du petit côté et le bas de dos, il y a un écart de 2 centimètres. Le sous-bras est desserré de 2 centimètres en haut, près de l'emmanchure et à la ceinture. Le bassin mesure à la hauteur de 8 centimètres au-dessous de la taille 38 centimètres de largeur, soit 9 centimètres de plus qu'une mesure de bassin de 5 ans).

La carrure s'élargit d'un centimètre, la tête de dos et l'épaulette se haussent et s'allongent d'autant.

On élargit la manche de 10 centimètres environ de *a* à *b*. A cet endroit, sa largeur est de 24 centimètres en totalité.

De *b* à C nous avons un supplément de 7 centimètres de hauteur. Le bas a une largeur de 19 centimètres.

Le dessous de manche se creuse peu (traits barrés). La ligne C-*b*-*d* est sans couture.

Le bas de la manche est suçonné de plusieurs pinces cousues, puis écrasées en plis creux afin d'ajuster le bas à la mesure du poignet.

La blouse a son devant droit tracé en biais suivant les traits pleins J-E-F et ce devant vient recroiser sur le devant gauche suivant la ligne G-H barrée-pointée. Son châle vient, à sa partie inférieure, recroiser aussi dessous aux lignes I-G-J pour le devant gauche. A ce dernier, pour éviter une trop grande quantité d'étoffe, il vaut mieux abattre dans la ligne E-D [1].

Le châle prend une position plus courbe que celle de l'encolure.

Le point A′ est situé à 5 ou 6 centimètres du point A ; il en résulte que le tombant est plus long et vient festonner à son bord latéral, comme le dessin 309 le représente.

Il faut, en avant de la ligne de brisure A-I-J-E, laisser 1 1/2 d'étoffe pour le rempli intérieur au bord duquel la doublure du vêtement sera rabattue.

Ce vêtement emploie 1 mètre de drap en 70 centimètres de largeur (double).

______

1. Quelquefois on fait recroiser le devant gauche *sur* le droit.

Grande blouse russe et knickerbocker pour garçon de 8 ans (*fig.* 311).

On confectionne ce costume en cheviotte bleue ou grise.

La blouse de 75 centimètres de long sur le milieu du dos et le knickerbocker de forme large emploient de $2^m,35$ à $2^m,40$ en tissu de 70 de largeur (double).

Le dos est sans couture au milieu. Le devant n'a pas de recroisement à son milieu ; il faut pour cela placer le milieu du corps du patron contre le pli du tissu (ou une surface d'un seul morceau en tenant lieu) ; le dessin 311 le représente ainsi. En ce cas, la blouse boutonne sur l'épaule droite et le côté droit. Le col droit s'agrafe de côté (à droite). On peut aussi faire une croisure ; celle que nous avons laissée au tracé (*fig.* 312) vaut 8 centimètres.

Fig. 311.

La manche, d'un seul morceau, a une seule couture devant, à la saignée. La ligne du coude est donc sans couture. Le bas s'ajuste soit par un poignet rapporté au bas de manche froncé, soit en suçonnant ce bas jusqu'à ajustage presque complet, en laissant l'espace suffisant pour passer la main allongée.

Le tracé, présenté (*fig.* 312) avec une disposition différente afin de se familiariser avec toutes les manipulations, est fait à l'aide d'un corsage type pour 8 ans.

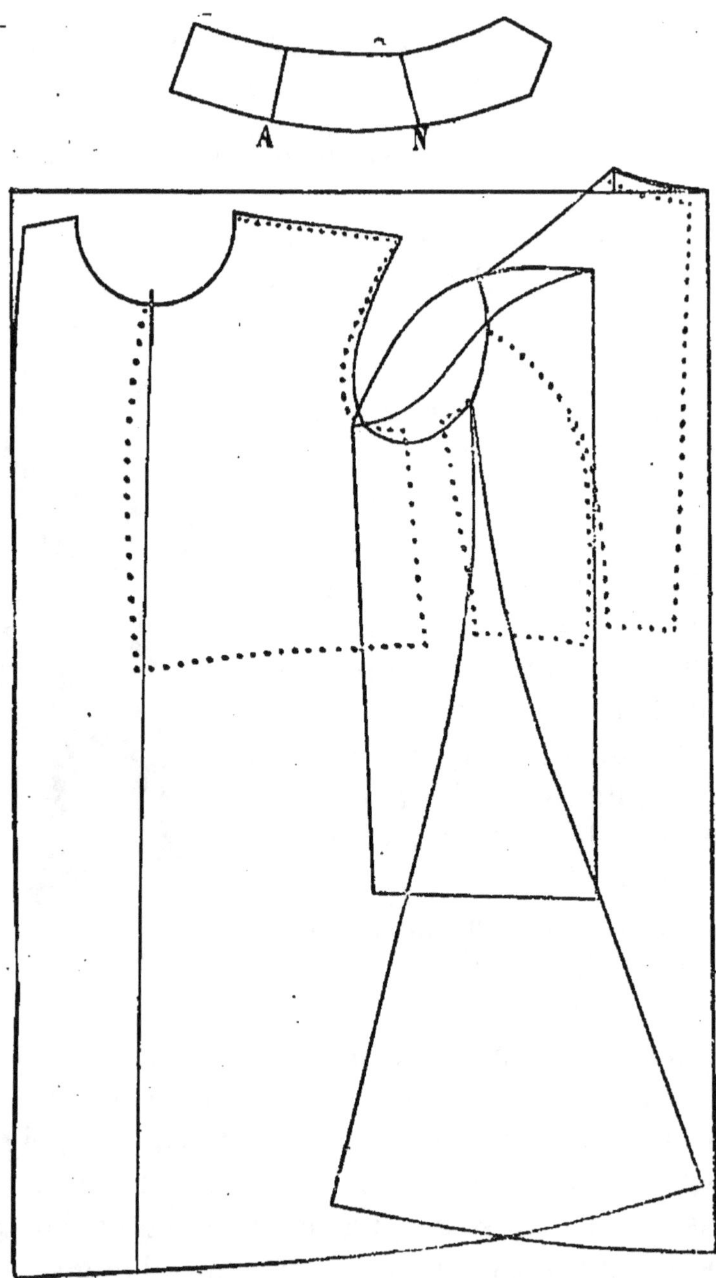

Fig. 312.

Le milieu du dos se desserre de 1 fort centimètre
en haut et 2 centimètres à la hauteur de la taille. A

cette hauteur le dos a une largeur de 18 centimètres et, au bas, de 28 centimètres.

Le bassin mesuré à 9 centimètres au-dessous de la taille fournit une largeur totale de 47 centimètres, soit environ 15 centimètres de plus que la mesure de l'enfant en cet endroit.

Le haut, sous les bras, est desserré de 3 centimètres, et la ceinture est desserrée de 6 centimètres par rapport au corsage.

La manche a une largeur de 19 centimètres en haut et par moitié, et de 18 centimètres au bas, aussi par moitié.

Le collet, dont le milieu du dos est désigné par A et le milieu du devant par N, s'agrafe sur le côté droit. Sa partie en pointe recroise extérieurement.

Sa hauteur est de 4 1/2 en coupant, ou 3 1/2 fini.

Fig. 313.

Blouse bouffante rentrant dans la culotte, pour garçon de 8 à 9 ans (*fig.* 313).

Ce costume, fait en flanelle ou en lainage, est un des plus commodes pour le jardin, la campagne, etc.

Il se compose d'une blouse ample avec manches non moins amples à une couture. Le col est de forme Chevalière très arrondie devant et très large. Le tombant a une largeur apparente de 16 centimètres sur le milieu derrière.

Le pied est bas et n'a que 1 centimètre à 1 1/2 de hauteur.

Au bas de cette blouse, on fronce jusqu'à le réduire à un chiffre égal à 3 centimètres de plus que celui de la mesure de l'enfant, à l'endroit de la ceinture.

On lui monte une ceinture en étoffe pareille et le tout rentre dans celle de la culotte.

Le milieu du dos est sans couture, de même que les côtés.

On trace aussi ce patron (*fig.* 314) au moyen de ceux d'un corsage-type de grosseur 30 (8 ans).

On les dispose de façon à laisser un écart de 2 1/2 entre le point R de cambrure et la ligne du patron de blouse A-B. Entre le bas du dos et celui du côté, laissez un écart de 2 centimètres. Au sous-bras, au point Z, un de 2 1/2 et, au bas, entre I et H, un autre de 5 centimètres. Ce dernier doit fournir à la région de la hanche et du bassin la largeur qui leur est nécessaire et qui serait fournie par le biais donné au côté du devant si ce devant était séparé du dos.

Le bassin a un total de 43 centimètres de largeur, mesuré à 8 centimètres au-dessous de la taille, soit 11 centimètres de plus que la mesure (32 centimètres à peu près pour cet âge).

La carrure est élargie de 1 centimètre du côté de l'emmanchure sans compter l'excédent fourni au milieu, entre la ligne R-A et la ligne A-B. La profondeur d'emmanchure est augmentée de 2 centimètres.

Une croisure de 3 ou 4 centimètres est laissée devant, en dehors du milieu du corps et cette croisure est recouverte d'une autre bande faisant pli extérieur ; pli dans lequel sont percées les boutonnières. On peut aussi laisser, si le tissu le permet, 7 ou 8 cen-

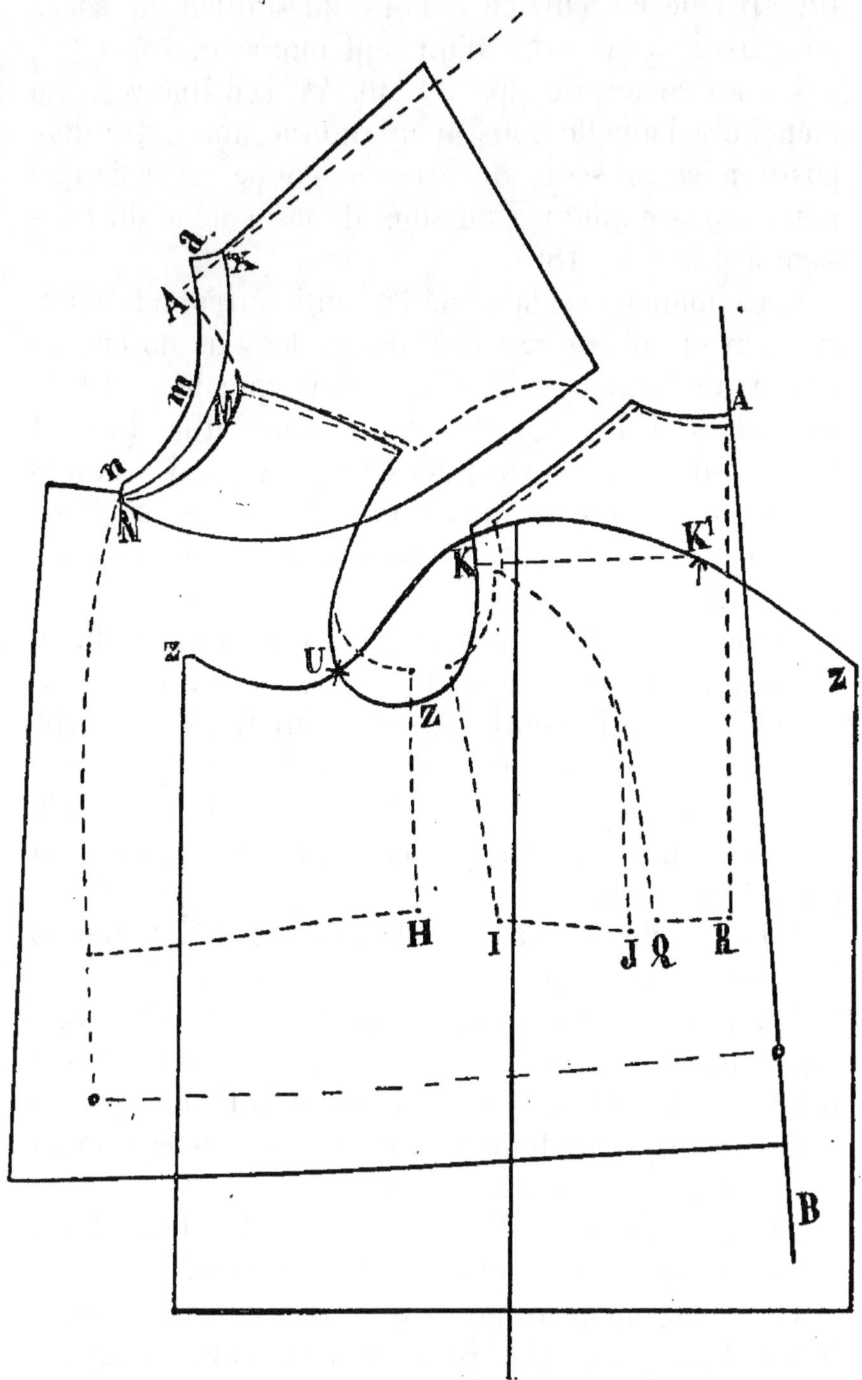

Fig. 314.

timètres de largeur en dehors du milieu du corps pour avoir les devants d'un seul morceau.

La longueur du dos atteint 44 centimètres. La manche à laquelle nous avons donné une autre disposition se présente ouverte. Sa coupe est celle que nous avons expliquée au sujet de la manche du corsage à plis (*fig.* 188).

Cette manche est large de 42 centimètres en totalité, en haut et en bas. Sa couture du dessous de bras se réunit en haut au point Z, tandis que le point de saignée U et le point de talon K sont situés l'un et l'autre sur deux horizontales passant par les points correspondants de l'emmanchure. Le bas est suçonné par places pour ajuster presque complètement au poignet.

Pour couper le patron du col, réunissez le dos à l'épaulette (traits barrés); puis tracez la ligne de cassure N-M-X en laissant entre le point M et la courbe de l'encolure la hauteur de pied de col que vous voudrez donner; tirez en dehors de la ligne N-M-X une autre ligne *n-m-a* qui sera celle du montage du col à l'encolure.

Il faut donc que la ligne de cassure N-M-X tienne le milieu entre la ligne *n-m* et l'encolure.

Derrière, faites un déplacement de 2 centimètres, de A sur *a* et fixez ce dernier point en mesurant à partir de N à M et à A la longueur du montage de l'encolure et en appliquant la longueur trouvée (moins 1 centimètre) de *n* à *m* et à *a*.

Avant de monter, d'assembler le col à l'encolure, il faut tendre de 1 centimètre l'attachement.

Ce déplacement du point *a* a pour but d'empêcher le col d'être trop plat près de l'encolure et de lui permettre de faire un peu hauteur contre le cou.

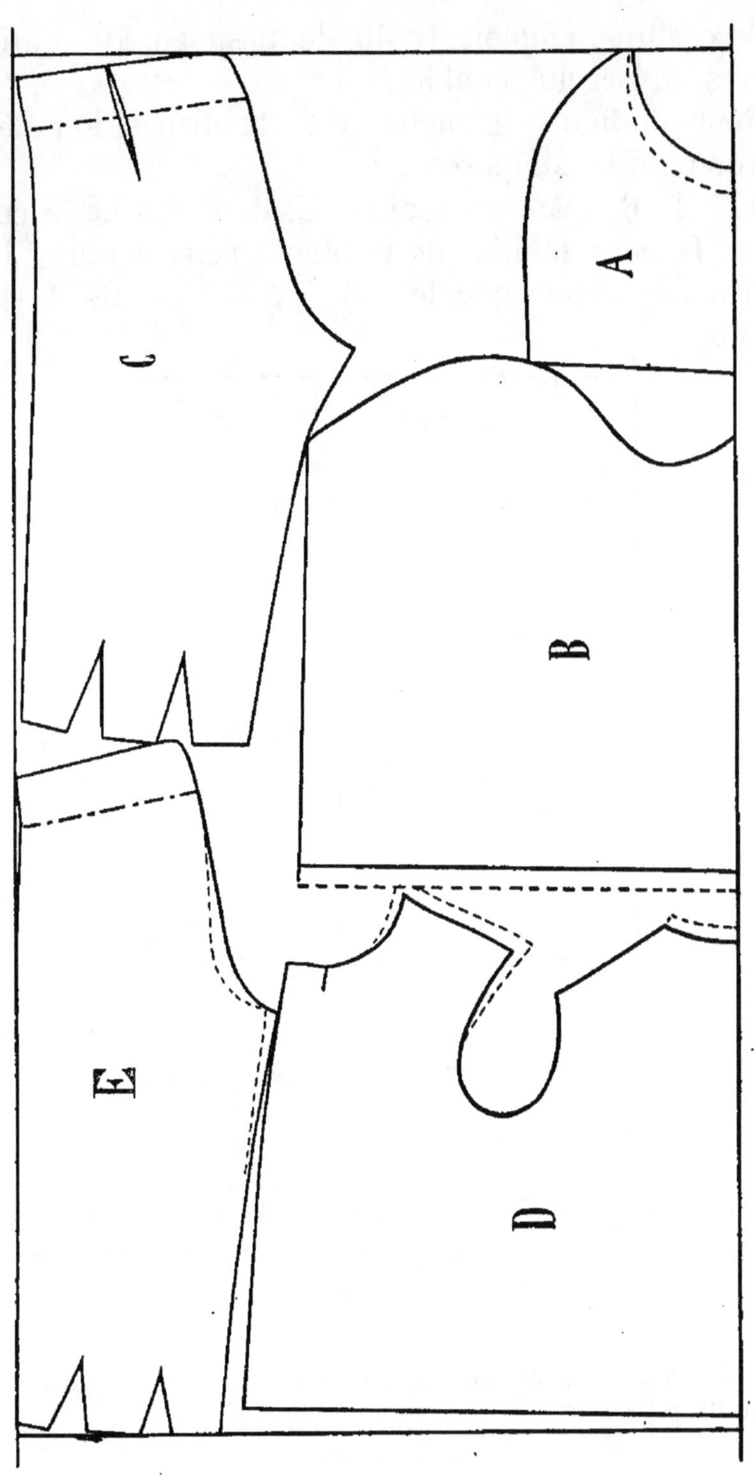

Fig. 315.

Ce costume emploie 1^m,30 de tissu en 70 centimètres de largeur (double).

Nous donnons, planche 315, la disposition des patrons qui le composent.

A, col; B, manche double; C, derrières de la culotte; D, deux moitiés de la blouse sans couture au milieu (de même que le col) (¹); E, devants de la culotte.

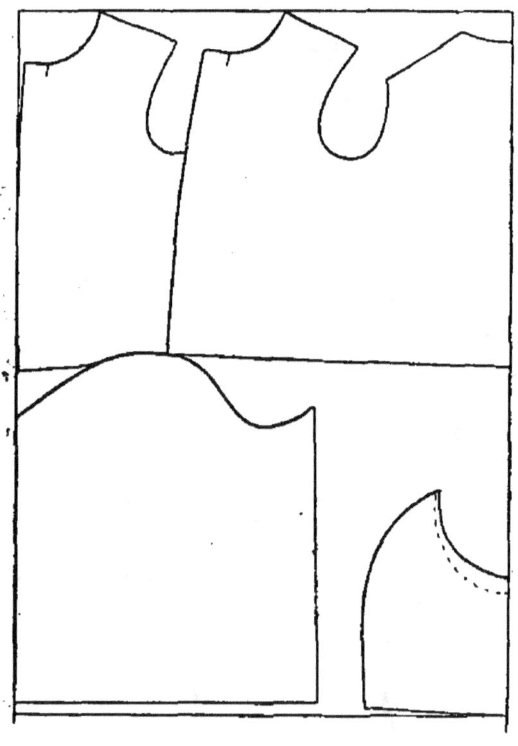

Fig. 316.

Un autre plan (316) nous offre la disposition des patrons de la blouse seule sur un même tissu. Elle emploie de 95 centimètres à 1 mètre.

1. Ces deux patrons doivent être posés du côté et contre le pli du drap.

Costume marin avec double col pour garçon de 11 ou 12 ans (*fig.* 317).

Ce costume est composé d'un pantalon long, d'une blouse forme marin en cheviotte grise ou bleue (ou de nuance quelconque), d'un corsage-gilet de dessous en étoffe à doublure, d'un plastron et col marin en cheviotte blanche (ou en toile de même couleur).

A la ceinture du pantalon sont cousus des boutons qui boutonnent au corsage-gilet de dessous.

Le bas de la blouse est remplié sur une hauteur de 2 ou 3 centimètres et piqué pour former coulisse dans laquelle on passe un élastique qui reste fixé à la hauteur de la ceinture du pantalon en faisant faire retroussis à la blouse.

Pour couper ces patrons (*fig.* 318 à 322 inclus), prenez un type de corsage de la grosseur de l'enfant (33 ou

Fig. 317.

34 du haut du corps pour celui que nous étudions). Placez-le de façon à ce que le point A de nuque soit à 1 centimètre de la ligne A–B et à 1 centimètre au-dessous ; à la taille, faites un écart de 2 1/2 entre R de cambrure et la droite A-B ; entre le petit côté et le dos, laissez-en un autre de 2 centimètres ;

à la carrure, desserrez d'un centimètre et descendez l'emmanchure de 2.

L'épaulette est allongée d'un centimètre et l'em-

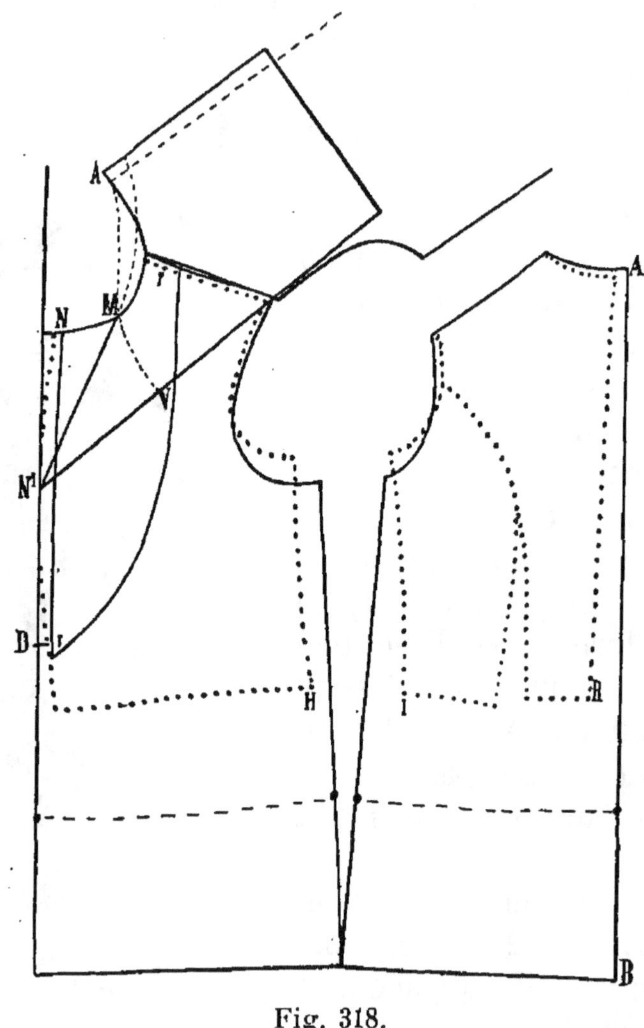

Fig. 318.

manchure du devant descendue de 2 centimètres, comme celle du dos.

La totalité d'écarts, tant au devant qu'au dos réunis, comprend 3 centimètres en haut, près de l'emmanchure ; à la taille, l'écart total entre i et H vaut

5 centimètres par l'élargissement fait au dos et au devant.

Le bassin mesuré à 9 centimètres de hauteur au-dessous de la taille, a une largeur totale de 50 centimètres ; c'est un excédent de 14 centimètres sur la mesure de l'enfant. Celle du bas de dos est de 25 centimètres sur 62 centimètres de longueur et celle du bas du devant, 27 centimètres.

L'encolure N¹ peut être ouverte d'une quantité variable *ad libitum* au-dessous du point N d'encolure normale.

Le milieu du devant est fendu jusqu'au point D (à 28 ou 30 centimètres au-dessous de N d'encolure normale), on rapporte une bande le long de cette ouverture du côté gauche ; la bande extérieure est coupée à 6 1/2 ou 7 centimètres de largeur, de façon à former un pli de 3 centimètres de largeur apparente au milieu duquel on perce trois boutonnières. A la fente du côté droit, on rapporte aussi une sous-patte de 2 ou 3 centimètres de largeur sur laquelle on pose les boutons.

Le plastron est coupé suivant la ligne parallèle à N–D et un peu plus étroit (1 centimètre environ que la blouse). Sa longueur dépasse un peu au-dessous du cran D (2 centimètres). Quant à sa ligne intérieure, on l'arrondit à volonté, une boutonnière placée au bas du plastron et une de chaque côté en haut maintiennent ce plastron sous la blouse qui porte intérieurement des boutons correspondants.

Pour couper le patron du col, repliez d'abord le revers sur le devant par la ligne de brisure N¹-M ; réunissez le dos à l'épaulette et tracez son montage du devant tel que la ligne M-V. Sur le côté de l'encolure, laissez deux fois la hauteur du pied de col

(2 centimètres pour 1 centimètre de pied ou 3 centimètres pour 1 1/2, selon ce que l'enfant peut sup-
porter de hauteur); venez terminer la ligne de montage du col sur le point A de nuque.

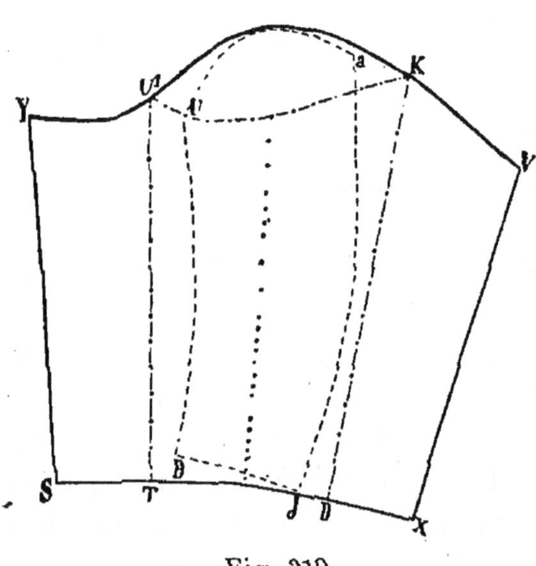

Fig. 319.

La manche (*fig.* 319) est faite aussi au moyen du
patron-type. La ligne D-K qui devient celle du pli du
côté du coude est élargie de 5 centimètres de *a* à *k*
et de 3 centimètres de J à D. La ligne U¹-T qui devient celle du pli du côté de la saignée est élargie de
4 centimètres de U à U¹ et de 3 centimètres de B à T.
Les surfaces comprises entre K-V-D-X et U¹-Y-S-T
fournissent par le côté du talon et de la saignée tout
le dessous de manche.

Le col blanc ou double col est tracé (*fig.* 320) au
moyen du devant et du dos de la blouse réunis par
l'épaulette.

La ligne de cassure du col doit être relevée exac-

tement semblable à celle du revers de la blouse (¹).

On pourra faire l'ouverture de la blouse plus longue ou bien celle de ce col plus courte à volonté.

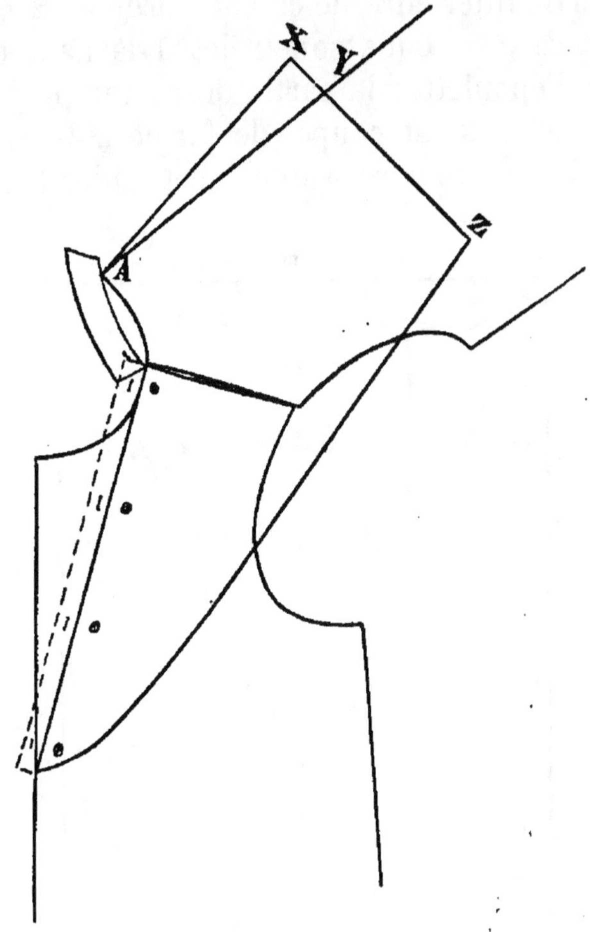

Fig. 320.

En tous cas, il faut que les deux soient semblables. La partie extérieure devra être laissée plus étendue à l'endroit marqué X–Y au dos ; l'écart entre ces points

1. En notre tracé, nous l'avons faite un peu plus longue (d'un bouton) qu'au tracé de la blouse.

est de 3 centimètres à ce tracé. La longueur du tombant derrière, ou la largeur, si on préfère, est de 20 à 21 centimètres; sa largeur de X à Z, de 18 à 19 centimètres.

La partie intérieure de ce col, large de 2 centimètres, est séparée dans son trajet à la hauteur de la couture d'épaulette; la partie de ce rempli intérieur destinée au dos est coupée de forme cintrée afin de fournir le jeu indispensable à cet endroit; jeu que

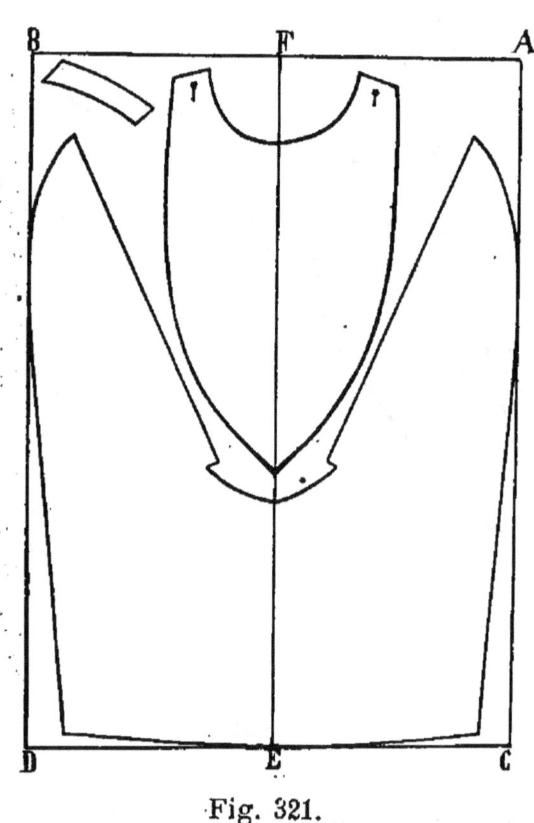

Fig. 321.

l'élasticité du tissu ne donnerait qu'en quantité peu notable, si ce col était en toile, ou insuffisante s'il était en drap.

La figure 321 nous montre la disposition du col

blanc et du plastron sur un tissu de 60 centimètres de largeur (double). Le métrage de longueur est de 44 à 45 centimètres.

Ce col et ce plastron sont coupés dans le sens du travers du tissu dont les lignes A-C et B-D représentent la largeur. Les lignes A-B et C-D sont donc dans le sens de la longueur du tissu. Le tracé a été établi de la sorte pour éviter les pertes qui résulteraient d'une disposition de ces patrons dans le sens opposé. Il est superflu d'ajouter que la ligne E-F ne fait que désigner le milieu du plastron et du col qui sont évidemment sans couture.

Sur une toile en 80 de largeur simple, on pourrait opérer le placement des patrons sur la largeur de 40 pliée et sur une longueur de 60 centimètres; mais il faudrait admettre que l'ouverture du revers fût moins longue, de même pour celle du col.

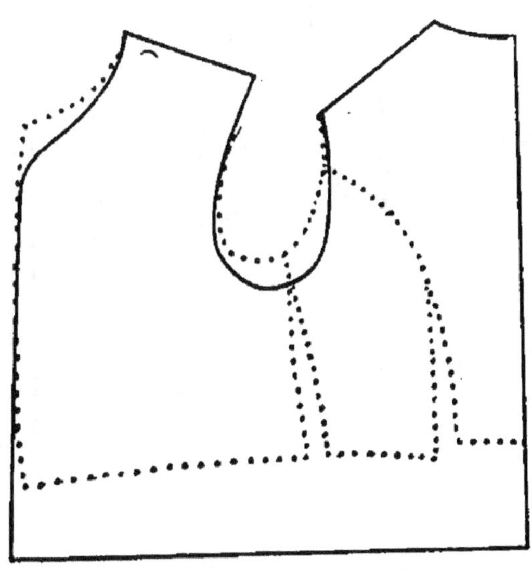

Fig. 322.

La figure 322 nous montre le plan du gilet de dessous, on le fait aussi à l'aide du corsage. Le

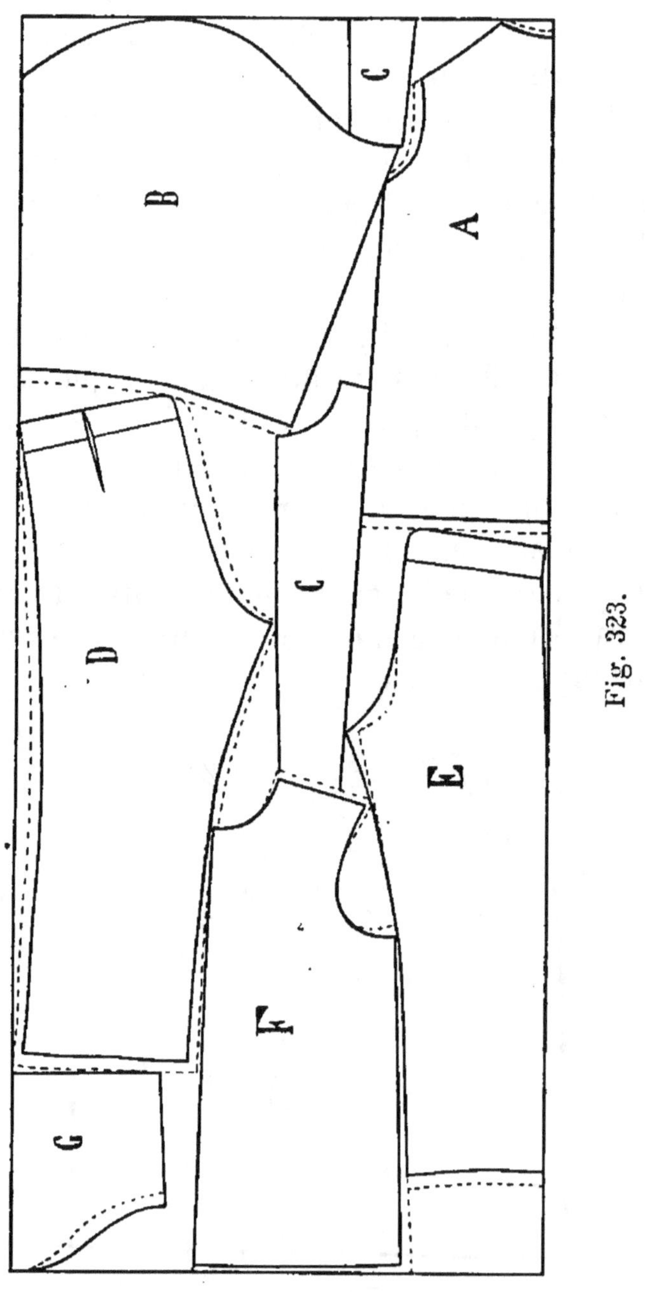

Fig. 323.

rempli du bas doit être pratiqué à une hauteur telle
que les boutonnières se trouvent situées juste à la

hauteur des boutons posés sur la ceinture du pantalon.

Le patron de ce dernier s'exécutera au moyen des principes développés pour le tracé 298 et avec les mesures pour 12 ans.

Comme conclusion de l'étude de ce costume, assez typique pour que nous ayons cru devoir le détailler aussi longuement, nous donnons, planche 323, le placement des patrons de la blouse et du pantalon sur un tissu de 70 centimètres de largeur (double). Le métrage employé est de $1^m,60$, mais le col de dessous devra être fait de plusieurs morceaux ou chutes de coupe. La disposition d'ensemble est « crottée » (pour me servir de l'expression consacrée, compréhensible seulement pour les initiés). Quant aux profanes, nous leur conseillons de donner la préférence à un peu plus de longueur pour avoir un tracé moins « serré ».

A, dos de la blouse ; B, manches ; C, garnitures (en deux morceaux et « crottées ») ; D, derrières du pantalon ; E, devants ; F, devants de la blouse ; G, dessus du col.

Pour faire ce dernier sans couture au milieu, ce qui est préférable, il n'y aura qu'à tracer sur un métrage plus long de quelques centimètres et placer ce patron avec sa ligne du milieu contre le pli du drap, au-dessous du patron de devant du pantalon. Le milieu du dos de la blouse étant habituellement sans couture, doit être placé aussi contre le pli du drap.

Costume pour fillette de 6 ou 7 ans
(*fig.* 324).

Ce costume comporte :

1° Une veste matelot droite devant et demi-ajustée du dos (¹) ;

Fig. 324.

2° Une petite robe droite de même étoffe que la veste et un corsage de dessous joints l'un à l'autre à une hauteur de 3 ou 4 centimètres au-dessous de la taille et du creux de la hanche. La jonction de ces deux pièces est faite par un surjet, le bord supérieur de la jupe doit être préalablement froncé et, après le montage, le surjet est recouvert d'une bande de tissu blanc pareil à celui de la garniture.

La veste et son col-châle sont coupés d'après un corsage-type placé comme la figure 325 nous le montre.

Ce sont simplement quelques déplacements de coutures à faire. La pince du devant (traits pointillés) est supprimée ; on en fait une petite de sous-bras (traits barrés). Le devant est presque sans croisure (2 centimètre au plus en coupant le patron), ce qui donne un bord à bord le vêtement fini.

La longueur du dos est de 45 centimètres.

---

1. Toutes les parties qui composent la veste sont en lainage uni ou même en tissu de coton ; ainsi, les devants, le dos, le col-revers et le carré marin du dos peuvent être faits en lainage uni ou en tissu de coton. La garniture est en drap blanc ou toile blanche selon que le vêtement est fait en lainage ou en tissu de coton.

Quant à la coupe du col, pour éviter des redites, nous rappelons seulement qu'il faut donner à la ligne du tombant une longueur au moins égale à celle qu'elle recouvre au vêtement, et que la longueur du montage doit être tenue légèrement plus courte que celle du montage de l'encolure, enfin que le pied doit être un peu tendu avant l'assemblage du col.

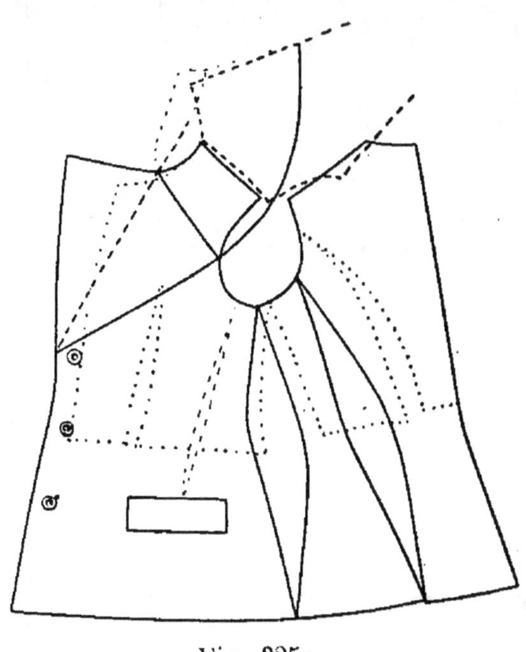

Fig. 325.

Le corsage de dessous est fait aussi au moyen du corsage-type et avec quelques déplacements ou suppressions de coutures comme l'indique le tracé 326. La taille est allongée de 3 ou 4 centimètres.

La manche est de forme ample du haut; sa largeur totale pour le dessus et le dessous est de 40 centimètres (déjà large pour cette grosseur). Le bas est presque ajusté comme celui du modèle-type. La manche a, comme on le voit, un dédoublage du côté de la couture du coude. Elle a aussi un petit excédent à la hauteur de tête (4 centimètres). Le trajet de la manche-type est indiqué en traits pointillés.

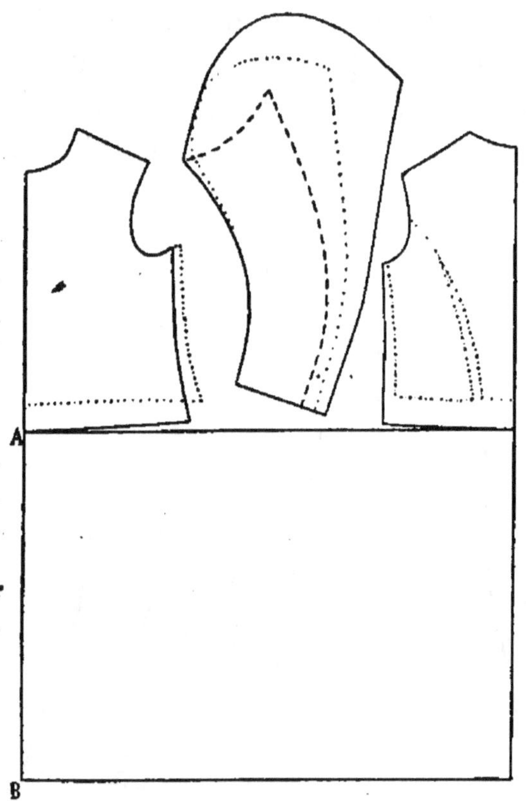

Fig. 326.

La jupe (*fig*. 326) est un rectangle de 57 1/2 de largeur sur 40 centimètres de hauteur. On doit placer ce patron sur le tissu de façon à ce que sa ligne A-B soit contre un pli. La couture est derrière. Cette jupe, étant coupée sur un tissu double, a donc une largeur totale de 1^m,15. Si par une cause quelconque, soit largeur du tissu ou ampleur plus grande de la jupe, il fallait élargir ce patron, on rapporterait un lé de côté, d'une largeur quelconque, suivant d'ailleurs celle du tissu employé. Ainsi, si l'on avait à couper cette jupe sur un tissu de 80 de largeur simple, on plierait d'abord l'étoffe en deux et on ferait une partie de devant ou tablier en lui laissant la largeur du tissu plié pour sa partie du bas (soit 20 centimètres double), ensuite on donnerait au tablier (en haut) une largeur de 13 ou 14 centimètres par moitié ; au lé de côté, 30 centimètres de largeur du haut en bas ; au lé de derrière, même quantité du haut en bas. En totalisant, on aurait $20 + 30 + 30 = 80$ centimètres pour moitié de la jupe. Si la jupe devait avoir moins de $1^m,60$ de tour entier, on diminuerait un peu chaque lé.

Avec cette combinaison, le lé de derrière devra être fait sans couture au milieu et l'ouverture sera aménagée dans la couture du lé de devant (du côté gauche). On rapportera une sous-patte cousue en haut du lé (côté) et recroisant sous le tablier ou devant.

On confectionne ce costume avec $1^m,75$ (ou à peu près) d'un tissu de 60 de demi-largeur.

Jupe et blouse pour fillette de 7 ans (*fig.* 327).

Ce costume se compose d'une blouse bouffante en tissu lainage fantaisie uni, de ton clair ; d'une jupe en pareille étoffe ou d'une nuance plus foncée, si on le désire.

Fig. 327.

La blouse est garnie d'un empiècement et d'une ceinture de soie blanche ; un volant pareil est posé

au bord de l'empiècement et sur la couture de l'emmanchure.

On peut aussi faire l'empiècement et la ceinture
en lainage pareil à celui de la blouse et donner à
l'ensemble de la toilette une note élégante et soignée
en portant, avec la blouse faite entièrement de même
tissu, un grand col en mousseline ou guipure (si
seyant pour les enfants). La doublure de ce corsage
peut être coupée avec un ajustage complet, par une

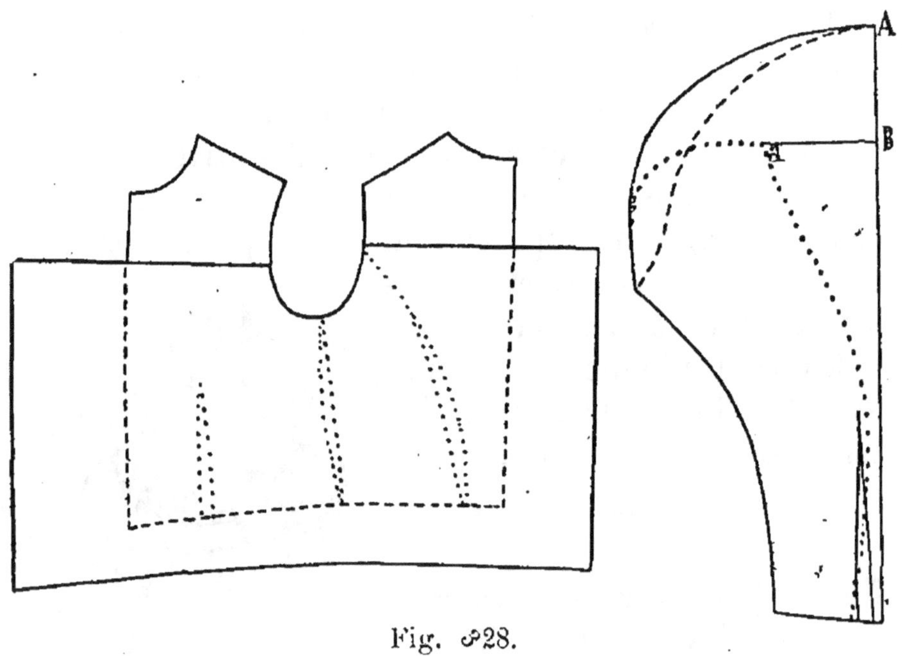

Fig. 328.

pince devant (*fig*. 328) ou avec un ajustage modéré,
c'est-à-dire sans pince([1]).

La doublure sera coupée au moyen d'un patron
type de la grosseur de l'enfant. Sur cette doublure,
on drapera le bouffant de la blouse coupé en tissu de
dessus avec 7 centimètres de plus en largeur que

1. Ce dernier est préférable.

toute la partie du dos et 9 centimètres pour toute la partie du devant parallèlement au patron type.

On allonge le devant de 3 centimètres environ au-dessous de la taille ; il est cousu au bord du corsage et retombe un peu sur le haut de la ceinture.

La jupe a la forme un peu cloche et non pas rectangulaire, parce qu'elle est presque plate aux hanches et fait un peu l'éventail dans le bas. Sa coupe doit donc être le développement d'un tronc de cône à centre très éloigné et à base peu évasée ; une sorte de trapèze circulaire comme la jupe de la figure 333, mais moins évasée à la base. Le milieu du devant de cette jupe est sans couture ; l'ouverture se fait derrière. La longueur de la jupe est de 50 centimètres pour le genre fillette dessiné n° 327.

Quelques fronces faites en haut de cette jupe, à sa partie arrière, la ramènent à la largeur de la mesure de ceinture de l'enfant.

La manche, présentée pliée en deux sur une ligne située en plein milieu de la ligne du coude, est obtenue en plaçant le patron type selon les pointillés et en laissant un écart de 9 centimètres entre a et B comme entre B et A. Le bas est ajusté par une pince située au-dessous de la manche.

Ce patron est supposé coupé sur une feuille de papier double, repliée sur sa ligne A–B. En posant ce patron sur le tissu, il faut donc l'ouvrir sur cette même ligne A–B pour couper les deux parties du dessus et du dessous en un seul morceau.

Robe longue, genre marin, pour fillette de 7 à 8 ans (*fig.* 329).

Ce costume peut être fait en lainage léger uni, ou bien, s'il doit servir pour l'été, en tissu de coton.

La robe est longue, flottante, ouverte en cœur jusqu'à la ceinture. Un col marin en toile blanche avec un galon

Fig. 329.

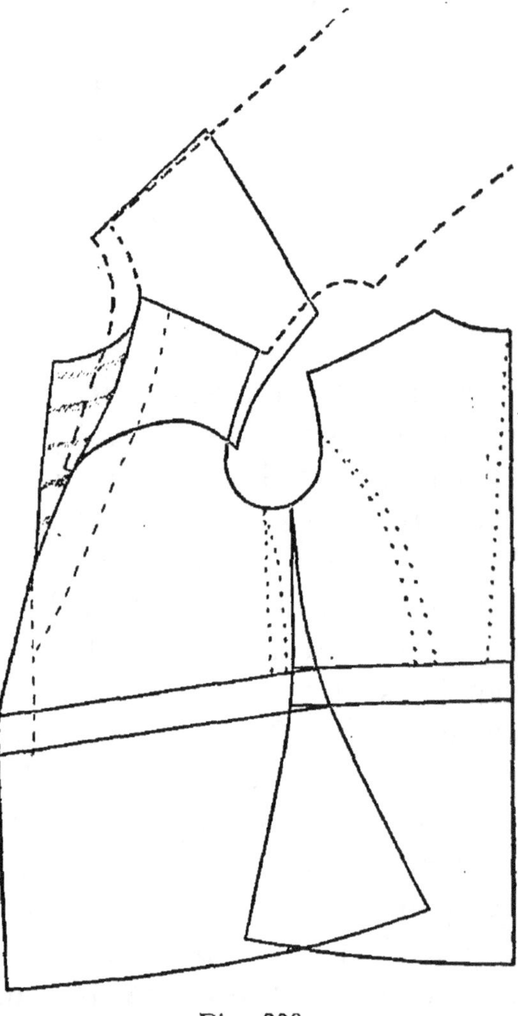

Fig. 330.

de fantaisie posé au bord est fait mobile ; c'est-à-dire que le col porte des boutonnières à son repli intérieur ; et des boutons posés sur l'encolure de la blouse permettent, au besoin, d'enlever et de remettre ce col.

Une chemisette ou un plastron de toile blanche, garni à intervalles réguliers de galons posés horizontalement, remplit le vide laissé par la coupe biaisée et ouverte de l'encolure.

On fait une ceinture en étoffe pareille à la robe.

Les manches sont de forme ballon, du même genre de coupe que celle de la figure 328.

Le patron (*fig.* 330) se construit comme les précédents, au moyen d'un type de grosseur appropriée. Le milieu du dos et celui du devant sont sans couture. Les côtés et les épaulettes sont cousus. L'entrée de la blouse se fait par l'encolure dont un des côtés, le gauche, s'agrafe sur le plastron.

La longueur du dos est de 65 centimètres. Sa largeur est de 20 centimètres au bas et de 16 centimètres à la ceinture.

La largeur du devant est de 33 centimètres au bas et de 25 centimètres à la ceinture.

Le bassin, mesuré à 8 centimètres de hauteur au-dessous de la taille, a, pour le dos et le devant, une largeur de 48 centimètres, soit 11 centimètres de plus (ou à peu près) qu'un bassin de 7 ou 8 ans (37 centimètres).

Le col est coupé comme l'encolure et d'après la surface correspondante du dos et du devant réunis par l'épaulette.

Jupe cloche et blouse drapée pour fillette de 8 à 9 ans (*fig.* 331).

Ce costume est composé d'une blouse en surah crème avec col drapé et ceinture de même étoffe, d'une jupe en cheviotte bleue de forme cloche.

Dans le tracé de la figure 332 nous avons dessiné

en traits pleins le corsage drapé extérieur et en traits barrés la doublure de cette blouse. Rien à signaler comme particularité à cette dernière qu'un déplacement de la couture du dos au côté, et, encore, cette couture peut être placée à volonté.

Fig. 331.

Au tissu drapé du dessus, la carrure est élargie de 7 centimètres de L à L¹, ainsi que le sous-bras, de Z à Z¹. Devant, le point N¹ est éloigné de 18 centimètres de N et le point d l'est de 10 centimètres de D.

Le bas du devant est allongé de 5 ou 6 centimètres pour former le gonflement produit au-dessus de la ceinture et concurremment avec les plis du devant faits à l'encolure.

La ligne d'encolure se montre plus pleine et l'épaulette est dans une position plus renversée, de M sur M¹. Dire de combien est chose impossible, puisque tout dépend du genre de plis que l'on veut faire, de leur nombre, de leur position, de leur profondeur (¹). A ce tracé, la distance entre M et le même point M¹ déplacé, égale 4 centimètres.

1. *Règle générale.* On doit se dispenser de couper immédiatement et nettement toutes les parties destinées à être drapées. On doit ébaucher, dégrossir, couper enfin selon des lignes se rapprochant de la forme définitive ; puis endosser sur un buste la doublure essayée, parfaitement ajustée et tendue. On procède ensuite à la draperie des étoffes extérieures et après cette opération, on recoupe autour des emmanchures et de l'encolure.

On conçoit donc que la forme des lignes M¹-N¹ est forcément variable.

Au corsage que nous décrivons, les fronces de l'encolure sont faites sur une très petite étendue et très serrées (¹) au milieu, devant, tandis que les fronces, à l'endroit de la ceinture, sont, au contraire, divisées, et s'étagent en gerbe dans toute la partie du devant de la taille. Au dos, les fronces sont faites très serrées à la ceinture et à l'encolure, mais de façon à former des plis verticaux bien tendus sur toute la surface du dos.

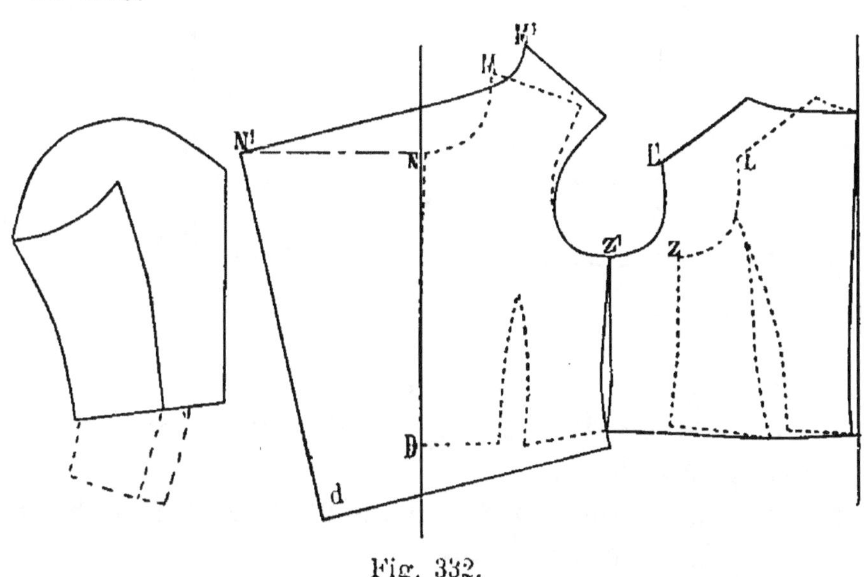

Fig. 332.

Les manches ont une gerbe de fronces également formées en haut et en bas vers le milieu du dessus ; elles sont de forme courte et avec poignet. Disposées comme au dessin 331, elles demanderaient une largeur totale de 25 centimètres par moitié en haut et pour le bas une autre de 15 centimètres aussi par moitié.

1. C'est-à-dire rapprochées.

Le patron 332 est moins large, mais on lui donne facilement plus de tête et de talon.

La jupe se circonscrit dans un rectangle A-B-C-D. E-B est le devant de la jupe ; cette partie se fait sans couture (*fig.* 333).

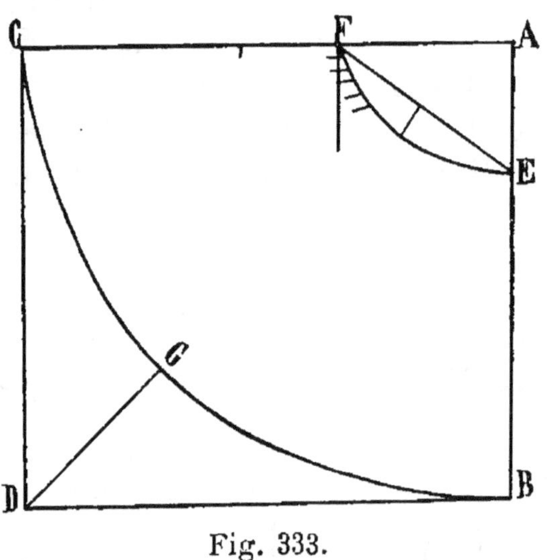

Fig. 333.

F-C est le milieu derrière. En haut on laisse une ouverture de 16 ou 18 centimètres pour aider à revêtir cette jupe.

De A à E, comptez 25 centimètres ; de A à B 88 ; de A à F, 35 ; de A à C, 95.

Réunissez E à F par une droite au-dessous de laquelle vous creuserez de 6 centimètres vers son milieu ; puis tracez la courbe de ceinture sur ces trois points.

Pour arrondir le bas, partagez l'angle D en deux parties par la ligne D-G à laquelle vous donnerez une longueur de 36 centimètres.

L'excédent de largeur à la ceinture devra être plissé, derrière, jusqu'à réduction à la mesure de grosseur.

Le corsage de surah avec la ceinture, les manches et le

col emploie 2ᵐ,50 d'un tissu de 58 (simple). Or, cette largeur de 58 repliée n'a qu'une étendue insuffisante pour fournir aussi les devants de l'ampleur réclamée, Pour obvier à l'inconvénient, on les réduira un peu devant, ou bien on dissimulera, dans les fronces, la couture d'un morceau rapporté. La doublure demande, manches comprises, 75 centimètres d'une satinette de 40 centimètres de largeur (double).

La jupe emploie 1ᵐ,55 en 70 centimètres de largeur (double) ; mais, vu son ampleur, il faut lui rapporter un tablier, c'est-à-dire la faire avec un lé double devant et deux lés de côté (le gauche et le droit) ; les deux lés finissent la jupe derrière. Le tablier de devant aura une largeur telle que la partie du double lé des côtés puisse se trouver dans la largeur du drap.

Costume marin pour fillette de 10 ou 11 ans (*fig*. 334).

Ce costume, nous devrions plutôt dire cette robe, est faite d'un lainage ou d'une flanelle de coton uni ou fantaisie.

La doublure de ce corsage est presque complètement ajustée et recouverte des devants en lainage, froncés sur toute la ligne d'épaule. Les devants s'ouvrent en cœur, presque jusqu'à la ceinture et découvrent un plastron de toile blanche unie. Ce plastron est garni de petits galons à l'encolure et brodé d'une

Fig. 334.

ancre sous le col, au milieu du devant. Ils se boutonne sous le devant de gauche.

Le col genre Chevalière se renverse largement sur les épaules.

Les devants de la blouse sont coupés de 12 centimètres au milieu devant et de 6 centimètres à la couture du côté, plus longs que la doublure et retombent en flottant sur la jupe.

Les deux points, I et H sont fixés l'un sur l'autre à l'intérieur.

Un petit nœud de nuance assortie à la robe est fixé à la partie inférieure de l'échancrure en cœur du corsage. Le dos non bouffant se garnit de trois plis plats. Ces plis peuvent être rapportés sur le corsage de doublure recouvert de tissu du fond ou bien faire partie du dos (voir notre tracé 335); en ce dernier cas, on devra plisser le tissu avant de le tendre sur la doublure.

La jupe coupée rectangulaire sur une hauteur de 55 centimètres et une largeur de 1^m,20 par moitié est réunie au bas du corsage après l'avoir froncée et mise à la mesure de ce dernier. On recouvre la jonction de la jupe au corsage, pour la partie du dos, d'une ceinture de 3 centimètres de largeur finie et fixée de chaque côté à la couture du devant (au petit côté.

La jupe se double en alpaga, assorti à la nuance, depuis le bas jusqu'à 10 centimètres de la taille (ligne X-Y). Un nœud pareil à celui du devant de corsage vient orner le milieu de la ceinture par derrière.

Le patron de la doublure n'est que la reproduction d'un corsage type de la grosseur de 10 ans. Le dos est élargi de 11 centimètres pour la partie extérieure **et le devant de 8 centimètres.**

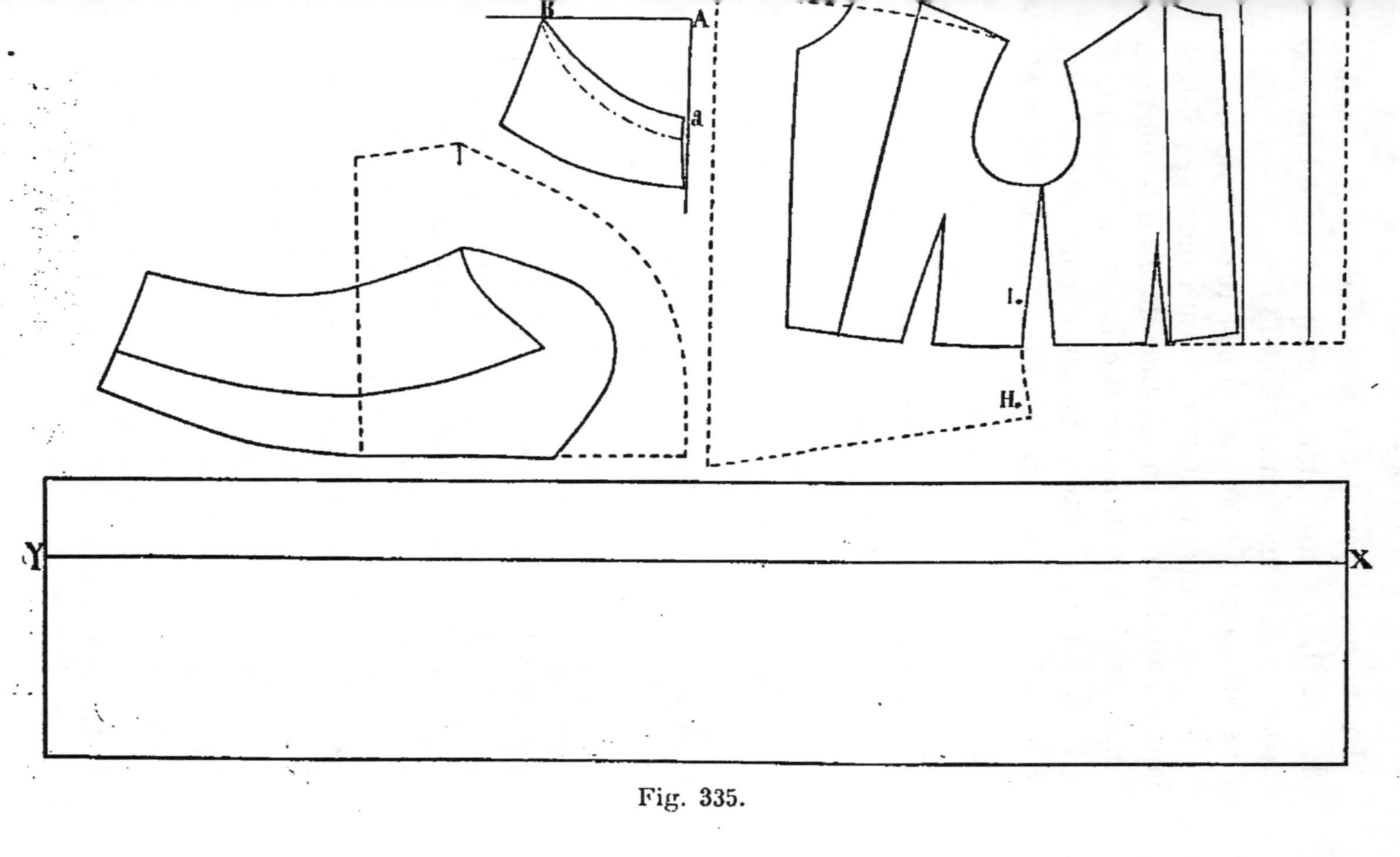

Fig. 335.

La manche peut être coupée de forme ballon (*fig.* 328), ou avec même coupe moins large, ou encore en deux morceaux (*fig.* 335).

Le col a une forme très courbe (ce qui lui donne du jeu au tombant) et une cassure dégagée. Placé dans un angle droit, sa distance de *a* au sommet de l'angle est de 9 centimètres et celle entre les points A et B, de 13 centimètres. La largeur du tombant est de 5 centimètres derrière et 10 centimètres devant.

Robe simple d'étude pour fillette de 9 à 10 ans (*fig.* 336).

Fig. 336.

Cette robe consiste en : 1° un corsage de dessous en doublure (tracé 337-A), ajusté et recouvert d'un autre corsage en tissu écossais (*fig.* B et C); ce dernier plus large que la doublure. Le dos est élargi de 4 ou 5 centimètres et le haut du montage du sous-bras hausse un peu, en prévision du changement de position occasionné par les fronces du dos (à la taille). Au devant, pareil déplacement de hauteur et de largeur du point Z sur Z^1 pour la même prévision relative aux fronces. Le bord s'élargit de 2 ou 3 centimètres (traits barrés) pour permettre de faire quelques fronces au milieu du haut (devant).

Le changement de position de Z à Z^1 est de 2 centimètres; l'élargissement a la même valeur en haut

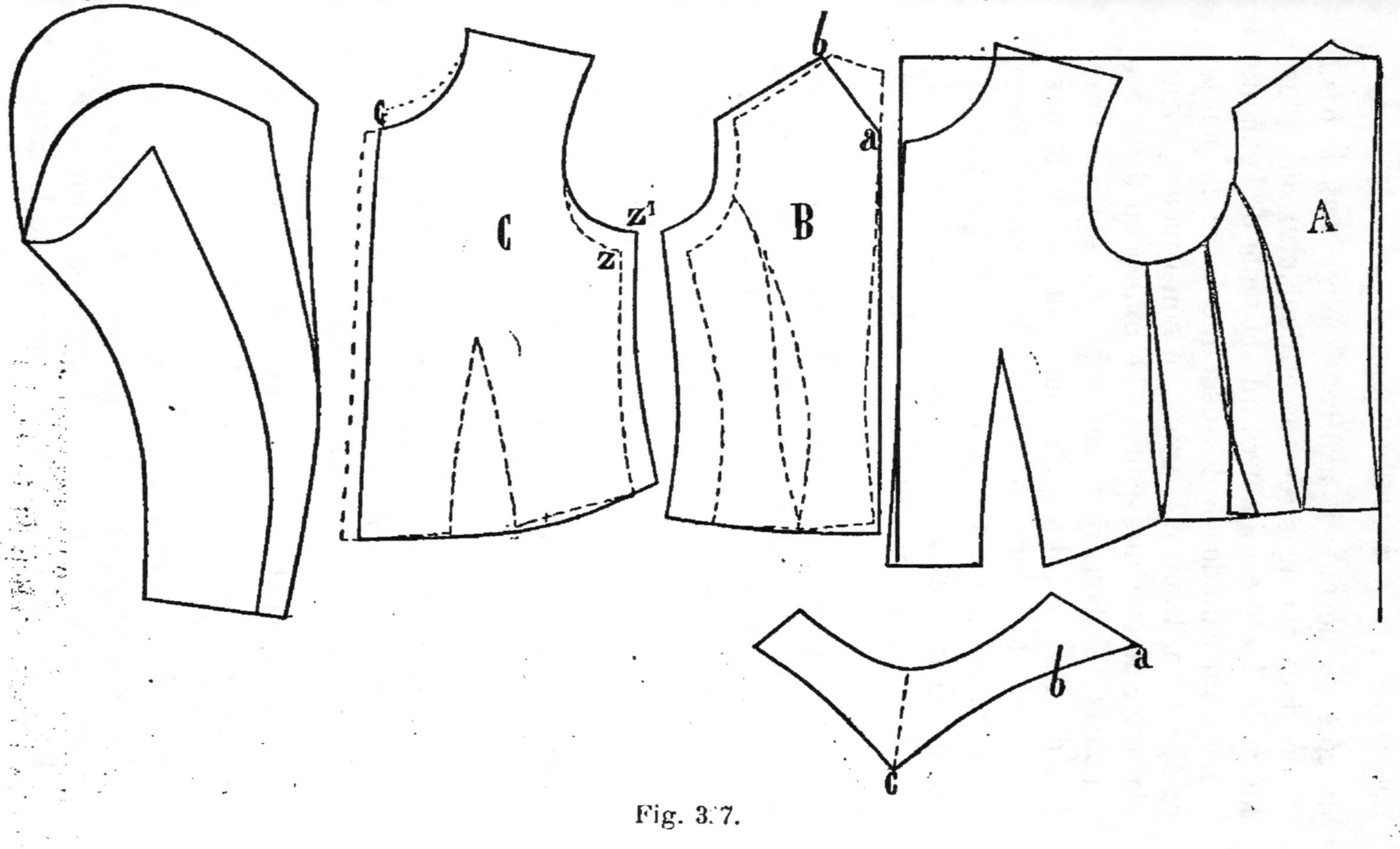

Fig. 37.

du côté de devant; il a 3 centimètres vers le bas.

Les deux corsages (dessus et doublure) sont plus longs de 5 à 6 centimètres que la taille de l'enfant.

L'encolure du dos de dessus a une forme en pointe (*a-b*) à laquelle un col, coupé en conséquence, vient s'adapter aux mêmes points. Le milieu du devant a l'indice C. Le boutonnement de la robe se fait au milieu du dos; le col s'agrafe aussi au milieu du dos.

La manche a une coupe dédoublée, un peu large et haute en haut. On peut ajuster le bas par des pinces ou rapporter un poignet en raccourcissant la manche d'une quantité égale à la hauteur de ce poignet.

La jupe, d'étoffe pareille, a la forme d'un rectangle haut de 55 centimètres et large de 85 centimètres par moitié. Cette jupe se rattache à l'extrémité inférieure du corsage; sa jonction est cachée par la ceinture.

La robe se coupe dans le sens du biais de l'étoffe.

Le col, la ceinture et les poignets sont faits en tissu uni assorti à l'une des teintes de l'écossais.

***

Petit manteau à manches-manchon pour fillette de 5 à 6 ans (*fig.* 338, vues du dos et du devant).

On pourra choisir, pour confectionner ce petit vêtement, de la cheviotte bleue ou loutre.

Il est formé :

D'un dos, séparé horizontalement à la taille et à 6 ou 7 centimètres plus bas. La partie inférieure de ce dos (en forme de rectangle) est plissée et ramenée à la largeur Q-R à la taille. La largeur de la basque rectangulaire est de 33 centimètres. La longueur totale du dos en comprend 73 (*fig.* 339);

D'un devant N-D-T P-U-L' avec emmanchure un peu agrandie par le dessous (comme l'indiquent les traits pleins comparés aux traits pointillés du corsage type);

Fig. 338.

D'un dessus de manche pèlerine attenant au devant de ladite pèlerine et formant pince à l'épaule L'. Ce patron est marqué des lettres N-E-F-G ;

Du dessous de la manche pèlerine marqué des lettres N-H-I-J-K-M.

La partie I-H de ce dessous, rapportée à la ligne E-F de la pèlerine de dessus par une couture intérieure, forme le manchon ;

D'une manche ordinaire, mais un peu large, fixée à l'emmanchure sous la pèlerine ;

D'un col Chevalière assez large de tombant (5 centimètres derrière et 7 centimètres devant).

Le point S de la manche pèlerine est celui où elle

se replie intérieurement quand le point F est rejoint au point I.

La longueur S-Y égale la longueur Q-V-L du dos.

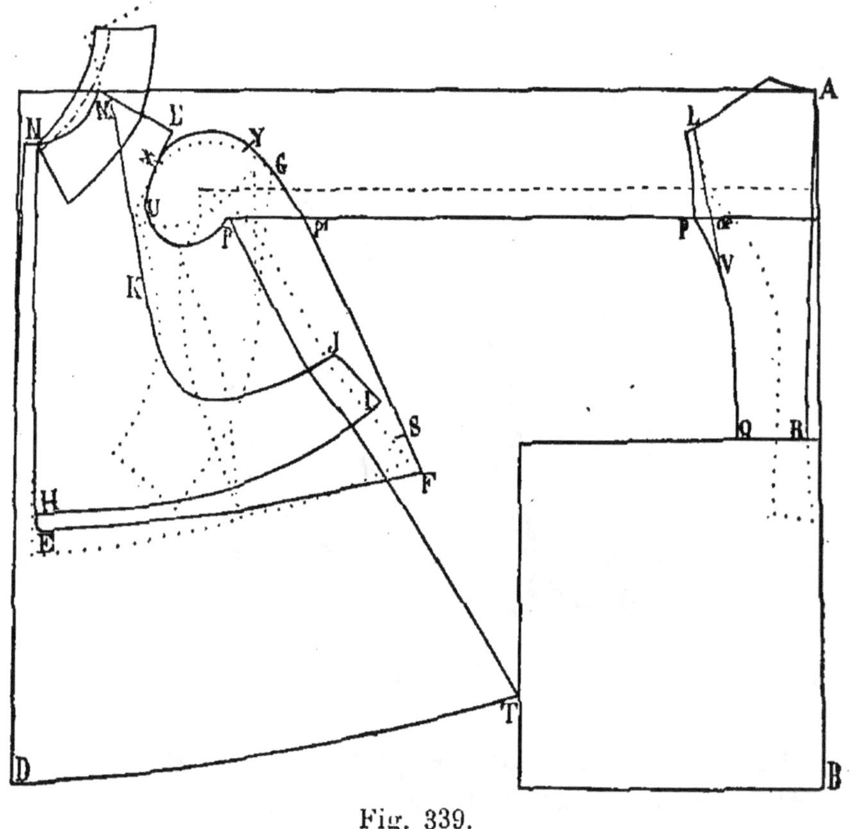

Fig. 339.

La longueur du dessus de manche comprise entre les points Y-L' est à placer en embu, en fronces entre les points Y et X de la fin de pince.

Ce vêtement ayant une vraie emmanchure L'-X-U-P pour le devant et P-L pour le dos, il en résulte que la manche pèlerine doit être cousue sur la ligne L-V du dos.

Pour se rendre bien compte de l'assemblage des diverses parties de ce vêtement, il faut bien se figurer le devant à sa partie supérieure, passant par les traits pleins N-M-L'-X-U-P. C'est l'épaulette et l'emmanchure du dessous. Ce devant est situé entre le dessous de manche proprement dit (N-M-K-J-I-H) et la pèlerine dont le haut est calqué sur l'épaulette du devant; car ses lignes N-M-L-X coïncident jusqu'au point X avec les mêmes lignes du devant.

La tête de la manche pèlerine est un peu plus élevée que celle de la manche ordinaire (c'est-à-dire celle montée dessous).

La longueur de cette pèlerine faisant manche-manchon peut être calculée par celle de la manche du dessous (voyez les pointillés). A notre tracé, elle est un peu plus longue; mais, si on voulait arrêter cette longueur juste à la hauteur des coudes pliés, il suffirait de se rappeler que les coudes se plient presque à la hauteur de la taille (un peu au-dessous). Au lieu d'allonger cette taille de 6 ou 7 centimètres, ainsi que nous l'avons fait, il faudra l'allonger de 2 centimètres seulement et fixer le point S d'après la longueur L-V-Q sur Y-S.

Il est utile de ne pas oublier non plus que la distance Y-G-P' du devant égale celle du dos L-*ae* et que les points P' et *ae* appartiennent à une ligne tirée d'équerre sur la verticale A-B.

La ligne du côté de la manche pèlerine Y-G-P'-S est prise de 7 centimètres en dehors de la ligne T-P de côté (paletot de dessous). Cette largeur est nécessaire au relief du bras.

Le bas de dos Q-R a, ici, une largeur de 7 centimètres; toutefois, cette largeur est facultative.

Un corsage de fillette de 6 ans, avec prolongement du bassin entier, est disposé sur le manteau même (en traits pointés), pour bien mettre en évidence leurs relations respectives : déplacements de couture, combinaison entre les différentes parties du manteau, etc., etc.

Au risque d'être trop prolixe, nous dirons que, en endossant ce manteau, le bras passe en entrant pardessus la ligne M-K-J (dessous de manche) et se trouve recouvert par la pèlerine. Quant au devant (lignes D-T-P-U-X-L'-M-N), il est placé immédiatement sur la robe.

Ce vêtement emploie 1^{m},60 de tissu en 70 centimètres de largeur double ([1]).

On pourra également, pour couper, user du tracé particulier aux manteaux (*fig.* 237). Nous donnons aussi le tracé 339 pour varier les procédés à employer; lesquels procédés importent peu, à la condition *sine qua non* que l'aplomb des pièces et leurs dimensions soient respectivement observés.

Fig. 340.

Manteau pour fillette de 5 à 6 ans (*fig.* 340).

Notre modèle, fait en petit drap léger uni, se compose d'un empiècement carré (devant et derrière) auquel se rattachent le dos et les devants montés avec fronces au bord inférieur de l'empiècement.

Le devant de droite est percé de boutonnières et

____

1. Les manches de dessous sont comprises dans cette mensuration.

les boutons, conséquemment posés du côté gauche, peuvent être de corozo ou de métal de fantaisie.

On coupe ce vêtement aussi long que la robe et on le double d'une légère flanelle ou d'une soie assortie à la teinte du drap.

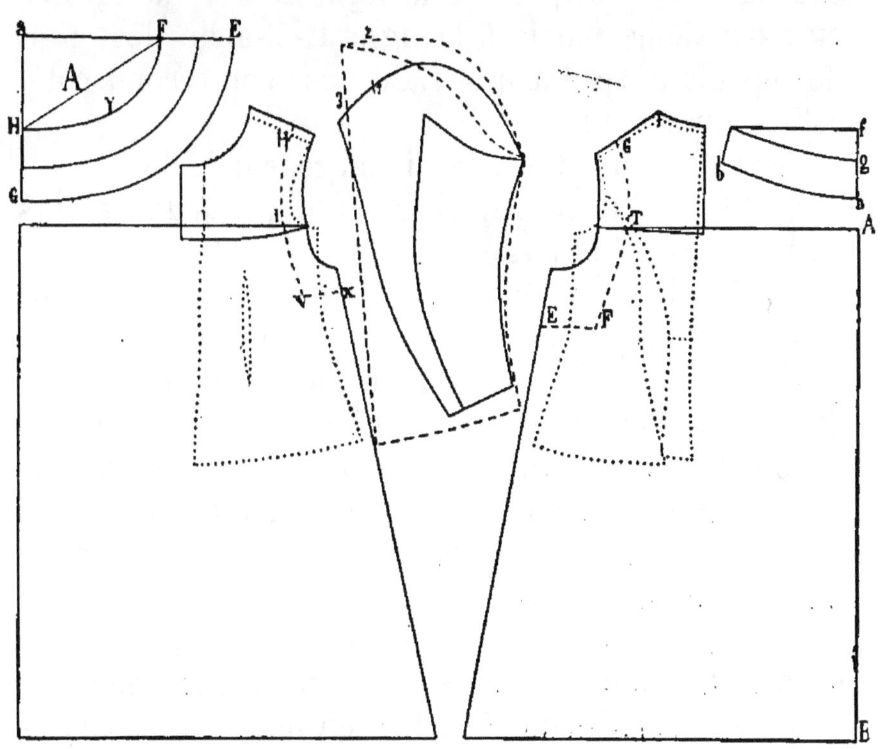

Fig. 341.

La manche est d'un seul morceau avec couture à la saignée. Elle se fronce au bord inférieur (à la largeur de la doublure) et se garnit d'un poignet.

L'épaulette, dont notre dessin 341-A ne représente que la moitié, comprend trois bandes superposées qui sont cousues sur l'épaule aux places indiquées (E-F-T-G au dos et H-I-V-X aux devants).

Cette épaulette triple est tracée dans un angle droit (*a*-E, *a*-G). La distance entre les points *a* et F est de 19 centimètres, celle entre *a* et H, de 13.

Après avoir réuni par une droite F et H, il faut creuser de 4 centimètres au-dessous et vers le milieu, puis tracer la courbe F-Y-H. La ligne G est placée au milieu de l'épaulette; elle doit être sans couture. La courbe H-Y-F est jointe à la ligne H–I–V du devant, et sa deuxième partie à la ligne G-T-F du dos. F–E de l'épaulette se fixe à F–E du dos; son second côté, à V–X du devant.

Ces trois épaulettes sont de largeur inégale.

La figure 341-A n'en représente que deux, la plus large et la moins large ([1]).

On fait le tracé du manteau pour l'empiècement et la partie inférieure au moyen d'un patron type de la grosseur voulue (traits pointillés). L'emmanchure du dos et celle du devant sont baissées de 3 ou 4 centimètres et élargies d'autant pour le dos et le devant. Il y a un recroisement de 1 centimètre au dos et 1 1/2 au devant, entre la pièce d'épaules et la partie inférieure du manteau.

En arrière de l'empiècement (milieu du dos) et en avant (milieu du devant), la partie inférieure du manteau s'élargit de 20 à 22 centimètres. La manche de dessus a sa partie du milieu (dessus) sans couture; par rapport à la manche ordinaire (doublure figurée en traits pleins), l'écart entre les points 1 et 2 est de 6 centimètres, entre 1 et 3, de 5 centimètres. La manche est large de 24 centimètres en haut et de 20 en bas par moitié.

Le col (droit) est présenté dans un angle droit, la distance *f-g* est de 4 centimètres; la hauteur *g-a*, de 4 1/2, la longueur du montage *a-b*, de 15 1/2.

---

1. L'une a 11 centimètres de largeur et l'autre, 6 centimètres.

La longueur du dos de ce manteau est de 84. Il faut environ 2ᵐ,45 à 2ᵐ,50 de tissu en 60 centimètres de largeur (double) pour le trouver.

Manteau plissé avec capuchon à revers pour fillette de 5 ans (*fig.* 342).

Ce manteau se fait avec de la peluche de soie lo tre et se double de satin marron ouaté. Il est orné d'un capuchon doublé de satin écossais (marron et beige).

Le devant du manteau se ferme par trois boutons qui demeurent invisibles ; le pli du milieu du devant les cache.

Les manches sont disposées en quatre gros plis creux qui ramènent l'ampleur du ballon à la mesure du tour de l'emmanchure.

On borde le capuchon d'une bande de peluche posée à plat.

Selon les goûts, cet élégant manteau emploie aussi du velours ou du drap qu'on doublera de taffetas ou de petit tartan à carreaux assorti au tissu choisi pour le manteau.

Fig. 342.

Pour sa construction, on se sert d'un corsage type de la grosseur de l'enfant. On laisse au dos, en dehors du milieu du dos, 22 centimètres pour faire un double pli creux.

On descend la profondeur d'emmanchure de 2 ou
3 centimètres (*fig.* 343).

On réserve en dehors du milieu du devant 24 centimètres pour le double pli creux. En dehors de la
ligne d'emmanchure et de côté, on réserve aussi 15
à 16 centimètres pour faire un pli plat qui vient
rejoindre le pli creux du devant.

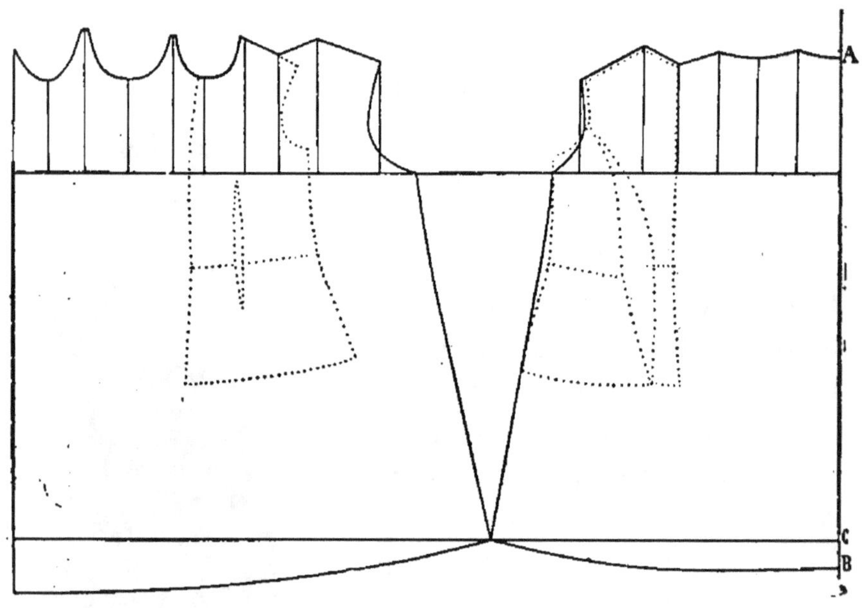

Fig. 343.

On descend ensuite la profondeur d'emmanchure
de 2 ou 3 centimètres, comme au dos.

La longueur du dos est de 70 centimètres et le bas
du côté se trouve d'équerre sur A–B, ligne située à
66 centimètres de la nuque A, ligne C.

Connaissant la longueur de montage du côté du
dos, on fixe celui du côté du devant et pour fixer la
longueur du devant on applique celle du dos, plus 10
ou 11 centimètres, selon la tenue de l'enfant.

La manche ballon coupée en deux morceaux

(*fig.* 344) offre une répartition particulière de sa largeur du haut par rapport à la position comparée du dessous de manche. Cette largeur est ajoutée presque également par moitié de chaque côté en dehors de la saignée et du talon. La hauteur supplémentaire laissée au-dessus de la tête de manche du patron type est de 16 centimètres. La largeur

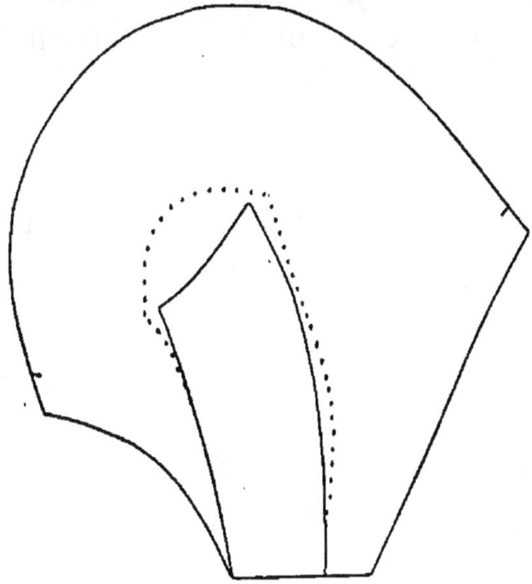

Fig. 344.

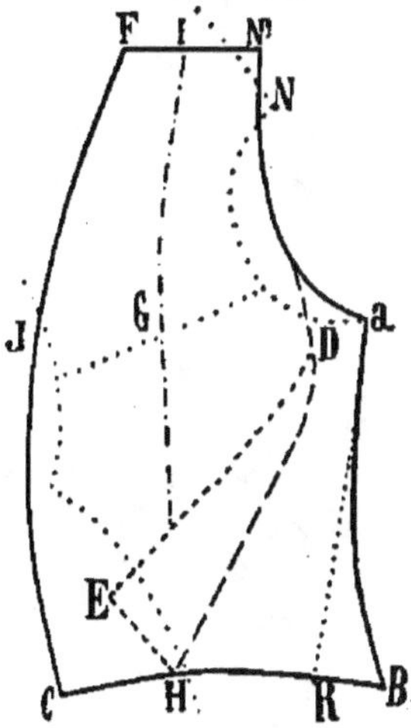

Fig. 344 *bis.*

totale de cette manche, c'est-à-dire pour le dessus et le dessous, vaut 60 centimètres; au bas, cette largeur est de 19 à 20 centimètres aussi, pour le dessus et le dessous additionnés.

Les plis sont faits à partir du talon et de la saignée du dessus de manche, à 4 centimètres d'éloignement. Le dessus de manche du patron type est indiqué en pointillés.

Pour tracer le patron du capuchon, il faut réunir par l'épaulette, le dos et le devant du patron type de corsage, puis tracer les contours du capuchon d'après les traits pleins de la figure 344 *bis.* La longueur de la ligne *a*-B est de 23 centimètres, la largeur du bas B-C, de 20 centimètres, celle du devant N¹-F, de 7 à 8 centimètres. L'écart entre N et N¹ chiffre 3 centimètres et celui entre R et B, 3 à 4 centimètres.

Le corsage type est indiqué en pointillés et la partie reversible du capuchon en traits barrés C-J-F viennent se placer sur H-G-I, lorsque le capuchon est sur la personne, et *a*-B sur D-E.

Manteau genre Empire pour jeune fille de 13 à 14 ans
(*fig.* 345).

Ce vêtement est fait en lainage uni et doublé de flanelle tartan.

Il se compose d'un empiècement carré au devant et au dos, auquel sont fixés le dos et les devants qui sont montés avec fronces au bord de l'empiècement.

Trois boutons apparents ferment le bord de l'empiècement.

Pour la partie inférieure du devant, le boutonnement continue jusqu'à la ceinture, mais les boutons sont couverts par un pli creux.

Fig. 345.

Les manches. de forme ballon. sont terminées par

un poignet de velours assorti à la nuance du manteau. Le col est de forme chevalière en velours également.

Ce vêtement confectionné en tissu léger, comme
par exemple du tussor ou de l'alpaga est d'une utilité
incontestable pour les voyages ou la campagne.

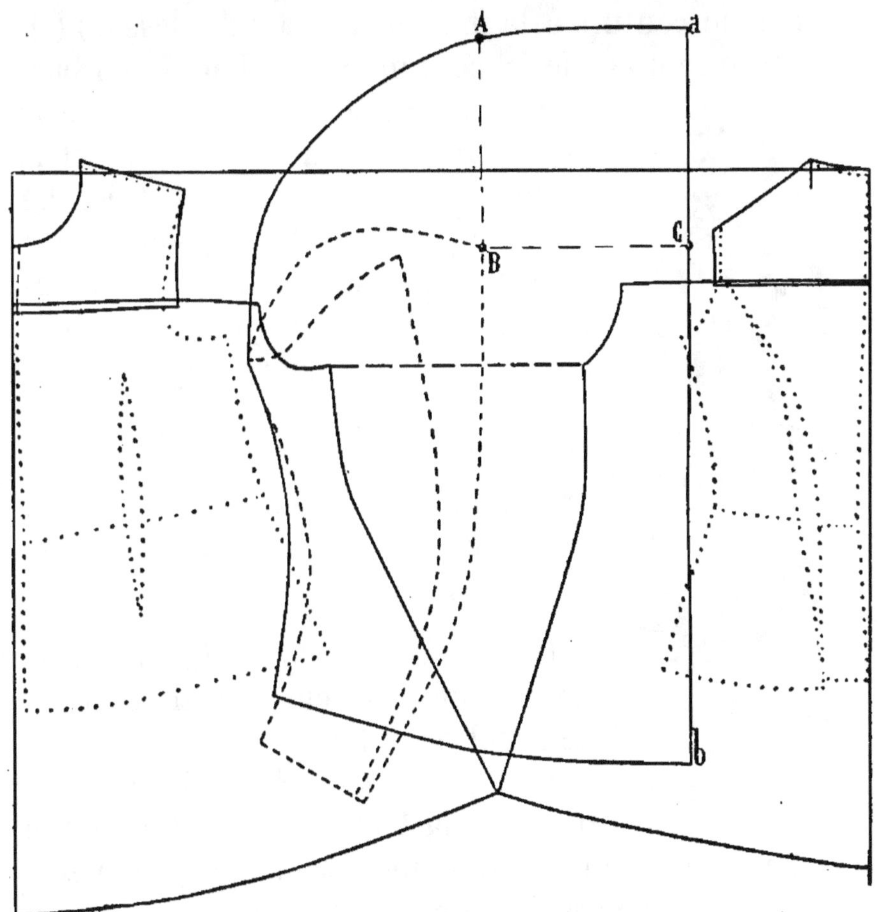

Fig. 346.

On construit son patron (*fig*. 346), à l'aide d'un
corsage type correspondant à 13 ou 14 ans. Ce patron a été raccourci au tracé, mais sa longueur réelle
peut s'évaluer à 115 centimètres pour le dos.

L'emmanchure est descendue de 2 centimètres. L'élargissement fait au dos et au devant a subi une réduction pour permettre l'intercalation de la figure; mais, en comprenant les fronces nécessaires, on fait entrer environ 25 centimètres au dos, 25 au côté gauche du devant et 37 au côté droit, à cause du pli creux qui couvre le boutonnement.

Pas de couture à la manche (milieu du dessus) ([1]).

Sa largeur est de 42 centimètres en haut et en bas,

Fig. 347.

par moitié; l'élargissement entre le point de talon du patron type et le point C mesure 19 centimètres. La hauteur de tête B-A, ajoutée pour cette forme, vaut 19. Le bas est raccourci d'une valeur équivalente à la hauteur fournie par le poignet.

Jaquette pour fillette de 7 ans (*fig.* 347 à 351, *disposition sur le tissu*) ([2]).

Cette jaquette (*fig.* 347) est confectionnée en drap cuir mastic avec un petit col de velours.

La jupe, en tissu écossais, est coupée en biais et doublée, dans toute sa hauteur, d'une mousseline ferme, puis montée à la ceinture par des fronces.

1. La ligne *a-b* représente un pli d'étoffe et non pas une couture.

2. Nous donnons un tracé fait avec dos cintré, un petit côté et pince de hanche, au plan 348, puis un autre tracé avec dos sac et devant légèrement cintré sous les bras, figure 349.

Cette jupe accompagne une petite blouse assortie à l'une des teintes de l'écossais. L'ensemble fait une petite toilette simple du matin ou pour l'étude.

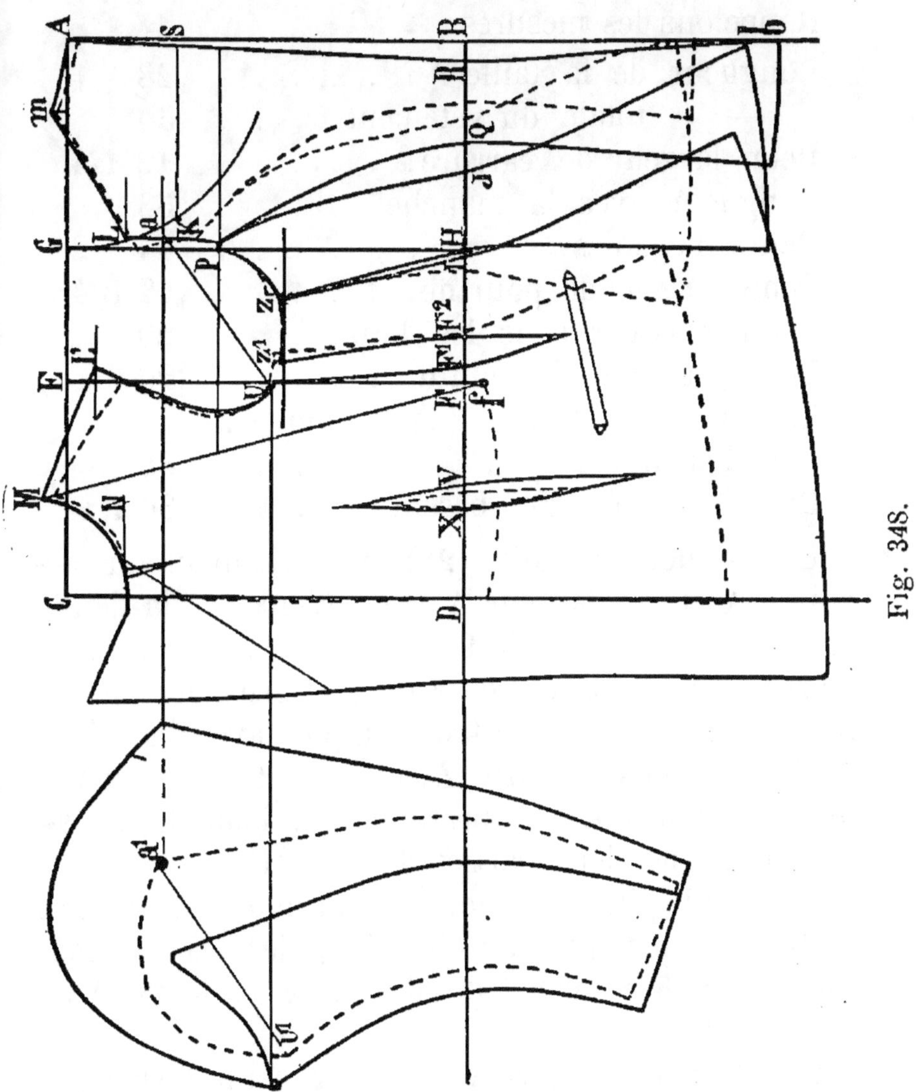

Fig. 348.

Nous détaillons le patron de la jaquette sur la figure 348. Sa forme est assez cintrée, comme on peut en juger par le dessin 347.

Nous avons indiqué en traits barrés le passage des

lignes d'un corsage ordinaire, corsage avec prolongement au bassin, afin de montrer les différences dans le déplacement des coutures et l'élargissement ([1]) et, enfin, comme combinaison de pinces.

Rappelons les mesures :

Longueur de la taille 28
— totale du vêtement. . . . 50
Demi-largeur de carrure. 12 1/4
Longueur avec la manche. 53
Pente d'épaules. 14 1/2
Demi-largeur de poitrine. 12 3/4
Demi-grosseur sous les bras. . . . 29
Demi-grosseur de ceinture. 26
Longueur du devant (de la nuque à
la hanche). 38
Demi-grosseur du bassin 36 1/2

La longueur de taille (28) fixe la hauteur du rectangle A–B. La largeur A–C s'obtient par la demi-grosseur, augmentée de 9, soit 3 centimètres de plus que pour un corsage ordinaire. Ce tracé étant fait directement à la règle, il faut compter avec la valeur de l'écart à laisser entre Z et Z'. Cet écart est réservé pour la pince à pratiquer en haut du sous-bras, entre les deux parties du devant.

La susdite pince amène, à l'endroit des hanches et du bassin, une quantité d'étoffe égale à l'écart ménagé entre les parties du devant à la hauteur de l'emmanchure.

Les deux rectangles A–G et C–E étant formés, il reste entre eux deux 9 centimètres (de E à G).

Des 3 centimètres d'excédent, il ne faut retirer que 2 centimètres par la pince du sous-bras, ce qui

---

1. Cette jaquette supplée à un véritable pardessus.

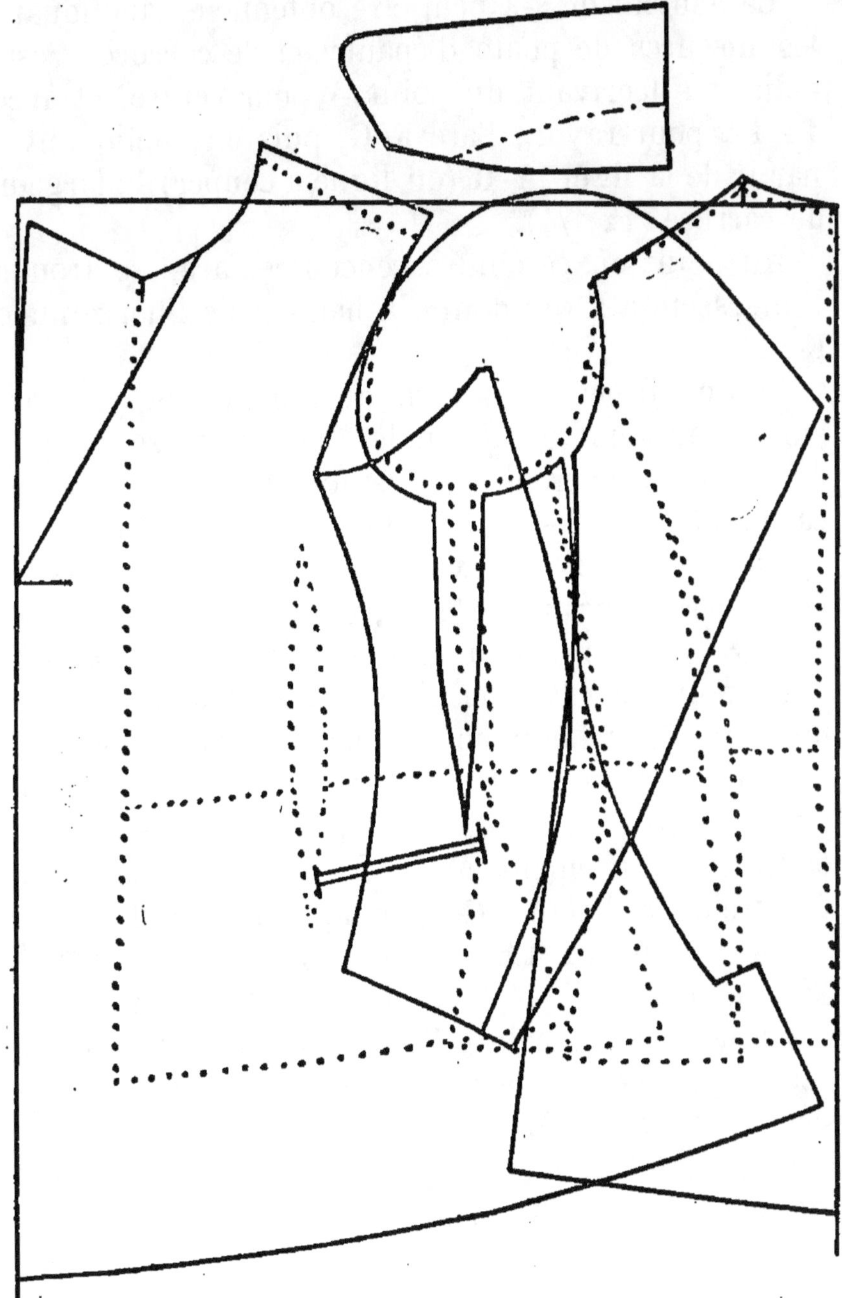

Fig. 349.

laissera **1** centimètre d'aisance sur le demi-pourtour
du sous-bras.

La hauteur de S-K peut être obtenue en appliquant les mesures de pente d'épaules et de carrure ; c'est-à-dire en décrivant du point A pour centre, et avec 14 1/2 pour rayon, l'arc K-G, puis en appliquant à partir de la ligne A-R (ou ligne à couper) la largeur de carrure (12 1/4).

Au point où ce chiffre rencontre l'arc, se trouve l'intersection K qui donne la hauteur de l'horizontale K-S.

Comme il peut arriver fréquemment que ces mesures manquent ou qu'on les ait mal prises ; nous engageons à chercher la position de cette ligne en calculant le 1/3 — 3 de la longueur de la taille.

Ainsi, dans notre exemple, la longueur de taille est 28 ; retirons 3, reste 25, que nous divisons par 3 = 8 1/3, que nous appliquons de A au point S (1).

Le point M est déterminé en appliquant, à partir du point f, la longueur 38 prise de la nuque à la hanche et en retranchant de cette mesure la largeur du dos A-m ; Le reste est compris entre les points f et M. En avancement, M est fixé par 1/3 plus 1 centimètre de la distance C-E appliqué de C à M.

C-E valant 14 1/2, le tiers plus 1 vaut 5^{cm},8. Nous avons appliqué 6 centimètres de C à M.

La hauteur d'encolure M-N, additionnée à m-A (largeur de l'encolure du dos), égale le tiers de la grosseur 29, soit 9 2/3.

La profondeur d'emmanchure vaut la moitié de la longueur de la taille (soit 14 centimètres).

---

1. La déterminaton de cette ligne est importante pour savoir quelle sera la quantité d'abatage d'épaule. Quant à la jonction du haut du dos avec le côté (point P), elle se fait à environ 4 centimètres au-dessus de la profondeur d'emmanchure.

L'abatage d'épaules est équivalent au quart de la grosseur 29 (soit 7 1/4). Cet abatage se compose de l'écart entre le point M et la ligne L' du devant, plus l'écart entre la ligne horizontale A-G et le point L du dos. Nous avons allongé un peu l'épaulette, haussé l'abatage du devant et aussi la tête de dos au dessus des points correspondants du corsage type qui nous sert pour comparaison (traits barrés).

Quant à la ceinture, il faut réaliser deux conditions :

1° Ramener la largeur du rectangle à 29 centimètres en cet endroit (soit la mesure de ceinture plus 3);

2° Donner au bas de dos et aux deux petits côtés (à la hauteur de la taille) une largeur égale pour chacune de ces parties.

Il faut faire le calcul suivant :

Le rectangle a une largeur de 29 + 9 soit.　38
La mesure de ceinture vaut 26 plus 3
(pour les coutures) soit . . . .　29
$$\overline{\qquad\quad 9\qquad}$$
Différence. . .　9

Retirons :

Entre R et B (à la cambrure).　1
— Q et J (dos et côté). . .　1 1/2
— I et H (1ᵉʳ et 2ᵉ côté). .　1
— F¹ et F² (2ᵉ côté et devant).　3
　　　　　　　　　　6 1/2

Reste. . .　2 1/2

Ces 2 1/2 sont à retirer dans la pince du devant, entre les points V et X.

Le point V posé, on mesure la largeur comprise entre les points V et R (29).

De 29 retirons 6 1/2; il reste 22 1/2 à diviser

en 4 parties. Mais comme la partie V–F¹ du devant a déjà une largeur de 7 centimètres, il y a lieu de retirer même quantité de 22 1/2, ce qui donne 15 1/2 pour la distance comprise entre F¹ et R (toutes pinces déduites). En divisant 15 1/2 par 3, nous avons 5 un peu fort, pour la largeur à donner au bas de dos, ainsi qu'au bas de chacun des côtés.

Le bassin est développé de manière à fournir, à 8 ou 9 centimètres au-dessous de la taille, une largeur complète de 42 1/2 (soit 6 de plus que la mesure).

On pratique des poches de main dans les devants, à 22 centimètres de la profondeur d'emmanchure. On peut, pour n'importe quelle grosseur, placer l'ouverture des poches en prenant pour base, depuis la ligne de profondeur d'emmanchure, les deux tiers de la grosseur du haut du corps, en augmentant de 3 à 6 centimètres le produit ou en le diminuant, selon les cas. Si par exemple, une femme est grosse et courte de taille, les bras ne sont pas longs habituellement. Supposons une personne ayant 60 de demi-tour de poitrine et 39 de longueur de taille, les deux tiers de 60 sont de 40 ; ce chiffre est trop fort de plusieurs centimètres et nous fixerons l'ouverture des poches à 34 ou 35 centimètres à partir de la profondeur d'emmanchure.

S'il s'agit d'une personne de moyenne corpulence (soit, par exemple, de grosseur 48 du haut du corps), le chiffre 32 des deux tiers, augmenté de 2 ou 3, donnera une entrée de poches bien placée.

Pour une fillette ou un petit garçon de 30 de demi-grosseur (haut du corps), nous placerons l'ouverture à 22 centimètres ou 23 centimètres, soit 2 ou 3 de plus que les deux tiers.

Si nous coupons pour une personne grande et

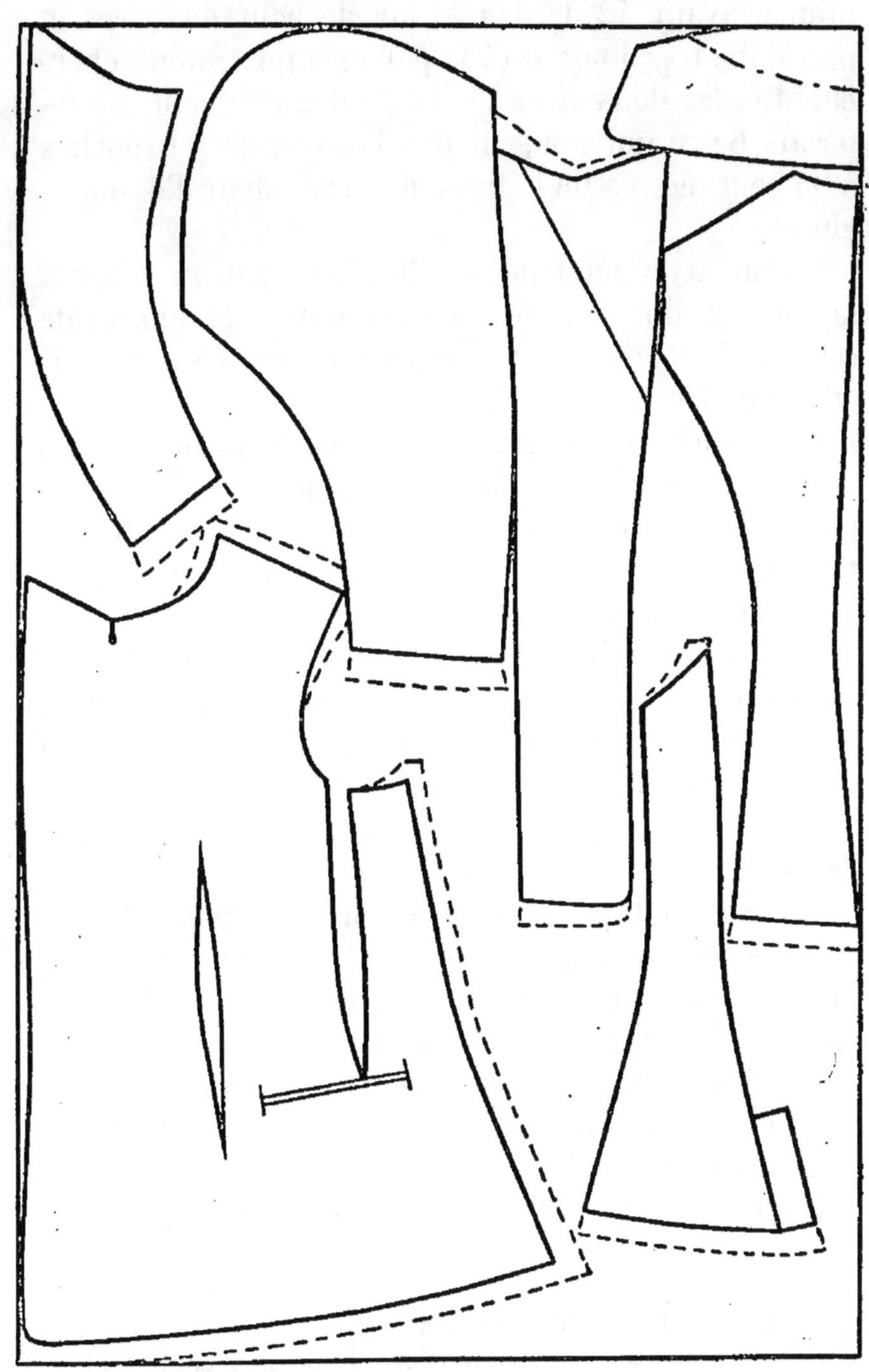

Fig. 350.

mince, ayant 42 de demi-tour de haut du corps et une taille très longue (43, par exemple), nous chercherons les deux tiers de 42 (soit 28) et nous ajouterons 6 ; ce qui nous mettra l'ouverture des poches à 34 centimètres de la ligne de profondeur d'emmanchure.

Quant à la manche, on fait son patron d'après la mesure du tour de l'emmanchure ; la moitié de celui-ci fixe la largeur comprise entre la saignée U^1 et le talon a ([1]).

La manche ordinaire, plate et sans dédoublement suit les traits barrés du plan, celle de notre petite jaquette, les traits pleins. La tête est élevée de 6 centimètres et le talon comme toute la partie du haut sont élargis de 5 centimètres.

Nous avons éliminé de la figure 349 tous traits de construction afin de rendre plus intelligible la forme générale de ce vêtement qui tombe en sac au milieu du dos et est peu cintré sur les côtés.

Le dos est long de 55 centimètres ; le bassin large de 46 ([2]).

Le corsage type est dessiné en traits pointillés.

Nous avons disposé (*fig.* 350) les patrons de la jaquette sur un tissu de 60 centimètres de largeur (double). Le métrage employé est de $0^m,95$.

La figure 349 a tous ses patrons placés sur un tissu de 60 centimètres de largeur (plan 351). Cette jaquette emploie $1^m,10$.

Chacun des patrons qui composent ces vêtements

---

1. Ces points se trouvent situés sur le prolongement des horizontales passant par les divisions de l'emmanchure U et *a*.

2. Soit 9 1/2 à 10 centimètres de plus que la mesure, croisure du devant (8 centimètres environ) non comprise.

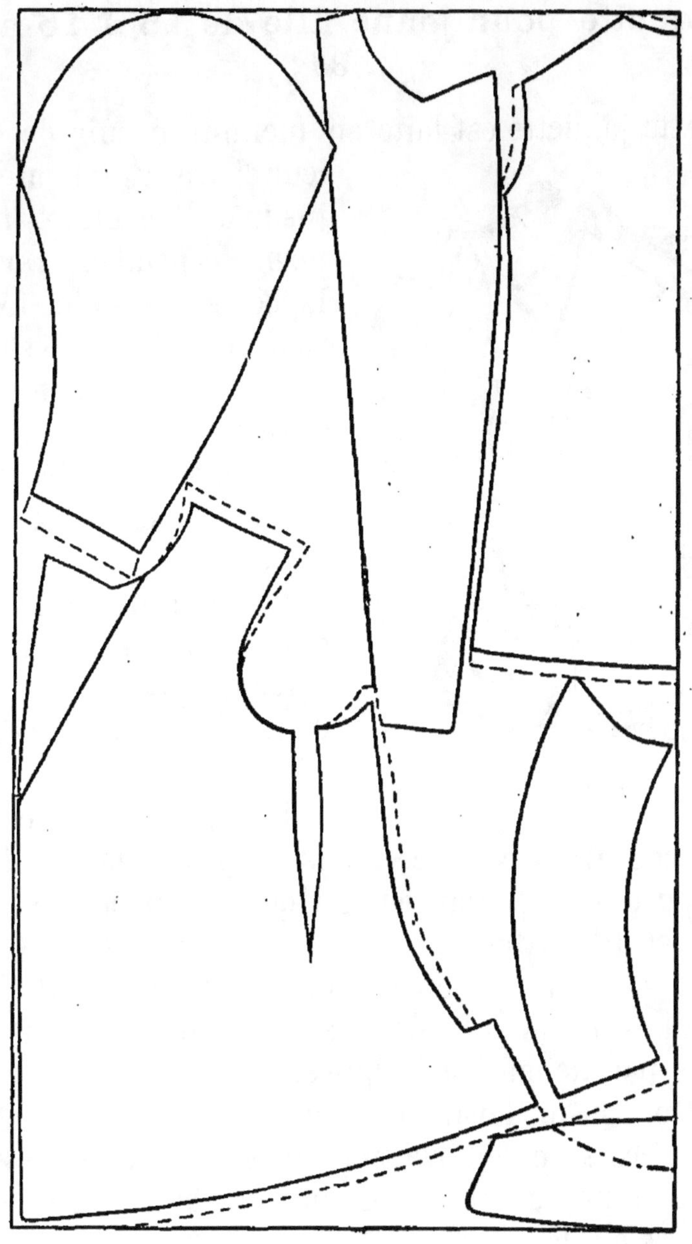

Fig. 351.

est suffisamment connu pour que nous évitions de les désigner séparément.

Jaquette pour jeune fille de 15 à 16 ans
(fig. 352).

Cette jaquette est faite en melton ou cuir de couleur claire. Elle boutonne jusqu'à l'encolure, mais forme cependant revers. Le col est double, forme saxe, couvert de velours avec encadrement de drap.

La manche « ballon » est coupée en deux morceaux.

Le patron *(fig. 353)* est obtenu à l'aide du corsage-type correspondant à l'âge de 15 à 16 ans.

Fig. 352.

Le milieu du dos est sans couture à ce tracé, mais on peut aussi le faire un peu cintré. Sa largeur est de 11 centimètres à la taille et 16 au bas.

Par sa comparaison au corsage prolongé tracé en pointillés on jugera des déplacements de coutures par le parallélisme des lignes.

La pince du devant est supprimée.

Une croisure de 8 centimètres est laissée au devant à la hauteur du premier bouton du haut et de 7 centimètres au-dessous.

Le revers, plus large a une largeur de 16 centimètres sur sa ligne biaisée.

Le col saxe a sa couverture tracée, en traits pleins, et sa ligne de brisure en traits pointés.

Le pied ou col droit de dessous suit les pointillés. Sa hauteur compte 5 centimètres.

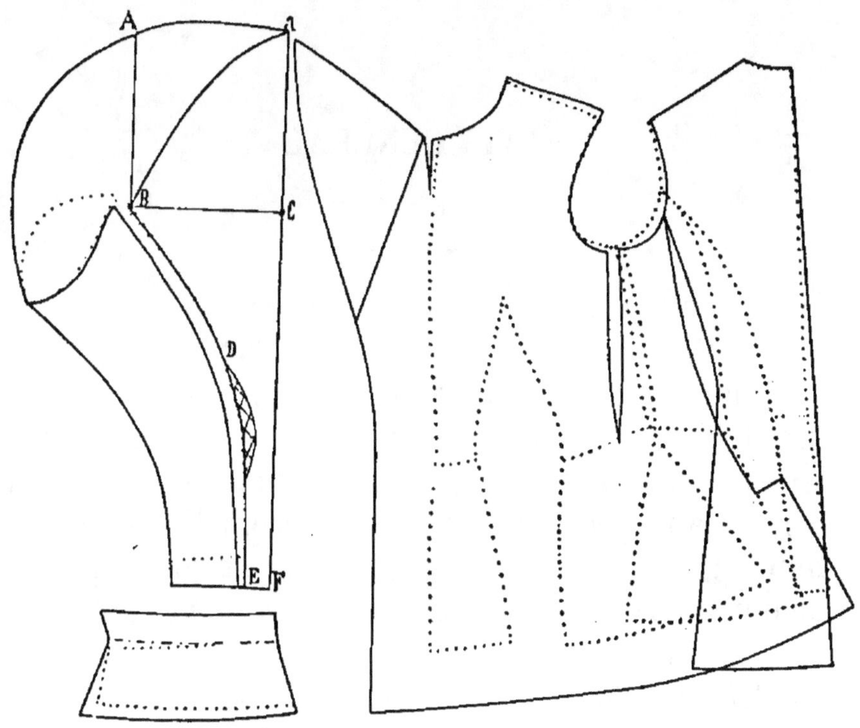

Fig. 353.

La manche, que l'on voit repliée du dessus sur sa ligne de milieu *a*-C-F a son montage de coude situé sur la courbe B-D-E. Le dessus doit être tendu à l'endroit indiqué avant de l'assembler au-dessous.

Par rapport à la manche type (pointillés), la largeur est augmentée de la double quantité B-C. En hauteur la tête est haussée de même chiffre sur B-A et ces deux suppléments de largeur et de hauteur sont de 19 à 20 centimètres.

AVIS GÉNÉRAL

Maintenant que nous avons terminé la description des différents costumes et vêtements de dames, fillettes, garçonnets, nous nous permettrons un petit conseil aux personnes qui nous feront l'honneur de nous lire et de mettre en pratique les principes et démonstrations contenus dans notre ouvrage :

Il ne faut jamais s'attacher de prime abord à tel ou tel modèle et entreprendre sa confection sans avoir une connaissance approfondie des détails fournis par les articles précédents, c'est-à-dire sans s'être initié aux formes des vêtements en général, à leur coupe, leur mesurage, leur façonnage, etc.

Malgré leur dissemblance apparente, il y a entre les diverses parties de l'habillement (féminin ou même masculin), un tel enchaînement que l'une de ces parties, prise et étudiée séparément, devient incompréhensible et amène de la confusion dans l'esprit.

Ce n'est donc que par l'étude progressive et suivie de notre *Traité* que l'on parviendra à couper, à construire sans risque ni tâtonnement, à conserver le fond en modifiant la forme. On possèdera le savoir qui ne s'oppose en rien aux décrets ephémères de cette fée capricieuse, *la Mode*.

Avec les données que nous a suggérées une grande expérience greffée sur une longue pratique — données que nous nous sommes plu à détailler minutieusement pour le bien de nos lecteurs et de nos lectrices — on pourra devenir habile dans la profession ; et, emportant avec soi son bagage de connaissances, on se mettra partout à l'œuvre, avec toute chance de réussite.

Coupeurs et coupeuses, en leur atelier bien pourvu de patrons de toutes sortes, ne sont pas embarrassés. Ils ont toutes les facilités. Mais qu'ils viennent à quitter leur maison pour entrer dans une autre, comment feront-ils, leurs patrons habituels leur faisant défaut ? Quelque habiles qu'ils soient, ils devront se livrer à des recherches ennuyeuses, fatigantes, à des essayages fastidieux, à des compromissions dangereuses avec les étoffes de prix : soie, velours, satin, fourrures, etc., et risquer, à l'occasion, des pertes d'argent ou d'emploi.

Tandis qu'avec les connaissances acquises par l'étude de notre *Traité*, munis seulement du centimètre, de la craie, de la règle et de l'équerre, ils pourront, en tout lieu, créer facilement, puis couper librement et sans crainte, laissant de côté les procédés routiniers et surannés. Ils posséderont ainsi une supériorité manifeste. Certes qui oserait contester celle des principes ? qui pourrait préférer la routine ?

Quant à nous, notre désir, en écrivant ces lignes, a été d'aider de notre mieux les praticiens, de leur épargner le plus possible d'ennuis et de fatigue.

Et, même à ce sujet, nous leur conseillerons un

« truc » (selon le terme d'atelier). Ce truc est capable de simplifier et d'activer leur travail (¹).

Il sera toujours bon de tenir tout préparés une série de patrons gradués depuis 26, par exemple (grosseur du haut du corps) jusqu'à 30, 34, 38, 42, 46, 50, 54, 58. Après avoir pris les mesures, il ne reste plus qu'à choisir, parmi les patrons, celui qui correspond à la grosseur se rapprochant le mieux desdites mesures. Les patrons ont été régulièrement coupés. En leur appliquant les mesures prises, il deviendra facile de rectifier une longueur d'épaulette trop grande, une hauteur trop prononcée, une taille trop large, etc. De cette manière, on créera un premier patron de la personne à habiller ; patron qui assurera, le plus souvent, le succès d'un premier essayage en évitant de nombreuses manipulations.

1. C'est à ce titre que nous le préconisons.

XVI

DE L'ESSAYAGE

Règles générales.

Pour bien essayer, il faut connaître les causes des défauts, c'est pourquoi, dans le cours de ce volume, nous les avons déjà traitées à leur heure.

Par l'habitude, on acquiert la vivacité, le jugement est plus prompt, la main plus habile et on ne fatigue pas outre mesure la personne que l'on doit habiller.

Si on essaie un corsage ou un vêtement coupé dans le tissu du dessus, il faut le bâtir, l'endroit du tissu en *dehors*, parce que les deux côtés du corps sont souvent différents et qu'alors les deux côtés du corsage se trouveraient réglés l'un pour l'autre et avec les corrections opposées (¹). Toutes les pinces et les coutures doivent aussi être bâties en dehors

---

1. Si une personne est difforme, il faut épingler séparément les deux côtés.

afin de faciliter l'épinglage et éviter les grosseurs ou la tension intérieure produites par ces pinces.

Le corsage ou le vêtement ainsi préparés, endossez-le à la cliente en le faisant bien entrer à l'encolure et aux emmanchures (*fig. 354*). Voyez si toutes ses parties se posent bien naturellement, sans plis ou torsions ; en un mot, si la chute est bien verticale.

Après cette constatation, amenez les deux devants de façon à les réunir et à les épingler bien au milieu du corps. Les deux bords des devants doivent être mis exactement ensemble, que l'un ne ressorte pas plus ni moins que l'autre. L'épinglage s'opère sans que les devants soient lâches ou serrés ; ces derniers doivent être justes et non contrariés dans leur chute naturelle.

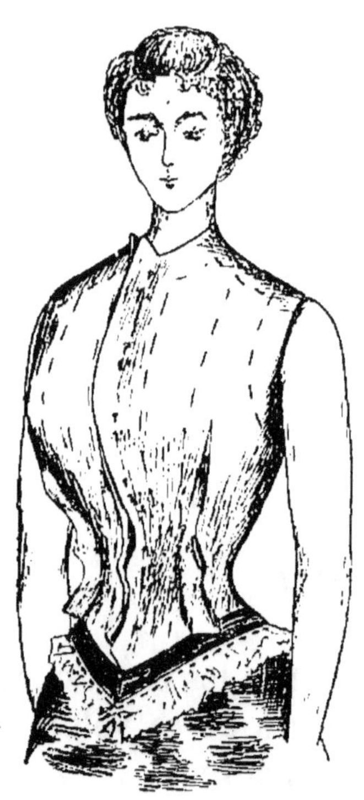

Fig. 354.

Le corsage réuni et tenu au milieu du devant, voyez si les trois ou quatre pièces qui le composent ont bien l'étendue et la position voulues, et si ces pièces ne se gênent pas mutuellement.

Constatez ensuite si le dos et le devant ont bien une hauteur qui s'harmonise, si l'encolure du devant et l'épaulette occupent bien une position sur le corps en rapport avec l'ensemble du corsage.

La pointe de l'épaulette, à l'encolure manque-t-elle d'avancement, — en termes de tailleur, est-elle trop

« renversée », — des plis obliques, partant de la pointe et même de la nuque et se dirigeant au devant de l'emmanchure, à l'endroit de l'évidure, nous découvriront ce défaut.

L'encolure est-elle trop redressée ou, en d'autres termes, l'avancement de son point est-il exagéré par rapport à l'ensemble du corsage et aux mesures de grosseur et d'écart ? Vous verrez un pli d'affaissement se produire devant l'emmanchure et se continuer en deux ou trois sillons, en plein travers du devant, avec l'effet d'une trop grande longueur entre le sommet des pinces et la nuque. Voilà brièvement exprimés les causes et les effets des largeurs ou écarts défectueux ([1]).

Quant à l'équilibre des hauteurs, nous avons déjà dit ce que produisent un dos trop haut ou un dos trop bas (pages 157 et suivantes).

Nous avons aussi parlé des pinces (pages 133 et suivantes).

Dans les cas de corsages dont l'aplomb semblerait mauvais partout, soit par cause de conformation difficile ou autre cause, débâtissez et épinglez les parties les unes après les autres et ne vous livrez pas à une démolition de tout ce qui semblerait mauvais ; vous démembreriez le tout et vous ne sauriez plus par quel côté commencer. Il faut d'abord corriger le défaut qui semble le plus grave.

Le corsage bien épinglé et bien d'aplomb de partout, marquez à la craie la place de l'épinglage tout le long de chacune des coutures ; marquez aussi le long du milieu du corps. Il est aussi très bon de

____

1. Quelle que soit la cause d'un désordre quelconque, débâtissez et épinglez.

repérer des points de rencontre (tracés de côté et d'autre de chacune des coutures) ; de cette façon l'aplomb sera conservé après rectification et montage ou assemblage.

Réglage et apprêtage.

Il ne suffit pas qu'un essayage ait été fait avec soin et précision, il faut encore que l'équilibre et l'ajustage obtenus sur la cliente même soient rigoureusement conservés. Les rectifications doivent se faire exactement suivant les coup de craie tracés à l'essayage (le long de chaque couture, autour de l'encolure, de l'emmanchure, à la hauteur de la taille, etc.)

S'il s'agit d'un corsage destiné à être drapé, d'une blouse ou corsage bouffant, c'est toujours la doublure que l'on essaie et ajuste d'abord comme un autre corsage, attendu que la draperie est faite sur ce corsage, lequel devient comme une sorte de moule intérieur.

Avant de retirer les épingles, si l'étoffe du vêtement essayé n'a pas permis les marques à la craie, il faut passer dans toutes les lignes épinglées, un point de coton blanc ou de couleur, pour chaque pièce de droite et de gauche séparément ou bien se contenter de marquer les deux côtés de chaque pièce au moyen de la roulette.

C'est encore au moyen de la roulette qu'on relève les patrons qui doivent être conservés. Pour cela, on installe sur la table ou le comptoir (un tapis) ou une coupe de drap ; on met une feuille de papier par dessus ; puis, après avoir placé le vêtement essayé sur le tout, on applique, dans tous les contours de chaque pièce, un coup de roulette qui laisse sur le papier une empreinte exacte dans laquelle on coupe ces pièces.

Au moyen du patron ainsi relevé et rectifié, par conséquent, ou à son défaut, de la doublure essayée, on replace sur les parties du vêtement les patrons ou ces pièces rectifiées, puis on retrace les nouveaux contours en faisant servir, s'il y a lieu, les réserves que l'on doit toujours laisser autour des pièces coupées (sauf à la partie du montage du dos, côté et épaulette, au creux de l'emmanchure et d'un côté seulement de chacune des pièces de sous-bras ou petits côtés). On prépare ensuite les fournitures accessoires : extra-fort, agrafes, boutons, doublures.

XVII

NOTES DE CONFECTION

Corsages.

LEUR GENRE, LEUR FAÇON

Pour la confection d'un corsage, on distingue toujours entre la façon couturière et le genre tailleur. A l'intérieur des corsages façon couturière, toutes les coutures sont apparentes, le dessus et la doublure sont cousus ensemble et chaque côté de ces coutures est surfilé ou, chose préférable, bordé à cheval d'un ruban nommé « extra-fort ».

Les corsages genre tailleur sont cousus séparément du dessus et du dessous ; les coutures des parties extérieures sont cousues et pressées ; les doublures, posées après assemblage et pressage de tout le dessus, sont prises en points de rabattement.

Nous croyons excellent de procéder à l'opération du doublage quand tous les autres travaux de la façon ont été exécutés ; la fraîcheur des doublures en est mieux conservée, ce qui serait presque impossible autrement, étant donnée une manutention longue et variée de détails.

Pour faire le doublage façon couturière, il faut d'abord bâtir le tissu du dessus sur chaque pièce de doublure composant le corsage, de façon à ce que ce dessus soit bien tendu ; ou, si on le préfère, avec la doublure un peu longue, surtout dans le sens de la hauteur et à l'endroit de la ceinture.

Sur le corps, le corsage de dessus fournit par sa flexibilité une étendue égale à celle de la doublure, ce qui le rend plus lisse et plus net.

Ce bâtissage fait, on retrace le dessus, on bâtit les pinces et les coutures ; on les coud et on les ouvre au fer, puis on surfile ou on borde à cheval, comme nous venons de le dire.

On pose les rubans de baleine un peu plus longs que la partie recouverte ; on glisse les baleines, et on les arrête en haut et en bas, puis encore à quelques centimètres au-dessus et au-dessous de la ceinture. On remplie le devant droit du corsage à un demi-centimètre en dehors de la ligne du milieu du corps, afin que les œillets des boutonnières puissent être placés juste sur cette ligne.

Quant au devant gauche, on le remplie à 3 centimètres en dehors du milieu du corps, afin qu'il puisse former recroisement sous le devant droit et éviter de bâiller entre les boutonnières.

Si la fermeture doit être à crochets, il faut faire le rempli des deux devants dans la ligne du milieu du corps. On pose ensuite les portes et les crochets ; les portes à gauche, ressorties de 2 ou 3 millimètres et les crochets ou agrafes, à droite, rentrées sous le bord de la même quantité.

Sous les portes, on pose une sous-patte en tissu

pareil au corsage. Cette sous-patte est une bande d'étoffe doublée ou rempliée sur elle-même. Si le tissu est épais, cette bande est sans doublure et sans rempli ; on l'échiquète (¹) sur le bord visible.

La fonction de cette bande est de masquer l'écartement plus ou moins apparent des bords du corsage.

La confection des manches varie tellement que nous nous bornons à l'explication des manches simples.

On pose les dessus et les dessous sur la doublure et on coud le tout ensemble ; on ouvre les coutures, puis on les surfile ou on les borde d'extra-fort, suivant que le corsage est surfilé ou bordé. On fait les remplis des bas et on borde la partie supérieure de ces remplis d'un extra-fort.

Nous ne pouvons signaler tous les genres de parements, pas plus que les genres des manches mêmes. Les combinaisons en sont si capricieuses et si nombreuses qu'il nous serait impossible d'en faire l'exposition détaillée.

Nous citerons cependant les manches ballon. A ces manches-là, la doublure est parfois moins ample que la manche elle-même ; en ce cas, on fait d'abord la couture du coude séparément au-dessus et à la doublure. La couture de la saignée seule doit être cousue avec l'étoffe (²).

Les manches tailleur sont cousues séparément des dessus et des dessous, ouvertes au fer et doublées.

---

1. « Échiqueter », c'est-à-dire denter.
2. On place parfois, selon la mode et le goût, entre la doublure et le dessus d'une manche de robe très ample au montage, un volant de toile ou crin destiné à soutenir l'ampleur de la manche.

Voulant dire quelques mots de la confection des cols, nous parlerons du col droit.

On doit le couper en toile gommée et exactement comme le patron ; après avoir recouvert cette toile, on fait le rempli de l'étoffe de dessus et tout autour ; on bâtit la base de ce col à plat sur l'encolure et on l'y fixe par un point fait de l'intérieur et invisible à l'extérieur. Après avoir fixé le rempli sur la toile par un point invisible à l'extérieur, on double l'intérieur de ce col avec un morceau de soie.

CORSAGES DRAPÉS

Pour confectionner les corsages drapés, on règle les doublures après essayage, comme on le fait pour un autre corsage ; puis on bâtit les pinces de poitrine et le dos aux premiers petits côtés, puis le milieu du dos ; on coud ces coutures et on les ouvre au fer ; les bords de ces coutures sont ensuite surfilés ou bordés. On pose les rubans de baleine et les baleines comme au précédent corsage.

Le premier petit côté resté libre est alors recouvert du tissu de la robe. Les devants avec pinces baleinées, comme il est dit plus haut, sont épinglés et bien tendus sur le mannequin ; on les recouvre avec le tissu de la robe en ayant bien soin que les dessous de bras ne tordent pas et soient tout à fait adhérents à la doublure. On les coud entre les deux pinces au moyen de quelques points invisibles pour fixer le tissu du dessus à la doublure. On fronce ensuite le milieu du devant ou on fait des plis, selon le goût et le genre choisi.

On procède pour le dos comme pour les devants, c'est-à-dire que la doublure du dos et les premiers petits côtés avec les coutures baleinées sont épinglés, tendus sur le mannequin et recouverts du tissu de dessus, épinglé aussi et très tendu. On le bâtit ensuite, ainsi que les coutures de dessous de bras et deuxièmes petits côtés. On coud le tout, ainsi que les épaules, puis on finit de surfiler ou border et on termine le baleinage.

La fermeture du devant doit être invisible; on la dissimule sous un pli ou sous les fronces, car les crochets et agrafes doivent être cousus sur la doublure seulement; cette doublure sera repliée sur la ligne du milieu du corps. Les devants en tissu du dessus sont, pour ainsi dire, détachés de la doublure, au milieu devant.

Le rempli du bord inférieur de ce corsage ou du corsage précédemment expliqué est fait après le baleinage et la pose des crochets. C'est un tout petit rempli couvert d'un extra-fort pour éviter un double rempli et l'épaisseur qui en résulterait. On couvre les agrafes et les portes d'un extra-fort ou d'un faux ourlet pour masquer les points qui fixent ces crochets et agrafes.

Ces crochets et agrafes doivent être aussi recouverts le plus possible.

Quand le corsage est terminé, on pose à l'intérieur un ruban de taille arrêté au milieu du dos, à 1 centimètre plus haut que la longueur de taille et on l'arrête aussi de chaque côté à un centimètre au-dessus de la taille en cet endroit.

CORSAGES DÉCOLLETÉS

Nous n'avons pas parlé des corsages décolletés pour bals, mais avec n'importe quel corsage allant bien, la forme du décolletage s'obtient très facilement en faisant au devant et au dos l'échancrure, suivant les préférences ou la mode.

CORSAGES GENRE TAILLEUR

Quant aux corsages genre tailleur, la marche suivie n'est pas la même (¹).

L'ouvrier tailleur, l'appiéceur, auquel on a remis la pièce, corsage, jaquette ou redingote réglée, c'est-à-dire retracée après essayage et rectification, commence par passer les points aux parties du vêtement tracées d'un côté seulement. La façon de passer ces points n'est pas la même que celle des couturières. Le tailleur passe ses points de deux en deux centimètres à peu près aux deux pièces à la fois, c'est-à-dire aux deux devants, aux deux côtés, aux deux côtés de dos, etc., en laissant se faire une boucle à chaque point passé, puis ensuite en coupant entre les deux épaisseurs préalablement écartées. Les lignes d'assemblage sont ainsi marquées par les points qui restent par moitié, de chaque côté dans le tissu.

Ensuite, il procède à la préparation des toiles et à leur décatissage. Il faut toujours mouiller, laisser tremper la toile dans l'eau pendant deux ou trois heures afin que le retrait s'opère avant le doublage et non pas quand le vêtement est fini ou pendant sa confection.

La toile mouillée, séchée et pressée au fer, l'ouvrier la coupe à l'aide du devant en plaçant le sens

1. Voir nos Notes de confection dans notre *Traité pratique de coupe des vêtements pour hommes et enfants* (Garnier frères, éditeurs, 1895).

du biais de la toile le long du bord latéral du devant, ce qui laisse le biais dans le double sens vertical et horizontal.

Si le vêtement est à revers, le droit fil de la toile doit être placé le long de la ligne de cassure.

S'il s'agit d'une redingote avec anglaises rapportées, il faut couper la toile en deux parties : une partie pour toute la surface antérieure du devant, celle garnissant sous les revers et sur un petit espace ou largeur du reste du devant situé au-dessous; puis la partie garnissant toute l'épaulette, l'emmanchure et la moitié de la largeur des devants du côté du sous-bras.

La toile des doublures de garniture doit être coupée plus large et longue que les contours du devant (1 1/2 à 2 centimètres en dehors) afin de faciliter le doublage.

Les pinces, montages des côtés sont ensuite cousus et bien pressés au fer.

Puis a lieu la mise sur toile, la piqûre des revers et du col. Dans ce dernier, la toile doit aussi être coupée en plein biais dans les deux sens, longueur et largeur.

Les devants doivent être ensuite doublés de telle façon que les emmanchures ne soient pas écartées « ouvertes » comme on dit, ce qui signifie que le point limite de l'épaulette à l'emmanchure L' ne doit jamais être plus éloigné du point Z du sous-bras qu'il ne l'est au patron tracé. On connaît la situation de ces deux points pour n'importe quel corsage.

Les devants doublés, on leur monte les jupes, s'il y en a, puis le dos au côté; on fait les plis de basques; puis on double les jupes quand la couture a été pressée et la doublure du corsage glacée (¹) sur un des côtés de cette couture.

On fait les remplis du bord si le vêtement est piqué ou on le recoupe contre le bord des passements (²) si les bords doivent être bordés.

On couvre les revers, si ce sont des revers. En ce cas il faut que leur couverture soit posée longue et large afin qu'ils ne se recroquevillent pas en dehors.

Les devants sont ensuite surjetés et pressés; puis on monte le milieu du dos et on fait l'arrêtement ou les plis de taille. Ensuite on double le dos et on monte le col. On ouvre sa couture, on glace les garnitures sur cette couture, puis on fait au fer la cassure du col, opération par laquelle on réduit la longueur de ce col de 1 centimètre 1/2 environ pour chaque moitié du col.

On règle la largeur de ce col et on lui pose le dessus qui a dû être préalablement tendu dans toute la partie intérieure destinée à recouvrir intérieurement la surface de l'encolure du dos et des côtés de cette même encolure des devants.

Les manches faites, on les fixe aux emmanchures avec les points de saignée et de talon placés sur ceux marqués à l'emmanchure au moment de la coupe ou du réglage par les principes déjà prescrits. L'embu des dessus de manche est coulissé, pressé et bien

---

1. « Glacer » veut dire assujettir la doublure sur la couture intérieure par des points distancés et invisibles de manière que les deux soient pour ainsi dire, collées ensemble.

2. On appelle « passement » un galon de fil ou une lisière de soie posée au bord de chaque devant et sous les coins des revers, à cheval sur la toile où ils sont fixés par un point de rabattement de coton, puis rabattus sur le drap d'un point de soie pour le côté du bord.

« fondu » au fer ou bien plissé s'il s'agit de manches ballon.

On fait les boutonnières et on donne le coup de fer, opération finale connue sous le nom d'*unissage* et de *délustrage*. Le délustrage consiste à enlever à la vapeur les traces de lustre laissées par le pressage à sec.

Pour cette opération, on mouille un linge de toile ou de coton, on le tord pour en faire sortir l'eau, puis on l'étale sur chaque partie lustrée et on y fait passer légèrement le fer. Le linge mouillé ou « patte-mouille » retiré, le lustre s'en va avec la vapeur et d'un coup de brosse.

Jupes.

LEUR CONFECTION

Les jupes de drap et de lainage quelconque, ainsi que celles de tissu de soie, se doublent dans toute leur hauteur, soit en tissu de soie, assorti de teinte, soit en satinette ou alpaga de même nuance.

Indépendamment de la doublure, on intercale entre cette dernière et le tissu du dessus (au bord inférieur de la jupe et sur une hauteur de 30 ou 40 centimètres) une bande de tissu de crin destiné à donner de la fermeté et du soutien au bord de la jupe.

A défaut de crin, on peut employer une toile tailleur ou une toile caoutchoutée, mais ces dernières ont l'inconvénient de perdre leur apprêt et leur rigidité, tandis que le tissu de crin conserve, jusqu'à complète usure de la jupe, la fermeté du neuf.

Après avoir coupé la jupe selon la forme choisie

et suivant les indications de notre méthode, on marque au moyen d'un fil blanc tous les contours du bord inférieur et sur chaque pièce ou lé séparément. On marque aussi d'un fil la place des pinces.

On coupe la doublure à l'aide de tous les morceaux composant la jupe et en laissant à cette doublure un peu plus de largeur et de longueur. On double tous les morceaux séparément en bâtissant la doublure un peu plus longue et un peu plus large que le tissu de la jupe ; ceci afin que, la jupe étant finie, le tissu de dessus ne retombe pas, comme il arrive aux jupes doublées trop court. On coupe et bâtit aussi le crin du bord inférieur.

Ces apprêts terminés, on bâtit les coutures de la jupe, on fait un rempli provisoire et on essaie.

Après avoir bien marqué sur la personne la rondeur du bas et s'être assuré de la place la meilleure et bien exacte des pinces pour l'emboîtage des hanches et de tout le bassin, on rectifie s'il y a lieu et on coud les coutures de la jupe.

Si on a employé du crin pour le bas, on le borde à cheval d'un tissu ou d'une tresse quelconque, au bord supérieur et inférieur, afin que le crin ne coupe ni la doublure ni le tissu de dessus. On glace la doublure sur les coutures et on la rabat. On fait le rempli du bas et on rabat le bord inférieur de la doublure à 1 ou 2 centimètres du bord de la jupe. On attache la doublure au bord supérieur du crin en cousant solidement cette dernière à 2 centimètres du bord supérieur dudit crin. Il reste bien entendu que ce travail se fait à l'intérieur de la jupe ; les points ne doivent, en aucun cas, traverser le tissu de dessus. Ce dernier travail a pour but, bien que le tissu intercalé soit glacé sur les coutures, de le maintenir droit dans toute sa hauteur afin qu'il ne se déforme pas en venant s'affaisser dans le bas de la jupe.

Les pinces cousues à la jupe et rabattues à la doublure, on pose un petit liséré à la ceinture après avoir plissé ou froncé l'excédent d'ampleur à la ceinture derrière.

Si la jupe ferme au milieu derrière, on y pose la poche de façon invisible, ainsi qu'une patte munie d'une porte et agrafe au milieu de sa hauteur. La patte masque l'ouverture, tandis que l'agrafe et la porte en empêchent le bâillement.

Si la jupe ferme à gauche sous un pli, on y pose une patte comme nous venons de l'expliquer et on met la poche à la place correspondante du côté droit.

On peut poser à l'intérieur de la jupe, au bord inférieur, une balayeuse en taffetas assorti. Cette balayeuse froncée et découpée à l'emporte-pièce donne un aspect soigné et fini à la plus simple des jupes.

Pour les jupes en tissus légers, tels que grenadines, batiste, organdi, linon ou mousseline, etc., etc., la doublure, qui doit toujours être d'un tissu de soie, est coupée comme le dessus, mais de 10 ou 15 centimètres plus courte que ce dernier et attachée seulement au bord supérieur de la jupe, c'est-à-dire à la ceinture.

Les 10 ou 15 centimètres manquant au bord inférieur de la doublure sont compensés ou remplacés par la pose, au bord de cette doublure, d'un ou de plusieurs volants de ce même tissu de soie plissé ou froncé selon le goût.

Le bord inférieur de la jupe de dessus qui doit rester libre aura la même longueur que cette doublure et volants réunis. Il est terminé par un ourlet ou une garniture légère quelconque selon la fantaisie.

JUPE D'AMAZONE

L'assemblage d'une jupe d'amazone est des plus simples : on coud les pinces et on assemble les coutures des deux côtés en laissant du côté gauche une fente ou ouverture de 25 à 26 centimètres. Cette ouverture est fermée par une sous-patte à trois boutons. Une paramenture en drap pareil est fournie par une réserve laissée à la partie de derrière de la jupe ou bien par un morceau rapporté. Les boutons et l'ouverture sont sur cette paramenture et les boutonnières sont pratiquées dans la sous-patte fixée au lé de devant. On double toute la partie supérieure de la jupe d'un croisé noir ou de teinte assortie sur une hauteur de 40 ou 50 centimètres ; cette hauteur est variable ; mais du côté droit ce croisé ou droit-fil (¹) doit descendre un peu au-dessous du genou. On ne pose le droit-fil qu'après la confection de la poche et de l'ouverture. La ceinture la plus commode est tout simplement une double tresse de soie posée à plat intérieurement et extérieurement. On fait les remplis du bas d'une hauteur variant de 5 à 10 centimètres et on les rabat finement à moins que l'on préfère des piqûres. On double parfois complètement les jupes d'un satin soie uni ou sergé. On pose au milieu de la ceinture derrière un gros crochet qui vient se fixer solidement à un gros œillet métallique posé dans une patte qui est elle-même fixée solidement sous les basques du corsage ; l'œillet est placé à la hauteur de la ceinture, de la taille.

1. On nomme « droit-fil » un tissu posé pour en consolider un autre.

JUPE-PANTALON POUR BICYCLISTE.

Tandis que nous achevons ce travail, un genre de jupe-pantalon pour bicycliste est en train de voir le jour. La jupe est de même coupe que celle que nous avons tracée et expliquée, mais elle peut à volonté former retroussis sous forme d'un bas de culotte knickerbocker très large. Une jarretière haute de 10 à 12 centimètres reste fixée à la jambe, tandis que le bas de la jupe vient à volonté s'y fixer par une fermeture de boutons à pression (boutons de gants).

Mesurage et essayage sur bustes ou mannequins.

Voici quelques avis pour les enfants ou les personnes qui s'exercent à couper et à essayer sur des bustes ou mannequins.

Pour couper et essayer de la sorte, il est indispensable de connaître les particularités suivantes :

Les mannequins ont habituellement une longueur de taille à peu près bonne et juste ; on pourra donc s'en servir et appliquer aux tracés les chiffres de longueurs ou hauteurs.

Pour les grosseurs, c'est autre chose. Quand un buste est numéroté d'un chiffre, ce chiffre est en réalité plus fort à la mesure trouvée sur le mannequin et voici pourquoi :

On laisse habituellement à ces bustes un supplément de grosseur à la mesure du haut du corps et à celle du bassin. Quant à la ceinture, rien ne lui est ajouté, le plus souvent.

Ces suppléments sont laissés afin que ces bustes remplissent les vêtements que l'on peut leur endosser et comprennent l'aisance nécessaire à ces vêtements. Or, nous savons que, lorsqu'une personne porte une grosseur quelconque, il faut augmenter le chiffre de 6 centimètres en faisant la construction de son corsage.

Si nous supposons une grosseur de poitrine de 42 centimètres, notre corsage coupé et cousu aura environ 46 centimètres à cette hauteur du corps. La ceinture sera coupée sans aucune aisance puisqu'on ne lui laisse que 3 centimètres pour les coutures et que ces coutures étant faites, le corsage, à cet endroit, est égal à la mesure de la ceinture. Au bassin, nous laissons 5 ou 6 centimètres en coupant ; ce qui nous donne 4 centimètres, 3 centimètres au moins en plus que la mesure en cet endroit, quand le vêtement est fini.

Il résulte de tout ceci que lorsque vous aurez pris mesure sur un mannequin, si vous avez trouvé, je suppose, une grosseur de 48 du haut du corps, 32 de ceinture et 58 de bassin, vous couperez votre corsage pour 48 — 4 du haut, soit 44 ; pour 32 juste de ceinture et pour 58 — 4 de bassin, soit 54.

En faisant votre patron destiné à ce buste, il faudra former votre rectangle en hauteur par la mesure trouvée sur le buste.

La largeur du haut sera diminuée de 4 et le chiffre ainsi obtenu augmenté de 6. Ainsi, pour ce buste supposé comme ayant 48 du haut, vous retrancherez 4, 48 — 4 = 44 et vous ajouterez 6 en faisant votre rectangle à la largeur de 50 centimètres.

A la ceinture, le buste a 32 centimètres supposés ; coupez votre corsage à 32 + 3 à cet endroit.

Le bassin a 58 ; retirez-en 4 ; vous aurez la mesure du bassin pris sur une femme, soit 54, et, en coupant, vous ajouterez à ces 54 une plus-value de 5 centimètres minimum (soit 59).

Ainsi pour les autres bustes ou mannequins.

La carrure devra être prise à 1 cm. 1/2 environ des macarons d'emmanchure, de même que la demi-largeur de poitrine.

FIN

TABLE DES MATIÈRES

CHAPITRE IV

Tracé des Patrons.

CHAPITRE V

Des Conformations.

CHAPITRE VI

Pinces.

CHAPITRE VII

Équilibre du corsage.

CHAPITRE VIII

Retouches.

CHAPITRE IX

Coupe des Collets.

CHAPITRE X

Manches.

CHAPITRE XI

Coupe des Jupes.

CHAPITRE XII

Formes diverses de vêtements.

CHAPITRE XIII

Grands Manteaux.

CHAPITRE XIV

Collets-Pèlerines.

CHAPITRE XV

Vêtements d'Enfants.

Garçons.

Fillettes.

CHAPITRE XVI

De l'Essayage.

CHAPITRE XVII

Notes de confection.